全国计算机技术与软件专业技术资格(水平)考试指定用书

网络管理员教程

第 5 版

严体华 高悦 高振江 主编

清华大学出版社
北京

内 容 简 介

本书按照全国计算机技术与软件专业技术资格（水平）考试要求编写，内容紧扣《网络管理员考试大纲》（2018 年审定通过）。全书共分 8 章，分别对计算机网络基本概念、互联网及其应用、局域网技术与综合布线、网络操作系统、应用服务器的配置、Web 网站建设、网络安全和网络管理进行了系统的讲解。

本书层次清晰、内容丰富，注重理论与实践相结合，力求反映计算机网络技术的最新发展，既可作为网络管理员资格考试的教材，也可作为各类网络与通信技术基础培训的教材。

本书扉页为防伪页，封面贴有清华大学出版社防伪标签，无上述标识者不得销售。
版权所有，侵权必究。举报：010-62782989，beiqinquan@tup.tsinghua.edu.cn。

图书在版编目（CIP）数据

网络管理员教程/严体华，高悦，高振江主编. —5 版. —北京：清华大学出版社，2018（2023.2重印）
（全国计算机技术与软件专业技术资格（水平）考试指定用书）
ISBN 978-7-302-49224-5

Ⅰ. ①网… Ⅱ. ①严… ②高… ③高… Ⅲ. ①计算机网络管理-资格考试-教材 Ⅳ. ①TP393.07

中国版本图书馆 CIP 数据核字（2017）第 331862 号

责任编辑：杨如林　柴文强
封面设计：常雪影
责任校对：白　蕾
责任印制：宋　林

出版发行：清华大学出版社
　　　　网　　址：http://www.tup.com.cn, http://www.wqbook.com
　　　　地　　址：北京清华大学学研大厦 A 座　　邮　编：100084
　　　　社 总 机：010-83470000　　　　　　　　邮　购：010-62786544
　　　　投稿与读者服务：010-62776969，c-service@tup.tsinghua.edu.cn
　　　　质量反馈：010-62772015，zhiliang@tup.tsinghua.edu.cn
印 装 者：三河市龙大印装有限公司
经　　销：全国新华书店
开　　本：185mm×230mm　　印　张：29　　防伪页：1　　字　数：614 千字
版　　次：2004 年 7 月第 1 版　2018 年 4 月第 5 版　　印　次：2023 年 2 月第 13 次印刷
定　　价：98.00 元

产品编号：075518-01

前　言

全国计算机软件考试实施至今已经历了 20 余年，在社会上产生了很大的影响，对我国软件产业的形成和发展做出了重要贡献。随着因特网的迅猛发展，电子政务、电子商务的快速兴起，人类正以前所未有的速度跨入信息化社会，进入网络时代。计算机网络逐渐成为人类各种活动中必不可少的一部分，成为政府施政、企业管理、商家经营的主要平台，成为人与人之间进行沟通的主要方式。为了适应我国信息化发展的需求，人力资源和社会保障部、工业和信息化部决定将考试的级别拓展到计算机技术与软件各个方面，并设置了网络管理员级别的考试，以满足社会上对各种信息技术人才的需要。

编者受全国计算机专业技术资格考试办公室委托，对《网络管理员教程（第 4 版）》进行了改写，以适应网络管理员级别考试大纲的要求。编者在撰写本书时紧扣《网络管理员考试大纲》，对考生需要掌握的内容进行了全面、深入的阐述。全书共分 8 章，对计算机网络的基本概念、互联网及其应用、局域网技术与综合布线、网络操作系统、应用服务器配置、Web 网站建设、网络安全和网络管理进行了系统的讲解。需要指出的是，计算机网络管理既具有较强的理论性，又是一门实践性很强的实用技术。所以，希望读者在学习过程中注意理论与实践相结合。本书可作为全国计算机技术与软件专业技术资格（水平）考试网络管理员的教材，也可作为初级网络管理工程技术人员的参考书。

本书由严体华、高悦、高振江主编，第 1 章由严体华、褚华编写，第 2 章由雷震甲、霍秋艳编写，第 3 章由景为、王亚平编写，第 4 章由高悦、刘强编写，第 5 章由张永刚、杨俊卿编写，第 6 章由张志钦、曹燕龙编写，第 7 章由吴晓葵、刘伟编写，第 8 章由高振江、李川编写。

本书对交换机与路由器的配置、动态网页技术、网络操作系统以及应用服务器配置等方面的内容进行了较大的修改，希望读者给予关注。

编　者

2017 年 12 月

目　录

第1章　计算机网络概述 ·········· 1
1.1　数据通信基础 ·········· 1
1.1.1　数据通信的基本概念 ·········· 1
1.1.2　数据传输 ·········· 3
1.1.3　数据编码 ·········· 7
1.1.4　多路复用技术 ·········· 9
1.1.5　数据交换技术 ·········· 13
1.2　计算机网络简介 ·········· 16
1.2.1　计算机网络的概念 ·········· 16
1.2.2　计算机网络的分类 ·········· 17
1.2.3　计算机网络的构成 ·········· 17
1.3　计算机网络硬件 ·········· 19
1.3.1　计算机网络传输媒介 ·········· 19
1.3.2　计算机网络互联设备 ·········· 23
1.3.3　计算机网络接入技术 ·········· 29
1.4　计算机网络协议 ·········· 37
1.4.1　OSI 体系结构 ·········· 37
1.4.2　TCP/IP 协议 ·········· 41
1.4.3　IP 地址 ·········· 46
1.4.4　域名地址 ·········· 53
1.4.5　IPv6 简介 ·········· 55

第2章　互联网及其应用 ·········· 61
2.1　互联网入门 ·········· 61
2.1.1　互联网简介 ·········· 61
2.1.2　我国的互联网 ·········· 62
2.1.3　接入互联网的方法 ·········· 63
2.2　WWW 基本应用 ·········· 65
2.2.1　WWW 的概念 ·········· 65
2.2.2　利用 IE 浏览 Web 网页 ·········· 69
2.2.3　WWW 搜索引擎 ·········· 71
2.2.4　设置 IE 的 WWW 浏览环境 ·········· 75
2.3　电子邮件 ·········· 80
2.3.1　电子邮件系统的基本概念 ·········· 80
2.3.2　在线收发电子邮件 ·········· 81
2.3.3　利用 Outlook Express 处理电子邮件 ·········· 85
2.4　文件传输 ·········· 93
2.4.1　FTP 的基本概念 ·········· 93
2.4.2　FTP 客户程序浏览器 ·········· 94
2.4.3　FTP 客户程序 FTP.exe ·········· 95
2.4.4　FTP 客户程序 CuteFTP ·········· 98
2.5　其他互联网应用 ·········· 101
2.5.1　BBS ·········· 101
2.5.2　网络新闻组 ·········· 103
2.5.3　IP Phone ·········· 105
2.5.4　网络娱乐 ·········· 108
2.5.5　虚拟现实 ·········· 116
2.5.6　电子商务 ·········· 118
2.5.7　电子政务 ·········· 120

第3章　局域网技术综合布线 ·········· 123
3.1　局域网基础 ·········· 123
3.1.1　局域网参考模型 ·········· 123
3.1.2　局域网拓扑结构 ·········· 125
3.1.3　局域网媒介访问控制方法 ·········· 127

3.1.4 无线局域网简介 131
3.2 以太网 136
  3.2.1 以太网简介 136
  3.2.2 以太网综述 137
  3.2.3 以太网技术基础 141
  3.2.4 以太网交换机的部署 147
3.3 交换机与路由器的基本配置 151
  3.3.1 交换机的基本配置 151
  3.3.2 配置和管理 VLAN 157
  3.3.3 路由器 160
  3.3.4 路由器的配置 163
  3.3.5 配置路由协议 167
3.4 综合布线 176
  3.4.1 综合布线系统概述 176
  3.4.2 综合布线系统设计 179
  3.4.3 综合布线系统的性能指标及测试 185

第 4 章 网络操作系统 189

4.1 网络操作系统概述 189
  4.1.1 网络操作系统的概念 189
  4.1.2 常见的网络操作系统 190
4.2 Windows Server 2008 R2 的安装与配置 194
  4.2.1 Windows Server 2008 R2 及其特点 194
  4.2.2 Windows Server 2008 R2 的安装 197
  4.2.3 Windows Server 2008 R2 的基本配置 202
  4.2.4 Hyper-V 配置 210
  4.2.5 远程管理 217
4.3 Red Hat Enterprise Linux 7 223
  4.3.1 Red Hat Enterprise Linux 简介 223
  4.3.2 Red Hat Enterprise Linux 7 的安装 224
  4.3.3 Red Hat Enterprise Linux 7 的使用 237
  4.3.4 Red Hat Enterprise Linux 7 的基本网络配置 256

第 5 章 Windows Server 2008 R2 应用服务器的配置 262

5.1 IIS 服务器的配置 262
  5.1.1 IIS 服务器的基本概念 262
  5.1.2 安装 IIS 服务 262
  5.1.3 Web 服务器的配置 264
  5.1.4 FTP 服务器的配置 267
5.2 DNS 服务器的配置 269
  5.2.1 DNS 服务器基础 269
  5.2.2 安装 DNS 服务器 270
  5.2.3 创建区域 270
  5.2.4 配置区域属性 271
  5.2.5 添加资源记录 272
  5.2.6 配置 DNS 客户端 273
5.3 DHCP 服务器的配置 274
  5.3.1 DHCP 简介 274
  5.3.2 安装 DHCP 服务 277
  5.3.3 创建 DHCP 作用域 277
  5.3.4 设置 DHCP 客户端 280
  5.3.5 备份、还原 DHCP 服务器配置信息 281
5.4 活动目录和管理域 281
  5.4.1 活动目录概述 281
  5.4.2 安装活动目录 282
  5.4.3 活动目录的备份 286

第 6 章 Web 网站建设 288

6.1 使用 HTML 制作网页 288

6.1.1 HTML 简介 ················· 288
 6.1.2 HTML 常用元素 ············ 289
6.2 XML 简介 ························· 299
6.3 网页制作工具 ····················· 311
 6.3.1 Fireworks 简介 ············ 311
 6.3.2 Dreamweaver 简介 ········ 315
 6.3.3 Photoshop 简介 ············ 319
6.4 动态网页的制作 ·················· 322
 6.4.1 ASP ·························· 322
 6.4.2 JSP ·························· 332
 6.4.3 PHP ························· 335
 6.4.4 ADO 数据库编程 ·········· 339
6.5 Ajax ······························· 347
6.6 Web 网站的创建与维护 ········· 349
 6.6.1 Web 网站的创建 ··········· 349
 6.6.2 Web 网站的维护 ··········· 353
6.7 使用 HTML 与 ASP 编程实例 ··· 354
 6.7.1 实例一 ······················ 354
 6.7.2 实例二 ······················ 359

第 7 章 网络安全 ···················· 364

7.1 网络安全基础 ····················· 364
 7.1.1 网络安全的基本概念 ····· 364
 7.1.2 黑客的攻击手段 ··········· 366
 7.1.3 可信计算机系统评估标准 ········ 370
7.2 信息加密技术 ····················· 374
 7.2.1 数据加密原理 ·············· 375
 7.2.2 现代加密技术 ·············· 375
7.3 认证 ······························· 378
 7.3.1 基于共享密钥的认证 ····· 378
 7.3.2 基于公钥的认证 ··········· 379
7.4 数字签名 ·························· 379
 7.4.1 基于密钥的数字签名 ····· 379
 7.4.2 基于公钥的数字签名 ····· 380

7.5 报文摘要 ·························· 380
 7.5.1 报文摘要算法（MD5） ··· 382
 7.5.2 安全散列算法（SHA-1） ·· 382
7.6 数字证书 ·························· 382
 7.6.1 数字证书的概念 ··········· 382
 7.6.2 证书的获取 ················· 383
 7.6.3 证书的吊销 ················· 384
7.7 应用层安全协议 ·················· 385
 7.7.1 S-HTTP ······················ 385
 7.7.2 PGP ·························· 385
 7.7.3 S/MIME ····················· 387
 7.7.4 安全的电子交易 ··········· 387
 7.7.5 Kerberos ····················· 388
7.8 防火墙 ····························· 389
 7.8.1 防火墙简介 ················· 389
 7.8.2 防火墙的基本分类及实现
     原理 ·························· 392
 7.8.3 防火墙系统安装、配置基础 ······ 396
 7.8.4 防火墙系统安装、配置实例 ······ 399
 7.8.5 入侵检测的基本概念 ····· 405
7.9 网络防病毒系统 ·················· 406
 7.9.1 计算机病毒简介 ··········· 406
 7.9.2 网络病毒简介 ·············· 411
 7.9.3 基于网络的防病毒系统 ·· 412
 7.9.4 漏洞扫描 ···················· 415

第 8 章 网络管理 ···················· 418

8.1 网络管理简介 ····················· 418
 8.1.1 网络管理概述 ·············· 418
 8.1.2 网络管理的模型 ··········· 419
 8.1.3 网络管理的功能 ··········· 421
 8.1.4 网络管理标准 ·············· 424
8.2 简单网络管理协议 ··············· 427

8.2.1 SNMP 概述 ······ 427
8.2.2 管理信息库 ······ 428
8.2.3 SNMP 操作 ······ 429
8.3 网络管理工具 ······ 430
8.4 网络诊断和配置命令 ······ 435
    8.4.1 ipconfig ······ 435
8.4.2 ping ······ 437
8.4.3 arp ······ 439
8.4.4 netstat ······ 440
8.4.5 tracert ······ 442
8.4.6 nslookup ······ 443
8.5 智能化的网络管理 ······ 451

第 1 章 计算机网络概述

1.1 数据通信基础

1.1.1 数据通信的基本概念

1. 数据信号

数据可分为模拟数据与数字数据两种。在通信系统中,表示模拟数据的信号称作模拟信号,表示数字数据的信号称作数字信号,二者可以相互转化。模拟信号在时间和幅度取值上都是连续的,其电平也随时间连续变化,如图 1-1(a)所示。例如,话音是典型的模拟信号,其他由模拟传感器接收到的信号(如温度、压力、流量等)也都是模拟信号。数字信号在时间上是离散的,在幅值上是经过量化的,它一般是由二进制代码 0、1 组成的数字序列,如图 1-1(b)所示。计算机中传送的是典型的数字信号。

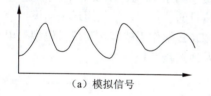
(a)模拟信号

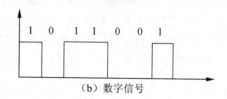
(b)数字信号

图 1-1 模拟信号和数字信号

传统的电话通信信道是传输音频的模拟信道,无法直接传输计算机中的数字信号。为了利用现有的模拟线路传输数字信号,必须将数字信号转化为模拟信号,这一过程称为调制(Modulation)。在另一端,接收到的模拟信号要还原成数字信号,这个过程称为解调(Demodulation)。通常由于数据的传输是双向的,因此,每端都需要调制和解调,进行调制和解调的设备称为调制解调器(Modem)。

模拟信号的数字化需要 3 个步骤,依次为采样、量化和编码。采样是用每隔一定时间的信号样值序列来代替原来在时间上连续的信号,也就是在时间上将模拟信号离散化。量化是用有限个幅度值近似原来连续变化的幅度值,把模拟信号的连续幅度变为有限数量的有一定间隔的离散值。编码则是按照一定的规律,把量化后的值用二进制数字表示,然后转换成二值或多值的数字信号流,这样得到的数字信号可以通过电缆、光纤、微波干线、卫星通道等数字线路传输,上述数字化的过程又称为脉冲编码调制。在接收端则与上述模拟信号数字化过程相反,经过滤波又恢复成原来的模拟信号。

2．信道

要进行数据终端设备之间的通信,当然要有传输电磁波信号的电路,这里所说的电路既包括有线电路,也包括无线电路。信息传输的必经之路称为"信道"。信道有物理信道和逻辑信道之分。物理信道是指用来传送信号或数据的物理通路,网络中两个节点之间的物理通路称为通信链路,物理信道由传输介质及有关设备组成。逻辑信道也是一种通路,但在信号收、发点之间并不存在一条物理上的传输介质,而是在物理信道的基础上,由节点内部或节点之间建立的连接来实现的。通常把逻辑信道称为"连接"。

信道和电路不同,信道一般都是用来表示向某一个方向传送数据的媒体,一个信道可以看成电路的逻辑部件;一条电路至少包含一条发送信道或一条接收信道。

3．数据通信模型

图1-2所示的是数据通信系统的基本模型。远端的数据终端设备(Data Terminal Equipment,DTE)通过数据电路与计算机系统相连。数据电路由通信信道和数据通信设备(Data Communication Equipment,DCE)组成。如果通信信道是模拟信道,DCE的作用就是把DTE送来的数字信号变换为模拟信号再送往信道,信号到达目的节点后,把信道送来的模拟信号变换成数字信号再送到DTE;如果通信信道是数字信道,DCE的作用就是实现信号码型与电平的转换、信道特性的均衡、收发时钟的形成与供给,以及线路接续控制等。

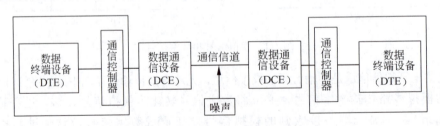

图1-2 数据通信系统的基本模型

数据通信和传统的电话通信的重要区别之一是,电话通信必须有人直接参与,摘机拨号,接通线路,双方都确认后才开始通话,通话过程中有听不清楚的地方还可要求对方再讲一遍,等等。在数据通信中也必须解决类似的问题,才能进行有效的通信。但由于数据通信没有人直接参与,就必须对传输过程按一定的规程进行控制,以便双方协调可靠地工作,包括通信线路的连接、收发双方的同步、工作方式的选择、传输差错的检测与校正、数据流的控制,以及数据交换过程中可能出现的异常情况的检测和恢复。这些都是按双方事先约定的传输控制规程来完成的,具体工作由数据通信系统中的通信控制器来完成。

4．数据通信方式

根据所允许的传输方向,数据通信方式可分成以下 3 种。
(1)单工通信:数据只能沿一个固定方向传输,即传输是单向的,如图 1-3(a)所示。
(2)半双工通信:允许数据沿两个方向传输,但在同一时刻信息只能在一个方向传输,如图 1-3(b)所示。
(3)双工通信:允许信息同时沿两个方向传输,这是计算机通信常用的方式,可极大提高传输速率,如图 1-3(c)所示。

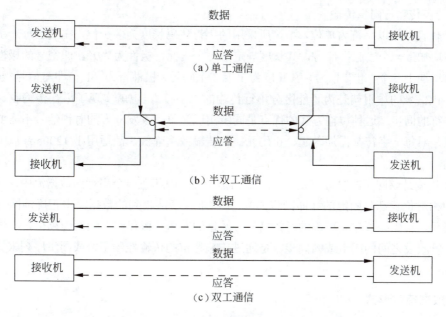

图 1-3　数据通信方式

1.1.2　数据传输

1．数据传输方式

1)并行传输与串行传输

并行传输指的是数据以成组的方式,在多条并行信道上同时进行传输,常见的就是将构成一个字符代码的几位二进制码分别在几个并行信道上进行传输。例如，采用 8 单位代码的字符，可以用 8 个信道并行传输，一次传送一个字符，因此收、发双方不存在字符的同步问题，不需要另加"起""止"信号或其他同步信号来实现收、发双方的字符同步，这是并行传输的一个主要优点。但是，并行传输必须有并行信道，这往往带来了设备或实施条件上的限制，因此，实际应用受限。

串行传输指的是数据流以串行方式，在一条信道上传输。一个字符的 8 个二进制代码，由高位到低位顺序排列，再接下一个字符的 8 位二进制码，这样串接起来即形成串行数据流传输。串行传输只需要一条传输信道，易于实现，是目前采用的一种主要的传输方式。但是串行传输存在收、发双方如何保持码组或字符同步的问题，这个问题不解决，接收方就不能从接收到的数据流中正确地区分出一个个字符，因而传输将失去意义。对于码组或字符的同步问题，目前有两种不同的解决办法，即异步传输方式和同步传输方式。

2）异步传输与同步传输

异步传输一般以字符为单位，不论所采用的字符代码长度为多少位，在发送每一字符代码时，前面均加上一个"起"信号，其长度规定为 1 个码元，极性为"0"，即空号的极性；字符代码后面均加上一个"止"信号，其长度为 1 或 2 个码元，极性皆为"1"，即与信号极性相同，加上起、止信号的作用就是为了能区分串行传输的"字符"，也就实现了串行传输收、发双方码组或字符的同步。这种传输方式的优点是同步实现简单，收发双方的时钟信号不需要严格同步，缺点是对每一字符都需加入起、止码元，使传输效率降低，故适用于 1200bps 以下的低速数据传输。

同步传输是以同步的时钟节拍来发送数据信号的，因此在一个串行的数据流中，各信号码元之间的相对位置都是固定的（即同步的）。接收端为了从收到的数据流中正确地区分出一个个信号码元，首先必须建立准确的时钟信号。数据的发送一般以组（帧）为单位，一组数据包含多个字符收发之间的码组或帧同步，是通过传输特定的传输控制字符或同步序列来完成的，传输效率较高。

2．数据传输形式

1）基带传输

在信道上直接传输基带信号的方式称为基带传输。它是指在通信电缆上原封不动地传输由计算机或终端产生的数字脉冲信号。这样一个信号的基本频带可以从直流成分到兆赫，频带越宽，传输线路的电容电感等对传输信号波形衰减的影响越大，传输距离一般不超过 2km，超过时则需加中继器放大信号，以便延长传输距离。基带信号绝大部分是数字信号，计算机网络内往往采用基带传输。

2)频带传输

将基带信号转换为频率表示的模拟信号来传输的方式,称为频带传输。例如,使用电话线进行远距离数据通信,需要将数字信号调制成音频信号再发送和传输,接收端再将音频信号解调成数字信号。由此可见,采用频带传输时,要求在发送和接收端安装调制解调器,这不仅实现了数字信号可用电话线路传输,而且可以实现多路复用,从而提高了信道利用率。

3)宽带传输

将信道分成多个子信道,分别传送音频、视频和数字信号的方式,称为宽带传输。它是一种传输介质频带宽度较宽的信息传输方式,通常为 300～400MHz。系统设计时将此频带分隔成几个子频带,采用"多路复用"技术。一般来说,宽带传输与基带传输相比有以下优点:能在一条信道中传输声音、图像和数据信息,使系统具有多种用途;一条宽带信道能划分为多条逻辑基带信道,实现多路复用,因此信道的容量大大增加;宽带传输的距离比基带远,因为基带传输直接传送数字信号,传输的速率愈高,能够传输的距离愈短。

3. 数据传输速率

1)比特率

比特率是指单位时间内所传送的二进制码元的有效位数,以多少比特数计每秒,即 bps。例如一个数字通信系统,它每秒传输 800 个二进制码元,它的比特率就是 800 比特/秒(800bps)。码元是对于网络中传送的二进制数字中每一位的通称,也常称作"位"或 b。例如,1010101 共有 7 位或 7b。

2)信道带宽

模拟信道的带宽如图 1-4 所示,信道带宽 $W=f_2-f_1$,其中,f_1 是信道能通过的最低频率;f_2 是信道能通过的最高频率,两者都是由信道的物理特性决定的。为了使信号传输中的失真小些,信道要有足够的带宽。

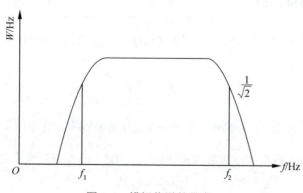

图 1-4 模拟信道的带宽

3)波特率

数字信道是一种离散信道,它只能传送取离散值的数字信号。信道的带宽决定了信道中能不失真地传输的脉冲序列的最高速率。一个数字脉冲称为一个码元,用码元速率表示单位时间内信号波形的变换次数,即单位时间内通过信道传输的码元个数。若信号码元宽度为 T 秒,则码元速率 $B=1/T$。码元速率的单位叫波特(Baud),所以码元速率也叫波特率。这里的码元可以是二进制的,也可以是多进制的。波特率 N 和比特率 R 的关系为 $R=N\log_2 M$,当码元为二进制时 M 为 2;码元为四进制时 M 为 4,依此类推。如果波特率为 600Baud,在二进制时,比特率为 600bps,在八进制时为 1800bps。

4)奈奎斯特定理

1924 年,贝尔实验室的研究员亨利·奈奎斯特(Harry Nyquist)就推导出了有限带宽无噪声信道的极限波特率,称为奈奎斯特定理。若信道带宽为 W,则最大码元速率为:

$$B=2W\text{(Baud)}$$

奈奎斯特定理指定的信道容量也叫作奈奎斯特极限,这是由信道的物理特性决定的。超过奈奎斯特极限传送脉冲信号是不可能的,所以要进一步提高波特率,必须改善信道带宽。

码元携带的信息量由码元取的离散值个数决定。若码元取两个离散值,则一个码元携带 1 比特(b)信息。若码元可取 4 种离散值,则一个码元携带两比特信息,即一个码元携带的信息量 n(比特)与码元的种类数 N 有如下关系:

$$n=\log_2 N$$

在一定的波特率下提高速率的途径是用一个码元表示更多的比特数。如果把两比特编码为一个码元,则数据速率可成倍提高,即:

$$R=B\log_2 N=2W\log_2 N\text{(bps)}$$

其中,R 表示数据速率,单位是每秒位(bit per second),简写为 bps。

5)香农(Shannon)定理

奈奎斯特定理是在无噪声的理想情况下的极限值。实际信道会受到各种噪声的干扰,因而远远达不到按奈奎斯特定理计算出的数据传送速率。香农的研究表明,有噪声信道的极限数据速率为:

$$C=W\log_2\left(1+\frac{S}{N}\right)$$

其中,W 为信道带宽,S 为信号的平均功率,N 为噪声平均功率,$\frac{S}{N}$ 叫作信噪比。由于在实际使用中 S 与 N 的比值太大,故常取其分贝数(dB)。分贝与信噪比的关系为:

$$1\text{dB}=10\lg\frac{S}{N}$$

例如，当 $\frac{S}{N}$=1000 时，信噪比为 30dB。这个公式与信号取的离散值个数无关，也就是说无论用什么方式调制，只要给定了信噪比，则单位时间内最大的信息传输量就确定了。例如，信道带宽为 3000Hz，信噪比为 30dB，则最大数据速率为：

$$C=3000\log_2(1+1000)\approx 3000\times 9.97\approx 30\,000\,(bps)$$

这是极限值，只有理论上的意义。实际上，在 3000 Hz 带宽的电话线上，数据速率能达到 9600 bps 就很不错了。

6）误码率

误码率指信息传输的错误率，是衡量系统可靠性的指标。它以接收信息中错误比特数占总传输比特数的比例来度量，通常应低于 10^{-6}。

1.1.3 数据编码

在计算机中，数据是以离散的二进制比特流方式表示的，称为数字数据。计算机数据在网络中传输，通信信道无外乎两种类型，即模拟信道和数字信道。计算机数据在不同的信道中传输要采用不同的编码方式，也就是说，在模拟信道中传输时，要把计算机中的数字信号转换成模拟信道能够识别的模拟信号；在数字信道中传输时，要把计算机中的数字信号转换成网络媒体能够识别的，利于网络传输的数字信号。

1. 模拟数据编码

将计算机中的数字数据在网络中用模拟信号表示，要进行调制，也就是要进行波行变换，或者更严格地讲，是进行频谱变换，将数字信号的频谱变换成适合于在模拟信道中传输的频谱。最基本的调制方法有以下 3 种。

1）调幅

调幅（Amplitude Modulator，AM）即载波的振幅随着基带数字信号而变化，例如数字信号 1 用有载波输出表示，数字信号 0 用无载波输出表示，如图 1-5（a）所示。这种调幅的方法又叫幅移键控（Amplitude Shift Keying，ASK），其特点是信号容易实现，技术简单，但抗干扰能力差。

2）调频

调频（Frequency Modulator，FM）即载波的频率随着基带数字信号而变化，例如数字信号 1 用频率 f_1 表示，数字信号 0 用频率 f_2 表示，如图 1-5（b）所示。这种调频的方法又叫频移键控（Frequency Shift Keying，FSK），其特点是信号容易实现，技术简单，抗干扰能力较强。

3）调相

调相（Phase Modulator，PM）即载波的初始相位随着基带数字信号而变化，例如数字信号

1对应于相位180°，数字信号0对应于相位0°，如图1-5（c）所示。这种调相的方法又叫相移键控（Phase Shift Keying，PSK），其特点是抗干扰能力较强，但信号实现的技术比较复杂。

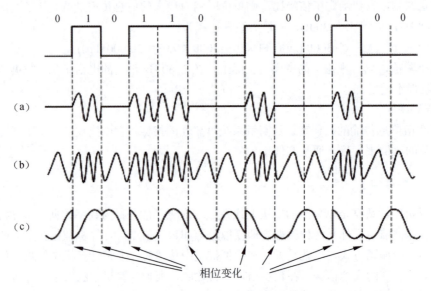

图1-5 基带数字信号的调制方法

2．数字数据编码

在数字信道中传输计算机数据时，要对计算机中的数字信号重新编码后进行基带传输。在基带传输中，数字信号的编码方式主要有以下几种。

1）不归零编码

不归零编码（Non-Return-Zero，NRZ）用低电平表示二进制0，用高电平表示二进制1，如图1-6（a）所示。

不归零编码的缺点是无法判断每一位的开始与结束，收发双方不能保持同步。为保证收发双方同步，必须在发送不归零编码的同时用另一个信道传送同步信号。

2）曼彻斯特编码

曼彻斯特编码（Manchester Encoding，ME）不用电平的高低表示二进制，而是用电平的跳变来表示的。在曼彻斯特编码中，每一个比特的中间均有一个跳变，这个跳变既作为时钟信号，又作为数据信号。电平从高到低的跳变表示二进制1，从低到高的跳变表示二进制0，如图1-6（b）所示。

3）差分曼彻斯特编码

差分曼彻斯特编码（Differential Manchester Encoding，DME）是对曼彻斯特编码的改进，

每比特中间的跳变仅做同步之用，每比特的值根据其开始边界是否发生跳变来决定。每比特的开始无跳变表示二进制 1，有跳变表示二进制 0，如图 1-6（c）所示。

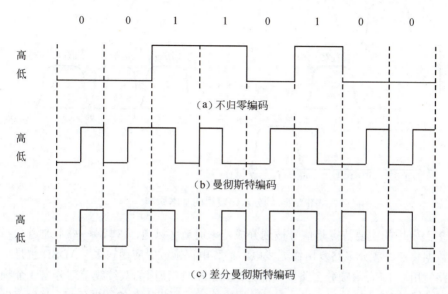

图 1-6　数字信号的编码

曼彻斯特编码和差分曼彻斯特编码是数据通信中最常用的数字信号编码方式，它们的优点是明显的，那就是无须另发同步信号；但缺点也是明显的，那就是编码效率低，如果传送 10Mbps 的数据，将需要 20MHz 的脉冲。

1.1.4　多路复用技术

为了充分利用传输媒介，人们研究了在一条物理线路上建立多个通信信道的技术，这就是多路复用技术。多路复用技术的实质是，将一个区域的多个用户数据通过发送多路复用器进行汇集，然后将汇集后的数据通过一条物理线路进行传送，接收多路复用器再对数据进行分离，分发到多个用户。多路复用通常分为频分多路复用、时分多路复用、波分多路复用、码分多址和空分多址。

1. 频分多路复用

事实上，通信线路的可用带宽超过了给定信号的带宽，频分多路复用（Frequency Division Multiplexing，FDM）恰恰是利用了这一优点。频分多路复用的基本原理是：如果每路信号以不同的载波频率进行调制，而且各个载波频率是完全独立的，即各个信道所占用的频带不相互重叠，相邻信道之间用"警戒频带"隔离，那么每个信道就能独立地传输一路信号。其基本原理如图 1-7 所示。

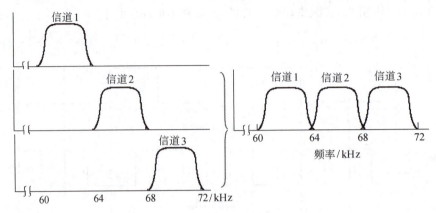

图 1-7　频分多路复用的基本原理

频分多路复用的主要特点是信号被划分成若干通道（频道，波段），每个通道互不重叠，独立进行数据传递。频分多路复用在无线电广播和电视领域中应用较多。ADSL 也是一个典型的频分多路复用。ADSL 用频分多路复用的方法，在 PSTN 使用的双绞线上划分出 3 个频段，0～4kHz 用来传送传统的语音信号；20～50kHz 用来传送计算机上载的数据信息；150～500kHz 或 140～1100kHz 用来传送从服务器上下载的数据信息。

2．时分多路复用

时分多路复用（Time Division Multiplexing，TDM）是以信道传输时间作为分隔对象，通过为多个信道分配互不重叠的时间片的方法来实现多路复用。时分多路复用将用于传输的时间划分为若干个时间片，每个用户分得一个时间片。

时分多路复用通信，是各路信号在同一信道上占有不同时间片进行通信。由抽样理论可知，抽样的一个重要作用是将时间上连续的信号变成时间上离散的信号，其在信道上占用时间的有限性，为多路信号沿同一信道传输提供了条件。具体说，就是把时间分成一些均匀的时间片，将各路信号的传输时间分配在不同的时间片，以达到互相分开、互不干扰的目的。图 1-8 所示为时分多路复用示意图。

目前，应用最广泛的时分多路复用是贝尔系统的 T1 载波。T1 载波将 24 路音频信道复用在一条通信线路上，每路音频信号在送到多路复用器之前，要通过一个脉冲编码调制（Pulse Code Modulation，PCM）编码器，编码器每秒取样 8000 次。24 路信号的每一路轮流将一个字节插入帧中，每个字节的长度为 8 位，其中 7 位是数据位，1 位用于信道控制。每帧由 24×8= 192 位组成，附加 1bit 作为帧的开始标志位，所以每帧共有 193bit。由于发送一帧需要 125 ms，所以一秒钟可以发送 8000 帧。因此 T1 载波的数据传输速率为：

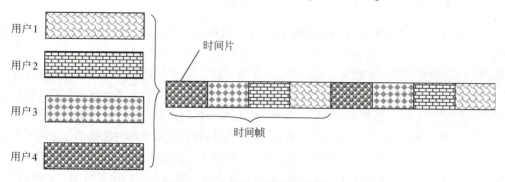

图 1-8 时分多路复用的基本原理

3. 波分多路复用

什么叫波分多路复用（Wavelength Division Multiplexing，WDM）？所谓波分多路复用，就是在同一根光纤内传输多路不同波长的光信号，以提高单根光纤的传输能力。目前，光通信的光源在光通信的"窗口"上只占用了很窄的一部分，还有很大的范围没有利用。也可以这样认为：WDM 是 FDM 应用于光纤信道的一个变例。如果让不同波长的光信号在同一根光纤上传输而互不干扰，利用多个波长适当错开的光源同时在一根光纤上传送各自携带的信息，就可以大大增加所传输的信息容量。由于是用不同的波长传送各自的信息，因此即使在同一根光纤上也不会相互干扰。在接收端转换成电信号时，可以独立地保存每一个不同波长的光源所传送的信息。这种方式就叫作"波分多路复用"，其基本原理如图 1-9 所示。

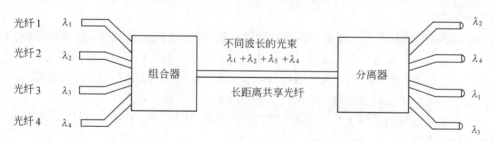

图 1-9 波分多路复用的基本原理

如果将一系列载有信息的不同波长的光载波，在光频域内以 1 至几百纳米的波长间隔合在一起沿单根光纤传输，在接收端再用一定的方法就可将各个不同波长的光载波分开。在光纤的工作窗口上安排 100 个波长不同的光源，同时在一根光纤上传送各自携带的信息，就能使光纤通信系统的容量提高 100 倍。

4．码分多址

码分多址（Code Division Multiple Access，CDMA）是采用地址码和时间、频率共同区分信道的方式。CDMA 的特征是每个用户具有特定的地址码，而地址码之间相互具有正交性，因此各用户信息的发射信号在频率、时间和空间上都可能重叠，从而使有限的频率资源得到利用。

CDMA 是在扩频技术的基础上发展起来的无线通信技术，即将需要传送的具有一定信号带宽的信息数据，用一个带宽远大于信号带宽的高速伪随机码进行调制，使原数据信号的带宽被扩展，再经载波调制并发送出去。接收端也使用完全相同的伪随机码对接收的带宽信号做相关处理，把宽带信号转换成原信息数据的窄带信号，即解扩，以实现信息通信。不同的移动台（或手机）可以使用同一个频率，但是每个移动台（或手机）都被分配一个独特的"码序列"，该序列码与所有别的"码序列"都不相同，因为是靠不同的"码序列"来区分不同的移动台（或手机），所以各个用户相互之间也没有干扰，从而达到了多路复用的目的。

5．空分多址（Space Division Multiple Access，SDMA）

空分多址（Space Division Multiple Access，SDMA）这种技术将空间分隔构成不同的信道，从而实现频率的重复使用，达到信道增容的目的。举例来说，在一颗卫星上使用多个天线，各个天线的波束射向地球表面的不同区域，地面上不同地区的地球站在同一时间，即使使用相同的频率进行工作，它们之间也不会形成干扰。SDMA 系统的处理程序如下所述。

（1）系统将首先对来自所有天线中的信号进行快照或取样，然后将其转换成数字形式，并存储在内存中。

（2）计算机中的 SDMA 处理器将立即分析样本，对无线环境进行评估，确认用户、干扰源及其所在的位置。

（3）处理器对天线信号的组合方式进行计算，力争最佳地恢复用户的信号。借助这种策略，每位用户的信号接收质量将大大提高，而其他用户的信号或干扰信号则会遭到屏蔽。

（4）系统将进行模拟计算，使天线阵列可以有选择地向空间发送信号。在此基础上，每位用户的信号都可以通过单独的通信信道——空间信道实现高效传输。

（5）在上述处理的基础上，系统就能够在每条空间信道上发送和接收信号，从而使这些信道成为双向信道。

利用上述流程，SDMA 系统就能够在一条普通信道上创建大量的频分、时分或码分双向空间信道，每一条信道都可以完全获得整个阵列的增益和抗干扰功能。从理论上而言，带有 m 个单元的阵列能够在每条普通信道上支持 m 条空间信道。但在实际应用中支持的信道数量将略低于这个数目，具体情况取决于环境。由此可见，SDMA 系统可使系统容量成倍增加，使得系统在有限的频谱内可以支持更多的用户，从而成倍地提高频谱使用效率。

近几十年来，无线通信经历了从模拟到数字，从固定到移动的重大变革。而就移动通信而言，为了更有效地利用有限的无线频率资源，时分多址技术（TDMA）、频分多址技术（FDMA）、码分多址技术（CDMA）得到了广泛的应用，并在此基础上建立了 GSM 和 CDMA（是区别于 3G 的窄带 CDMA）两大主要的移动通信网络。就技术而言，现有的这 3 种多址技术已经得到了充分的应用，频谱的使用效率已经发挥到了极限。空分多址技术（SDMA）则突破了传统的三维思维模式，在传统的三维技术的基础上，在第四维空间极大地拓宽了频谱的使用方式，使得移动用户仅仅由于空间位置的不同而复用同一个传统的物理信道成为可能，并将移动通信技术引入了一个更为崭新的领域。

1.1.5 数据交换技术

1. 电路交换

在数据通信网发展初期，人们根据电话交换原理，发展了电路交换方式。当用户要发信息时，由源交换机根据信息要到达的目的地址，把线路接到目的交换机。这个过程称为线路接续，是由所谓的联络信号经存储转发方式完成的，即根据用户号码或地址（被叫），经局间中继线传送给被叫交换局并转被叫用户。线路接通后，就形成了一条端对端（用户终端和被叫用户终端之间）的信息通路，在这条通路上双方即可进行通信。通信完毕，由通信双方的某一方向自己所属的交换机发出拆除线路的要求，交换机收到此信号后就将此线路拆除，以供别的用户呼叫使用。电路交换与电话交换方式的工作过程很类似，如图 1-10 所示。

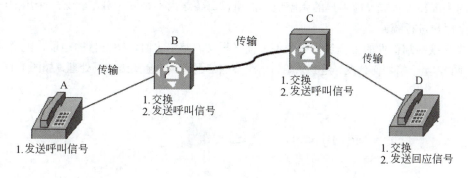

图 1-10 电路交换原理示意图

主机 A 要向主机 D 传送数据，首先要通过通信子网 B 和 C 在 A 和 D 之间建立连接。首先，主机 A 向节点 B 发送呼叫信号，其中含有要建立连接的主机 D 的目的地址；节点 B 根据目的地址和路径选择算法选择下一个节点 C，并向节点 C 发送呼叫信号；节点 C 根据目的地址和路径选择算法选择目的主机 D，并向主机 D 发送呼叫信号；主机 D 如果接受呼叫请求，它一方面建立连接，另一方面通过已建立的连接 A-B-C-D 向主机 A 发送呼叫回应包。

由于电路交换的接续路径是采用物理连接的，在传输电路接续后，控制电路就与信息传输无关，所以电路交换方式的主要优点是数据传输可靠、迅速、不丢失且保持原来的序列；缺点是在有的环境下，电路空闲时的信道容量被浪费，而且如果数据传输阶段的持续时间不长，电路建立和拆除所用的时间也得不偿失。因此它适合于系统间要求高质量的大量数据传输的情况，一般按照预定的带宽、距离和时间来计费。

2．报文交换

在 20 世纪六七十年代，为了获得较好的信道利用率，出现了存储–转发的想法，这种交换方式就是报文交换。目前这种技术仍普遍应用在某些领域，如电子信箱等。

在报文交换中，不需要在两个站之间建立专用通路，其数据传输的单位是报文，即是站点一次性要发送的数据块，长度不限且可变。传送采用存储–转发方式，即如果一个站想要发送一个报文，它就把一个目的地址附加在报文上，网络节点根据报文上的目的地址信息，把报文发送到下一个节点，一直逐个节点地转送到目的节点。每个节点在收下整个报文之后进行检查，无错误后暂存这个报文，然后利用路由信息找出下一个节点的地址，再把整个报文传送给下一个节点，因此，端与端之间无须通过呼叫建立连接。

它的基本原理是用户之间进行数据传输，主叫用户不需要先建立呼叫，而先进入本地交换机存储器，等到连接该交换机的中继线空闲时，再根据确定的路由转发到目的交换机。由于每份报文的头部都含有被寻址用户的完整地址，所以每条路由不是固定分配给某一个用户的，而是由多个用户进行统计复用。

报文交换与邮信件的工作过程很类似，信（报文）邮出去时，写好目的地址，就交给邮局（通信子网），至于信如何分发、走哪条路，信源节点都不管，完全交给邮局处理，如图 1-11 所示。

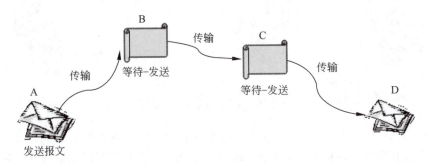

图 1-11 报文交换工作过程示意图

这种方法相比于电路交换有许多优点，如下所述。

（1）线路效率较高。这是因为许多报文可以分时共享一条节点的通道。对于同样的通信容量来说，需要较少的传输能力。

（2）不需要同时使用发送器和接收器来传输数据，网络可以在接收器可用之前暂时存储这个报文。

（3）在电路交换网络上，当通信量变得很大时，就不能接受某些呼叫；而在报文交换网络上，却仍然可以接收报文，但传送延迟会增加。

（4）报文交换系统可以把一个报文发送到多个目的地，而电路交换网络很难做到这一点。

报文交换的主要缺点是，它不能满足实时或交互式的通信要求，经过网络的延迟相当长，而且有相当大的变化。因此，这种方式不能用于声音连接，也不适合于交互式终端到计算机的连接。有时节点收到过多数据而不得不丢弃报文，并阻止了其他报文的传送，而且发出的报文不按顺序到达目的地。另外，报文交换中，若报文较长，需要较大容量的存储器，将报文放到外存储器中去时，会造成响应时间过长，增加了网路延迟时间。

3．分组交换

分组交换也称包交换，它是将用户传送的数据划分成长度一定的部分，每个部分叫作一个分组。分组交换与报文交换都是采用存储-转发交换方式。二者的主要区别是，报文交换时报文的长度不限且可变，而分组交换的报文长度不变。分组交换首先把来自用户的数据暂存于存储装置中，并划分为多个一定长度的分组，每个分组前边都加上固定格式的分组标题，用于指明该分组的发端地址、收端地址及分组序号等。

以报文分组作为存储转发的单位，分组在各交换节点之间传送比较灵活，交换节点不必等待整个报文的其他分组到齐，一个分组、一个分组地转发。这样可以大大压缩节点所需的存储容量，也缩短了网路时延。另外，较短的报文分组相比于长的报文可大大减少差错的产生，提高了传输的可靠性。

分组交换通常有两种方式，即数据包方式和虚电路方式。数据包方式，是每一个数据分组都包含终点地址信息，分组交换机为每一个数据分组独立地寻找路径。因一份报文包含的不同分组可能沿着不同的路径到达终点，在网路终点需要重新排序。所谓虚电路，就是两个用户终端设备在开始互相发送和接收数据之前，需要通过网路建立的逻辑上的连接，一旦这种连接建立之后，就在网路中保持已建立的数据通路，用户发送的数据（以分组为单位）将按顺序通过网路到达终点。当用户不需要发送和接收数据时，可以清除这种连接。

在分组交换方式中，由于能够以分组方式进行数据的暂存交换，经交换机处理后，可以很容易地实现不同速率、不同规程的终端间通信。分组交换的特点主要如下所述。

（1）线路利用率高。分组交换以虚电路的形式进行信道的多路复用，实现资源共享，可在一条物理线路上提供多条逻辑信道，极大地提高了线路的利用率。

（2）不同种类的终端可以相互通信。数据以分组为单位在网络内存储转发，使不同速率终端、不同协议的设备经网络提供的协议变换功能后实现互相通信。

（3）信息传输可靠性高。每个分组在网络中进行传输时，节点交换机之间采用差错校验与重发的功能，因而在网络中传送的误码率大大降低。而且当网络内发生故障时，网络中的路由机制会使分组自动地选择一条新的路由以避开故障点，不会造成通信中断。

（4）分组多路通信。由于每个分组都包含有控制信息，所以分组型终端可以同时与多个用户终端进行通信，可把同一信息发送到不同用户。

4．信元交换

普通的电路交换和分组交换都很难胜任宽带高速交换的交换任务。对于电路交换，当数据的传输速率及其变化非常大时，交换的控制就变得十分复杂；对于分组交换，当数据传输速率很高时，协议数据单元在各层的处理就成为很大的开销，无法满足实时性要求很强的业务需求。但电路交换的实时性很好，分组交换的灵活性很好。信元交换技术结合了这两种交换方式的优点。

信元交换又叫异步传输模式（Asynchronous Transfer Mode，ATM），是一种面向连接的快速分组交换技术，它是通过建立虚电路来进行数据传输的。ATM采用固定长度的信元作为数据传送的基本单位，信元长度为53字节，其中信元头为5字节，数据为48字节。长度固定的信元可以使ATM交换机的功能尽量简化，只用硬件电路就可以对信元头中的虚电路标识进行识别，因此大大缩短了每一个信元的处理时间。另外，ATM采用了统计时分复用的方式来进行数据传输，根据各种业务的统计特性，在保证服务质量（Quality of Service，QoS）要求的前提下，各个业务之间动态地分配网络带宽。

1.2　计算机网络简介

1.2.1　计算机网络的概念

计算机从诞生到现在已经有70多年的历史了。随着时代的发展，面对浩如烟海的信息与知识，仅仅依靠单个计算机"孤军奋战"已经难以发挥更大作用了。于是，人们开始注意到计算机网络的使用。

计算机网络是现代通信技术与计算机技术相结合的产物。所谓计算机网络，就是把分布在不同地理区域的计算机与专用外部设备用通信线路互联成一个规模大、功能强的计算机应用系统,从而使众多的计算机可以方便地互相传递信息,共享硬件、软件、数据信息等资源。人们组建计算机网络的目的是实现计算机之间的资源共享,因此,网络提供资源的多少决定了一个网络的存在价值。计算机网络的规模有大有小,大的可以覆盖全球,小的可以仅由一间办公室中的两台或几台计算机构成。通常,网络规模越大,包含的计算机越多,它所提供的网络资源就越丰富,其价值也就越高。

从定义中可以看出,计算机网络涉及如下3个方面的问题。

(1) 至少有两台计算机互联。

(2) 通信设备与线路介质。

(3) 网络软件,是指通信协议和网络操作系统。

计算机网络的应用正在改变着人们的工作与生活方式,正在进一步引起世界范围内产业结构的变化,促进全球信息产业的发展。人们已经看到,计算机越普及、应用范围越广,就越需要互联起来构成网络。在信息技术高速发展的今天,"计算机就是网络,网络就是计算机"的概念越来越被人们所接受,计算机应用正在进入一个全新的网络时代。

1.2.2 计算机网络的分类

计算机网络的种类很多,通常是按照规模大小和延伸范围来分类的,根据不同的分类原则,可以得到不同类型的计算机网络。按网络覆盖的范围大小不同,计算机网络可分为局域网(Local Area Network,LAN)、城域网(Metropolitan Area Network,MAN)、广域网(Wide Area Network,WAN);按照网络的拓扑结构来划分,计算机网络可以分为环型网、星型网、总线型网等;按照通信传输介质来划分,可以分为双绞线网、同轴电缆网、光纤网、微波网、卫星网、红外线网等;按照信号频带占用方式来划分,又可以分为基带网和宽带网。

(1) 局域网:是指在较小的地理范围内(一般小于10km)由计算机、通信线路(一般为双绞线)和网络连接设备(一般为集线器和交换机)组成的网络。

(2) 城域网:是指在一个城市范围内(一般小于100km)由计算机、通信线路(包括有线介质和无线介质)和网络连接设备(一般为集线器、交换机和路由器等)组成的网络。

(3) 广域网:比城域网范围大,是由多个局域网或城域网组成的网络。目前,已不能明确区分广域网和城域网,或者也可以说城域网的概念越来越模糊了,因为在实际应用中,已经很少有封闭在一个城市内的独立网络。互联网是世界上最大的广域网。

1.2.3 计算机网络的构成

和计算机系统一样,一个完整的计算机网络系统也是由硬件系统和软件系统两大部分组成的。

1．网络硬件

网络硬件一般是指计算机设备、传输介质和网络连接设备。目前，网络连接设备有很多，功能不一，也很复杂。

网络中的计算机，根据其作用不同，可分为服务器和工作站。服务器的主要功能是通过网络操作系统控制和协调网络各工作站的运行，处理和响应各工作站同时发来的各种网络操作要求，提供网络服务。工作站是网络各用户的工作场所，通常是一台计算机或终端。工作站通过插在其中的网络接口板（网卡）经传输介质与网络服务器相连。

按照提供的应用类型，网络服务器可分为文件服务器、应用程序服务器、通信服务器几大类。通常一个网络至少有一个文件服务器，网络操作系统及其实用程序和共享硬件资源都安装在文件服务器上。文件服务器只为网络提供硬盘共享、文件共享、打印机共享等功能，工作站需要共享数据时，便到文件服务器中去取过来，文件服务器只负责共享信息的管理、接收和发送，而丝毫不帮助工作站对所要求的信息进行处理。随着分布式网络操作系统和分布式数据库管理系统的出现，网络服务器不仅要求具有文件服务器功能，而且要能够处理用户提交的任务。简单地说就是，当某一网络工作站要对共享数据进行操作时，具体控制该操作的不仅是工作站上的处理器，还应有网络服务器上的处理器，即网络中有多个处理器为一个事务进行处理，这种能执行用户应用程序的服务器叫应用程序服务器。一般人们所说的计算机局域网中的工作站并不共享网络服务器的 CPU 资源，如果有了应用程序服务器就可以实现了。若应用程序是一个数据库管理系统，则有时也称为数据库服务器。

按照网络服务器的设计思想分类，一般把服务器分成三种类型，一种是入门级服务器，有时也称为 PC 服务器；一种是工作组级服务器，在中小企业的业务部门里使用，有时也称为部门级或工作组级服务器；还有一种就是企业级服务器，一般担当企业的整体网络部署。

在目前的应用领域，入门级服务器产品较多，服务器处理器芯片品牌主要有 Intel 的至强（Xeon）和 AMD 的皓龙等，性能相差也不小，最常见的产品形态是采用了塔式服务器，部分产品是机架式，但是还比较少。部门级服务器主要适合包括 10～50 台计算机的网络环境，为了满足企业对数据和实时性的要求，部门级服务器大都拥有双处理器的服务器主板。低端部门级产品一般配备单颗处理器，但是大半是至强芯片，除了完全胜任入门级服务器所有任务外，也为以后的升级预留了空间；中高端的就是双处理器了，通常也称它们为工作组级服务器。企业级服务器也同样采用 Intel 最新的 Xeon MP 处理器，另外通常采用可高达 8GB 的高速 PC1600 双倍数据速率（DDR）内存，它具有紧凑的 3U 机柜优化设计，集成 4 路计算功能，存储系统采用 SCSI 控制器，硬盘阵列驱动器容量可达千 GB 级，支持热拔插，在廉价磁盘冗余阵列（Redundant Array of Inexpensive Disks，RAID）技术的支持下，通过镜像或者存储奇偶校验信息的方式，实现对数据的冗余保护。

2．网络软件

网络软件一般是指系统级的网络操作系统、网络通信协议和应用级的提供网络服务功能的专用软件。

1）网络操作系统

网络操作系统是用于管理网络的软、硬件资源，提供简单的网络管理系统软件。常见的网络操作系统有 UNIX、Netware、Windows NT、Linux 等。UNIX 是一种强大的分时操作系统，以前在大型机和小型机上使用，现已向 PC 过渡。UNIX 支持 TCP/IP 协议，安全性、可靠性强；缺点是操作使用复杂。常见的 UNIX 操作系统有 Sun 公司的 Solaris、IBM 公司的 AIX、HP 公司的 HP UNIX 等。Netware 是 Novell 公司开发的早期局域网操作系统，使用 IPX/SPX 协议，目前的最新版本 Netware 5.0 也支持 TCP/IP，安全性、可靠性较强，其优点是具有 NDS 目录服务，缺点是操作使用较复杂。WinNT Server 是微软公司为解决 PC 做服务器而设计的，操作简单方便，缺点是安全性、可靠性较差，适用于中小型网络。Linux 是一款免费的网络操作系统，源代码完全开放，是 UNIX 的一个分支，内核基本和 UNIX 一样，具有 Windows NT 的界面，操作较简单，缺点是应用程序较少。

2）网络通信协议

网络通信协议是网络中计算机交换信息时的约定，它规定了计算机在网络中互通信息的规则。互联网采用的协议是 TCP/IP，该协议也是目前应用最广泛的协议，其他常见的协议还有 Novell 公司的 IPX/SPX 等。

1.3 计算机网络硬件

1.3.1 计算机网络传输媒介

网络上数据的传输需要有"传输媒介"，这好比是车辆必须在公路上行驶一样，道路质量的好坏会影响到行车是否安全舒适。同样，网络传输媒介的质量好坏也会影响数据传输的质量，包括速率、数据丢失等。

常用的网络传输媒介可分为两类，一类是有线的，一类是无线的。有线传输媒介主要有同轴电缆、双绞线及光缆，无线传输媒介主要有微波、无线电、激光和红外线等。

1．同轴电缆

同轴电缆（Coaxial Cable）绝缘效果佳，频带较宽，数据传输稳定，价格适中，性价比高。同轴电缆中央是一根内导体铜质芯线，外面依次包有绝缘层、网状编织的外导体屏蔽层和塑料保护外层,如图 1-12 所示。

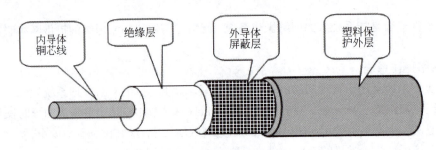

图 1-12　同轴电缆结构图

通常按特性阻抗数值的不同,可将同轴电缆分为 50Ω 基带同轴电缆和 75Ω 宽带同轴电缆。前者用于传输基带数字信号,是早期局域网的主要传输媒介;后者是有线电视系统 CATV 中的标准传输电缆,在这种电缆上传输的信号采用了频分复用的宽带模拟信号。

50Ω 基带同轴电缆可分为粗缆和细缆两类。粗缆用于 10Base-5 以太网,最大干线长度为 500m,最大网络干线电缆长度为 2500 m,每条干线段支持的最大节点数为 100,收发器之间的最小距离为 1.5 m,收发器电缆的最大长度为 50 m;细缆用于 10Base-2 以太网,最大干线段长度为 185 m,最大网络干线电缆长度为 925 m,每条干线段支持的最大节点数为 30BNC、T 型连接器之间的最小距离为 0.5 m。

使用基带同轴电缆组网,需要在两端连接 50Ω 的反射电阻,又叫终端匹配器。同轴电缆组网的其他连接设备,粗缆与细缆的不尽相同。在与粗缆连接时,收发器是外置在电缆上的,要使用 9 芯 D 型 AUI 接口,网卡上必须带有粗缆连接接口(通常在网卡上标有 DIX 字样);在与细缆连接时,收发器是内置在网卡上的,需要 BNC 接口、T 型接口配合使用,网卡上必须带有细缆连接接口(通常在网卡上标有 BNC 字样)。

2. 双绞线

双绞线(Twisted-Pair)是由两条导线按一定扭距相互绞合在一起形成的类似于电话线的传输媒介,每根线加绝缘层并用颜色来标记,如图 1-13(a)所示。成对线的扭绞旨在使电磁辐射和外部电磁干扰减到最小。使用双绞线组网,双绞线与网卡、双绞线与集线器的接口叫 RJ-45,俗称水晶头,如图 1-13(b)所示。

双绞线分为屏蔽双绞线(STP)和非屏蔽双绞线(UTP),STP 双绞线内部包了一层皱纹状的屏蔽金属物质,并且多了一条接地用的金属铜丝线,因此它的抗干扰性比 UTP 双绞线强,但价格也要贵很多,阻抗值通常为 150 Ω。UTP 双绞线阻抗值通常为 100 Ω,中心芯线 24AWG(直径为 0.5mm),每条双绞线最大传输距离为 100 m。

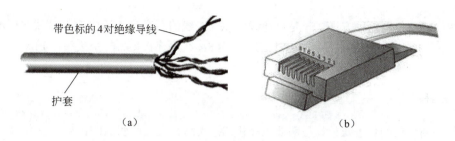

图 1-13　双绞线及 RJ-45 接口

电气工业协会/电信工业协会（EIA/TIA）约定的 1 类双绞线通常不在 LAN 技术中使用，主要用于模拟话音；2 类双绞线可用于综合业务数据网（数据），如数字话音、IBM3270 等，在 LAN 中也很少使用；3 类双绞线是一种 24AWG 的 4 对非屏蔽双绞线，符合 EIA/TIA568 标准中确定的 100Ω水平电缆的要求，可用来进行 10Mbps 和 IEEE 801.3 10Base-T 的话音和数据传输；4 类双绞线在性能上比第三类有一定改进，适用于包括 16Mbps 令牌环局域网在内的数据传输速率，可以是 UTP，也可以是 STP；5 类双绞线是 24AWG 的 4 对电缆，比 100Ω低损耗电缆具有更好的传输特性，并适用于 16Mbps 以上的速率，最高可达 100Mbps；超 5 类电缆系统是在对现有的 UTP 五类双绞线的部分性能加以改善后出现的系统，不少性能参数，如近端串扰（NEXT）、衰减串扰比（ACR）等都有所提高，但其传输带宽仍为 100MHz，连接方式和现在广泛使用的 RJ-45 接插模块相兼容；6 类电缆系统是一个新级别的电缆系统，除了各项参数都有较大提高之外，其带宽将扩展至 200MHz 或更高，连接方式和现在广泛使用的 RJ-45 接插模块相兼容；7 类电缆系统是欧洲提出的一种电缆标准，其计划的带宽为 600MHz，但是其连接模块的结构和目前的 RJ-45 形式完全不兼容，是一种屏蔽系统。

根据 EIA/TIA 接线标准，双绞线与 RJ-45 接头的连接需要 4 根导线通信，两条用于发送数据，两条用于接收数据。RJ-45 接口制作有两种标准，即 EIA/TIA T568A 标准和 EIA/TIA T568B 标准，如图 1-14 所示。

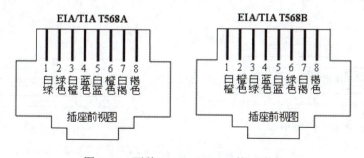

图 1-14　两种 EIA/TIA RJ-45 接口线序

双绞线的制作有两种方法，一是直通线，即双绞线的两个接头都按 T568B 线序标准连接；二是交叉线，即双绞线的一个接头按 EIA/TIA T568A 线序连接，另一个接头按 EIA/TIA T568B 线序连接。

3．光纤

光纤是新一代的传输媒介，与铜质媒介相比，光纤具有一些明显的优势。因为光纤不会向外界辐射电子信号，所以使用光纤媒介的网络无论是在安全性、可靠性还是在传输速率等网络性能方面都有了很大的提高。

光纤由单根玻璃光纤（纤芯）、紧靠纤芯的包层以及塑料保护涂层（护套）组成，如图 1-15（a）所示。为使用光纤传输信号，光纤两端必须配有光发射机和光接收机，光发射机执行从光信号到电信号的转换。实现电光转换的通常是发光二极管（LED）或注入式激光二极管（ILD）；实现光电转换的是光电二极管或光电三极管。

根据光在光纤中的传播方式，光纤有多模光纤和单模光纤两种类型。多模光纤纤芯直径较大，可为 61.5μm 或 50μm；包层外径通常为 125μm。单模光纤纤芯直径较小，一般为 9～10μm；包层外径通常也为 125μm。多模光纤又根据其包层的折射率进一步分为突变型折射率和渐变型折射率。以突变型折射率光纤作为传输媒介时，发光管以小于临界角发射的所有光都在光缆包层界面进行反射，并通过多次内部反射沿纤芯传播。这种类型的光缆主要适用于适度比特率的场合，如图 1-15（b）所示。多模突变型折射率光纤的散射通过使用具有可变折射率的纤芯材料来减小，如图 1-15（c）所示。

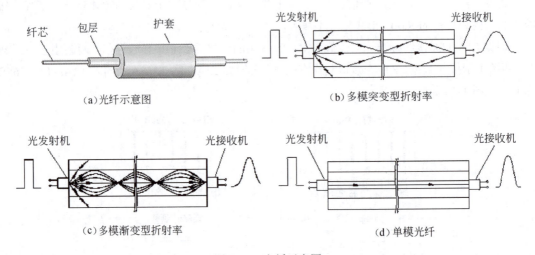

图 1-15　光纤示意图

折射率随离开纤芯的距离增加导致光沿纤芯的传播好像是正弦波。将纤芯直径减小到一种波长（3~10μm），可进一步改进光纤的性能，在这种情况下，所有发射的光都沿直线传播，这种光纤称为单模光纤，如图1-15（d）所示。这种单模光纤通常使用ILD作为发光元件，可传输的数据速率为数吉位每秒。

从上述3种光纤接收的信号看，单模光纤接收的信号与输入的信号最接近，多模渐变型次之，多模突变型接收的信号散射最严重，因而它所获得的速率最低。

4．无线传输

上述3种传输媒介有一个共同的缺点，那便是都需要一根缆线连接计算机，这在很多场合下是不方便的。例如，若通信线路需要越过高山或岛屿或在市区跨越主干道路时就很难铺设，利用无线电波在空间自由地传播，可以进行多种通信。尤其近几年，随着移动电话的飞速发展，移动计算机数据通信也变得越来越成熟。

无线传输主要分为无线电、微波、红外线及可见光几个波段，紫外线和更高的波段目前还不能用于通信。国际电信同盟（International Telecommunications Union，ITU）对无线传输所使用的频段进行了正式命名，分别是低频（Low Frequency，LF）、中频（Medium Frequency，MF）、高频（High Frequency，HF）、甚高频（VeryHF，VHF）、特高频（UltraHF，UHF）、超高频（SuperHF，SHF）、极高频（ExtremelyHF，EHF）和目前尚无标准译名的THF（Tuned HF）。

无线电微波通信在数据通信中占有重要地位。微波的频率范围为300MHz~300GHz，但主要使用2~40GHz的频率范围。微波通信主要有两种方式，即地面微波接力通信和卫星通信。

由于微波在空间是直线传播的，而地球表面是个曲面，因此其传输距离受到了限制，一般只有50km左右。若采用100m高的天线塔，传输距离可增大到100km。为实现远距离传输，必须在信道的两个终端之间建立若干个中继站，故称"接力通信"。其主要优点是频率高、范围宽，因此通信容量很大；因频谱干扰少，故传输质量高，可靠性高；与相同距离的电缆载波通信相比，投资少，见效快。缺点是因相邻站之间必须直视，对环境要求高，有时会受恶劣天气的影响，保密性差。

卫星通信是在地球站之间利用位于36 000km高空的同步卫星作为中继的一种微波接力通信。每颗卫星覆盖范围达18 000km，通常在赤道上空等距离地放置3颗相隔120°的卫星，就可覆盖全球。和微波接力通信相似，卫星通信也具有频带宽、干扰少、容量大、质量好等优点。另外，其最大特点是通信距离远，基本没有盲区；缺点是传输时延长。

1.3.2　计算机网络互联设备

数据在网络中是以"包"的形式传递的，但不同网络的"包"，其格式也是不一样的。如果在不同的网络间传送数据，由于包格式不同，会导致数据无法传送，于是网间连接设备就充当"翻译"的角色，将一种网络中的"信息包"转换成另一种网络的"信息包"。

信息包在网络间的转换，与 OSI 的七层模型关系密切。如果两个网络间的差别程度小，则需转换的层数也少。例如以太网与以太网互联，因为它们属于同一种网络，数据包仅需转换到 OSI 的第二层（数据链路层），所需网间连接设备的功能也简单（如网桥）；若以太网与令牌环网相联，数据信息需转换至 OSI 的第三层（网络层），所需中介设备也比较复杂（如路由器）；如果连接两个完全不同结构的网络，如 TCP/IP 与 SNA，其数据包需做全部七层的转换，需要的连接设备也最复杂（如网关）。

1．中继器（Repeater）

在同一种网络中，每一网段的传输媒介均有其最大的传输距离，如细缆最大网段长度为 185m，粗缆为 500m，双绞线为 100m，超过这个长度，传输媒介中的数据信号就会衰减。如果传输距离比较长，就需要安装一个叫作中继器（Repeater）的设备，如图 1-16 所示。中继器可以"延长"网络的距离，在网络数据传输中起到放大信号的作用。数据经过中继器，不需要进行信息包的转换。中继器连接的两个网络在逻辑上是同一个网络。

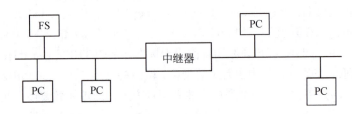

图 1-16　中继器

中继器的主要优点是安装简单、使用方便、价格相对低廉。它不仅起到扩展网络距离的作用，还可以将不同传输媒介的网络连接在一起。中继器工作在物理层，对于高层协议完全透明。

2．集线器（Hub）

集线器是中继器的一种，其区别仅在于集线器能够提供更多的端口服务，所以集线器又叫多口中继器。集线器主要是以优化网络布线结构，简化网络管理为目标而设计的。集线器是对网络进行集中管理的最小单元，像树的主干一样，是各分支的汇集点。

通常集线器分为无源集线器、有源集线器和智能集线器。无源集线器只是把相近的多段媒介集中到一起，对它们所传输的信号不作任何处理，而且对它所集中的传输媒介，只允许扩展到最大有效传输距离的一半。有源集线器把相近的多段媒介集中到一起，而且对它们所传输的信号进行整形、放大和转发，并可以扩展传输媒介长度。智能集线器具备有源集线器的功能，同时还具有网络管理和路径选择功能。

集线器是对网络进行集中管理的最小单元，它只是一个信号放大和中转的设备，不具备自动寻址能力和交换作用，由于所有传到集线器的数据均被广播到与之相连的各个端口，因而容易形成数据堵塞。集线器源于早期组建 10Base-T 网络时所使用的集成器。从集线器的作用来看，它不属于网间连接设备，而应叫作网络连接设备。因此它与网桥、路由器、网关等不同，不具备协议翻译功能，而只是分配带宽。例如使用一台 N 个端口的集线器组建 10Base-T 以太网，每个端口所分配的带宽是 10Mbps/N。

以集线器为节点中心的优点是，当网络系统中某条线路或某节点出现故障时，不会影响网上其他节点的正常工作，这就是集线器刚推出时与传统的总线网络的最大的区别和优点，因为它提供了多通道通信，大大提高了网络通信速度。

然而，随着网络技术的发展，集线器的缺点越来越突出，如用户带宽共享使带宽受限、其广播方式易造成网络风暴、其非双工传输使网络通信效率低。正因如此，尽管集线器技术也在不断改进，但实质上就是加入了一些交换机技术，目前集线器与交换机的区别越来越模糊了。随着交换机价格的不断下降，集线器仅有的价格优势已不再明显，它的市场份额越来越小，已处于淘汰的边缘。尽管如此，集线器对于家庭或者小型企业来说，在经济上还是有一点诱惑力的，特别是家庭几台机的网络中多有应用。

3．网桥（Bridge）

当一个单位有多个 LAN，或一个 LAN 由于通信距离受限无法覆盖所有节点而不得不使用多个局域网时，需要将这些局域网互连起来，以实现局域网之间的通信。扩展局域网最常见的方法是使用网桥，如图 1-17 所示。最简单的网桥有两个端口，复杂些的网桥可以有更多的端口。网桥的每个端口与一个网段（这里所说的网段就是普通的局域网）相连。在图 1-17 所示的网桥中，其端口 1 与网段 A 相连，而端口 2 则连接到网段 B。

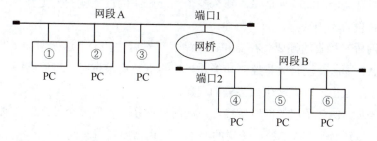

图 1-17 网桥

网桥从端口接收网段上传送的各种帧。每当收到一个帧时，就先存放在其缓冲区中。若此帧未出现差错，且欲发往的目的站地址属于另一个网段，则通过查找站表，将收到的帧送往对应的端口转发出去，否则就丢弃此帧。因此，仅在同一个网段中通信的帧，不会被网桥转发到另一个网段去，因而不会加重整个网络的负担。例如，设网段 A 的 3 个站的地址分别为①、②和③，网段 B 的 3 个站的地址分别为④、⑤和⑥，若网桥的端口 1 收到站①发给站②的帧，通过查找站表得知应将此帧送回端口 1，表明此帧属于同一个网桥上通信的帧，于是丢弃此帧。若端口 1 收到站①发给站⑤的帧，则在查找站表后，将此帧送到端口 2 转发给网段 B，然后再传送给站⑤。

最常见的网桥有透明网桥和源站选路网桥。透明网桥是由各网桥自己来决定路由选择的，而局域网上的各站都不管路由选择，这种网桥的标准是 IEEE 801.1(D)或 ISO 8801.Id。"透明"是指局域网上的每个站并不知道所发送的帧将经过哪几个网桥，而网桥对各站来说是看不见的。透明网桥在收到一个帧时，必须决定是丢弃此帧还是转发此帧，若转发此帧，则应根据网桥中的站表来决定转发到哪个局域网。透明网桥的最大优点就是容易安装，一接上就能工作。但是，网桥资源的利用还不充分。因此，支持 IEEE 801.5 令牌环形网的分委员会就制定了另一个网桥标准，就是由发送帧的源站负责路由选择，即源站选路（source routing）网桥。源站选路网桥假定了每一个站在发送帧时都已清楚地知道发往各个目的站的路由，因而在发送帧时将详细的路由信息放在帧的首部中。

使用网桥可以带来如下好处。

（1）过滤通信量。网桥可以使局域网一个网段上各工作站之间的通信量局限在本网段的范围内，而不会经过网桥流到其他网段去。

（2）扩大了物理范围，也增加了整个局域网上工作站的最大数目。

（3）可使用不同的物理层，可互连不同的局域网。

（4）提高了可靠性。如果把较大的局域网分隔成若干较小的局域网，并且每个小的局域网内部的通信量明显高于网间的通信量，那么整个互连网络的性能就变得更好。

当然，网桥也有不少缺点，如下所述。

（1）由于网桥对接收的帧要先存储和查找站表，然后才转发，这就增加了时延。

（2）在 MAC 子层并没有流量控制功能。当网络上负荷很重时，可能会因网桥缓冲区的存储空间不够而发生溢出，以致产生帧丢失的现象。

（3）具有不同 MAC 子层的网段桥接在一起时，网桥在转发一个帧之前，必须修改帧的某些字段的内容，以适合另一个 MAC 子层的要求，这也需要耗费时间。

（4）网桥只适合于用户数不太多（不超过几百个）和通信量不太大的局域网，否则有时还会产生较大的广播风暴。

4. 交换机（Switch）

传统的集线器虽然有许多优点，但分配给每个端口的频带太低了（10Mbps/N）。为了提高网络的传输速度，根据程控交换机（Switch）的工作原理，设计出了交换式集线器，如图 1-18 所示。

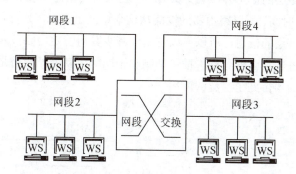

图 1-18　交换机示意图

交换机提供了另一种提高数据传输速率的方法，且这种方法比 FDDI、ATM 的成本都要低许多，交换机能够将以太网络的速率提高至真正的 10Mbps 或 100Mbps。目前这种产品已十分成熟，在高速局域网中已成为必选的设备。

传统式集线器实质上是把一条广播总线浓缩成一个小小的盒子，组成的网络物理上是星型拓扑结构，而逻辑上仍然是总线型的，是共享型的。集线器虽然有多个端口，但同一时间只允许一个端口发送或接收数据；而交换机则是采用电话交换机的原理，它可以让多对端口同时发送或接收数据，每一个端口独占整个带宽，从而大幅度提高了网络的传输速率。

例如一台 8 口的 10Base-T Hub，每个端口所分配到的带宽为 10Mbps/8=1.25Mbps；如果是一台 8 口的 10Base-Switch，同一时刻可有 4 个交换通路存在，也就是说可以有 4 个 10Mbps 的信道，有 4 对端口进行数据传输，4 个端口分别发送 10Mbps 的数据，另外 4 个端口分别接收 10Mbps 的数据。这样每个端口所分配到的带宽均为 10Mbps，在理想的满负荷状态下，整个交换机的带宽为 10Mbps×8=80Mbps。

5. 路由器（Router）

当两个不同类型的网络彼此相连时，必须使用路由器。例如，LAN A 是 Token Ring，LAN B 是 Ethernet，这时就可以用路由器将这两个网络连接在一起，如图 1-19 所示。

表面上看，路由器和网桥两者均为网络互连设备，但两者最本质的差别在于网桥的功能发生在 OSI 参考模型的第二层（链路层），而路由器的功能发生在第三层（网络层）。由于路由器比网桥高一层，因此智能性更强。它不仅具有传输能力，而且有路径选择能力。当某一链路不通时，路由器会选择一条好的链路完成通信。另外，路由器有选择最短路径的能力。由于路由器的复杂化，其传输信息的速度比网桥要慢，比较适合于大型、复杂的网络连接。网桥在把数据从源端向目的端转发时，仅仅依靠链路层的帧头中的信息（MAC 地址）作为转发的依据。而路由器除了分析链路层的信息外，主要以网络层包头中的信息（网络地址）作为转发的依据，但会耗去更多的 CPU 时间，所以路由器的性能从这个意义上讲可能不如网桥。但是正是因为其转发依赖网络协议更高层的信息，所以可以进一步减少其对特定网络技术的依赖性，扩大了路由器的适用范围。再者，路由器具有广播包抑制和子网隔离功能，网桥是不可能具备的，正是这样一种情况使得路由器得到了广泛的应用。

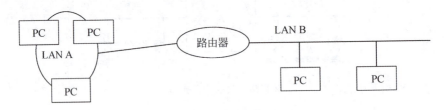

图 1-19　路由器

路由器根据分类方法的不同可分为近程路由器和远程路由器、内部路由器和外部路由器、"静态"路由器和"动态"路由器、单协议路由器和多协议路由器等。路由器在工作时需要存在初始的路径表，它使用这些表来识别其他网络以及通往其他网络的路径和最有效的选择方法。路由器与网桥不同，它并不是使用路径表来找到其他网络中指定设备的地址，而是依靠其他路由器来完成此任务。也就是说，网桥是根据路径表来转发或过滤信息包，而路由器是使用它的信息来为每一个信息包选择最佳路径。静态路由器需要管理员来修改所有网络的路径表，它一般只用于小型的网间互连；而动态路由器能根据指定的路由协议来完成修改路由器信息。使用这些协议，路由器能自动地发送这些信息，所以一般大型的网间连接均使用动态路由器。路由器能够在多个网络和介质之间提供网络互连功能，但路由器并不要求在两个网络之间维持永久的连接。与网桥不同，路由器仅在需要时建立新的或附加的连接，用以提供动态的带宽或拆除空闲的连接。此外，当某条路径被拆除或因拥挤阻塞时，路由器会提供一条新路径。路由器还能够提供传输的优先权服务，给每一种路由配置提供最便宜或最快速的服务，这些功能都是网桥所没有的。

6．网关（Gateway）

当连接两个完全不同结构的网络时，必须使用网关。例如，Ethernet 网与一台 IBM 的大型主机相连，必须用网关来完成这项工作，如图1-20所示。

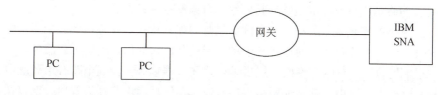

图1-20 网关

网关不能完全归为一种网络硬件。用概括性的术语来讲，它们应该是能够连接不同网络的软件和硬件的结合产品。特别要说明的是，它们可以使用不同的格式、通信协议或结构连接两个系统。网关实际上通过重新封装信息以使它们能被另一个系统读取。为了完成这项任务，网关必须能够运行在OSI模型的几个层上。网关必须同应用通信，建立和管理会话，传输已经编码的数据，并解析逻辑和物理地址数据。

网关可以设在服务器、微机或大型机上。由于网关具有强大的功能，并且大多数情况下都和应用有关，所以它们比路由器的价格要贵一些。另外，由于网关的传输更复杂，它们传输数据的速度要比网桥或路由器低一些。正是由于网关较慢，它们有造成网络堵塞的可能。然而，在某些场合，只有网关能胜任工作。常见的网关有以下几种。

（1）电子邮件网关：该网关可以从一种类型的系统向另一种类型的系统传输数据。例如，电子邮件网关可以允许使用Eudora电子邮件的人与使用Group Wise电子邮件的人相互通信。

（2）IBM主机网关：这种网关可以在一台个人计算机与IBM大型机之间建立和管理通信。

（3）互联网网关：该网关允许并管理局域网和互联网间的接入，可以限制某些局域网用户访问互联网。

（4）局域网网关：这种网关可以使运行于OSI模型不同层上的局域网网段间相互通信。路由器甚至只用一台服务器就可以充当局域网网关。局域网网关也包括远程访问服务器。它允许远程用户通过拨号方式接入局域网。

1.3.3 计算机网络接入技术

前文讲述的同轴电缆、双绞线、光纤等传输媒介通常用于构建局域网，但终端远程接入局域网、局域网与局域网远程互联或局域网接入广域网，必须借助公共传输网络。用户不必关心公共传输网络的内部结构和工作机制，只需要了解公共传输网络提供的接口如何实现和公共传输网络之间的连接，并通过公共传输网络实现远程端点之间的报文交换。掌握各种公共传输网络的特性，了解公共传输网络和用户网络之间的互连技术是十分重要的。

目前，提供公共传输网络服务的单位主要是电信部门，随着电信营运市场的开放，用户可能有较多的选择余地来选择公共传输网络的服务提供者。

公共传输网络基本可以分成电路交换网络和分组交换网络两类。

电路交换网络的特点是，远程端点之间通过呼叫建立连接，在连接建立期间，电路由呼叫方和被呼叫方专用。经呼叫建立的连接属于物理层链路，只提供物理层承载服务，在两个端点之间传输二进制比特流。分组交换网络提供虚电路和数据包服务。虚电路有永久虚电路和交换虚电路两种。永久虚电路由公共传输网络提供者设置，这种虚电路经设置后长期存在。交换虚电路需要两个远程端点通过呼叫控制协议建立，在完成当前数据传输后就拆除。虚电路和电路交换的最大区别在于虚电路只给出了两个远程端点之间的传输通路，并没有把通路上的带宽固定分配给通路两端的用户，其他用户的信息流可以共享传输通路上物理链路的带宽。数据包服务不需要经过虚电路建立过程就可实现报文传送，由于没有在报文的发送端和接收端之间建立传输通路，报文中必须携带源和目的端点地址，而且公共传输网络的中间节点必须能够根据报文的目的端点地址选择合适的路径转发报文。当然，呼叫控制协议在建立虚电路时，也必须根据用户设备地址来确定传输通路的两个端点。由于分组交换网络提供的不是物理层的承载服务，所以必须把要求传输的数据信息封装在分组交换网络要求的帧或报文格式的数据字段中才能传输。

1．公共交换电话网

公共交换电话网（Public Switched Telephone Network，PSTN）是基于标准电话线路的电路交换服务，这是一种最普遍的传输服务，往往用来作为连接远程端点的连接方法，比较典型的应用有远程端点和本地 LAN 之间的互连、远程用户拨号上网以及作为专用线路的备份线路。

由于模拟电话线路是针对话音频率（30～4000Hz）优化设计的，使得通过模拟线路传输数据的速率被限制在 33.4Kbps 以内，而且模拟电话线路的质量有好有坏，许多地方的模拟电话线路的通信质量无法得到保证，线路噪声的存在也将直接影响数据传输速率。

2．窄带综合业务数字网

当网络的传输系统和交换系统都采用数字技术时，就称为综合数字网（Integrated Digital Network，IDN）。虽然综合数字网与模拟通信网相比是一个不小的进步，但为各种业务分别建网仍不可行，于是人们就设法使各种不同的业务信息经过数字化后都在一个网络中传输，这就是综合业务数字网（ISDN）。ITU-T 把这种由 ISDN 发展而来的，提供端到端的数字连接，支持声音和非声音广泛服务的网络定义为窄带综合业务数字网（Narrowband Integrated Services Digital Network，N-ISDN）。

ITU-T 定义的 N-ISDN 标准化组合中规定有两类接口标准，即基本速率接口和一次群速率接口。

3．宽带综合业务数字网

随着信息技术的飞速发展，一方面数据传输的速率已越来越快，另一方面各种新的业务不断涌现，N-ISDN 已很难适应用户的宽带需求，因此在 N-ISDN 还未大面积推广使用时，宽带综合业务数字网（Broadband Integrated Services Digital Network，B-ISDN）就出现了。B-ISDN 与 N-ISDN 的主要区别如下所述。

（1）B-ISDN 使用一种快速分组交换，叫异步传输模式（ATM）；而 N-ISDN 使用的是电路交换，只是在传送信令的 D 信道使用分组交换。

（2）B-ISDN 的用户环路和干线都采用光纤，而 N-ISDN 以目前正在使用的 PSTN 为基础，其用户环路采用双绞线（铜线）。

（3）B-ISDN 采用了虚通路的概念，其传输速率只受用户网络接口的物理比特率的限制。而 N-ISDN 的各通路是预先设置的，如一个 B 通道是 64Kbps，当用户不需这么高的带宽时，它不能降低；当用户带宽不够时，它又不能升高。

（4）B-ISDN 的传输速率可达百兆甚至千兆位，而 N-ISDN 的传输速率最多只能为两兆位。

由于 B-ISDN 的交换方式是 ATM，而 ATM 的物理基础主要是采用了同步数字系列（Synchronous Digital Hierarchy，SDH）标准的光纤传输网络，所以 B-ISDN 与 SDH 的几种标准速率是相同的。

SDH 是 ITU-T 以美国标准同步光纤网（Synchronous Optical Network，SONET）为基础制定的，SDH 的帧结构是一种块状帧，基本信号称为第 1 级同步传递模块 STM-1，相当于 SONET 体系中的 OC3 速率，即为 155.52Mbps。多个 STM-1 复用组成 STM-n，通常用 4 个 STM-1 复用组成 STM-4，相当于 4 个 OC3 复用为 OC12，速率为 622Mbps；4 个 STM-4 复用组成 STM-16，速率为 1.5Gbps；4 个 STM-16 复用组成 STM-64，速率为 10Gbps。

4．X.25 分组交换网

X.25 是 CCITT 制定的在公用数据网上供分组型终端使用的，数据终端设备（DTE）与数据通信设备（DCE）之间的接口建议。

简单地说，X.25 只是一个以虚电路服务为基础的对公用分组交换网接口的规格说明。它动态地对用户传输的信息流分配带宽，能够有效地解决突发性、大信息流的传输问题，分组交换网络同时可以对传输的信息进行加密和有效的差错控制。虽然各种错误检测和相互之间的确认应答浪费了一些带宽，增加了报文传输延迟，但对早期可靠性较差的物理传输线路来说，不失为一种提高报文传输可靠性的有效手段。

随着光纤越来越普遍地作为传输媒介，传输出错的概率越来越小，在这种情况下，重复地在链路层和网络层实施差错控制，不仅显得冗余，而且浪费带宽，增加了报文传输延迟。

由于 X.25 分组交换网络是在早期低速、高出错率的物理链路的基础上发展起来的，其特性已不适应目前高速远程连接的要求，因此一般只用于要求传输费用少，而远程传输速率要求又不高的广域网使用环境。虽然现在它已经逐步被性能更好的网络取代，但这个著名的标准在推动分组交换网的发展中做出了巨大贡献。

5．数字数据网

数字数据网（Digital Data Network，DDN）是利用数字通道提供半永久性连接电路，向用户提供端到端的中高速率、高质量的数字专用电路，全程实现数字信号透明传输的数据传输网。

DDN 可以在两个端点之间建立一条专用的数字通道，通道的带宽可以是 $n \times 64kbps$，一般 $0 < n \leq 30$。当 n 为 30 时，该数字通道就是完整的 E1 线路，实际带宽可达到 2Mbps。DDN 专线在租用期间，用户独占该线路的带宽。除传输设备外，DDN 干线主要采用光缆、数字微波与卫星信道，所提供的信道是非交换型的半永久电路，其路由通常由电信部门在用户申请时设定，修改并非经常性的。由于 DDN 采用脉冲编码调制（PCM）的数字中继方式，因而传输距离远，可以跨地区、跨国家，与模拟信道相比，具有传输速度快、质量好、性能稳定和带宽利用率高等优点。

DDN 网通常由 4 个部分组成，分别如下所述。

（1）本地传输系统：主要包括用户设备、用户环路（用户线和用户接入单元）。根据接入 DDN 的方式（节点机）不同，用户接入单元可以是频带型或基带型数据传输设备，也可以是多路复用器。如在远程局域网互连时，通常使用基带 Modem 和路由器。

（2）复用与交叉连接系统：DDN 的复用方式可采用频分多路复用（FDM）或时分多路复用（TDM），目前多采用 TDM。交叉连接是指节点内部对复用数字码流通过交叉连接矩阵，以 64Kbps 为单元进行设定的交叉连接。

（3）局间传输与同步系统：局间利用高速数字中继传送信息，通常设置迂回路由，以提高系统的可靠性。

（4）网络管理系统：DDN 分为干线网和本地网，为便于管理，干线网又分为几个等级。各级通常均要设置网管中心，以对网络进行配置、监控、计费、管理与维护。

DDN 目前仍然是许多单位用于实现 WAN 连接的手段，尤其对于要求持续、稳定、可靠、安全的信息流传输的应用环境更是如此。但对于突发性信息流传输，专用线路或者处于过载状态，或者带宽利用率只达到 20%～30%时，其经济性稍差一些。

6．帧中继

帧中继（Frame Relay，FR）是为了克服传统 X.25 的缺点，提高其性能而发展出来的一种高速分组交换与传输技术。在一个典型的 X.25 网络中，分组在传输过程中在每个节点都要进行繁杂的差错检查，而每次差错检查都需要将分组全部接收后才能完成。帧中继则是一种减少节点处理时间的技术。帧中继认为帧的传送基本上不会出错，因此每个节点只要知道帧的目的地址，也就是只要接收到帧的前 6 个字节，就立即转发，大大减少了帧在每一个节点的时延，比传统 X.25 的处理时间少一个数量级。

帧中继网存在的问题是，一旦出现差错如何处理。按上述方法，只有整个帧被完全接收下来后，节点才能检测到差错，但当节点检测出差错时，而该帧的大部分已经转发到下一个节点了。解决这一问题的方法很简单，当检测到有误码的帧后，立即发送终止这次传输的指令，即使帧到达目的节点了，也采用丢弃出错帧的方法。因此，仅当帧中继网络本身的误码率非常低时，帧中继技术才能发挥效能。

帧中继的设计目标主要针对于局域网之间的互连，它以面向连接的方式、合理的数据传输速率和低廉的价格提供数据通信服务。帧中继的主要思想是"虚拟租用线路"。租用 DDN 专线与虚拟租用线路是不同的，租用 DDN 专线期间用户不可能一直以最高传输速率在线路上传送数据，线路利用率不高；由于帧中继采用帧作为数据传送单元，网络的带宽根据用户帧传输的需要，可以采用统计复用的方式动态分配，这样可以充分地利用网络资源，提高了中继带宽的利用率，尤其是对突发信息的适应性比较强。因此，帧中继的虚拟租用线路利用率高，用户费用低（约为 DDN 的 50%）。

目前，我国已建立了公用帧中继网 ChinaFRN，在现有的 DDN、宽带网上构架和提供帧中继数据传输业务（FRDTS）。

7. 异步传输模式

电路交换的实时性好，分组交换的灵活性好，B-ISDN 采用了一种结合这两种交换方式优点的交换技术，即异步传输。

ATM 和帧中继都采用了"当正在接收一个帧时，就转发此帧"的快速分组交换技术，那二者有什么区别呢？可以这样理解，快速分组交换技术在实现上有两种方式，它是根据网络中传送的帧长是可变的还是固定的来划分的，当帧长可变时，就是帧中继（Frame Relay）；当帧长固定（53B）时，就是信元中继（Cell Relay），即 ATM。二者的差别是信元中继更适合高速交换，数据传输速率更快。因此，信元中继通常使用在网络中间的核心部分，而帧中继主要使用在网络边界，即解决如何接入网络。

读者还要弄清 ATM、B-ISDN 和 SDH 之间的关系。概括地讲，B-ISDN 使用的交换方式是 ATM，而 ATM 的物理基础目前主要是采用 SDH 标准的光纤网络。另外需要说明的是，ATM 的思想最初虽然是针对 B-ISDN 的需求提出的，但最早出现的 ATM 产品却是局域网产品。局域网中的 ATM 技术传输媒介不仅可以用光纤，还可以用同轴电缆、双绞线等，接口速率也不仅仅限于 SDH 的几种标准速率。因此不能把 ATM 完全等同于 B-ISDN，ATM 是作为一个独立的网络连接技术存在的。但需要指出的是，ATM 的发展并不如当初预期的那样顺利，由于 ATM

技术复杂、设备昂贵，加之快速以太网、千兆以太网的迅速普及，导致 ATM 产品迅速从局域网中淡出，目前仅存在于互联网的高速主干网中。

8．甚小天线地球站

VSAT（Very Small Aperture Terminal）直译为"甚小孔径终端"，意译应是"甚小天线地球站"，是 20 世纪 80 年代中期开发的一种卫星通信系统。VSAT 由于源于传统卫星通信系统，所以也称为卫星小数据站或个人地球站，这里的"小"指的是 VSAT 系统中小站设备的天线口径小，通常为 0.3m～1.4m。VSAT 具有灵活性强、可靠性高、成本低、使用方便以及小站可直接装在用户端等特点。VSAT 系统由一个主站及众多分散设置在各个用户所在地的远端 VSAT 组成，可不借助任何地面线路，不受地形、距离和地面通信条件限制，主站和 VSAT 间可直接进行高达 2Mbps 的数据通信。特别适于有较大信息量和所辖边远分支机构较多的部门使用。VSAT 系统也可提供电话、传真、计算机信息等多种通信业务。该系统由 288 颗近地轨道卫星构成，每颗星由路由器通过光通信与相邻卫星连接构成空中互联网。地面服务商接入网关站（双向 64Mbps）和一般移动用户（下行 64Mbps，上行 2Mbps）直接与卫星连接接入。

借助 VSAT，用户数据终端可直接利用卫星信道与远端的计算机进行联网，完成数据传递、文件交换或远程处理，从而摆脱了本地区的地面中继问题。在地面网络不发达、通信线路质量不好或难于传输高速数据的边远地区，使用 VSAT 作为计算机网络接入手段是一种很好的选择。

按照所支持的主要业务类型不同，VSAT 可分为以话音业务为主的 VSAT 系统、以数据业务为主的 VSAT 系统、以综合业务为主的 VSAT 系统。

从 VSAT 网采用的网络结构来看，其也可分为 3 类，即星型结构的 VSAT 系统、网状结构的 VSAT 系统、星型和网状混合结构的 VSAT 系统。

9．数字用户线

数字用户线（Digital Subscriber Line，xDSL）就是利用数字技术对现有的模拟电话用户线进行改造而成的，能够承载宽带业务。字母 x 表示 DSL 的前缀可以是多种不同的字母，常见的有非对称数字用户线（Asymmetrical DSL，ADSL）、高速数字用户线（High speed DSL，HDSL）、单对数字用户线（Single-line DSL，SDSL）和甚高速数字用户线（Very high speed DSL，VDSL）。

xDSL 技术的最大特点是使用电信部门已经铺设的双绞线作为传输线路提供高带宽传输速率（64Kbps～52Mbps）。数字用户线也是点对点的专用线路，用户独占线路的带宽。HDSL 和 SDSL 提供对称带宽传输，即双向传输带宽相同；ADSL 和 VDSL 提供非对称带宽传输，用户向接入设备传输的带宽远远低于接入设备向用户传输的带宽。

数字用户线的主要用途是作为接入线路，把用户网络连接到公共交换网络，如 Internet、帧中继、X.25 等，目前人们更多地把 xDSL 作为家庭接入 ATM 网的接入线路。

xDSL 的标准正在制订和完善之中，目前已经投入使用的 xDSL 技术主要有 ADSL 和 HDSL。HDSL 虽然是对称传输，但需要两对或三对双绞线，而 ADSL 只需要一对双绞线就可完成双向传输，而且在访问 Internet 时，用户主要从 Internet 下载信息，用户传送给 Internet 的信息并不多，因此不对称传输带宽并没有妨碍 ADSL 广泛作为用户网和公共交换网的接入线路。

10．宽带网接入

宽带网实际上的名称叫作"IP 城域网"，这是目前较流行的一种接入方式，很多新建的住宅小区都采用这种方式。从技术上讲，它是在城市范围内以多种传输媒介为基础，采用 TCP/IP 协议，通过路由器组网，实现 IP 数据包的路由和交换传输。也可以这样来理解，IP 城域网实际就是一个规模足够大的高速局域网，只不过这个局域网大到可以覆盖整个城市。网内用户连接的不是普通孤立的局域网，而是真正的 Internet。每个用户都使用合法的 IP 地址，是真正的 Internet 用户。网络到用户桌面的带宽远远超过 PSTN、ISDN 所提供的带宽，大部分用户可用的数据速率达 10Mbps、100Mbps。

IP 城域网的接入方式目前一般分为 LAN 接入（网线）和 FTTx 接入（光纤）。LAN 接入是指从城域网的节点经过交换器和集线器将网线直接拉到用户的家里，它的优势在于 LAN 技术成熟，网线及中间设备的价格比较便宜，同时可以实现 10～100Mbps 的平滑过渡。

FTTx 接入是指光纤直接拉到用户的家里，即光纤到户（Fiber To The Home，FTTH）或光纤到桌面（Fiber To The Desk，FTTD）。由于目前光纤网络产品的价格昂贵，尚未到普及阶段，但它的无限带宽容量却是未来宽带网络发展的方向。

11．HFC 和 Cable MODEM

HFC（Hybrid Fiber Coaxial）网是指光纤同轴电缆混合网，它是一种新型的宽带网络，采用光纤到服务区，而在进入用户的"最后 1 公里"采用同轴电缆。最常见的也就是有线电视网络，它比较合理有效地利用了当前的成熟技术，融数字与模拟传输为一体，能够同时提供较高质量和较多频道的传统模拟电视节目、较好性能价格比的电话服务、高速数据传输服务和多种信息增值服务，还可以逐步开展交互式数字视频应用。HFC 网络大部分采用传统的高速局域网技术，但是最重要的组成部分也就是同轴电缆到用户计算机这一段使用了另外一种独立技术，就是 Cable Modem。

Cable Modem 可叫作电缆调制解调器或线缆调制解调器，是一种将数据终端设备（计算机）连接到有线电视网（Cable TV，CATV），以使用户能够进行数据通信访问 Internet 等信息资源的设备。它是近几年随着网络应用的扩大而发展起来的，主要用于有线电视网进行数据传输。电缆调制解调器的主要功能是将数字信号调制到射频以及将射频信号中的数字信息解调出来。

除此之外，电缆调制解调器还提供标准的以太网接口，部分地完成网桥、路由器、网卡和集线器的功能，因此，它要比传统的 PSTN 调制解调器复杂得多。Cable Modem 与 PSTN Modem 原理上都是将数据进行调制后在电缆的一个频率范围内传输，接收时进行解调，不同之处在于 Cable Modem 是通过有线电视 CATV 的某个传输频带进行调制解调的，属于共享媒介系统，其他空闲频段仍然可用于有线电视信号的传输；而 PSTN Modem 的传输媒介在用户与交换机之间是独立的，即用户独享通信介质。

Cable Modem 提供双向信道，从计算机终端到网络方向称为上行（Upstream）信道，从网络到计算机终端方向称为下行（Downstream）信道。上行信道带宽一般为 200Kbps～2Mbps，最高可达 10Mbps，上行信道采用的载波频率范围为 5～40MHz。下行信道的带宽一般为 3～10Mbps，最高可达 38Mbps，下行信道采用的载波频率范围为 42～750MHz。

HFC 有线电视上网的优点就是可以充分利用现有的有线电视网络，不需要再单独架设线路，并且速度比较快，但是它的缺点就是 HFC 网络结构是树型的，Cable Modem 上行 10Mbps 下行 38Mbps 的信道带宽是整个社区用户共享的，一旦用户数增多，每个用户所分配的带宽就会急剧下降，而且共享型网络拓扑结构致命的缺陷就是它的安全性（整个社区属于一个网段），数据传送基于广播机制，同一个社区的所有用户都可以接收到他人的信息包。

12．本地多点分配接入系统

本地多点分配接入系统（Local Multipoint Distribution System，LMDS）是 20 世纪 90 年代发展起来的一种宽带无线点对多点接入技术，能够在 3～5km 的范围内以点对多点的形式进行广播信号传送。在某些国家和地区也称为本地多点通信系统（Local Multipoint Communication System，LMCS）。所谓"本地"，是指网络的有效距离是单个基站所能够覆盖的范围。LMDS 因为受工作频率和电波传播特性的限制，单个基站在城市环境中所覆盖的半径通常小于 5km；"多点"是指信号从基站到用户端是以点对多点的广播方式传送的，而信号从用户端到基站则以点对点的方式传送；"分配"是指基站将发出的信号（包括话音、数据及视频业务）分别分配至各个用户。

LMDS 是一种毫米波微波传输技术。它几乎可以提供任何种类的业务，支持双向话音、数据及视频图像业务，能够实现 64Kbps～2Mbps，甚至高达 155Mbps 的用户接入速率，具有很高的可靠性，被称为是一种"无线光纤"技术。

目前，有关 LMDS 的标准化工作在 ATM 论坛、DAVIC、ETSI、ITU 等组织的工作下进行，大多数标准化组织都采用 ATM 信元作为基本无线传输机制。LMDS 工作在 24～38GHz 频段，在不同国家或地区，电信管理部门分配给 LMDS 的具体工作频段及频带宽度有所不同，其中大约 80%的国家将 27.5～29.5GHz 定为 LMDS 频段。

13．无源光网络

无源光网络（Passive Optical Network，PON）是一种点对多点的光纤传输和接入技术，下行采用广播方式、上行采用时分多址方式，可以灵活地组成树型、星型、总线型等拓扑结构，在光分支点不需要节点设备，只需要安装一个简单的光分支器即可，因此具有节省光缆资源、带宽资源共享、节省机房投资、设备安全性高、建网速度快及综合建网成本低等优点。PON 包括 ATM-PON（APON，即基于 ATM 的无源光网络）和 Ethernet-PON（EPON，即基于以太网的无源光网络）两种。

APON 传输速率下行为 622 Mbps 或 155 Mbps，上行为 155 Mbps。APON 与 EPON 相比，ATM 交换机和 ATM 终端设备昂贵。由于用户终端设备大都是 IP 设备，采用 ATM 技术必须将 IP 包拆分重新封装为 ATM 信元，这就大大增加了网络的开销，造成网络资源的浪费，但 APON 的主要特点是对实时业务的支持较好，并能够以较低成本提供服务质量（QoS）保障。

EPON 融合了 PON 和以太网数据产品的优点，形成了许多独有的优势。EPON 系统能提供高达 1 Gbps 的上下行带宽，由于 EPON 采用复用技术，支持更多用户，每个用户可以享受到更大的带宽。EPON 系统不采用昂贵的 ATM 设备和 SONET 设备，能与现有的以太网相兼容，大大简化了系统结构，成本低，易于升级。由于无源光器件有很长的寿命，因此户外线路的维护费用大为减少。标准的以太网接口可以利用现有的价格低廉的以太网设备。PON 结构本身决定了网络的可升级性比较强，只要更换终端设备，就可以使网络升级到 10 Gbps 或者更高速率。EPON 不仅能综合现有的有线电视、数据和话音业务，还能兼容未来业务，如数字电视、VoIP、电视会议和 VOD 等，实现综合业务接入。

1.4　计算机网络协议

1.4.1　OSI 体系结构

1．协议的概念

1969 年 12 月，美国国防部高级计划研究署的分组交换网 ARPANET 投入运行，从此计算机网络的发展进入了一个新的纪元。ARPANET 当时仅有 4 个节点，分别在美国国防部、原子能委员会、麻省理工学院和加利福尼亚。显然在这 4 台计算机之间进行数据通信仅有传送数据的通路是不够的，还必须遵守一些事先约定好的规则，这些规则明确所交换数据的格式及有关同步的问题。人与人之间交谈需要使用同一种语言，如果一个人讲中文，另一个人讲英文，那就必须有一个翻译，否则这两人之间的信息无法沟通。计算机之间的通信过程和人与人之间的交谈过程非常相似，只是前者由计算机来控制，后者由参加交谈的人来控制。

计算机网络协议就是通信的计算机双方必须共同遵从的一组约定，如怎样建立连接、怎样互相识别等。只有遵守这个约定，计算机之间才能相互通信和交流。

通常网络协议由如下 3 个要素组成。

（1）语法，即控制信息或数据的结构和格式。

（2）语义，即需要发出何种控制信息、完成何种动作以及做出何种应答。

（3）同步，即事件实现顺序的详细说明。

2．开放系统互连参考模型系统结构

ARPANET 的实践经验表明，对于非常复杂的计算机网络而言，其结构最好是采用层次型的。根据这一特点，国际标准化组织 ISO 推出了开放系统互连参考模型（Open System Interconnect Reference Model，OSIRM）。该模型定义了不同计算机互连的标准，是设计和描述计算机网络通信的基本框架。开放系统互连参考模型的系统结构就是层次式的，共分 7 层，如表 1-1 所示。在该模型中层与层之间进行对等通信，且这种通信只是逻辑上的，真正的通信都是在最底层——物理层实现的，每一层要完成相应的功能，下一层为上一层提供服务，从而把复杂的通信过程分成了多个独立的、比较容易解决的子问题，如图 1-21 所示。

表 1-1　OSIRM

层 序 号	英文缩写	英 文 名 称	中 文 名 称
7	A	Application Layer	应用层
6	P	Presentation Layer	表示层
5	S	Session Layer	会话层
4	T	Transport Layer	传输层
3	N	Network Layer	网络层
2	DL	Data Link Layer	数据链路层
1	PL	Physical Layer	物理层

从历史上看，在制定计算机网络标准方面起着很大作用的两个国际组织是国际标准化组织（International Standardization Organization，ISO）和国际电报电话咨询委员会（International Telephone and Telegraph Consultative Committee，CCITT）。ISO 与 CCITT 工作的领域是不同的，ISO 是一个全球性的非政府组织，是国际标准化领域中一个十分重要的组织。ISO 的任务是促进全球范围内的标准化及其有关活动，以利于国际间产品与服务的交流，以及在知识、科学、技术和经济活动中发展国际间的相互合作。CCITT 现更名为国际电信联盟电信标准化部（International Telecommunications Union-Telecom，ITU-T），其主要职责是完成电联有关电信标准方面的目标，即研究电信技术、操作和资费等问题，出版建议书。虽然 OSI 在一开始是由 ISO 来制定，但后来的许多标准都是 ISO 与 CCITT 联合制定的。CCITT 的建议书 X.200 就是讲解

开放系统互连参考模型的。

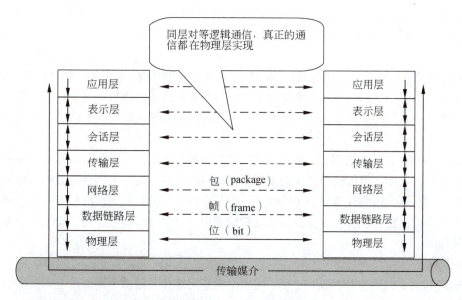

图 1-21　OSIRM 系统结构

3．开放系统互连参考模型各层的功能

1）物理层

物理层是 OSI 分层结构体系中最重要、最基础的一层，它建立在传输媒介基础上，实现设备之间的物理接口。物理层只是接收和发送一串比特流，不考虑信息的意义和信息的结构。

它包括对连接到网络上的设备描述其各种机械的、电气的和功能的规定，还定义电位的高低、变化的间隔、电缆的类型、连接器的特性等。物理层的数据单位是位。

物理层的功能是实现实体之间的按位传输，保证按位传输的正确性，并向数据链路层提供一个透明的位流传输。在数据终端设备、数据通信和交换设备等设备之间完成对数据链路的建立、保持和拆除操作。

2）数据链路层

数据链路层实现实体间数据的可靠传送。通过物理层建立起来的链路，将具有一定意义和结构的信息正确地在实体之间进行传输，同时为其上面的网络层提供有效的服务。在数据链路层中对物理链路上产生的差错进行检测和校正，采用差错控制技术保证数据通信的正确性；数据链路层还提供流量控制服务，以保证发送方不致因为速度快而导致接收方来不及正确接收数据。数据链路层的数据单位是帧。

数据链路层的功能是实现系统实体间二进制信息块的正确传输，为网络层提供可靠无错误的数据信息。在数据链路中，需要解决的问题包括信息模式、操作模式、差错控制、流量控制、信息交换过程控制和通信控制规程。

3）网络层

网络层也称通信子网层，是高层协议与低层协议之间的界面层，用于控制通信子网的操作，是通信子网与资源子网的接口。网络层的主要任务是提供路由，为信息包的传送选择一条最佳路径。网络层还具有拥塞控制、信息包顺序控制及网络记账等功能。在网络层交换的数据单元是包。

网络层的功能是向传输层提供服务，同时接受来自数据链路层的服务。其主要功能是实现整个网络系统内连接，为传输层提供整个网络范围内两个终端用户之间进行数据传输的通路。它涉及整个网络范围内所有节点、通信双方终端节点和中间节点几方面的相互关系。所以网络层的任务就是提供建立、保持和释放通信连接的手段，包括交换方式、路径选择、流量控制、阻塞与死锁等。

4）传输层

传输层建立在网络层和会话层之间，实质上它是网络体系结构中高低层之间衔接的一个接口层。传输层不仅是一个单独的结构层，还是整个分层体系协议的核心，没有传输层，整个分层协议就没有意义。

传输层获得下层提供的服务包括发送和接收顺序正确的数据块分组序列，并用其构成传输层数据；获得网络层地址，包括虚拟信道和逻辑信道。

传输层向上层提供的服务包括无差错的有序的报文收发、提供传输连接、进行流量控制。

传输层的功能是从会话层接收数据，根据需要把数据切成较小的数据片，并把数据传送给网络层，确保数据片正确到达网络层，从而实现两层间数据的透明传送。

5）会话层

会话层用于建立、管理以及终止两个应用系统之间的会话。它是用户连接到网络的接口，基本任务是负责两主机间的原始报文的传输。

会话层为表示层提供服务，同时接受传输层的服务。为实现在表示层实体之间传送数据，会话连接必须被映射到传输连接上。

会话层的功能包括会话层连接到传输层的映射、会话连接的流量控制、数据传输、会话连接恢复与释放以及会话连接管理和差错控制。

会话层提供给表示层的服务包括数据交换、隔离服务、交互管理、会话连接同步和异常报告。

会话层最重要的特征是数据交换。与传输连接相似，一个会话分为建立链路、数据交换和释放链路3个阶段。

6）表示层

表示层向上对应用层服务，向下接受来自会话层的服务。表示层为在应用过程之间传送的信息提供表示方法提供，它关心的只是发出信息的语法与语义。表示层要完成某些特定的功能，主要有不同数据编码格式的转换，提供数据压缩、解压缩服务，对数据进行加密、解密。

表示层为应用层提供的服务包括语法选择、语法转换等。语法选择是提供一种初始语法和以后修改这种选择的手段。语法转换涉及代码转换和字符集的转换、数据格式的修改以及对数据结构操作的适配。

7）应用层

应用层是通信用户之间的窗口，为用户提供网络管理、文件传输、事务处理等服务，其中包含若干个独立的、用户通用的服务协议模块。应用层是 OSI 的最高层，为网络用户之间的通信提供专用的程序。应用层的内容主要取决于用户的各自需要，这一层涉及的主要问题是分布数据库、分布计算技术、网络操作系统和分布操作系统、远程文件传输、电子邮件、终端电话及远程作业登录与控制等。目前应用层在国际上几乎没有完整的标准，是一个范围很广的研究领域。在 OSI 的 7 个层次中，应用层是最复杂的，所包含的应用层协议也最多，有些还正在研究和开发之中。

1.4.2　TCP/IP 协议

1. 什么是 TCP/IP

如前文所说，协议是互相通信的计算机双方必须共同遵从的一组约定。TCP/IP 就是这样的约定，它规定了计算机之间互相通信的方法。TCP/IP 是为了使接入互联网的异种网络、不同设备之间能够进行正常的数据通信而预先制定的一簇大家共同遵守的格式和约定。该协议是美国国防部高级研究计划署为建立 ARPANET 开发的，在这个协议集中，两个最知名的协议就是传输控制协议（Transfer Control Protocol，TCP）和网际协议（Internet Protocol，IP），故而整个协议集被称为 TCP/IP。之所以说 TCP/IP 是一个协议簇，是因为 TCP/IP 协议包括了 TCP、IP、UDP、ICMP、RIP、TELNET、FTP、SMTP 及 ARP 等许多协议，对互联网中主机的寻址方式、主机的命名机制、信息的传输规则以及各种各样的服务功能均做了详细约定，这些约定一起称为 TCP/IP 协议。

由于互联网在全球范围内迅速发展，因此互联网所使用的协议 TCP/IP 在计算机网络领域占有十分重要的地位。

2. TCP/IP 协议结构

和开放系统互联参考模型一样，TCP/IP 协议是一个分层结构。协议的分层使得各层的任务和目的十分明确,这样有利于软件编写和通信控制。TCP/IP 协议分为 4 层,由下至上分别是网络接口层、网际层、传输层和应用层,如图 1-22 所示。

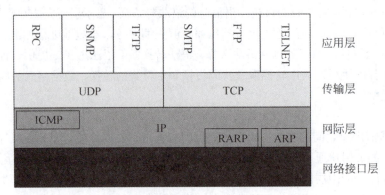

图 1-22　TCP/IP 协议分层结构

最上层是应用层,就是和用户打交道的部分,用户在应用层上进行操作,如收发电子邮件、文件传输等。也就是说,用户必须通过应用层才能表达出他的意愿,从而达到目的。其中,简单网络管理协议(SNMP)就是一个典型的应用层协议。

传输层的主要功能是对应用层传递过来的用户信息进行分段处理,然后在各段信息中加入一些附加说明,如说明各段的顺序等,保证对方收到可靠的信息。该层有两个协议,一个是传输控制协议(TCP),另一个是用户数据包协议(User Datagram Protocol,UDP),SNMP 就是基于 UDP 协议的一个应用协议。

网际层将传输层形成的一段一段的信息打成 IP 数据包,在报头中填入地址信息,然后选择好发送的路径。本层的网际协议(IP)和传输层的 TCP 是 TCP/IP 体系中两个最重要的协议。与 IP 协议配套使用的还有地址解析协议(Address Resolution Protocol,ARP)、逆向地址解析协议(Reverse Address Resolution Protocol,RARP)、Internet 控制报文协议(Internet Control Message Protocol,ICMP)。图 1-22 表示出了这 3 个协议和网际协议 IP 的关系。在这一层中,ARP 和 RARP 在最下面,因为 IP 经常要使用这两个协议。ICMP 在这一层的上部,因为它要使用 IP 协议。这 3 个协议将在后文陆续介绍。由于网际协议 IP 可以使互连的许多计算机网络进行通信,因此 TCP/IP 体系中的网络层常常称为网际层(Internet Layer)。

网络接口层是最底层,也称链路层,其功能是接收和发送 IP 数据包,负责与网络中的传输媒介打交道。

TCP/IP 本质上采用的是分组交换技术,其基本意思是把信息分隔成一个个不超过一定大小的信息包传送出去。分组交换技术的优点是一方面可以避免单个用户长时间占用网络线路,另一方面是在传输出错时不必全部重新传送,只需要将出错的包重新传输就可以了。

TCP/IP 规范了网络上的所有通信，尤其是一个主机与另一个主机之间的数据往来格式以及传送方式。TCP 和 IP 就像两个信封，要传递的信息被划分成若干段，每一段塞入一个 TCP 信封，并在该信封上记录分段号信息，再将 TCP 信封塞入 IP 大信封，发送上网。在接收端，每个 TCP 软件包收集信封，抽出数据，按发送前的顺序还原，并加以校验，若发现差错，TCP 将会要求重发。因此，TCP/IP 在互联网中几乎可以无差错地传送数据。

3．TCP/IP 与 OSI RM 的关系

TCP/IP 协议与开放系统互连参考模型之间的对应关系如图 1-23 所示，TCP/IP 协议的应用层对应了 OSI 模型的上三层，网络接口层对应了 OSI 模型的下两层。

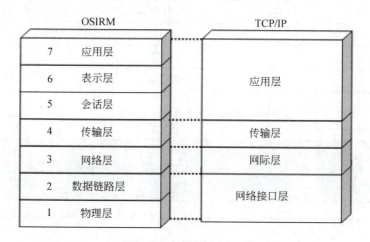

图 1-23　TCP/IP 协议与开放系统互连参考模型之间的对应关系

值得注意的是，在一些问题的处理上，TCP/IP 与 OSI 很不同，如下所述。

（1）TCP/IP 一开始就考虑到多种异构网（heterogeneous network）的互连问题，并将网际协议 IP 作为 TCP/IP 的重要组成部分。但 ISO 和 CCITT 最初只考虑到使用一种标准的公用数据网将各种不同的系统互连在一起。后来，ISO 认识到了网际协议 IP 的重要性，然而已经来不及了，只好在网络层中划分出一个子层来完成类似 TCP/IP 中 IP 的作用。

（2）TCP/IP 一开始就对面向连接服务和无连接服务并重，而 OSI 在开始时只强调面向连接服务，一直到很晚 OSI 才开始制定无连接服务的有关标准。无连接服务的数据包对于互联网中的数据传送以及分组话音通信（即在分组交换网里传送话音信息）都是十分方便的。

（3）TCP/IP 有较好的网络管理功能，而 OSI 到后来才开始考虑这个问题。

4．IP 数据包的格式

IP 数据包的格式能够说明 IP 协议都具有什么功能。在 TCP/IP 的标准中，各种数据格式常常以 32 位（即 4 字节）为单位来描述。图 1-24 显示了 IP 数据包的格式。

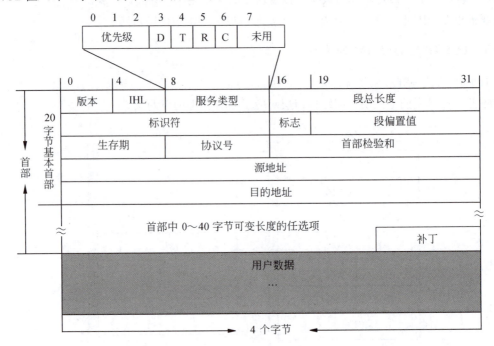

图 1-24　IP 数据包的格式

从图 1-24 可以看出，一个 IP 数据包由首部和数据两部分组成。首部由固定 20 个字节的基本首部和 0～40 字节可变长度的任选项组成。下面介绍首部各字段的意义。

1）版本

版本占 4 位，指 IP 协议的版本。通信双方使用的 IP 协议的版本必须一致。目前使用的 IP 协议版本为 v4（IP version 4），以前的 3 个版本目前已不使用。

2）IHL

IHL 为首部长度，占 4 位，可表示的最大数值是 15 个单位（一个单位为 4 字节），因此 IP 的首部长度的最大值是 60 字节。当 IP 分组的首部长度不是 4 字节的整数倍时，必须利用最后一个补丁字段加以填充。这样，数据部分永远从 4 字节的整数倍时开始，在实现起来会比较方便。首部长度限制为 60 字节的缺点是有时（如采用源站选路时）不够用，但这样做的用意是尽量减少额外的开销。

3）服务类型

服务类型占 8 位，用来获得更好的服务，其意义如图 1-24 的上面部分所示。

（1）服务类型字段的前 3 个位表示优先级，它可使数据包具有 8 个位中的一个。

（2）第 4 个位是 D 位，表示要求有更低的时延。

（3）第 5 个位是 T 位，表示要求有更高的吞吐量。

（4）第 6 个位是 R 位，表示要求有更高的可靠性，即在数据包传送的过程中，被节点交换机丢弃的概率要更小些。

（5）第 7 个位是 C 位，是新增加的，表示要求选择费用更低廉的路由。

（6）最后一个位目前尚未使用。

4）段总长度

段总长度指首部和数据之和的长度，单位为字节。段总长度字段为 16 位，因此数据包的最大长度为 65 535 字节，这在当前是够用的。当很长的数据包要分片进行传送时，"总长度"不是指未分片前的数据包长度，而是指分片后每片的首部长度与数据长度的总和。

5）标识符

标识符（identification）字段是为了使分片后的各数据包片最后准确地重装成为原来的数据包而设置的。请注意，这里的"标识"并没有顺序号的意思，因为 IP 是无连接服务的，数据包不存在按序接收的问题。

6）标志

标志（flag）字段占 3 位，目前只有前两个比特有意义。

标志字段中的最低位记为 MF（More Fragment），MF=1 即表示后面还有分片的数据包；MF=0 表示这已是若干数据包中的最后一个。

标志字段中间的一位记为 DF（Don't Fragment），只有当 DF=0 时才允许分片。

7）段偏置值

该值指出较长的分组在分片后，某个分片在原分组中的相对位置。也就是说，相对于用户数据字段的起点，该片从何处开始。片偏移以 8 个字节为偏移单位。

8）生存期

生存期（Time To Live，TTL），其单位为 s。生存期的建议值是 32s，但也可设定为 3～4s，甚至为 255 s。

9）协议号

协议号字段占 8 位，作用是指出此数据包携带的传输层数据是使用何种协议，以便目的主机的 IP 层知道应将此数据包上交给哪个进程。常用的一些协议和相应的协议字段值（写在协议后面的括弧中）是 UDP（17）、TCP（6）、ICMP（1）、GGP（3）、EGP（8）、IGP（9）、OSPF（89）以及 OSI 的第 4 类运输协议 TP4（29）。

10）首部检验和

此字段只检验数据包的首部，不包括数据部分。不检验数据部分是因为数据包每经过一个节点，节点处理机就要重新计算一下首部检验和（一些字段，如寿命、标志、片偏移等都可能发生变化），如将数据部分一起检验，计算的工作量就太大了。

为了简化运算，检验和不采用 CRC 检验码。IP 检验的计算方法是将 IP 数据包首部看成 16 位字的序列，先将检验的字段置零，将所有 16 位字相加，将和的二进制反码写入检验和字段；收到数据包后，将首部的 16 位字的序列再相加一次，若首部未发生任何变化，则和必为全 1。否则即认为出差错，并将此数据包丢弃。

11）地址

源站 IP 地址字段和目的站 IP 地址字段都各占 4 字节。

1.4.3　IP 地址

互联网采用了一种通用的地址格式，为互联网中的每一个网络和几乎每一台主机都分配了一个地址，这就使用户实实在在地感觉到它是一个整体。

1. 什么是 IP 地址

接入互联网的计算机与接入电话网的电话相似，每台计算机或路由器都有一个由授权机构分配的号码，称为 IP 地址。如果某单位电话号码为 85225566，所在的地区号为 010，我国的电话区号为 086，那么这个单位的电话号码完整的表述应该是 086-010-85225566。这个电话号码在全世界范围内都是唯一的。这是一种很典型的分层结构的电话号码定义方法。

同样，IP 地址也是采用分层结构。IP 地址由网络号与主机号两部分组成。其中，网络号用来标识一个逻辑网络，主机号用来标识网络中的一台主机。网络号相同的主机可以直接互相访问，网络号不同的主机需通过路由器才可以互相访问。一台主机至少有一个 IP 地址，而且这个 IP 地址是全网唯一的，如果一台主机有两个或多个 IP 地址，则该主机属于两个或多个逻辑网络，一般用作路由器。

在表示 IP 地址时，将 32 位二进制码分为 4 个字节，每个字节转换成相应的十进制，字节之间用"."来分隔。IP 地址的这种表示法叫作"点分十进制表示法"，显然这比全是 1 和 0 的二进制码容易记忆。例如 IP 地址 10001010 00001011 00000011 00011111 可以记为 138.11.3.31，显然这样记忆方便得多。

2. IP 地址的分类

TCP/IP 协议规定，根据网络规模的大小，将 IP 地址分为 5 类（A，B，C，D，E），如图 1-25 所示。

1）A 类地址

A 类地址第一个字节用作网络号，且最高位为 0，这样只有 7 位可以表示网络号，能够表示的网络号有 $2^7=128$ 个，因为全 0 和全 1 在地址中有特殊用途，所以去掉全 0 和全 1 地址，这样就只能表示 126 个网络号，范围是 1～126。后 3 个字节用作主机号，有 24 位可表示主机号，能够表示的主机号有 $2^{24}-2$ 个，约为 1600 万台主机。A 类 IP 地址常用于大型的网络。

2）B 类地址

B 类地址前两个字节用作网络号，后两个字节用做主机号，且最高位为 10，最大网络数为 $2^{14}-2=16\ 382$，范围是 128.1～191.254。可以容纳的主机数为 $2^{16}-2$，约等于 6 万多台主机。B 类 IP 地址通常用于中等规模的网络。

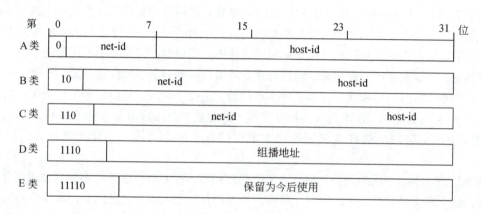

图 1-25　IP 地址的分类

3）C 类地址

C 类地址前 3 个字节用做网络号，最后一个字节用作主机号，且最高位为 110，最大网络数为 $2^{21}-2$，约等于 200 多万，范围是 191.0.1.0～223.255.254，可以容纳的主机数为 2^8-2，等于 254 台主机。C 类 IP 地址通常用于小型的网络。

4）D 类地址

D 类地址最高位为 1110，是多播地址，主要是留给 Internet 体系结构委员会（Internet Architecture Board，IAB）使用的。

5）E 类地址

E 类地址最高位为 11110，保留在今后使用。

目前大量使用的 IP 地址仅是 A 至 C 类 3 种。不同类别的 IP 地址在使用上并没有等级之分，不能说 A 类 IP 地址比 B 或 C 类高级，也不能说访问 A 类 IP 地址比 B 或 C 类优先级高，只能说 A 类 IP 地址所在的网络是一个大型网络。

3．子网掩码

IP 地址的设计也有不够合理的地方。例如，IP 地址中的 A 至 C 类地址可供分配的网络号超过 211 万个，而这些网络上可供使用的主机号的总数则超过 37.2 亿个。初看起来，似乎 IP 地址足够全世界来使用。其实不然。第一，设计者没有预计到微型计算机会普及得如此之快，各种局域网和网上的主机数急剧增长。第二，IP 地址在使用时有很大的浪费。例如，某个单位申请到了一个 B 类地址。但该单位只有一万台主机。于是，在一个 B 类地址中的其余 55 000 多个主机号就白白浪费了，因为其他单位的主机无法使用这些号码。为此，设计者在 IP 地址中又增加了一个"子网字段"。

我们知道，一个单位申请到的 IP 地址是这个 IP 地址的网络号 net-id，而后面的主机号 host-id 则由本单位进行分配，本单位的所有主机都使用同一个网络号。当一个单位的主机很多而且分布在很广的地理范围时，往往需要用一些网桥（而不是路由器，因为路由器连接的主机具有不同的网络号）将这些主机互连起来。网桥的缺点较多，例如容易引起广播风暴，同时当网络出现故障时也不太容易隔离和管理。为了使本单位的主机便于管理，可以将本单位所属主机划分为若干个子网（subnet），用 IP 地址主机号字段中的前若干个比特作为"子网号字段"，后面剩下的仍为主机号字段。这样做就可以在本单位的各子网之间用路由器来互连，因而便于管理。

需要注意的是，子网的划分是属于本单位内部的事，在本单位以外看不见这样的划分。从外部看，这个单位仍只有一个网络号。只有当外面的分组进入本单位范围后，本单位的路由器才根据子网号进行路由选择，最后找到目的主机。若本单位按照主机所在的地理位置来划分子网，那么在管理方面就会方便得多。

图 1-26 以 B 类 IP 地址为例，说明了在划分子网时用到的子网掩码（Subnet Mask）的含义。图 1-26（b）表示将本地控制部分再增加一个子网号字段，子网号字段究竟选多长，由本单位根据情况确定。TCP/IP 体系规定用一个 32 比特的子网掩码来表示子网号字段的长度。子网掩码由一连串的"1"和一连串的"0"组成，"1"对应于网络号和子网号字段，而"0"对应于主机号字段，如图 1-26（c）所示。该子网掩码用点分十进制表示就是 255.255.240.0。

若不进行子网划分，则其子网掩码即为默认值，此时子网掩码中"1"的长度就是网络号的长度。因此，对于 A 类、B 类和 C 类 IP 地址，其对应的子网掩码默认值分别为 255.0.0.0、255.255.0.0 和 255.255.255.0。

采用子网掩码相当于采用三级寻址。每一个路由器在收到一个分组时，首先检查该分组的 IP 地址中的网络号。若网络号不是本网络，则从路由表找出下一站地址将其转发出去。若网络号是本网络，则再检查 IP 地址中的子网号，若子网不是本子网，则同样地转发此分组；若子网是本子网，则根据主机号即可查出应从何端口将分组交给该主机。

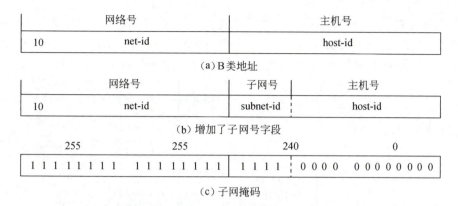

图 1-26　子网掩码的含义

判断两个 IP 地址是否一个子网的具体方法是将两个 IP 地址分别和子网掩码做二进制"与"运算，如果得到的结果相同，则属于同一个子网；如果结果不同，则不属于同一个子网。

例如 129.47.16.254、129.47.17.01、129.47.32.254、129.47.33.01，这 4 个 B 类 IP 地址在默认子网掩码的情况下是属于同一个子网的，但如果子网掩码是 255.255.240.0，则 129.47.16.254 和 129.47.17.01 是属于同一个子网的，而 129.47.32.254、129.47.33.01 则属于另一个子网，如图 1-27 所示。

	网络号		子网号	主机号	
子网掩码	1 1 1 1 1 1 1 1	1 1 1 1 1 1 1 1	1 1 1 1	0 0 0 0	0 0 0 0 0 0 0 0
129.47.16.254	1 0 0 0 0 0 0 1	0 0 1 0 1 1 1 1	0 0 0 1	0 0 0 0	1 1 1 1 1 1 1 0
129.47.17.01	1 0 0 0 0 0 0 1	0 0 1 0 1 1 1 1	0 0 0 1	0 0 0 1	0 0 0 0 0 0 0 1
129.47.32.254	1 0 0 0 0 0 0 1	0 0 1 0 1 1 1 1	0 0 1 0	0 0 0 0	1 1 1 1 1 1 1 0
129.47.33.01	1 0 0 0 0 0 0 1	0 0 1 0 1 1 1 1	0 0 1 0	0 0 0 1	0 0 0 0 0 0 0 1

图 1-27　IP 地址与子网掩码

4. 可变长子网掩码

虽然可变长子网掩码（Variable Length Subnetwork Mask，VLSM）是对网络编址的有益补充，但是还存在着一些缺陷。例如，一个组织有几个包括 25 台左右计算机的子网，又有一些只包含几台计算机的较小的子网，在这种情况下，如果将一个 C 类地址分成 6 个子网，每个子网可以包含 30 台计算机，大的子网基本上利用了全部地址，但是小的子网却浪费了许多地址。

为了解决这个问题，避免任何可能的地址浪费，就出现了 VLSM 编址方案，即在 IP 地址后面加上"/比特数"来表示子网掩码中"1"的个数。例如 202.117.125.0/27，就表示前 27 位表示网络号和子网号，即子网掩码为 27 位长，主机地址为 5 位长。图 1-28 表示了一个子网划分的方案，这样的编址方法可以充分利用地址资源，特别在网络地址紧缺的情况下尤其重要。

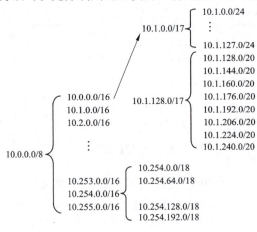

图 1-28 可变长子网掩码

5．CIDR 技术

CIDR 技术解决了路由缩放问题。所谓路由缩放问题有两层含义，其一是对于大多数中等规模的组织没有适合的地址空间，这样的组织一般拥有几千台主机，C 类网络太小，只有 254 个地址，B 类网络太大，有 65 000 多个地址，A 类网络就更不用说了，况且 A 类和 B 类地址快要分配完了；其二是路由表增长太快，如果所有 C 类网络号都在路由表中占一行，这样的路由表太大了，其查找速度将无法达到满意的程度。CIDR 技术就是解决这两个问题的，它可以把若干个 C 类网络分配给一个用户，并且在路由表中只占一行，这是一种将大块的地址空间合并为少量路由信息的策略。

为了说明 CIDR 的原理，假定网络服务提供商 RA 有一个由 2048 个 C 类网络组成的地址块，网络号从 192.24.0.0 到 192.31.255.0，这种地址块被称为超网（Supernet），这个地址块的路由信息可以用网络号 192.24.0.0 和地址掩码 255.248.0.0 来表示，简写为 192.24.0.0/13；再假定 RA 连接如下 6 个用户。

- 用户 C1 最多需要 2048 个地址，即 8 个 C 类网络。
- 用户 C2 最多需要 4096 个地址，即 16 个 C 类网络。
- 用户 C3 最多需要 1024 个地址，即 4 个 C 类网络。

- 用户 C4 最多需要 1024 个地址,即 4 个 C 类网络。
- 用户 C5 最多需要 512 个地址,即 2 个 C 类网络。
- 用户 C6 最多需要 512 个地址,即 2 个 C 类网络。

假定 RA 对 6 个用户的地址分配如下。

- C1:分配 192.24.0 到 192.24.7。这个地址块可以用超网路由 192.24.0.0 和掩码 255.255.248.0 表示,简写为 192.24.0.0/21。
- C2:分配 192.24.16 到 192.24.31。这个地址块可以用超网路由 192.24.16.0 和掩码 255.255.240.0 表示,简写为 192.24.16.0/20。
- C3:分配 192.24.8 到 192.24.11。这个地址块可以用超网路由 192.24.8.0 和掩码 255.255.252.0 表示,简写为 192.24.8.0/22。
- C4:分配 192.24.12 到 192.24.15。这个地址块可以用超网路由 192.24.12.0 和掩码 255.255.252.0 表示,简写为 192.24.12.0/22。
- C5:分配 192.24.32 到 192.24.33。这个地址块可以用超网路由 192.24.32.0 和掩码 255.255.254.0 表示,简写为 192.24.32.0/23。
- C6:分配 192.24.34 到 192.24.35。这个地址块可以用超网路由 192.24.34.0 和掩码 255.255.254.0 表示,简写为 192.24.34.0/23。

还假定 C4 和 C5 是多宿主网络(multi-homed network),除过 RA 之外还与网络服务供应商 RB 连接。RB 也拥有 2048 个 C 类网络号,从 192.32.0.0 到 192.39.255.0,这个超网可以用网络号 192.32.0.0 和地址掩码 255.248.0.0 来表示,简写为 192.32.0.0/13。另外还有一个 C7 用户,原来连接 RB,现在连接 RA,所以 C7 的 C 类网络号是由 RB 赋予的。C7 分配 192.32.0 到 192.32.15,这个地址块可以用超网路由 192.32.0 和掩码 255.255.240.0 表示,简写为 192.32.0.0/20。

对于多宿主网络,假定 C4 的主路由是 RA,而次路由是 RB;C5 的主路由是 RB,而次路由是 RA。另外也假定 RA 和 RB 通过主干网 BB 连接在一起,这个连接如图 1-29 所示。

路由发布遵循"最大匹配"的原则,要包含所有可以到达的主机地址。据此 RA 向 BB 发布的路由信息包括它拥有的网络地址块 192.24.0.0/13 和 C7 的地址块 192.24.12.0/22。由于 C4 是多宿主网络,并且主路由通过 RA,所以 C4 的路由要专门发布。C5 也是多宿主网络,但是主路由是 RB,所以 RA 不发布它的路由信息。总之,RA 向 BB 发布的路由信息如下。

      192.24.12.0/255.255.252.0 primary   (C4 的地址块)
      192.32.0.0/255.255.240.0 primary   (C7 的地址块)
      192.24.0.0/255.248.0.0 primary   (RA 的地址块)

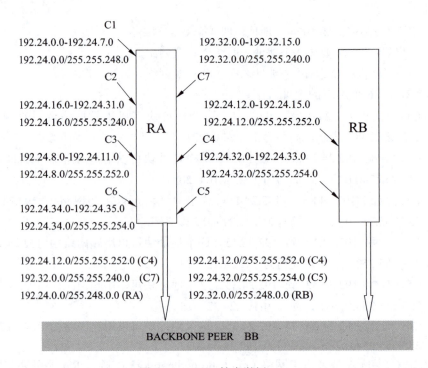

图 1-29 CIDR 技术举例

RB 发布的信息包括 C4 和 C5 以及它自己的地址块,RB 向 BB 发布的路由信息如下。

    192.24.12.0/255.255.252.0 secondary (C4 的地址块)
    192.24.32.0/255.255.254.0 primary   (C5 的地址块)
    192.32.0.0/255.248.0.0 primary   (RB 的地址块)

6．特殊的 IP 地址

1）本地回环地址

本地回环地址也叫本地环路地址。网络号为 127 的 A 类地址用于网络软件测试以及本地进程间的通信,这叫作回送地址(loopback address)。无论什么程序,一旦使用回送地址发送 IP 数据包,IP 软件立即将报文返回,不进行任何实际的网络传输,这个特性也可以用来为网络软件查错。

2）私网地址

在 IP 地址空间中保留了几个用于私有网络的地址。私有网络地址通常应用于公司、组织和个人网络,它们没有置于因特网。IPv4 的地址用于私有网络的地址范围如下。

（1）A 类：10.0.0.0~10.255.255.255。

（2）B 类：172.16.0.0～172.31.255.255。

（3）C 类：192.168.0.0～192.168.255.255。

3）自动专用 IP 地址（Automatic Private IP Address，APIPA）

APIPA 是因特网赋号管理局（Internet Assigned Numbers Authority，IANA）保留的一个地址块，在找不到 DHCP 服务器的情况下，计算机会在 169.254.0.0～169.254.255.255 中间自动选择 IP 地址。

1.4.4 域名地址

1. 域名的概念

通过前面的学习可以知道，在网络上辨别一台计算机的方式是利用 IP 地址。但是一组 IP 地址数字很不容易记忆，因此可以为网上的服务器取一个有意义且又容易记忆的名字，这个名字叫域名（Domain Name）。

例如，就北京市政府的门户网站"北京之窗"，一般使用者在浏览这个网站时，都会输入 www.beijing.gov.cn，而很少有人会记住这台服务器的 IP 地址是多少，www.beijing.gov.cn 就是"北京之窗"的域名，而 210.73.64.10 才是它的 IP 地址。就如同人们在称呼朋友时，一定是叫他的名字，几乎没有人叫对方的身份证号码。

但由于在互联网上真正区分机器的还是 IP 地址，所以当使用者输入域名后，浏览器必须要先去一台有域名和 IP 地址相互对应的数据库的主机中去查询这台计算机的 IP 地址，而这台被查询的主机称为域名服务器（Domain Name Server，DNS）。例如，当输入 www.beijing.gov.cn 时，浏览器会将 www.beijing.gov.cn 这个名字传送到离它最近的 DNS 服务器去做分析，如果寻找到，则会传回这台主机的 IP 地址；但如果没查到，系统就会提示"DNS NOT FOUND（没找到 DNS 服务器）"，所以一旦 DNS 服务器不工作了，就像是路标完全被毁坏，将没有人知道该把资料送到哪里。

2. 域名的结构

一台主机的主机名由它所属各级域的域名和分配给该主机的名字共同构成。书写的时候，应按照由小到大的顺序，顶级域名放在最右面，分配给主机的名字放在最左面，各级名字之间用"."隔开。

在域名系统中，常见的顶级域名是以组织模式划分的。例如 www.ibm.com 这个域名，因为它的顶级域名为 com，可以推知它是一家公司的网站地址。除了组织模式顶级域名之外，其他顶级域名对应于地理模式。例如，www.tsinghua.edu.cn 这个域名，因为它的顶级域名为 cn，可以推知它是中国的网站地址。表 1-2 列举了常见的顶级域名及其含义。

表 1-2 常见的顶级域名

组织模式顶级域名	含义	地理模式顶级域名	含义
com	商业组织	cn	中国
edu	教育机构	hk	中国香港
gov	政府部门	mo	中国澳门
mil	军事部门	tw	中国台湾
net	主要网络支持中心	us	美国
org	上述以外的组织	uk	英国
int	国际组织	jp	日本

顶级域的管理权被分派给指定的管理机构，各管理机构对其管理的域继续进行划分，即划分成二级域，并将二级域名的管理权授予其下属的管理机构，如此层层细分，就形成了层次状的域名结构，图 1-30 显示了互联网的域名结构。

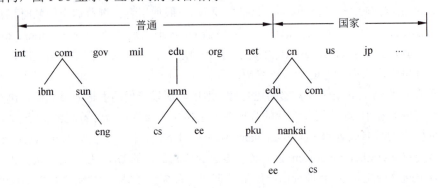

图 1-30 互联网的域名结构

互联网的域名由互联网网络协会负责网络地址分配的委员会进行登记和管理。全世界现有 3 个大的网络信息中心，INTER-NIC 负责美国及其他地区；RIPE-NIC 负责欧洲地区；APNIC 负责亚太地区。中国互联网络信息中心（China Internet Network Information Center，CNNIC）负责管理我国的顶级域名 cn，负责为我国的网络服务商（ISP）和网络用户提供 IP 地址、自治系统 AS 号码和中文域名的分配管理服务。

3．域名地址的寻址过程

域名地址得以广泛使用是因为它便于记忆，在互联网中真正寻找"被叫"时还要用到 IP 地址，因此域名服务器的工作就是专门负责域名和 IP 地址之间的转换翻译。域名地址结构本身是分级的，所以域名服务器也是分级的。

这里举例说明互联网中的寻址过程，一个国外用户要寻找一台叫作 host.edu.cn 的中国主机，其寻址过程如图 1-31 所示。

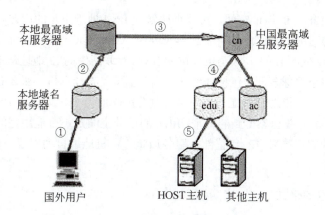

图 1-31　域名地址寻址过程

此用户"呼叫" host.edu.cn，本地域名服务器受理并分析号码；由于本地域名服务器中没有中国域名资料，必须向上一级即向本地最高域名服务器问询；本地最高域名服务器检索自己的数据库，查到 cn 为中国，则指向中国的最高域名服务器；中国最高域名服务器分析号码，看到第二级域名为 edu，就指向 edu 域名服务器；经 edu 域名服务器分析，找到本域内 host 主机所对应的 IP 地址，即可指向名为 HOST 的主机，这样，一个完整的寻址过程结束。

需要注意的是，要真正实现线路上的连接，必须通过通信网络，因此，域名服务器分析域名地址的过程实际就是找到与域名地址相对应的 IP 地址的过程，找到 IP 地址后，路由器再通过选定的端口在电路上构成连接。由此可以看出，域名服务器实际上是一个数据库，它存储着一定范围内主机和网络的域名及相应 IP 地址的对应关系。

1.4.5　IPv6 简介

1. IPv6 的来源

IPv4（IP version 4）标准是 20 世纪 70 年代末期制定完成的。20 世纪 90 年代初期，WWW 的应用导致互联网爆炸性发展，随着互联网应用类型日趋复杂，终端形式（特别是移动终端）的多样化，全球独立 IP 地址的提供已经开始面临沉重的压力。根据互联网工程任务组（Internet Engineering Task Force，IETF）的估计，基于 IPv4 的地址资源会在 2005 年出现枯竭。IPv4 将不能满足互联网长期发展的需要，必须立即开始下一代 IP 网络协议的研究。由此，IETF 于 1992

年成立了 IPNG（IP Next Generation）工作组，1994 年夏，IPNG 工作组提出了下一代 IP 网络协议（IP version 6，IPv6）的推荐版本；1995 年夏，IPNG 工作组完成了 IPv6 的协议文本；1995—1999 年完成了 IETF 要求的协议审定和测试；1999 年成立了 IPv6 论坛，开始正式分配 IPv6 地址，IPv6 的协议文本成为标准草案。

IPv6 具有长达 128 位的地址空间，可以彻底解决 IPv4 地址不足的问题。由于 IPv4 地址是 32 位二进制，所能表示的 IP 地址个数为 2^{32}=4 294 967 296≈40 亿个，因而在互联网上最多约有 40 亿个 IP 地址。32 位的 IPv4 升级至 128 位的 IPv6，互联网中的 IP 地址从理论上讲会有 2^{128}=3.4×10^{38} 个，如果整个地球表面（包括陆地和水面）都覆盖着计算机，那么 IPv6 允许每平方米有 7×10^{23} 个 IP 地址，如果地址分配的速率是每秒分配 100 万个，则需要 10^{19} 年的时间才能将所有地址分配完毕，可见在想象得到的将来，IPv6 的地址空间是不可能用完的。除此之外，IPv6 还采用了分级地址模式、高效 IP 包首部、服务质量、主机地址自动配置、认证和加密等许多技术。

2．IPv6 数据包的格式

IPv6 数据包有一个 40 字节的基本首部（base header），其后可允许有 0 个或多个扩展首部（extension header），再后面是数据。图 1-32 所示的是 IPv6 基本首部的格式。每个 IPv6 数据包都是从基本首部开始的。IPv6 基本首部的很多字段可以和 IPv4 首部中的字段直接对应。

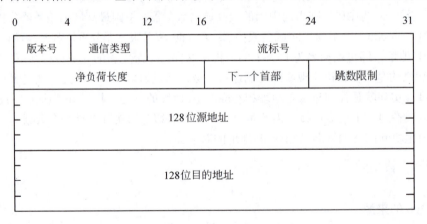

图 1-32　IPv6 基本首部的格式

1）版本

版本（version）字段占 4 位，它说明了 IP 协议的版本。对 IPv6 而言，该字段值是 0110，也就是十进制数的 6。

2）通信类型

该字段占 8 位，其中优先级（priority）字段占 4 位。首先，IPv6 把流分成两大类，即可进行拥塞控制的和不可进行拥塞控制的。每一类又分为 8 个优先级，优先级的值越大，表明该分组越重要。对于可进行拥塞控制的业务，其优先级为 0～7，当发生拥塞时，这类数据包的传输速率可以放慢。对于不可进行拥塞控制的业务，其优先级为 8～15，这些都是实时性业务，如音频或视频业务的传输。这种业务的数据包发送速率是恒定的，即使丢掉了一些，也不进行重发。

3）流标号

流标号（flow label）字段占 20 位。所谓流，就是互联网上从一个特定源站到一个特定目的站（单播或多播）的一系列数据包。所有属于同一个流的数据包都具有同样的流标号。源站在建立流时是在 $2^{24}-1$ 个流标号中随机选择一个流标号。流标号 0 保留用于指出没有采用的流标号。源站随机地选择流标号并不会在计算机之间产生冲突，因为路由器在将一个特定的流与一个数据包相关联时使用的是数据包的源地址和流标号的组合。

从一个源站发出的具有相同非零流标号的所有数据包都必须具有相同的源地址和目的地址，以及相同的逐跳选项首部（若此首部存在）和路由选择首部（若此首部存在）。这样做的好处是当路由器处理数据包时，只要查一下流标号即可，而不必查看数据包首部中的其他内容。任何一个流标号都不具有特定的意义，源站应将它希望各路由器对其数据包进行的特殊处理写明在数据包的扩展首部中。

4）净负荷长度

净负荷长度（payload length）字段占 16 位，此字段指明除首部自身的长度外，IPv6 数据包所载的字节数。可见一个 IPv6 数据包可容纳 64KB 长的数据。由于 IPv6 的首部长度是固定的，因此没有必要像 IPv4 那样指明数据包的总长度（首部与数据部分之和）。

5）下一个首部

下一个首部（next header）字段占 8 位，标识紧接着 IPv6 首部的扩展首部的类型。这个字段指明在基本首部后面紧接着的一个首部的类型。

6）跳数限制

跳数限制（hop limit）字段占 8 位，用来防止数据包在网络中无限期地存在。源站在每个数据包发出时即设定某个跳数限制，每一个路由器在转发数据包时，要先将跳数限制字段中的值减 1，当跳数限制的值为 0 时，就要将此数据包丢弃。这相当于 IPv4 首部中的生存期字段，但比 IPv4 中的计算时间间隔要简单些。

7）源站 IP 地址

该字段占 128 位，是此数据包的发送站的 IP 地址。

8）目的站 IP 地址

该字段占 128 位，是此数据包的接收站的 IP 地址。

3．IPv6 的地址表示

一般来讲，一个 IPv6 数据包的目的地址可以是以下 3 种基本类型之一。

- 单播（unicast）：传统的点对点通信。
- 多播（multicast）：一点对多点的通信，数据包交付到一组计算机中的每一个。IPv6 没有采用广播的术语，而是将广播看作多播的一个特例。
- 任播（anycast）：是 IPv6 增加的一种类型，目的站是一组计算机，但数据包在交付时只交付给其中的一个，通常是距离最近的一个。

为了使地址的表示简单些，IPv6 使用冒号十六进制记法（colon hexadecimal notation，colon hex），它把每个 16bit 用相应的十六进制表示，各组之间用冒号分隔。例如如下示例。

$$686E：8C64：FFFF：FFFF：0：1180：96A：FFFF$$

冒号十六进制记法允许零压缩（zero compression），即一连串连续的 0 可以用一对冒号所取代，例如如下示例。

$$FF05：0：0：0：0：0：0：B3 可以定成 FF05：：B3$$

为了保证零压缩有一个清晰的解释，建议中规定，在任一地址中，只能使用一次零压缩。该技术对已建议的分配策略特别有用，因为会有许多地址包含连续的零串。

另外，冒号十六进制记法可结合有点分十进制记法的后缀。这种结合在 IPv4 向 IPv6 的转换阶段特别有用。例如如下串即是一个合法的冒号十六进制记法。

$$0：0：0：0：0：0：128.10.1.1$$

请注意，在这种记法中，虽然为冒号所分隔的每个值是一个 16 位的量，但每个点分十进制部分的值则指明一个字节的值。再使用零压缩即可得出如下更简单的表述。

$$：：128.10.1.1$$

4．IPv6 的变化

1）采用了全新的地址管理方式

在 IPv4 中，地址是用户拥有的。也就是说，一旦用户从某机构处申请到一段地址空间，他就永远使用该地址空间。ISP 必须在路由表中为每个用户的网络号维护一条记录。随着用户数量的增加，会出现大量无法会聚的特殊路由，导致产生路由表爆炸现象。即使无类别域间路由（CIDR），也不能处理种种情况。IPv6 的地址管理方式是，从用户拥有变成了 ISP 拥有。全局网络号由 Internet 地址分配机构（IANA）分配给各 ISP，用户的全局网络地址只是 ISP 地址空间的子集。当用户改变接入的 ISP 时，全局网络地址更新为改变后 ISP 提供的地址。这样 ISP 即能有效地控制路由信息，从而避免路由表爆炸现象的出现。

2）提供了地址自动配置机制

为了避免了手动配置 IP 地址的繁琐，IPv6 提供了地址自动配置机制，使主机能自动生成地址，实现了主机的即插即用功能。路由器在地址自动配置中发挥了巨大的作用，它定时在子网里广播，广播报文中包括主机能使用的地址前缀的所有信息，如前缀值、生命期等。主机收到该报文后，按照一定规则在本地生成主机标识符，把它和地址前缀连接，从而形成主机地址。为了保证主机地址的唯一性，IPv6 定义了重复地址检测过程，每当生成地址时，必须反复执行生成和检测过程，直到得到唯一的地址。

3）增加了邻机发现协议

IPv6 定义了邻机发现协议（NDP），可进行通用的地址解析和可达性检测。IPv4 中 ARP 是独立的协议，负责 IP 地址到 MAC 地址的转换，对不同的链路层协议，要定义不同的 ARP。IPv6 把 ARP 纳入 NDP 并运行于 ICMP 上，使 ARP 更具有一般性，包括更多的内容，而且不用为每种链路层协议定义一种 ARP。可达性检测的目的是确认相应 IP 地址代表的主机或路由器是否还能收发报文，IPv4 没有统一的解决方案。IPV6 的 NDP 中定义了可达性检测过程，保证 IP 报文不会发送给"黑洞"。

4）简化了数据包的首部

IPv6 的另一个变化是对数据包的首部进行了简化，尽量避免那些很少使用的字段占用空间。通过前面的学习可以知道，IPv4 数据包的首部有 13 个字段，而 IPv6 则只包含 7 个字段，基本首部在源地址和目的地址采用了 128 位的情况下，也才只有 40 个字节，可见效率之高。这使得路由器处理分组的速度加快，大大提高了吞吐率。

IPv6 数据包首部中的 NextHeader 域指向数据包首部的扩展部分，这样便可以在非常简单的结构里提供灵活的可选特征。同 IPv4 一样，IPv6 允许数据包包含可选的控制信息，但在 IPv4 头中必需的字段现在只是 IPv6 的选项。而且，选项出现在扩展头部中，使路由器简单地跳过选项，加速了分组处理的过程。另外还包含了 IPv4 所不具备的选项，可以提供新的设施。

5）增强了安全性

IPv6 利用数据包首部的扩展部分可以提供路由器级的安全性。IPv6 中强制性的安全性包括两方面的内容，一方面，IPv6 数据包的接收者可以要求发送者首先利用 IPv6 认证头（数据包首部的扩展部分）进行"登录"，然后才接收数据包，这种登录是算法独立的，可以有效地阻止网络"黑客"的攻击；另一方面，利用 IPv6 的封闭安全头（数据包首部的扩展部分）加密数据包，这种加密也是算法独立的，这意味着可以安全地在 Internet 上传输敏感数据，不用担心被第三方截取。另外，IPv6 还定义了 ISAKMP-OAKLEY 协议，其基础是 Diff-Hellmann 算法。规定首先进行证书交换，用以确认对方的地址真伪，然后进行带验证过程的密钥交换，防止密钥交换被中介拦截。协议中也定义了相应的手段允许协商加密参数以及 AH 和 ESP 的用法。

6）增强了移动性

移动 IPv6（MIPv6）在新功能和新服务方面可提供更大的灵活性。每个移动设备设有一个固定的家地址（home address），这个地址与设备当前接入互联网的位置无关。当设备在"家"以外的地方使用时，通过一个转交地址来提供移动节点当前的位置信息，发送给移动节点的 IPv6 包，就可透明地路由到该节点的转交地址处。对通信节点和转交地址之间的路由进行优化，会使网络的利用率更高。

基于移动 IPv6 协议集成的 IP 层移动功能具有很重要的优点。尤其是在移动终端数量持续上涨的今天，这些优点更加突出。尽管 IPv4 中也存在一个类似的移动协议，但二者之间存在着本质的区别，即移动 IPv4 协议不适用于数量庞大的移动终端。

5．IPv4 向 IPv6 的过渡

尽管 IPv6 比 IPv4 具有明显的先进性，但是 IETF 认识到，要想在短时间内将 Internet 和各个企业网络中的所有系统全部从 IPv4 升级到 IPv6 是不可能的，也就是说，IPv6 与 IPv4 系统在 Internet 中长期共存是不可避免的现实。为此，IETF 制定了推动 IPv4 向 IPv6 过渡的方案，其中包括 3 个机制：兼容 IPv4 的 IPv6 地址、双 IP 协议栈和基于 IPv4 隧道的 IPv6。

兼容 IPv4 的 IPv6 地址是一种特殊的 IPv6 单点广播地址，一个 IPv6 节点与一个 IPv4 节点可以使用这种地址在 IPv4 网络中通信。双 IP 协议栈是在一个系统（如一个主机或一个路由器）中同时使用 IPv4 和 IPv6 两个协议栈。这类系统既拥有 IPv4 地址，也拥有 IPv6 地址，因而可以收发 IPv4 和 IPv6 两种 IP 数据包。与双 IP 协议栈相比，基于 IPv4 隧道的 IPv6 是一种更为复杂的技术，它是将整个 IPv6 数据包封装在 IPv4 数据包中，由此实现在当前的 IPv4 网络中 IPv6 节点与 IPv4 节点之间的 IP 通信。基于 IPv4 隧道的 IPv6 实现过程分为 3 个步骤，依次为封装、解封和隧道管理。封装是指由隧道起始点创建一个 IPv4 包头，将 IPv6 数据包装入一个新的 IPv4 数据包。解封是指由隧道终节点移去 IPv4 包头，还原初始的 IPv6 数据包。隧道管理是指由隧道起始点维护隧道的配置信息，如隧道支持的最大传输单元（MTU）的尺寸等。

IPv6 是一个建立可靠的、可管理的、安全和高效的 IP 网络的长期解决方案。尽管 IPv6 的实际应用之日还需耐心等待，不过，了解和研究 IPv6 的重要特性以及它针对目前 IP 网络存在的问题而提供的解决方案，对于制定企业网络的长期发展计划，规划网络应用的未来发展方向，都是十分有益的。

第 2 章　互联网及其应用

2.1　互联网入门

2.1.1　互联网简介

互联网（Internet），中文名字也叫因特网，是当今世界上最大的信息网，是全人类最大的知识宝库之一。通过互联网，用户可以实现全球范围内的 WWW 信息查询、电子邮件、文件传输、网络娱乐以及语音与图像通信服务等功能。目前，互联网已经成为覆盖全球的信息基础设施之一。

互联网的前身是 1969 年美国国防部高级研究计划署（Advanced Research Projects Agency，ARPA）的军用实验网络，名字为 ARPANET，其设计目标是当网络中的一部分因战争原因遭到破坏时，其他主机仍能正常运行。20 世纪 80 年代初期，ARPA 和美国国防部通信局成功地研制了用于异构网络的 TCP/IP 协议并投入使用。1986 年在美国国家科学基金会（National Science Foundation，NSF）的支持下，分布在各地的一些超级计算机通过高速通信线路连接起来，经过十几年的发展形成了互联网的雏形。

互联网连接了分布在世界各地的计算机，并且按照统一的规则为每台计算机命名，制定了统一的网络协议 TCP/IP 来协调计算机之间的信息交换。任何人、任何团体都可以加入互联网。对用户开放、对服务提供者开放是互联网获得成功的重要原因。TCP/IP 协议就像是在互联网中使用的世界语，只要互联网上的用户都使用 TCP/IP 协议，大家能方便地进行交谈。

在互联网上，你"是谁"并不重要，重要的是你提供了什么样的信息。每个自愿连入互联网的主机都有各种类型的信息资源。无论是跨国公司的服务器，还是个人入网的计算机，都仅仅是互联网数千万网站中的一个节点；无论是总统、明星还是平民，都只能是互联网数千万网民中的一员。没有人能完全拥有或控制互联网，互联网是一个不属于任何一个组织或个人的开放网络，只要是遵照协议 TCP/IP 的主机，均可上网。互联网代表着全球范围内一组无限增长的信息资源，其内容之丰富是任何语言者难以描述的。它是第一个实用的信息网络，入网用户既可以是信息的消费者，也可以是信息的提供者。随着一个又一个的计算机接入，互联网的实用价值愈来愈高，因此互联网早期以科研教育为主的运营性质正在被突破，应用领域越来越广，除商业领域外，政府上网也日益普及，借助互联网的电子政务发展得也很快。

一般来说，互联网主要可以提供以下服务。

（1）万维网（WWW）服务：通过 WWW 服务可以浏览新闻、下载软件、购买商品、收听音乐、观看电影、网上聊天及在线学习等。

（2）电子邮件（E-mail）服务：通过互联网上的电子邮件服务器可以发送和接收电子邮件，进行信息传输。

（3）搜索引擎服务：可以帮助用户快速查找所需要的资料、想访问的网站、想下载的软件或者所需要的商品。

（4）文件传输（FTP）服务：提供了一种实时的文件传输环境，通过 FTP 服务可以连接远程主机，进行文件的下载和上传。

（5）电子公告板（BBS）服务：提供一个在网上发布各种信息的场所，也是一种交互式的实时应用。除发布信息外，BBS 还提供了类似新闻组、收发电子邮件、聊天等功能。

（6）远程登录（Telnet）服务：通过远程登录程序可以进入远程的计算机系统。只要拥有互联网上某台计算机的账号，无论在哪里，都可以通过远程登录来使用该台计算机，就像使用本地计算机一样。

（7）新闻组（UseNet）服务：这是为需要进行专题研究与讨论的使用者开辟的服务，通过新闻组既可以发表自己的意见，也可以领略别人的见解。

2.1.2　我国的互联网

中国是第 71 个加入互联网的国家级网络，1994 年 5 月，以"中科院-北大-清华"为核心的"中国国家计算机网络设施"（The National Computing and Network Facility of China，NCFC，国内也称中关村网）与互联网联通。随后，我国陆续建造了基于 TCP/IP 技术的，并可以和互联网互联的 4 个全国范围的公用计算机网络，它们分别是中国公用计算机互联网 CHINANET、中国金桥信息网 CHINAGBN、中国教育科研计算机网 CERNET 以及中国科技网 CSTNET，前两个是经营性网络，而后两个是公益性网络。最近两年又陆续建成了中国联通互联网、中国网通公用互联网、宽带中国、中国国际经济贸易互联网及中国移动互联网等。

CHINANET 始建于 1995 年，由中国电信负责运营，是上述网络中最大的一个，是我国最主要的互联网骨干网。CHINANET 通过国际出口接入互联网，从而成为国际互联网络的一部分。CHINANET 具有灵活的接入方式和遍布全国的接入点，可以方便用户接入互联网，享用互联网上的丰富资源和各种服务。CHINANET 由核心层、接入层和网管中心三部分组成。核心层主要提供国内高速中继通道和连接"接入层"，同时负责与国际互联网的互联。核心层构成 CHINANET 骨干网。接入层主要负责提供用户端口以及各种资源服务器。

中国互联网络信息中心（CNNIC）公布，截至 2013 年年底，中国的网民规模达到 6.18 亿，IPv4 地址规模为 3.3 亿，人均 IPv4 地址数约为 0.53 个。

我国国际出口带宽的总容量为 640 286.67 Mbps，连接的国家有美国、加拿大、澳大利亚、英国、德国、法国、日本及韩国等，具体分布情况如下。

- 中国科技网（CSTNET）：10 010 Mbps。
- 中国公用计算机互联网（CHINANET）：337 564.17Mbps。
- 中国教育和科研计算机网（CERNET）：9 932 Mbps。
- 中国联通互联网（UNINET）：4 319 Mbps。
- 中国铁通公用互联网（CRNET）：4 643 Mbps。
- 宽带中国 CHINA169 网（网通集团）：243 956.5 Mbps。
- 中国国际经济贸易互联网（CIETNET）：2 Mbps。
- 中国移动互联网（CMNET）：29 860 Mbps。

2.1.3 接入互联网的方法

如果用户想使用互联网提供的服务，访问互联网中提供的各类服务与信息资源，首先必须将自己的计算机接入互联网。

1. 通过非对称数字用户环路（ADSL）接入互联网

ADSL 是 xDSL 家族中的一员。DSL（数字用户环路）是以普通铜质电话线为传输媒介的系列传输技术，它包括普通 DSL、HDSL（对称 DSL）、ADSL（不对称 DSL）、VDSL（甚高比特率 DSL）和 SDSL（单线制 DSL）和 CDSL（Consumer DSL）等。

ADSL 调制解调技术的主要特点在于其利用现有电话铜线为基础，几乎能为所有家庭和企业提供各种服务，用户能以比普通 Modem 高 100 多倍的速率通过数据网络或 Internet 进行交互式通信，或取得其他相关服务。在这种交互式通信中，ADSL 的下行线路可提供比上行线路更高的带宽，即上下行带宽不相等，且一般都在 1∶10 左右。如果线路的上行速率是 640Kbps，则下行线路就有 6.4Mbps 的高速传输速率。这也就是 ADSL 为什么叫非对称数字用户环路的原因，其非对称性特点尤其适合于开展上网业务。同时，ADSL 采用频分复用技术，可将电话语音和数据流一起传输，用户只需加装一个 ADSL 用户端设备，通过分流器（话音与数据分离器）与电话并联，便可在一条普通电话线上同时通话和上网且互不干扰。因此，使用了 ADSL 接入方式，等于在不改变原有通话方式的情况下，另外增加了一条高速上网专线。可见，ADSL 技术与拨号上网调制技术有很大的区别。

调制技术是 ADSL 的关键所在。在 ADSL 调制技术中，一般均使用高速数字信号处理技术和性能更佳的传输码型，用以获得传输中的高速率和远距离。ADSL 能够在现有的铜线环路，即普通电话线上提供最高达 8Mbps 的下行速率和最高达 640Kbps 的上行速率，传输距离达 3～5 km，是目前几种主要的宽带网络接入方式之一。其优势在于可以充分利用现有的电话线网络，在线路两端加装 ADSL 设备即可为用户提供高带宽服务。由于不需要重新布线，所以降低了成本，进而减少了用户上网的费用。

ADSL 的接入方式主要有以下两种。

（1）专线入网方式：用户拥有固定的静态 IP 地址，24 小时在线。

（2）虚拟拨号入网方式：并非是真正的电话拨号，而是用户输入账号、密码，通过身份验证后可获得一个动态的 IP 地址，可以掌握上网的主动性。

ADSL 的接入模型主要由中央交换局端模块和远端模块组成，如图 2-1 所示。

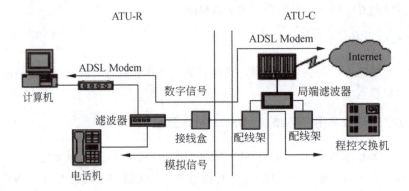

图 2-1　通过 ADSL 接入互联网

中央交换局端模块包括在中心位置的 ADSL Modem 和接入多路复合系统（DSL Access Multiplexer，DSLAM），处于中心位置的 ADSL Modem 称为 ATU-C（ADSL Transmission Unit-Central）。

远端模块由用户端 ADSL Modem 和滤波器组成，用户端 ADSL Modem 通常称为 ATU-R（ADSL Transmission Unit-Remote）。

ADSL 安装包括局端线路调整和用户端设备安装两部分。在局端方面，由 ISP 在用户原有的电话线中串接 ADSL 局端设备；用户端的 ADSL 安装也非常简易方便，只要将电话线连上滤波器，滤波器与 ADSL MODEM 之间用一条两芯电话线连上，ADSL Modem 与计算机的网卡之间用一条交叉网线连通，即可完成硬件安装；再将 TCP/IP 协议中的 IP、DNS 和网关参数项设置好，便完成了安装工作。

2. 通过局域网接入互联网

所谓"通过局域网接入互联网",是指用户通过局域网,局域网使用路由器通过数据通信网与 ISP 相连接,再通过 ISP 接入互联网。图 2-2 显示了通过局域网接入互联网的结构。

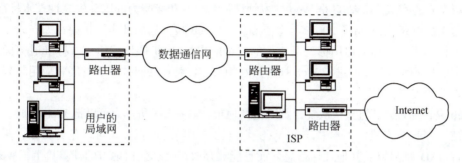

图 2-2 通过局域网接入互联网

数据通信网有很多种类型,如 DDN、ISDN、X.25、帧中继与 ATM 网等,它们均由电信部门运营与管理。目前,国内数据通信网的经营者主要有中国电信与中国联通。采用这种接入方式时,用户花费在租用线路的费用比较昂贵,用户端通常是有一定规模的局域网,例如一个企业网或校园网。

3. 通过无线局域网接入互联网

无线 AP 是使用无线设备(手机、平板电脑及笔记本电脑等)用户进入有线网络的接入点,主要用于宽带家庭、大楼内部、校园内部、园区内部以及仓库、工厂等需要无线监控的地方,典型覆盖距离为几十米至上百米。主要技术为 IEEE802.11 系列。大多数无线 AP 还带有接入点客户端模式(AP client)可以和其他 AP 进行无线连接,延展网络的覆盖范围。

2.2 WWW 基本应用

2.2.1 WWW 的概念

1. 什么是 WWW

WWW(World Wide Web)中文常简称为全球信息网或 Web,万维网只是互联网所能提供的服务之一,是靠着互联网运行的一项服务,分为 Web 客户端和 Web 服务器程序。WWW 可以让 Web 客户端(常用浏览器)访问浏览 Web 服务器上的页面,是一个由许多互相链接的超文本组成的系统,通过互联网访问。在这个系统中,每个有用的事物,称为一样"资源",并且由一个全局"统一资源标示符"(URI)标识,这些资源通过超文本传输协议(Hypertext Transfer Protocol)传送给用户,而后者通过单击链接来获得资源。

W3C(万维网联盟,World Wide Web Consortium)于1994年10月在麻省理工学院(MIT)计算机科学实验室成立。W3C是Web技术领域最具权威和影响力的国际中立性技术标准机构。到目前为止,W3C已发布了200多项影响深远的Web技术标准及实施指南,如广为业界采用的超文本标记语言(标准通用标记语言下的一个应用)、可扩展标记语言(标准通用标记语言下的一个子集)等,有效促进了Web技术的互相兼容,对互联网技术的发展和应用起到了基础性和根本性的支撑作用。

Web允许通过"超链接"从某一页跳到其他页,如图2-3所示。可以把Web看成一个巨大的图书馆,Web节点就像一本书,而Web页好比书中特定的页,页可以包含文档、图像、动画、声音、3D世界以及其他任何信息,而且能够存放在全球任何地方的计算机上。Web融入了大量的信息,从商品报价到就业机会,从电子公告牌到新闻、电影预告、文学评论以及娱乐,等等。多个Web页合在一起便组成了一个Web节点,用户可以从一个特定的Web节点开始Web环游之旅。人们常常谈论的Web"冲浪"就是访问这些节点,"冲浪"意味着沿超链接转到那些相关的Web页和专题,可以会见新朋友、参观新地方以及学习新的东西。用户一旦与Web连接,就可以使用相同的方式访问全球任何地方的信息,而不用支付额外的"长距离"连接费用或受其他条件的制约。Web正在逐步改变全球用户的通信方式,这种新的大众传媒比以往的任何一种通信媒体都要快捷,因而受到人们的普遍欢迎。

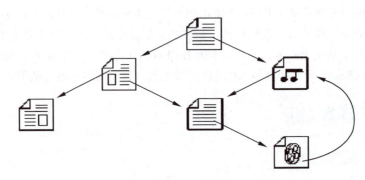

图 2-3　WWW 超链接示意图

2. 超文本

要学习 WWW,还要了解超文本(Hypertext)与超媒体(Hypermedia)的基本概念,因为它们是 WWW 的信息组织形式，也是其实现的关键技术之一。

超文本是用超链接的方法，将各种不同空间的文字信息组织在一起的网状文本。超文本是一种用户界面范式，用以显示文本及与文本之间的相关内容。

超链接（hyperlink）按照标准叫法称为锚（anchor），使用<a>标签进行标记。锚的一种类型是在文档中创建一个热点，当用户激活或选中（通常是使用鼠标）这个热点时，会导致浏览器进行链接。浏览器会自动加载并显示同一文档或其他文档中的某个部分，或触发某些与因特网服务相关的操作，如发送电子邮件或下载特殊文件等。锚的另一种类型会在文档中创建一个标记，该标记可以被超链接引用。还有一些与超链接相关联的鼠标相关事件，这些事件与 JavaScript 结合起来使用可以达到具有视觉冲击力的动画效果。

通常，超文本由网页浏览器（Web browser）程序显示。网页浏览器从网页服务器中取回称为"文档"或"网页"的信息并显示。计算机用户可以通过单击网页上的超链接取回文件，也可以将数据传给服务器。通过超链接单击的行为又叫浏览网页，相关网页的集合称为网站。

3．超媒体

"超媒体"是超级媒体的缩写，是一种采用非线性网状结构对块状多媒体信息（包括文本、图像、视频等）进行组织和管理的技术。超媒体在本质上和超文本是一样的，只不过超文本技术在诞生初期的管理对象是纯文本，所以叫作超文本。随着多媒体技术的兴起和发展，超文本技术的管理对象也从纯文本扩展到了多媒体，为强调管理对象的变化，就产生了超媒体这个词。

超媒体不仅仅是一个技术词汇，它是新媒体意识与新商业思维的融合，是 Web2.0 与全球化 3.0 即个人全球化、媒体化的有机聚合。事实上，从现在个人最常用的 E-mail、即时通信和博客，到像 Autodesk 公司那样专门为电脑设计师打造的交互设计平台，从比尔·盖茨"未来之路"宽带视频的"超级连路"，到 Google Earth 的超级地球，都是不同层面不同量级的超媒体产品。因此可以说"超媒体"打破了传统的单一媒体界限和传统思维，将平面媒体、电波媒体、网络媒体整合形成统一的资源，进而产生强大的传播效果。

4．主页

主页（Home Page）也被称为首页，是用户打开浏览器时默认打开的网页，主要包括个人主页、网站网页、组织或活动主页、公司主页等。主页一般是用户通过搜索引擎访问一个网站时所看到的首个页面，用于吸引访问者的注意，通常也起到登录页的作用。在一般情况下，主页是用户用于访问网站其他模块的媒介，主页会提供网站的重要页面及相关链接，并且常常有一个搜索框供用户搜索相关信息，大多数首页的文件名通常是 index、default、main 或 portal

加上扩展名。

就内容而言，网站的版面编排与设计构思可以是纯文字或图片等静态信息，也可以是融合超媒体技术和数据库技术的动态网页。

主页通常包括以下几类功能。

（1）引导有明确商品需求的用户直接搜索具体商品。

（2）引导有某类商品购物需求的顾客模糊搜索到该类商品。

（3）吸引没有明确购物需求的顾客进行浏览，增强其购买兴趣。

（4）引导用户在主页登录或注册网站，进而获取网站一些相关内容的权限。

（5）引导想了解某类商品的顾客通过主页面搜索相关的明确信息，进入相应的内页，获得相应的信息。完整的首页上一般应包括 Logo、导航、核心内容、网站地图、认证信息、版权信息、统计代码等部分。

5. 统一资源定位符与信息定位

在互联网的历史上，统一资源定位符（URL）的发明是非常重要的。统一资源定位符的语法是一般的、可扩展的，它使用 ASCII 代码的一部分来表示互联网的地址。一般统一资源定位符的开始标志着一个计算机网络所使用的网络协议。统一资源定位符是统一资源标志符的进一步表述。统一资源标志符确定一个资源，而统一资源定位符不但确定一个资源，而且还表示出它在哪里。

基本 URL 包括模式（或称协议）、服务器名称（或 IP 地址）、路径和文件名。URL 分为绝对 URL 和相对 URL，绝对 URL 显示文件的完整路径，这意味着绝对 URL 本身所在的位置与被引用的实际文件的位置无关；相对 URL 以包含 URL 自身文件夹的位置为参考点，描述目标文件夹的位置。如果目标文件与当前页面（也就是包含 URL 的页面）在同一个目录，那么这个文件的相对 URL 仅仅是文件名和扩展名；如果目标文件在当前目录的子目录中，那么它的相对 URL 是子目录名，后面是斜杠，然后是目标文件的文件名和扩展名。一般来说，对于同一服务器上的文件，应该总是使用相对 URL，它们更容易输入，而且在将页面从本地系统转移到服务器上时更方便，只要每个文件的相对位置保持不变，链接就仍然有效。

6. 浏览器

浏览器是指可以显示网页服务器或者文件系统的 HTML 文件（标准通用标记语言的一个应用）内容，并让用户与这些文件进行交互的一种软件。浏览器是最经常使用到的客户端程序，它用来显示在万维网或局域网内的文字、图像及其他信息。这些文字或图像可以是连接其他网址的超链接，用户可迅速、便捷地浏览各种信息。大部分网页为 HTML 格式。

一个网页中可以包括多个文档，每个文档都是分别从服务器获取的。大部分的浏览器本身支持除了 HTML 之外的广泛的格式，如 JPEG、PNG、GIF 等图像格式，并且能够扩展支持众多的插件（plug-ins）。另外，许多浏览器还支持其他的 URL 类型及其相应的协议，如 FTP、Gopher、HTTPS（HTTP 协议的加密版本）。HTTP 内容类型和 URL 协议规范允许网页设计者在网页中嵌入图像、动画、视频、声音、流媒体等。

Google Chrome 是由 Google 开发的一款设计简单、高效的免费网页浏览器，该软件的程序基于其他开放源代码软件所撰写，包括 WebKit 和 Mozilla，其目标是提升稳定性、速度和安全性，并创造出简单且有效率的使用者界面。Google Chrome 支持多标签浏览，每个标签页面都在独立的"沙箱"内运行，在提高安全性的同时，一个标签页面的崩溃也不会导致其他标签页面被关闭。此外，Google Chrome 基于更强大的 JavaScript V8 引擎，这是当前 Web 浏览器所无法实现的。

2.2.2 利用 IE 浏览 Web 网页

1．浏览网页

例如要访问中央电视台的主页，首先连接网络，然后在 URL 地址栏里输入中央电视台的网址——www.cctv.cn，按 Enter 键即开始从 WWW 服务器下载 HTML 代码。代码接收完毕时，状态栏会显示"完成"，浏览器开始解释执行这些下载的代码，解释执行的结果就是主页，如图 2-4 所示。

图 2-4　中央电视台主页

在浏览主页的时候，鼠标的指针形状在超链接所在位置时会由箭头变成手状，在能变成手状的地方单击，就会出现相应的新页面，这就是超链接的跳转，通过超链接的跳转可以轻松直观地获取所希望的信息，并且不断深入地挖掘所感兴趣的内容。

如果在浏览网页时看到想要的资料，用鼠标选定相应内容，选择"编辑"菜单下的"复制"命令，将相应内容复制到剪贴板上，再在其他应用程序中将其"粘贴"过来，即可达到信息的共享。当然，也可以单击工具栏上的"打印"按钮，将感兴趣的页面打印出来。

2．保存网页

在浏览网页时，如果阅读比较长的文章，可先将其保存到本地硬盘，然后再离线浏览，这样可以大量节省上网费用。另外，如果遇到具有保留价值的信息，或者是想引用的信息，都需要保存到本地硬盘。

保存网页的具体方法是，待欲保存的网页下载完成后，选择"文件"→"另存为"命令，在弹出的"保存网页"对话框中选择该文件要保存的位置，并指定一个文件名，然后单击"保存"按钮，如图2-5所示。保存完成后，在保存该文件的文件夹中找到并双击该文件，该文件即会在IE中打开，此时即为离线浏览。

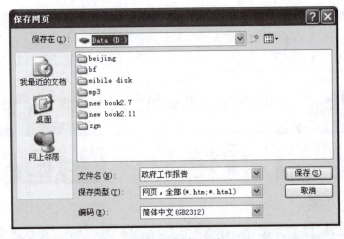

图2-5 保存网页

3．保存图片

在进行网页浏览时，经常会看到一些精美的图片，或有保留价值的图片，如果要将网页中的某张图片作为资料保存在硬盘中，具体操作方法如下。

将鼠标指针移动到该图片上，右击，然后在弹出的快捷菜单中选择"图片另存为"命令，如图 2-6 所示。这时将会弹出"保存图片"对话框，在弹出的对话框中选择该图片保存到的位置和保存类型，并为其指定一个文件名，然后单击"保存"按钮即可。

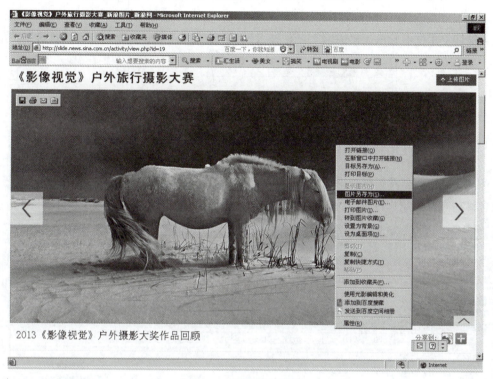

图 2-6 保存图片操作

2.2.3 WWW 搜索引擎

上网不仅仅是收发电子邮件、阅读新闻，还应学会查询资料，虽然互联网中的知识包罗万象，但如果需要查找特定的专业信息，还是需要费一番周折的，这时通常都需要使用搜索引擎。常见的中文搜索引擎有百度（www.baidu.com 或 d.baidu.com）、Google（www.google.com）、搜狐 Sohu（www.sohu.com）和新浪 Sina（www.sina.com.cn）等。在搜索引擎中可以搜索的内容包括网页、MP3、图片、Flash、新闻及软件等诸多信息。

1．搜索方法

在进行搜索之前要做好以下 3 项准备工作。

（1）选定搜索引擎，选定搜索功能，了解所选搜索引擎的搜索方法。

（2）确定搜索概念或意图。选择描述这些概念的关键字及其同义词或近义词等。

（3）建立搜索表达式，使用符合该搜索引擎语法的正确表达式开始搜索。

下面以利用百度中文搜索引擎为例，查找有关"动态网页制作技术"的有关资料。在搜索栏的关键词文本框中输入"动态网页制作技术"，然后单击"百度搜索"按钮，如图2-7所示。

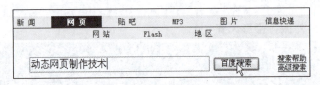

图2-7 输入搜索关键字

很快，用户就会看到窗口中出现的搜索结果，如图2-8所示，百度中文搜索引擎找到了843个包含"动态网页制作技术"关键字的网页。

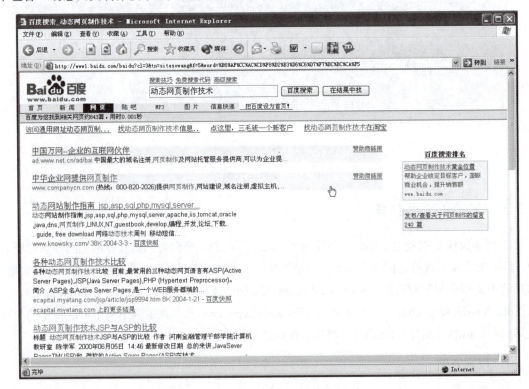

图2-8 搜索结果

在搜索结果中查看页面或网站的简介，如有必要，单击相应的超链接，即可进入相关的网页。有时候搜索结果并不理想，内容不集中，此时可进一步进行搜索。比如，想在搜索结果中进一步搜索包含 ASP 内容的网页，则在搜索栏的关键词文本框中输入 ASP，然后单击"在结果中找"按钮即可，如图 2-9 所示。

图 2-9　输入进一步搜索关键字

稍后，用户就会看到在窗口中出现的进一步的搜索结果，如图 2-10 所示。找到了 588 个同时包含"动态网页制作技术"和 ASP 相关关键字的网页。

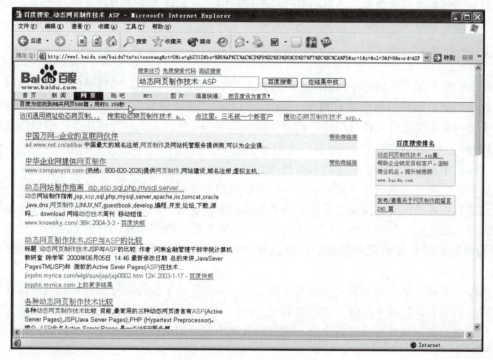

图 2-10　进一步的搜索结果

2．搜索技巧

（1）如果返回的结果是提示"没有找到匹配的网页""返回 0 个页面"，通常要检查一下关键字中有没有错别字或语法错误，或换用不同的关键字重新搜索。也可能是因为有的搜索表达式所设定的范围太窄了，建议将原关键字拆成几个关键字来搜索，词与词之间用空格隔开。

例如，搜索关键字"动态　网页制作技术"，可以找到 6140 篇资料；而搜索关键字"动态网页制作技术"，则只有严格含有"动态网页制作技术"连续 7 个字的网页才能被找出来。前者的搜索范围较为宽松，后者的搜索范围则比较严格。

（2）如果返回的结果极多，成千上万，而且许多结果与需要的主题无关，通常需要排除含有某些词语的资料，以利于缩小查询范围。

百度支持"-"功能，用于有目的地删除某些无关网页，但减号之前必须留有空格，语法是"A　–B"。例如，要搜寻关于"动态网页制作技术"，但不含关键字 JSP 的资料，可使用"动态网页制作技术-JSP"作关键字进行查询。

（3）如果希望更准确地利用百度进行搜索，却又不熟悉繁杂的搜索语法，用户可以利用高级搜索功能自己定义要搜索的网页的时间、地区、语言、关键字出现的位置以及关键字之间的逻辑关系等。高级搜索功能使百度搜索引擎功能更完善，信息检索也更加准确、快捷。

3．评估网上信息

网上的信息很多，但并非所有信息都有使用价值。因为任何人、任何单位都可能在网上发布信息，所以，这些信息中就有相当一部分是所谓的"垃圾信息"。所以通过互联网获取信息时，不得不鉴别哪些信息是有用的、值得信赖的，哪些信息应该批判性地接受，哪些信息应该彻底抛弃。

下面简单说明评估网上信息的基本技巧。

（1）从页面上部或底部寻找作者姓名、组织机构名称或公司名称，如果是个人页面，那么查看是否有作者的简介，以便看看作者的受教育程度、职位、所属单位等；如果是一个组织机构或公司，则看是否有详细的介绍页面，其历史怎样？发布这些信息的目的如何？这些个人或单位是否听说过？是否是所熟悉的？信誉是否良好？这些都有助于判读其页面内容的可信程度。

例如赛迪网，从它的主页上很容易找到"关于本站"这个按钮，里面有赛迪网的简介、相关编辑及联系方式。如果对哪个内容有疑问，可以直接发电子邮件或打电话与编辑联系。赛迪网操作方式上的正规性可以从各个细小的方面体现出来。如此正规的网站，其内容的可信度肯定会比较大。

（2）从 URL 上可以得到一些该网站的线索。例如，凡带有~符号的大都是个人主页。从域名的后缀上也可以得到一些大概的线索，如下所述。

- .gov 或.gov.cn 是政府网站，一般比较权威、可靠，不会随意发布不准确的信息。
- .edu 是教育类网站，既可能是严肃的学术研究，也可能是学生随意制作的主页。
- .com 或.com.cn 是商业网站，最常见。在介绍自己的产品时往往会夸大其辞，所以要注意批判性地接受。
- .net 是网络服务公司，为商业或个人用户提供服务。
- .org 一般是非盈利性组织，其观点可能带有倾向性。

（3）访问该站点的主页，查看一下该组织的相关资料。如果页面上没有去主页的链接，可以直接访问 URL 前部的地址，那往往就是该网站的首页。

如 http://www.yesky.com/staticpages/builder/builder_schedule/asp.html，把 URL 地址中"/staticpages"及以后的所有字母都删去，只留下 http://www.yesky.com，然后按 Enter 键，通常就能看到该网站的首页。

（4）利用搜索引擎查一下关于该组织或个人的其他资料。

（5）从页面顶部或底部查看该网页的最近更新日期。如果找不到，在 IE 工作窗口中右击，在弹出的快捷菜单中选择"属性"命令或者在顶部菜单中选择"文件"→"属性"命令，即可看到该网页的最近更新日期。

2.2.4 设置 IE 的 WWW 浏览环境

1. 常规设置

选择"Internet 选项"菜单命令后会出现"Internet 选项"对话框，在"常规"选项卡中，默认的起始页为微软公司主页 http://home.microsoft.com/intl/cn/，用户可以将其改成经常使用的主页，如"首都之窗"的主页 http://www.beijing.gov.cn，如图 2-11 所示。

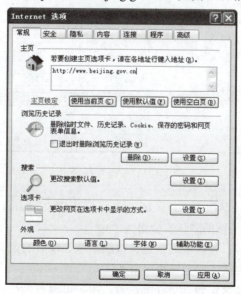

图 2-11 "常规"选项卡

浏览器会自动将访问过的主页保存到硬盘中的临时文件夹 C:\WINDOWS\Temporary Internet Files 中，这样做的好处是，如果要访问的主页在临时文件夹中，访问的速度就会非常快。但也存在一个问题，也就是别人可以轻而易举地在这里找到用户曾经访问过的主页、下载的图片等信息。为了解决这一问题，可以单击"常规"选项卡中的"删除文件"按钮，将临时文件夹中的信息删除。如果单击"清除历史记录"按钮，则会删除所有访问过的网址记录。

2．安全设置

在"Internet 选项"对话框的"安全"选项卡中，用户可以将 Web 站点分配到具有适当安全级的区域，如图 2-12 所示。

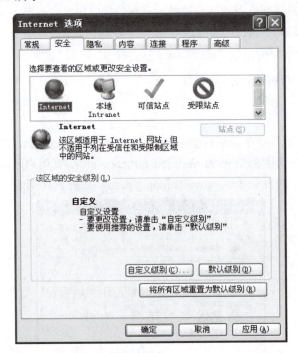

图 2-12 "安全"选项卡

（1）Internet 区域：默认情况下，该区域包含了不在本地 Intranet 上以及未分配到其他任何区域的所有站点。Internet 区域的默认安全级为"中"。

（2）本地 Intranet 区域：该区域通常包含按照系统管理员的定义不需要代理服务器的所有地址。本地 Intranet 区域的默认安全级为"中低"。

（3）可信站点区域：该区域包含信任的站点，用户可以直接从这里下载或运行文件，而不用担心会危害计算机,可将站点分配到该区域。可信站点区域的默认安全级为"低"。

(4)受限站点区域:该区域包含不信任的站点,不能肯定是否可以从这里下载或运行文件而不损害计算机,可将站点分配到该区域。受限站点区域的默认安全级为"高"。

3.内容设置

"Internet 选项"对话框中的"内容"选项卡中提供了分级审查功能,如图 2-13 所示。分级审查功能可以限制用户在本机访问那些受限制的站点,如防止未成年人访问暴力色情站点。

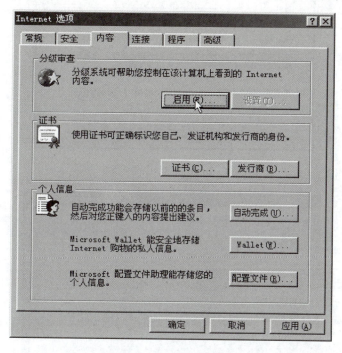

图 2-13 "内容"选项卡

在"内容"选项卡中单击"启用"按钮,即可启动分级审查机制,如图 2-14 所示。在"分级审查"对话框的"分级"选项卡中可对"暴力""裸体"等类别进行级别设置。例如,选中"暴力",并调节滑块到"级别 0:无暴力"。

需要说明的是,如果谁都可以操作设置分级审查功能,刚设置完,别人还可以改回来,那么分级设置就没有意义了。为此,还需要将"分级审查设置"这一功能加密,具体方法是,在"分级审查"对话框中切换到"常规"选项卡,单击"更改密码"按钮,设置监护人密码对分级审查设置功能进行保护,如图 2-15 所示。

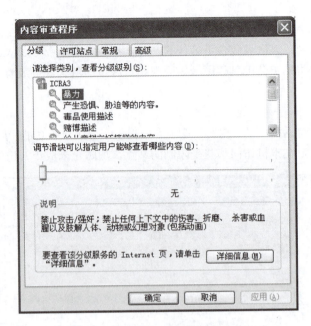

图 2-14　Internet 选项的分级审查

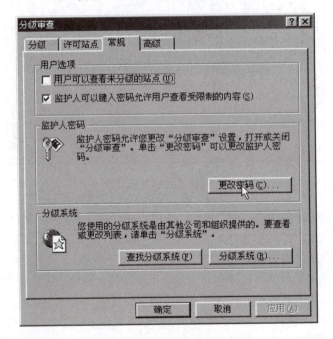

图 2-15　分级审查功能加密

4. 程序设置

在"Internet 选项"对话框的"程序"选项卡中,用户可以指定各种互联网服务使用的程序,如图 2-16 所示。例如,系统默认的电子邮件程序是 Outlook Express,可以在"电子邮件"下拉式列表框中将其改为 Microsoft Outlook,这样在使用 IE 发送电子邮件时,将自动打开 Microsoft Outlook 应用程序,而不是 Outlook Express;系统默认的 HTML 编辑器是 Microsoft FrontPage,可以在"HTML 编辑器"下拉列表中将其改为 Windows Notepad,这样,在 HTML 文档上右击后选择"编辑"命令,或在浏览器的工具栏上单击"编辑"工具按钮,将自动打开记事本应用程序编辑 HTML 文档,而不是 FrontPage。

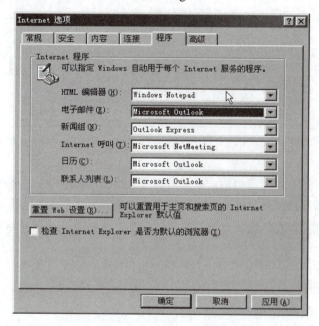

图 2-16　Internet 选项的"程序"选项卡

5. 高级设置

"Internet 选项"对话框的"高级"选项卡中列出了超文本传输协议 HTTP、Java 虚拟机 Java VM、安全和多媒体等方面的设置,还提供了多媒体选项,如图 2-17 所示。对多媒体选项进行相应设置,可加快浏览或下载网页的速度。例如,只选中"显示图片"复选框,而"播放动画""播放声音""播放视频",甚至连"显示图片"复选框都不选中,即可以大大加快网页下载的速度。

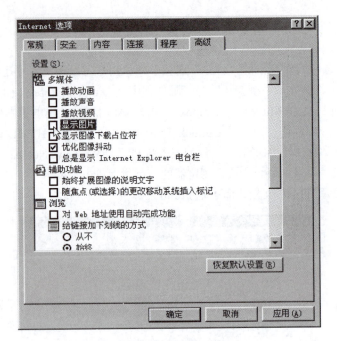

图 2-17 "高级"选项卡

取消选中"显示图片"复选框后，如果当前页上的图片仍然可见，可在"查看"菜单中选择"刷新"命令隐藏此图片。另外，即使取消选中"显示图片"或者"播放视频"复选框，用户也可以通过右击相应图标后选择"显示图片"命令，在 Web 页上显示单幅图片或动画。

2.3 电子邮件

2.3.1 电子邮件系统的基本概念

2017 年 8 月第 40 次 CNNIC 的互联网调查结果显示，中国网民规模达 7.51 亿，人均拥有 E-mail 账户没有显著增长。

E-mail 是一种利用网络交换信息的非交互式服务。收发电子邮件的前提是拥有一个属于自己的"邮箱"，也就是 E-mail 账号。在办理上网手续时，可以向 ISP 申请，或者在互联网中申请免费的 E-mail 账号。有了账号，也就有了邮箱地址，同时，还可以获得一个该邮箱的密码，这样，就可以享用互联网上的 E-mail 服务了。只要知道对方的 E-mail 地址，就可以通过网络传输信息，用户可以方便地接收和转发信件。在使用 E-mail 时，用户会发现它有很多实用功能和技巧，如回信、转发信件、给多人发送信件、延迟发信、信件管理编辑以及插入附件等，这些都需要在使用过程中不断去掌握。

使用电子邮件的每一个用户都有独自且唯一的地址，并且格式是固定的。电子邮件地址是由一个字符串组成的，格式为 username@hostname，其中，username 是邮箱的用户名，hostname 是邮件服务器的域名。

在大多数计算机上，电子邮件系统使用用户账号或登录名作为邮箱的地址。例如某一个电子邮件地址 gary@163.com，它标识了在域名为 163.com 的计算机上，账号为 gary 的一个电子邮件用户。需要注意的是，电子邮件地址中@是必不可缺少的组成部分，@前面是用户名，@后面是全称域名，各字母之间不能有空格，后半部前面是机器名和机构名，后面是地域类型或地域简称。

E-mail 系统中有两个服务器，一是发信服务器，它的功能是帮助用户把电子邮件发出去，就像发信的邮局；二是收信服务器，它的功能是接收他人的来信，并且把它保存起来，随时供收件人阅读和变更，就像收信的邮局。模仿普通邮政业务，通过建立邮政中心，在中心服务器上给用户分配电子信箱，也就是在服务器的硬盘上划出一块区域，相当于邮局，在这块存储区内又分成许多小区，就是邮箱。使用电子邮件的用户都可以通过各自的计算机或数据终端编辑信件，再通过网络送到对方的邮箱中，对方用户可以方便地进入 E-mail 系统读取自己邮箱中的信件。一方面，正是由于发信服务器的存在，在给对方发送邮件时，不管对方是否在线上，邮件都会先发送到邮件系统中的发信服务器，然后再由发信服务器将其发送到对方邮件系统的收信服务器中相应的邮箱内。另一方面，正是由于收信服务器的存在，对方在发送邮件时，不管是否在线上，邮件都会先存入收信服务器中的邮箱内，当用户开机上线时，可以随时读取或将其下载到本地。

2.3.2 在线收发电子邮件

所谓在线收发电子邮件，是指在主页系统中进行电子邮件的收发，要求网络一直是连通的，通过主页中的电子邮件系统直接访问邮件服务器。具体步骤如下所述。

（1）拨号上网，在 IE 中访问网易主页 www.163.com，单击邮件系统的超链接，进入邮件登录页面，在"用户名"文本框输入账号，例如 vivian666，在"密码"文本框输入申请账号时设置的密码，然后单击"登录"按钮，如图 2-18 所示。

（2）进入邮箱页面，可看到"收件箱"中有 1 封新邮件，如图 2-19 所示，单击"收件箱"超链接，进入收件箱页面。

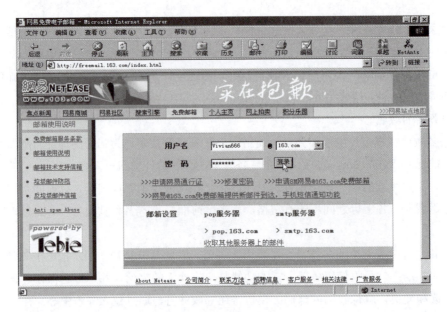

图 2-18　登录页面

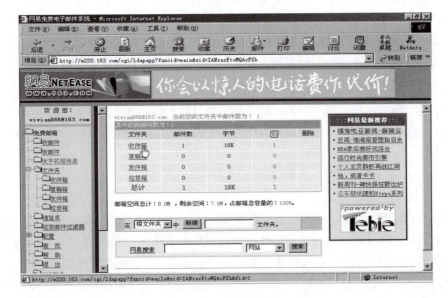

图 2-19　邮箱页面

（3）在收件箱页面中可以看到有一封"发件人"为 Netease.com Inc 的信，如图 2-20 所示。单击发件人名称超链接，进入读邮件页面。

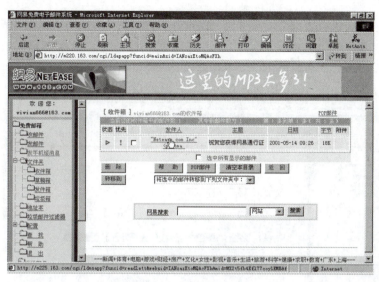

图 2-20　收件箱页面

（4）用户可以在读邮件页面中看到邮件的标题、内容、发件人地址、发送时间等信息，如图 2-21 所示。

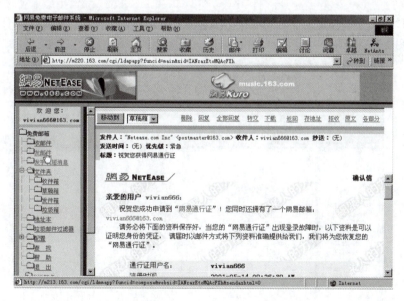

图 2-21　读邮件页面

（5）单击邮件目录中的"发邮件"超链接，进入写邮件页面，填写收件人的 E-mail 地址、主题、正文等内容,也可通过单击"附件"按钮将本地硬盘中的文件以附件形式插入,邮件写好后,单击"发送"按钮,如图 2-22 所示。

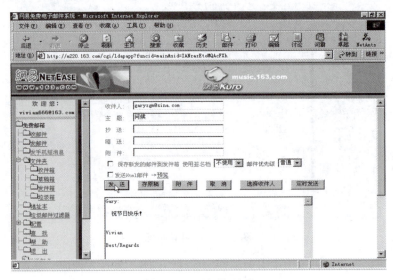

图 2-22　写邮件页面

（6）几秒或几十秒后（具体时间取决于邮件内容和附件的大小），会出现邮件发送成功提示页面,如图 2-23 所示。

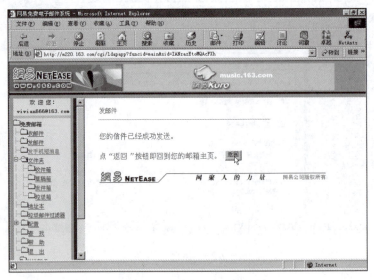

图 2-23　邮件发送成功页面

2.3.3 利用 Outlook Express 处理电子邮件

1．Outlook Express 简介

Outlook Express 是微软公司开发的应用最广泛的、专门用于管理电子邮件、新闻组的应用软件。Outlook Express 有以下优点。

（1）可以脱机处理邮件，有效利用联机时间，降低了上网费用。例如，可以将邮件下载到本地硬盘，无须连接到 ISP 就可以阅读，还可以脱机撰写邮件，然后在下次连接时发送出去。

（2）可以管理多个邮件账号，在同一个窗口中可以使用多个邮件账号。

（3）可以使用通信簿存储和检索电子邮件地址。简单地通过回复邮件、从其他程序导入、直接输入或从接收的邮件中添加等方式，就能够将邮件地址自动保存在通信簿中。

（4）可以在邮件中添加个人签名或信纸。用户可以将重要的信息作为个人签名的一部分插入要发送的邮件中，而且可以创建多个签名以用于不同的目的；如果需要提供更为详细的信息，也可以在其中加入一张名片。为了使邮件更加美观，用户还可以添加信纸图案和背景，或改变文字的颜色和样式。

（5）发送和接收安全邮件。用户可使用数字标识对邮件进行数字签名和加密。对邮件进行数字签名可以使收件人确认邮件确实是直接发送的，而加密邮件则保证只有期望的收件人才能阅读该邮件。

2．在 Outlook Express 中创建电子邮件账号

使用 Outlook Express 处理电子邮件的前提是利用从 ISP 处得到的电子邮件账号的相关信息在 Outlook Express 中创建电子邮件账号，具体步骤如下所述。

（1）启动 Outlook Express，选择"工具"→"账号"命令，如图 2-24 所示。

（2）弹出"Internet 账号"对话框，单击"添加"按钮，选择"邮件"选项，如图 2-25 所示。

（3）弹出"Internet 连接向导"对话框，在"显示姓名"文本框中输入名字，此名字和邮件账号没有必然联系，只是在将来发送邮件时作为"发件人"的名字。例如，此处输入 Vivian，然后单击"下一步"按钮，如图 2-26 所示。

（4）在弹出的界面中选中"我想使用一个已有的电子邮件地址"单选按钮，在"电子邮件地址"文本框中输入"vivian666@163.com"，然后单击"下一步"按钮，如图 2-27 所示。

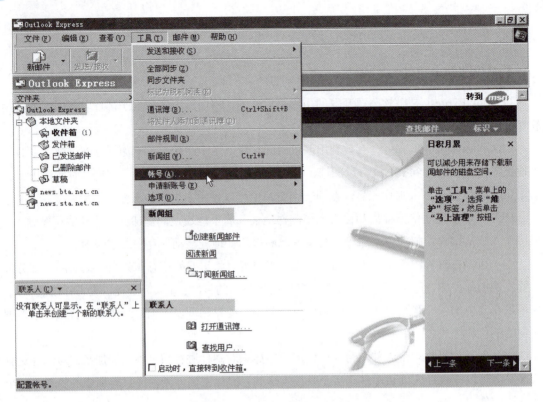

图 2-24 选择"账号"命令

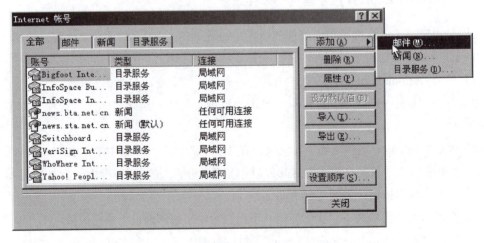

图 2-25 "Internet 账号"对话框

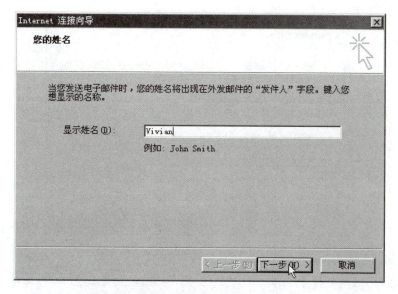

图 2-26 "Internet 连接向导"对话框（1）

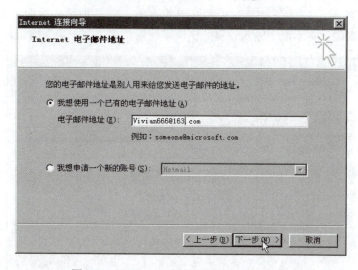

图 2-27 "Internet 连接向导"对话框（2）

（5）进入新的界面，在"我的接收邮件服务器是"下拉列表中选择"POP3"服务器，在"接收邮件服务器"文本框中输入接收邮件服务器的全称域名为 pop.163.com，在"外发邮件服务器"文本框中输入外发邮件服务器的全称域名为 smtp.163.com，然后单击"下一步"按钮，如图 2-28 所示。

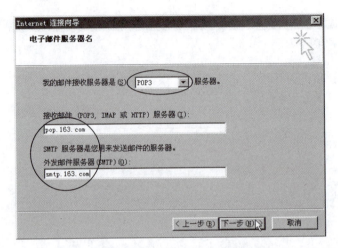

图 2-28 "Internet 连接向导"对话框（3）

通常情况下，这两个服务器的域名由 ISP 提供，如果是免费邮箱，则在邮箱申请成功时，由 ISP 在祝贺邮箱申请成功的页面、电子邮件或电子邮件系统登录页面中提供。

（6）弹出新界面，在"账号名"文本框中输入电子邮件地址@前面的部分，本例输入Vivian666，在"密码"文本框中输入设置的密码，然后单击"下一步"按钮，如图 2-29 所示。

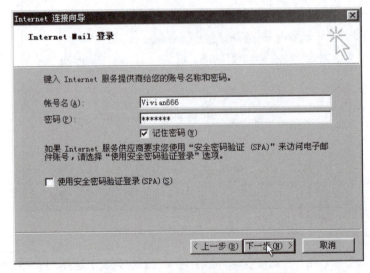

图 2-29 "Internet 连接向导"对话框（4）

（7）弹出新界面，单击"完成"按钮。系统返回"Internet 账号"对话框，其中增加了一个类型为"邮件"的账号"pop.163.com"，如图 2-30 所示，单击"关闭"按钮。

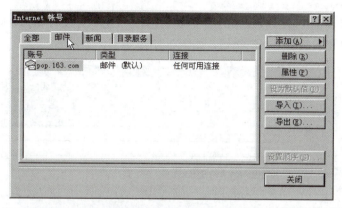

图 2-30 "Internet 账号"对话框

3．在 Outlook Express 中收发电子邮件

（1）在 Outlook Express 窗口中单击工具栏上的"新邮件"按钮，如图 2-31 所示，进入写邮件界面。

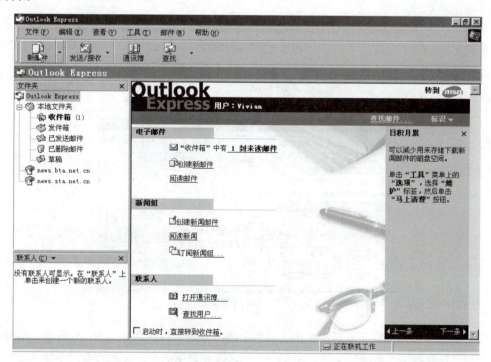

图 2-31 Outlook Express 窗口

（2）在写邮件界面中输入收件人的电子邮件地址、主题、正文，如果要同时发送附件，单击写邮件窗口工具栏上的"附加"按钮，如图 2-32 所示。

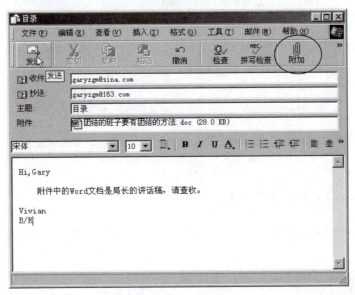

图 2-32　写邮件窗口

（3）弹出"插入附件"对话框，选择要插入的附件后，单击"附件"按钮，即可将附件加入邮件，如图 2-33 所示。

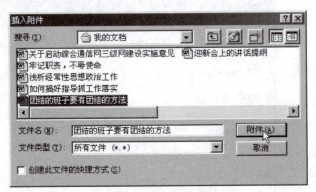

图 2-33　"插入附件"对话框

（4）当邮件书写编辑完毕后，单击工具栏上的"发送"按钮，如图 2-34 所示，即可将邮件发送到"发件箱"（本地硬盘的一个文件夹）。需要说明的是，在此之前都不要求在线。

第 2 章 互联网及其应用

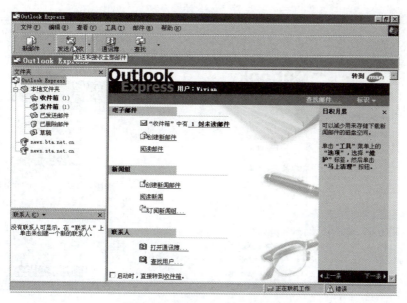

图 2-34 Outlook Express 窗口

(5) 拨号上网，网络连通后，单击 Outlook Express 窗口工具栏上的"发送／接收"按钮（见图 2-34），这时弹出邮件传输提示对话框，如图 2-35 所示。传输完成后，传输提示对话框关闭（具体传输时间取决于发送和接收的邮件内容和附件的大小）。

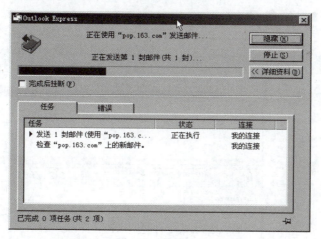

图 2-35 电子邮件传输提示对话框

(6) 此时，可以断开网络连接，"发件箱"中的那封待发送邮件没有了，"收件箱"中的信件由 1 封变为 2 封，多了一封刚刚接收的邮件，如图 2-36 所示。

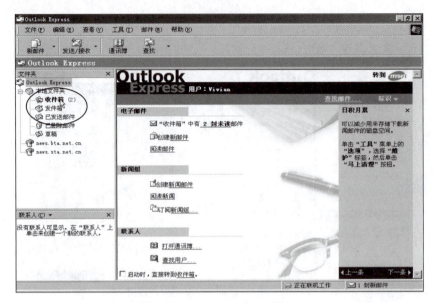

图 2-36 Outlook Express 窗口

（7）单击"收件箱"超链接，进入读邮件界面，选择"发件人"为 Garyzgm 的邮件，可进一步查看该邮件内容。这封邮件的信息栏中带有回形针符号 ⓘ，表示该邮件中插有附件，如图 2-37 所示。

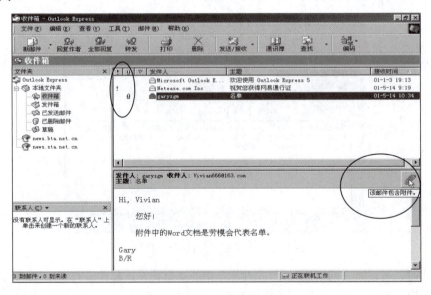

图 2-37 读邮件界面

在读取电子邮件时,有时收到的信中有古怪字符,这是电子邮件的乱码现象。这是因为在互联网上使用的中文编码未统一,国内通常使用的编码方式是 CN-GB 简体中文标准,在港、澳、台以及东南亚通常使用 BIG-5 码繁体中文。遇到乱码不必紧张,可以改用另外一种汉字标准,在 IE 或 Outlook(Express)中选择"查看"→"编码"→"其他"命令,在列表中选择一个编码标准,一般来讲,就可以消除 E-mail 中的乱码了。

2.4 文件传输

2.4.1 FTP 的基本概念

1. 什么是 FTP

FTP(File Transfer Protocol,文件传输协议)是互联网上的另一项主要服务,这项服务的名字是由该服务使用的协议引申而来的,各类文件存放于 FTP 服务器,可以通过 FTP 客户程序连接 FTP 服务器,然后利用 FTP 协议进行文件的下载或上传。

所谓下载,就是通过相应客户程序,在 FTP 协议的控制下,将互联网共享文件服务器中的文件传回到自己的计算机中。除此之外,用户也可以将自己计算机中的文件传送到 FTP 服务器上,这个过程便称为上传(Upload)。

2. 匿名 FTP

连接 FTP 服务器,大都要经过登录(Login)的过程,也就是输入在该服务器上申请的账号和密码,其目的是要让 FTP 服务器知道是谁登录进来使用该主机。由于 FTP 服务相当热门,为了方便使用者,大部分 FTP 服务器都提供了一种称为匿名 FTP(anonymous FTP)的服务,使用者不需要申请主机的特殊账号及密码,即可进入 FTP 主机,任意浏览及下载公共文件。在使用匿名 FTP 时,只要以 anonymous 作为登录的账号,再用电子邮件地址作为密码即可进入主机。使用匿名 FTP 进入某主机时,通常只能下载文件,而无法上传文件到该主机或修改主机中的文件。不过,有些主机的管理者为了让大家有机会发表自己的文件或软件,会在 FTP 主机上建立一些目录,即使是以匿名的方式登录,也可以自由地上传或修改这些目录下的文件。

3. FTP 客户程序

访问 FTP 服务器的客户机上必须装有专门的客户程序,常见的 FTP 客户程序有命令行程序 FTP、图形化客户程序 WS_FTP、CuteFTP 或浏览器。命令行客户程序是 Windows 目录下的一个可执行文件 FTP.EXE,执行 FTP 命令后,进入 FTP 命令环境,通过专门的 FTP 命令完成建立连接、下载和上传文件。图形化客户程序 WS_FTP、CuteFTP 可从互联网下载安装，建立连接、下载和上传文件是在 Windows 的图形化界面中完成的，相对简单一些，但使用者需要安装 WS_FTP 程序，并学习 WS_FTP 的操作使用方法，并且和命令行客户程序一样，这两个程序在使用时都需要建立连接，输入账号进行登录，即使是匿名登录，也需要输入 anonymous 账号进行身份验证。对比来讲，用浏览器作为 FTP 客户程序访问 FTP 服务器是最为方便的一种方法，常见的浏览器 Microsoft Internet Explorer 和 Netscape Communicator 等都可作为 FTP 客户程序使用，并且匿名登录时不需要输入 anonymous 账号进行身份验证。需要注意的是，在浏览器 URL 地址栏中如果不输入服务器类型，则默认的服务器类型是 http，即采用超文本传输协议的 WWW 服务器。在访问 FTP 服务器时，要指明所访问的服务的类型为"ftp"。另外，在访问 FTP 服务器之前，通常需要知道所需要的软件或资料存放的位置。

2.4.2　FTP 客户程序浏览器

下面以 IE 浏览器作为 FTP 客户程序访问清华大学的 FTP 服务器下载图形界面的 FTP 客户程序"WS_FTP"，具体操作如下。

（1）启动 IE 浏览器，在 URL 地址栏输入 ftp://ftp.Tsinghua.edu.cn，连接成功后，浏览器窗口即会显示 FTP 服务器的目录结构，而不是 Web 页，如图 2-38 所示。

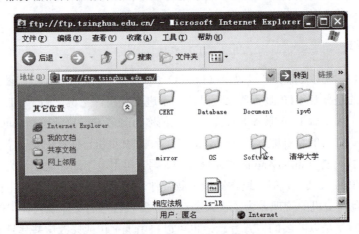

图 2-38　IE 访问 FTP 服务器窗口

（2）双击 Software 文件夹，依次进入 Network、FTP、Client、WsFTP 文件夹，如图 2-39 所示。

（3）找到要下载的文件"Ws_FTP.zip"，双击该文件，弹出"文件下载"对话框，如图 2-40 所示。单击"保存"按钮，出现"另存为"对话框，指定下载文件存放到的目录和文件名，确定后开始下载。

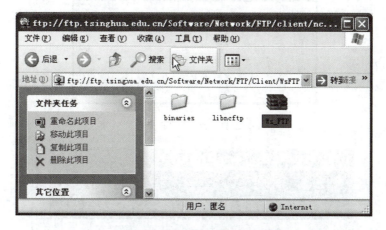

图 2-39 IE 访问 FTP 服务器的目录窗口

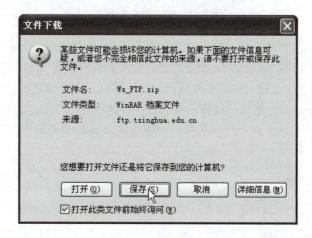

图 2-40 IE 访问 FTP 服务器的文件下载对话框

2.4.3 FTP 客户程序 FTP.exe

从使用者的角度来看，FTP.exe 是网络上互传文件的工具。只有计算机安装了 TCP/IP 协议，才能在 Windows 环境下使用这个工具。若计算机已通过拨号或专线方式连上 Internet，用户就能方便地使用这个工具在 Internet 上进行文件传输，以获得各种各样的共享软件。

一般情况下，用户应在 Windows 的命令行提示符下使用这个工具，也可以在"运行"对话框中输入命令 FTP，如图 2-41 所示，随即可进入 FTP 命令行状态，如图 2-42 所示。

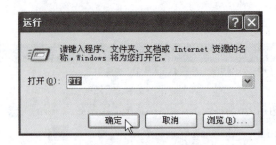

图 2-41　运行 FTP 命令

图 2-42　FTP 命令行状态

这时就可以使用 FTP 命令行工具了，通常先用 open 命令打开一个连接，把自己的计算机与一个远程主机连接起来；然后用 dir 命令查看远程主机内容，用 cd 命令进入相应的目录，用 get 命令或 mget 命令下载远程主机的文件到自己的计算机上。若用户对远程主机拥有写权限，就可用 put 命令或 mput 命令把自己计算机中的文件传到远程主机上。完成任务后用 close 命令关闭此连接，然后可用 open 命令打开另外一个连接或用 quit 命令退出 FTP。下面简要介绍几个重点的 FTP 命令。

1．打开、关闭连接

1）open *Hostname* [*Port*]

这条命令的功能是把用户自己的计算机连接到远程主机上。只有连接成功后，才能进行文件的上传和下载等工作。其中，参数 *Hostname* 指定要连接的远程计算机，可用域名，也可用 IP 地址。参数 Port 指定用于联系 FTP 服务器的 TCP 端口号。默认情况下，使用 TCP 端口号 21。

连接成功后，计算机会提示输入用户名（username）与密码（password），也可输入匿名用户 anonymous 或 ftp，密码用 E-mail 地址或 FTP 代替。但匿名用户只能进行文件的下载，不能进行文件的上传。

2）close/disconnect

这两条命令的功能相似，都是结束与远程服务器进行的 FTP 会话，并停留在 ftp> 提示符下。

3）bye/quit

这两条命令的功能相似，都是结束与远程计算机的 FTP 会话并退出 FTP。

2．查看信息、切换路径

1）pwd

该命令功能是显示远程计算机上的当前目录。

2）cd　*RemoteDirectory*

这条命令的功能是更改远程计算机上的工作目录。*RemoteDirectory* 指定要更改的远程计算机上的目录。

3）lcd　[*Directory*]

这条命令的功能是更改本地计算机上的工作目录。默认情况下，工作目录是启动 ftp 的目录。其中参数 *Directory* 指定要更改的本地计算机上的目录。如果没有指定 *Directory*，将显示本地计算机中当前的工作目录。

4）ls/dir　[*RemoteDirectory*] [*LocalFile*]

这两条命令的功能相似，都是显示远程计算机上的目录文件和子目录列表。其中，参数 *RemoteDirectory* 指定要查看其列表的目录，如果没有指定目录，将使用远程计算机中的当前工作目录；参数 *LocalFile* 指定要存储列表的本地文件，如果没有指定本地文件，则屏幕上将显示结果。

5）mkdir　*Directory*

这条命令的功能是创建远程计算机上的目录。参数 *Directory* 指定的新的远程目录的名称。

6）rename　FileName　NewFileName

这条命令的功能是重命名远程文件。参数 *FileName* 指定要重命名的文件，参数 *NewFileName* 是指定的新文件名。

7）delete/mdelete　*RemoteFile*

delete 命令的功能是删除远程计算机上的一个文件。mdelete 命令的功能是删除远程主机上的多个文件，支持通配符。参数 *RemoteFile* 指定要删除的远程主机上的文件。

3．对远程主机上的文件进行操作

1）put/send/mput *LocalFile*

put 命令或 send 命令的功能是把本地计算机的一个文件上传到远程主机上。mput 命令的功能是把本地计算机的多个文件上传到远程主机上，支持通配符。参数 *LocalFile* 指定要复制的本地文件。

2）get/recv/mget　　*RemoteFile*

get 命令或 recv 命令的功能是下载远程主机的一个文件到自己的计算机上。mget 命令的功能是下载远程主机的多个文件到自己的计算机上，支持通配符。参数 *RemoteFile* 指定要复制到本地计算机的远程文件。

4．其他命令

1）！

该命令的功能是从 ftp 命令行提示符临时退回 Windows 命令行提示符下，以便可以运行 Windows 命令。要返回 ftp 子系统，在 Windows 命令行提示符下输入 exit 命令。

2）？/help　　[*Command*]

这两条命令的功能相似，都是显示 ftp 命令说明。参数 *Command* 指定需要说明的命令的名称。如果未指定 *Command*，则显示所有命令列表。

2.4.4　FTP 客户程序 CuteFTP

对于大部分用户来说，使用指令还是不太方便。现在介绍图形用户接口的 FTP 客户端软件 CuteFTP。CuteFTP 不但包括了 FTP 命令的全部功能，还包括目录比较、宏、目录上传和下载、远端文件编辑、IE 风格的工具条、多线程文件传输、多站点同时连接以及支持 SSL 安全连接等功能。CuteFTP 软件通常可以在较大的 FTP 服务器上的/Pubpsoftware/ftp 目录下找到。

CuteFTP 的运行窗口如图 2-43 所示，在"主机"框中输入待连接的远程主机的 IP 地址或域名，在"用户名"文本框和"密码"文本框中分别输入远程主机合法的 FTP 用户名及密码，然后按 Enter 键即可与远程主机相连。

与远程主机连接后，远程主机的相关信息会在 CuteFTP 窗口中显示，如图 2-44 所示。通常窗口左边区域显示本地硬盘中的文件信息，也可以认为是本地主机窗口；窗口右边区域显示远程主机的 FTP 用户的家目录，也可以认为是远程主机窗口。另外，下面还有用于对下载、上传项目进行管理的队列窗口和记录下载、上传信息的日志窗口。

使用 CuteFTP 进行文件的下载和上传十分方便，下载只需要在远程主机窗口中双击待下载的文件，或者右击待下载的文件或文件夹后在弹出的快捷菜单中选择"下载"命令即可，如图 2-45 所示；上传只需要在本地主机窗口中双击待上传的文件，或者右击待上传的文件或文件夹后在弹出的快捷菜单中选择"上传"命令即可，如图 2-46 所示。

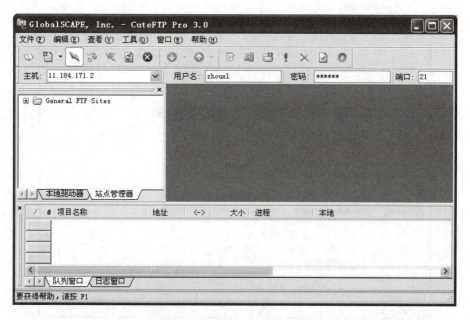

图 2-43　CuteFTP 初始界面

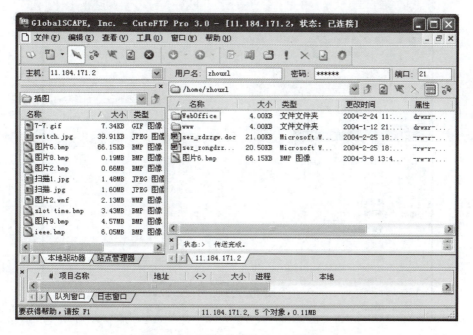

图 2-44　远程连接后的 CuteFTP 窗口

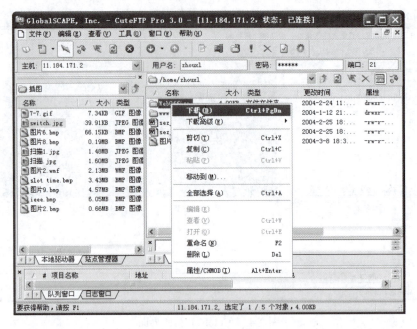

图 2-45　文件下载

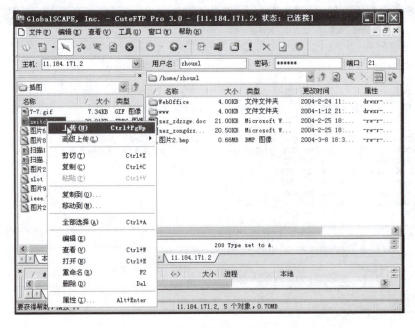

图 2-46　文件上传

当然，CuteFTP 也支持 Windows 的剪贴板操作，在本地主机窗口和远程主机窗口中都可以选择"复制""剪切""粘贴"命令。

2.5 其他互联网应用

2.5.1 BBS

BBS 是 Bulletin Board System 的缩写，译为电子公告板。BBS 是互联网上著名的，也是较常用的信息服务系统之一。BBS 发展非常迅速，几乎遍及整个互联网。提供 BBS 服务的系统叫作 BBS 站，它们各具不同的风格和特色。BBS 站为用户开辟了一块展示"公告"信息的公用存储空间作为"公告板"，就像实际生活中的公告板一样，用户在这里可以围绕某一主题开展持续不断的讨论，人人都可以把自己参与讨论的文字"张贴"在公告板上，也可以从中读取其他参与者"张贴"的信息。BBS 具有的基本功能包括信件交流、文件传输、资讯交流、经验交流及资料查询等。如果是大型多线的 BBS 站，还可以约集相关人员一起上线，彼此通过线上会议室讨论问题。

访问 BBS 站点使用的软件可以是远程登录程序 Telnet，也可以是专用的 BBS 终端软件 netterm 或 Cterm。这里以使用 Telnet 访问清华大学的水木清华 BBS 站点为例介绍具体操作。

（1）首先连通网络，然后选择 Windows "开始" → "运行" 命令，打开 "运行" 对话框，在 "打开" 命令栏中输入 telnet bbs.tsinghua.edu.cn，如图 2-47 所示。

图 2-47 远程访问 BBS 服务器

（2）按 Enter 键，弹出 BBS 服务器的用户登录命令界面，在此输入用户名 bbs，如图 2-48 所示，就会以一个用户名为 "bbs" 的用户身份登录进入清华大学的 BBS 服务器。

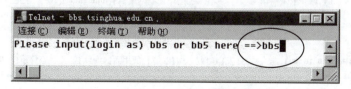

图 2-48 远程登录水木清华 BBS 服务器

(3)按 Enter 键进入 BBS 系统主界面,如图 2-49 所示。在此需要输入 BBS 系统的用户代号,这个代号将是在各 BBS 栏目里的标识。代号 guest 表示以"过客"的身份登录进入 BBS 系统,其权限受到一定限制。如果要享有足够的权限,可输入"new"去申请一个新的 BBS 系统代号,不过一般需要 3 天的系统认证时间。在此以代号 guest 的身份登录,进入 BBS 系统主菜单。

图 2-49　水木清华 BBS 系统主画面

(4)登录进入 BBS 系统后,出现 BBS 系统主菜单,如图 2-50 所示,在此可输入感兴趣的栏目菜单前的英文字母,进而查看相关内容。

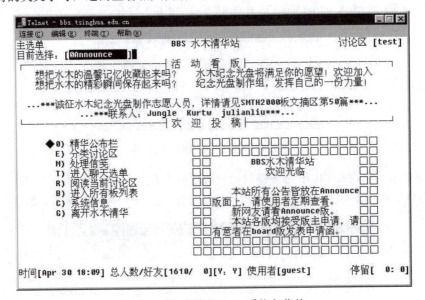

图 2-50　水木清华 BBS 系统主菜单

需要指出的是，随着 HTML 技术的发展，BBS 站点目前也提供 Web 方式的用户界面，如图 2-51 所示。访问 Web 方式的 BBS 站点就不用远程登录软件 Telnet 的命令行界面，而是使用图形用户界的浏览器，互动操作更为简单快捷。

图 2-51 水木清华 BBS 系统 Web 站点

2.5.2 网络新闻组

网络新闻组（UseNet）就是 User's Network，即用户交流网，它是一群有共同爱好的互联网用户为了相互传递交换信息组成的一种无形的用户交流网。UseNet 可以看成是一个有组织的电子邮件系统，不过在这里传送的电子邮件不再是发给某一个特定的用户，而是全世界范围内的新闻组服务器。UseNet 不是一个网络，而是 Internet 上的一种服务，它作为全世界最大的电子布告系统，其服务器遍布世界各地，向各种用户提供他们想要的任何新闻。在这个布告栏上，任何人都可以贴布告，也可以下载其中的布告，UseNet 用户写的新闻被发送到新闻组后，任何访问该新闻组的人都有可能看到这个新闻。

UseNet 是讨论性质的，它允许世界上任何地方的用户参与。新闻组具有公平开放的特点，

Internet 具有快速高效的特点，用户可在新闻组上提出自己在生活、工作中的问题，发布自己的有关学术、商业以及其他一切感兴趣的观点，这使得新闻组就像一个世界性的聊天广场，其话题覆盖了令人难以置信的各种主题，在这里你会发现你所能想象得到的任何聊天话题。几乎任何一个古里古怪的问题，你都可以在 UseNet 上询问，也许你很快就能得到一个非常满意的答案。其实网络新闻并无一个确定的消息提供者，而是由使用网络新闻的每一个用户提供。例如用户 A 上网看新闻，结果发现了一篇感兴趣的文章，想谈谈自己的想法，于是就写了一篇表达自己看法的文章，然后贴到刚才看到的文章中。文章经过网络新闻服务器，几分钟或几小时后就可让世界各地的人们在网络上看到。当然在世界某一角落，有人对该文章有意见，于是他也发表了一些看法，同样贴出来，当然也可以提供新的信息，贴出来与大家分享、讨论。就是这样一种运作方式，使得网络新闻生生不息，每个时刻都有新的信息从世界各地发出。

网络新闻是分门别类的，用户依照自己的需要，可以选择适合自己的新闻组（Newsgroup）收看新闻或发表意见。网络新闻是按照不同的专题分类组织的，每一类为一个专题组，通常称为新闻组，其内部又分为若干子专题，子专题下还可以有子专题。目前已经有了成千上万个新闻组，热门的 UseNet 新闻组有以下几大类。

- comp：计算机科学及相关的话题。
- news：一般性的新闻话题。
- rec：个人爱好、娱乐活动、艺术话题。
- sci：科学研究、工程技术。
- soc：社会类话题。
- biz：商业类话题。
- talk：有争议的话题。
- misc 不属于以上几类或有交叉的话题。

后来又增加了一类 alt，这是一个范围较小、使用的人也较少的一个新闻组，alt 是 alternative 的简写，是"替代"的意思，在这个组可以讨论各类话题。

这些分类只是将新闻内容按其涉及的领域粗略地加以区分，远不能满足人们方便查找的要求。为了帮助用户区分不同的新闻组，还要将新闻组名分为几个等级，第一级就是上面的类型名，以下各级给出话题的范围，用以标识新闻的更小范围，各分类名之间用"."隔开，使人一看到该新闻组名称，就可以确定其主题的含义。例如，rec.audio 是讨论声音系统的新闻组；sci.biology 是讨论生物学的新闻组；comp.os.windows 是讨论 Windows 操作系统的新闻组；comp.os.windows.apps.wordproc 是讨论 Windows 操作系统下字处理软件的新闻组。

从规则上讲，新闻组名的分类可以非常具体，因为其分层没有限制，但是在实际应用中，不常用的新闻组可能只有一个标题，而有些新闻组名可能用到 5 层或更多层的新闻组名。有的时候也可能会在不同的分类中出现相同的组，只是名字的第一部分有所不同。例如，

rec.autos.antique 是娱乐类有关汽车爱好者的讨论，sci.autos.antique 是科技类有关汽车爱好者的讨论，这两个新闻组讨论相同的内容，只是前一个被分在娱乐类中，后一个被分在科技类中。

UseNet 的基本通信手段是电子邮件，但它不同于电子邮件的一对一通信，而是多对多通信。并且也不同于电子邮件那样一切都在用户自己的邮箱之中，用户必须使用网络新闻浏览工具访问 UseNet 主机、阅读主机的消息或发表自己的意见。

用户要想获得网络新闻，应具备两方面的条件，其一，必须能访问到一台参与 UseNet 网络新闻传送的计算机，比如北京电信的网络新闻组服务器 news.bta.net.cn；其二，必须安装一套新闻阅读软件，现在最为常见的软件是 Outlook Express。在 Outlook Express 中创建一个新闻账号，指定一台新闻服务器，预订感兴趣的新闻组，然后就可以阅读新闻，进行讨论了。

2.5.3 IP Phone

1. IP Phone 简介

随着互联网的日益发展，基于 IP 技术的各种应用迅速发展。其中，IP Phone 就是近几年兴起的、极具挑战性的实用技术。IP Phone 也称为网络电话、IP 电话、VoIP、Internet Telephone 等，它是建立在 Internet 基础上的新型数字化传输技术，是 IP 网上通过 TCP/IP 协议实现的一种电话应用。

IP Phone 最早的产品可以追溯到 1995 年，当时开发商们推出了一些基于计算机平台的软件产品，如 Vocaltec 的 IP Phone（即 Internet Phone）、Netspeak 公司的 Web Phone 以及后来 Netscape 的 Cooltalk 等，可以在互联网上实现实时的语音传输服务，和传统电话业务相比，它具有巨大的优势和广阔的市场前景。现在，IP Phone 不仅可以提供 PC-to-PC 的实时语音通信，而且可以提供 PC-to-Phone、Phone-to-Phone 的实时语音通信，并在此基础之上还可以实现语音、视频、数据合一的实时多媒体通信。

和传统的 PSTN 相比，IP Phone 具有以下优点。

（1）能够更加高效地利用网络资源。IP Phone 采用了先进的数字信号处理技术，可以将 64kbps 的话音信号压缩成 8Kbps 或更低码率的数据流，能够在同一条线路上传输比采用模拟技术更多的呼叫，并且 IP Phone 采用的是分组交换技术，可以实现信道的统计复用，网络资源的利用效率更高。

（2）可以提供更为廉价的服务。由于 IP Phone 以数字形式作为传输媒介，所以占用资源少，成本很低，价格便宜。现在国内已经有一些电信运营商开始提供 IP Phone 服务，价格可以比传统的电话低 40%～70%。

（3）和数据业务有更大的兼容性。IP Phone 不仅包含传统的话音业务，还涵盖了其他一些多媒体实时通信业务，同时还提供了许多方便的增值业务，如呼叫转移、呼叫等候、呼叫阻塞、主叫号码显示等。

（4）符合三网合一的发展方向。IP 技术是通信领域的新潮流，它符合未来三网合一（电话网、广播电视网、数据网）的发展方向，因而其市场潜力十分可观。

2．IP Phone 的基本原理

IP 电话系统把来自普通电话的模拟信号转换成计算机可联入 Internet 传送的数据包，同时也将收到的数据包转换成声音的模拟电信号。IP 电话系统是由一系列组件构成的，其中包括终端、网关、关守、网管服务器及计费服务器等。

Internet 网关提供 Internet 网和电话网之间的接口，用户通过 PSTN 本地环路连接到 Internet 的网关，网关负责把模拟信号转换为数字信号并压缩打包，成为可以在 Internet 上传输的分组语音信号，然后通过 Internet 传送到被叫用户的网关端，由被叫端的网关进行分组数据的解包、解压和解码，还原为可被识别的模拟语音信号，再通过 PSTN 传到被叫方的终端。这样，就完成了一个完整的电话到电话的 IP Phone 的通信过程。

1）终端

IP 电话的终端（Terminal）可以有多种类型，其中包括传统的语音电话、ISDN 终端、PC，也可以是集语音、数据和图像于一体的多媒体业务终端。由于不同种类的终端产生的数据源结构是不同的，要在同一个网络上传输，这就要由网关或者通过一个适配器进行数据转换，形成统一的 IP 数据包。未来终端的发展趋势应当是标准和规格统一的，这样可以减少数据转换带来的开销。

2）网关

网关（Gateway）负责提供 IP 网络和传统 PSTN 的接口，从而提供廉价的长途通信业务。网关可以支持多种电话线路，包括模拟电话线、数字中继线和 PBX 连接线路，并提供话音编码压缩、呼叫控制、信令转换、动态路由计算等功能。

3）关守

关守（Gatekeeper）实际上是 IP 电话网的智能集线器，是整个系统的服务平台，负责系统的管理、配置和维护。关守提供的功能有拨号方案管理、安全性管理、集中账务管理、数据库管理和备份及网络管理等。

4）管理服务器

管理服务器是为网络管理人员提供了的管理工具，可以实现对 IP 电话网络体系中各种组件的管理工作。管理服务器提供了良好的用户界面，网管人员可以方便地控制所有系统组件，包括网关、关守等。管理服务器的功能包括设备的控制及配置、数据配给、拨号方案管理及负载均衡、远程监控等。

5）计费服务器

计费服务器的功能是对用户的呼叫进行费用计算，并提供相应的单据和统计报表。计费服务器可以由 IP 电话的制造商提供，也可以由第三方厂商制作，前提是 IP 制造商开放其软件的数据接口。

3．IP Phone 的关键技术

Internet 这样的无连接数据网络是没有业务质量保障的，必然会存在分组丢失、失序到达和时延抖动的情况，这时就必须采取特殊的步骤来保障一定的业务质量。例如，高层协议 TCP 提供了流控和差错恢复，但会产生显著的时延和时延抖动，因而在此环境中，TCP 就不可用作第三层协议。基于多媒体数据与基于一般计算机数据不同，它能容忍一定程度的差错，而不会明显地影响通话或图像质量。因此，多媒体数据传输都采用 UDP 传输协议。由于 UDP 只是提供了一个基本的传输手段，而多媒体传输应用需要多媒体编码类型、同步时标、分组序列号等参数以及一定程度的业务质量保障，因而提出了实时传输协议（RTP）和实时传输控制协议（RTCP）。主要的 IP Phone 技术分如下 5 类。

（1）信令技术，包括 ITU-T H.323 和 IETF 会话初始化协议 SIP[4]（Session Initiation Protocol）两套标准体系，还涉及进行实时同步连续媒体流传输控制的实时流协议（RTSP）。

（2）媒体编码技术，如以码本激励线性预测原理为基础的 G.729、G.723（G.723.1）话音压缩编码技术。话音压缩编码技术是 IP 电话技术的一个重要组成部分。以 G.729 为例，它可将经过采样的 64Kbps 话音以几乎不失真的质量压缩至 8Kbps。图像编码方面有 IP 网络会议系统采用的 H.261（活动图像编码）和 H.263（低速率活动图像编码）。

（3）媒体实时传输技术，主要采用实时传输协议（RTP）。RTP 为端到端的实时数据传送协议，位于 UDP 之上，它们共同完成传输层的功能。RTP 本身并不向被传数据提供时间和质量上的保证，它既不保证传输的可靠性，也不保证下层网络是可靠的，而是依靠下层网络提供此功能。它主要用于媒体点播与交互式通信。RTCP 是管理传输质量和提供 QoS（服务质量）信息的实时控制协议，主要监视时延和带宽。一旦所传送的多媒信息流的带宽发生变化，则通知发送方、改变符号识别码和编码参数。

（4）业务质量保障技术，采用资源预留协议 RSVP 和用于业务质量监控的实时传输控制协议（RTCP）来避免网络拥塞，保障通话质量。

（5）网络传输技术，主要是 TCP 和 UDP。在 IP 网中，传输层有两个并列的协议，即 TCP 和 UDP。TCP 是面向连接的，提供高可靠性服务；UDP 是无连接的，提供高效率的服务。高可靠性的 TCP 用于一次要交换传输大量报文的情况，高效率的 UDP 用于一次交换少量报文或

交换实时性要求较高的信息。

此外还涉及分组重建技术和时延抖动平滑技术、动态路由平衡传输技术、网关互联技术（包括媒体互通和控制信令互通）、网络管理技术以及安全认证和计费技术等。

2.5.4 网络娱乐

2017 年，网络娱乐类应用进一步向移动端转移，手机网络音乐、视频、游戏、文学用户规模增长率均在 4%以上，其中手机网络游戏增长率达到 9.6%。网络游戏行业营收规模显著增长，游戏与 IP 其他环节产业的联动日益加深；逐步推进的生态化和崭露头角的国际化是网络文学行业 2017 年的两大主要发展特征，版权收入有望成为行业营收增长的核心；网络视频行业，各大视频网站均布局包括文学、漫画、影视、游戏及其衍生产品的泛娱乐内容新生态，生态化平台的整体协同能力正在逐步凸显；以秀场直播和游戏直播为核心的网络直播业务保持了蓬勃发展趋势，运营正规化和内容精品化是当前发展的主要方向。

1．网络游戏

截至 2017 年 6 月，我国网络游戏用户规模达到 4.22 亿，较去年底增长 460 万，占整体网民的 56.1%。手机网络游戏用户规模为 3.85 亿，较去年底增长 3380 万，占手机网民的 53.3%。2017 年国内网络游戏行业发展稳定，营收规模显著增长，游戏与 IP 产业链上其他环节的联动日益加深。从游戏本身的发展来看，竞技与社交仍是促使重度游戏保持极高营收能力的核心元素，而随着游戏用户群体的不断垂直细分，作为小众市场的单机游戏有望成为新的行业增长点。

从行业发展上看，以手机游戏作为核心动力的网络游戏市场营收依旧保持高速增长。财报数据显示，腾讯和网易作为国内最大的两家游戏公司，其 2017 年第一季度的游戏业务营收同比增长分别达到 34%和 78.5%。在产业联动上，网络游戏厂商与文学、影视企业的合作日益紧密，从上游 IP 生产到下游 IP 变现的产业链更加稳固。

从游戏类型上看，竞技属性仍是目前拉动网络游戏营收显著增长的核心要素，而以线上作为主要分发渠道的 PC 单机游戏市场潜力初步显现。竞技游戏在 2017 年上半年的 PC 和手机端均延续了强大营收能力，以此为基础衍生出的赛事活动等周边产业生态呈现繁荣景象，推动阿里巴巴、苏宁、京东等电商企业先后"跨行"进入这一领域。此外，虽然 PC 端单机游戏已经沦为游戏行业的垂直小众市场，但国内用户付费能力的提升和版权环境的改善使得其逐渐展现出较强发展潜力。有数据显示，2017 年第一季度海外单机游戏发行平台 steam 在中国拥有超过 1500 万用户，环比增长率达到 57%，广阔的市场空间吸引了以腾讯为代表的国内游戏厂商开始进入该领域进行布局。

2. 视频点播

随着计算机技术和网络通信技术的发展，VOD（Video On Demand，交互式多媒体视频点播）综合了计算机技术、通信技术、电视技术，是迅速新兴的一门综合性技术。它利用了网络和视频技术的优势，彻底改变了过去收看节目的被动方式，实现了节目的按需收看和任意播放，集动态影视图像、静态图片、声音、文字等信息为一体，为用户提供实时、交互、按需点播服务的系统。

VOD 可以在网络教育、图书馆、企业培训、媒体娱乐等多方面得到应用。随着多媒体通信技术的发展和互联网及宽带数据通信网络等信息基础设施的建设，视频点播与人们的生活已经变得紧密相关：在家中可以随心所欲地收看自己想看的节目，变被动为主动；在图书馆里可以查找多媒体资料；在网络教学中利用点播多媒体课件可以达到最好的教学效果，并可使学生更好地预习和复习，提高了教学效率。

VOD 系统从概念上看主要由 3 个部分组成，包括视频服务器、网络传输系统和机顶盒，结构如图 2-52 所示。

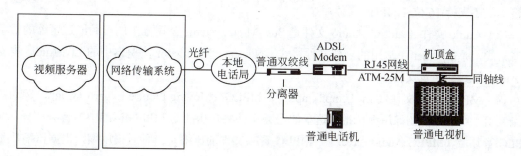

图 2-52　VOD 系统结构

VOD 系统是以客户/服务器方式工作的，整个工作流程如下。

（1）视频服务器将节目的目录下传到机顶盒。

（2）用户根据目录选择节目，用户指令经网络传送到视频服务器。

（3）视频服务器检验用户身份，并判断该请求是否影响正在运行的服务。

（4）视频服务器从存储设备中查找相应的节目。

（5）视频服务器将节目以稳定的速率传送给用户。

（6）机顶盒将节目解密、解码，并显示在屏幕上。

3．互联网中的多媒体

1）音频文件

音频文件通常分为两类，即声音文件和 MIDI 文件，声音文件指的是通过声音录入设备录制的原始声音，直接记录了真实声音的二进制采样数据，通常文件较大；而 MIDI 文件则是一种音乐演奏指令序列，相当于乐谱，可以利用声音输出设备或与计算机相连的电子乐器进行演奏，由于不包含声音数据，其文件较小。

常见的音频文件格式如下所述。

（1）Wave 文件（.wav）。Wave 格式是 Microsoft 公司开发的一种声音文件格式，用于保存 Windows 平台的音频信息资源，符合 RIFF（Resource Interchange File Format）文件规范，被 Windows 平台及其应用程序所广泛支持。它支持多种音频位数、采样频率和声道，是 PC 上最为流行的声音文件格式，但其文件较大，多用于存储简短的声音片段。

（2）AIFF 文件（.aif/.aiff）。AIFF（Audio Interchange File Format，音频交换文件格式）是苹果计算机公司开发的一种声音文件格式。被 Macintosh 平台及其应用程序所支持，Netscape Navigator 浏览器中的 LiveAudio 也支持 AIFF 格式，SGI 及其他专业音频软件包也同样支持这种格式，还支持 16 位 44.1kHz 立体声。

（3）Audio 文件（.au）。Audio 文件是 Sun Microsystems 公司推出的一种经过压缩的数字声音格式，是 Internet 中常用的声音文件格式。Netscape Navigator 浏览器中的 LiveAudio 也支持 Audio 格式的声音文件。

（4）MPEG 音频文件（.mp1/.mp2/.mp3）。MPEG（Moving Picture Experts Group，运动图像专家组）代表运动图像压缩标准，这里的音频文件格式指的是 MPEG 标准中的音频部分，即 MPEG 音频层（MPEG Audio Layer）。MPEG 音频文件的压缩是一种有损压缩，根据压缩质量和编码复杂程度的不同可分为 3 层（MPEG Audio Layer 1/2/3），分别对应 MP1、MP2 和 MP3 3 种声音文件。MPEG 音频编码具有很高的压缩率，MP1 和 MP2 的压缩率分别为 4∶1 和 6∶1～8∶1，MP3 的压缩率则高达 10∶1～12∶1，也就是说一分钟 CD 音质的音乐，未经压缩需要 10MB 存储空间，而经过 MP3 压缩编码后只有 1MB 左右，同时其音质基本保持不失真。因此，目前使用最多的是 MP3 文件格式。

（5）RealAudio 文件（.ra/.rm/.ram）。RealAudio 文件是 RealNetworks 公司开发的一种新型流式音频（Streaming Audio）文件格式，它包含在 RealNetworks 公司所制定的音频、视频压缩规范 RealMedia 中，主要用于在低速率的广域网上实时传输音频信息。网络连接速率不同，客户端所获得的声音质量也不尽相同：对于 14.4Kbps 的网络连接，可获得调幅（AM）质量的音质；对于 28.8Kbps 的连接，可以达到广播级的声音质量；如果拥有 ISDN 或更快的线路连接，则可获得 CD 音质的声音。

（6）MIDI 文件（.mid/.rmi）。MIDI（Musical Instrument Digital Interface，乐器数字接口）是数字音乐/电子合成乐器的统一国际标准，它定义了计算机音乐程序、合成器及其他电子设备交换音乐信号的方式，还规定了不同厂家的电子乐器与计算机连接的电缆和硬件及设备间数据传输的协议可用于为不同乐器创建数字声音，可以模拟大提琴、小提琴、钢琴等常见乐器。在 MIDI 文件中，只包含产生某种声音的指令，这些指令包括使用什么 MIDI 设备的音色、声音的强弱、声音持续多长时间等。计算机将这些指令发送给声卡，声卡按照指令将声音合成出来，MIDI 声音在重放时可以有不同的效果，这取决于音乐合成器的质量。相对于保存真实采样数据的声音文件，MIDI 文件显得更加紧凑，其文件通常比声音文件小得多。

（7）模块文件（.mod/.s3m/.xm/.mtm/.far/.kar/.it）。模块文件同时具有 MIDI 与数字音频的共同特性。模块文件中既包括如何演奏乐器的指令，又保存了数字声音信号的采样数据，为此，其声音回放质量对音频硬件的依赖性较小，也就是说，在不同的机器上可以获得基本相似的声音回放质量。模块文件根据不同的编码方法有 MOD、S3M、XM、MTM、FAR、KAR 及 IT 等多种不同格式。

2）图像文件

图像文件是描绘图像的计算机磁盘文件，其文件格式不下数十种。图像文件可以分两类，即图片文件和动画文件。图片文件的格式相当多，但是 HTML 文件常用的图片文件格式主要是 JPEG。动画文件指由相互关联的若干帧静止图像所组成的图像序列，这些静止图像连续播放便形成一组动画，通常用来完成简单的动态过程演示。

常见的图像文件格式如下。

（1）BMP 文件格式（.bmp）。BMP 图像文件格式是 Microsoft 为其 Windows 环境设置的标准图像格式。一个 Windows 的 BMP 位图实际上是一些和显示像素相对应的位阵列，它有两种类型，一种称为 GDI（Graphics Device Interface）位图，另一种是 DIB（Device-Independent Bitmap）位图。GDI 位图包含了一种和 Windows 的 GDI 模块有关的 Windows 数据结构，该数据结构是与设备有关的，故此位图又称为 DDB（Device-Dependent Bitmap）位图。当用户的程序取得位图数据信息时，其位图显示方式视显卡而定。由于 GDI 位图具有设备依赖性，当位图通过网络传送到另一台 PC，很可能就会出现问题。DIB 相比于 GDI 位图有很多编程优势，例如它自带颜色信息，从而使调色板管理更加容易。且任何运行 Windows 的机器都可以处理 DIB，并通常以后缀为.BMP 的文件形式被保存在磁盘中或作为资源存在于程序的 EXE 或 DLL 文件中。

(2) JPEG 文件格式 (.jpg)。国际标准化组织 (ISO) 和国际电报电话咨询委员会 (CCITT) 联合成立的"联合照片专家组"(Joint Photographic Experts Group, JPEG) 经过 5 年的艰苦细致工作,于 1991 年 3 月提出了 ISO CD 10918 号建议草案——"多灰度静止图像的数字压缩编码"(通常简称为 JPEG 标准)。这是一个适用于彩色和单色多灰度或连续色调静止数字图像的压缩标准。它包括无损压缩和基于离散余弦变换和 Huffman 编码的有损压缩两个部分。前者不会产生失真,但压缩比很小;后一种算法进行图像压缩时,信息虽有损失,但压缩比可以很大。例如,压缩 20~40 倍时,人眼基本上看不出失真。JPEG 图像文件也是一种像素格式的文件格式,但它比 BMP 等图像文件要复杂许多。

(3) TIFF 文件格式 (.tif)。TIFF (Tagged Image Format File, 标志图像文件格式) 最早由 Aldus 公司于 1986 年推出,它能够很好地支持从单色到 24 位真彩的任何图像,而且在不同平台之间的修改和转换也十分容易。与其他图像文件格式不同的是,TIFF 文件中有一个标记信息区,用来定义文件存储的图像数据类型、颜色和压缩方法。TIFF 是一种无损压缩的文件格式,不会破坏任何图像数据,更不会劣化图像质量,但压缩比非常小,只有 2∶1。

(4) GIF 文件 (.gif)。GIF (Graphics Interchange Format, 图形交换格式) 是由 CompuServe 公司于 20 世纪 80 年代推出的一种高压缩比的彩色图像文件格式。CompuServe 公司是一家著名的美国在线信息服务机构,针对当时网络传输带宽的限制,其采用高效无损数据压缩方法,推出了 GIF 图像格式,主要用于图像文件的网络传输,GIF 图像文件的尺寸通常比其他图像文件(如 PCX)小好几倍,所以这种图像格式迅速得到了广泛的应用。考虑到网络传输中的实际情况,GIF 图像格式除了一般的逐行显示方式之外,还增加了渐显方式,也就是说,在图像传输过程中,用户可以先看到图像的大致轮廓,然后随着传输过程的继续而逐渐看清图像的细节部分,从而适应了用户的观赏心理,这种方式之后也被其他图像格式所采用,如 JPEG/JPG 等。最初,GIF 只是用来存储单幅静止图像,称 GIF87a,后来,又进一步发展成为 GIF89a,可以同时存储若干幅静止图像,并进而形成连续的动画。目前 Internet 上大量采用的彩色动画文件多为这种格式的 GIF 文件。

(5) PNG 文件格式 (.png)。PNG (Portable Network Graphic, 可移植的网络图像) 文件格式是由 Thomas Boutell、Tom Lane 等人提出并设计的,它是为了适应网络数据传输而设计的一种图像文件格式,用于取代格式较为简单、专利限制严格的 GIF 图像文件格式。而且,这种图像文件格式在某种程度上甚至还可以取代格式比较复杂的 TIFF 图像文件格式。它的主要特点是压缩效率通常比 GIF 要高、提供 Alpha 通道控制图像的透明度、支持 Gamma 校正机制用来调整图像的亮度等。

需要说明的是,PNG 文件格式支持 3 种主要的图像类型,即真彩色图像、灰度级图像以及颜色索引数据图像。JPEG 只支持前两种图像类型，而 GIF 虽然可以利用灰度调色板补偿图像的灰度级别，但原则上它仅仅支持第 3 种图像类型。

（6）Flic 文件（.fli/.flc）。Flic 文件是 Autodesk 公司在其出品的 Autodesk Animator/Animator Pro/3D Studio 等 2D/3D 动画制作软件中采用的彩色动画文件格式，其中，.FLI 是最初基于 320×200 分辨率的动画文件格式；.FLC 是.FLI 的进一步扩展，采用了更高效的数据压缩技术，其分辨率也不再局限于 320×200。Flic 文件采用行程编码（RLE）算法和 Delta 算法进行无损的数据压缩，首先压缩并保存整个动画序列中的第一幅图像，然后逐帧计算前后两幅相邻图像的差异或改变部分，并对这部分数据进行 RLE 压缩。由于动画序列中前后相邻图像的差别通常不大，因此采用行程编码可以得到相当高的数据压缩率。

3）视频文件

视频文件主要指那些包含了实时的音频、视频信息的多媒体文件，其多媒体信息通常来源于视频输入设备。由于同时包含了大量的音频、视频信息，视频文件往往相当庞大，动辄几"MB"甚至几十"MB"。

常见的视频文件格式如下。

（1）AVI 文件（.avi）。AVI（Audio Video Interleaved，音频视频交错）是 Microsoft 公司开发的一种符合 RIFF 文件规范的数字音频与视频文件格式，原先用于 Microsoft Video for Windows（简称 VFW）环境，现在已被 Windows 95/98、OS/2 等多数操作系统直接支持。AVI 格式允许视频和音频交错在一起同步播放，支持 256 色和 RLE 压缩。但 AVI 文件并未限定压缩标准，因此，AVI 文件格式只是作为控制界面上的标准，不具有兼容性，对于用不同压缩算法生成的 AVI 文件，必须使用相应的解压缩算法才能播放出来。常用的 AVI 播放驱动程序主要是 Microsoft Video for Windows 或 Windows 95/98 中的 Video 1，以及 Intel 公司的 Indeo Video。AVI 文件目前主要应用在多媒体光盘上，用来保存电影、电视等各种影像信息，有时也出现在 Internet 上，供用户下载、欣赏新影片的精彩片段。

（2）QuickTime 文件（.mov/.qt）。QuickTime 是 Apple 计算机公司开发的一种音频、视频文件格式，用于保存音频和视频信息，具有先进的视频和音频功能。能够提供对包括 Apple Mac OS、Microsoft Windows 在内的所有主流操作系统平台的支持。QuickTime 文件格式支持 25 位彩色，支持 RLE、JPEG 等领先的集成压缩技术，提供 150 多种视频效果，并配有提供了 200 多种 MIDI 兼容音响和设备的声音装置。QuickTime 包含了基于 Internet 应用的关键特性，能够通过 Internet 提供实时的数字化信息流、工作流与文件回放功能。此外，QuickTime 还采用了一种称为 QuickTime VR（简称 QTVR）技术的虚拟现实（Virtual Reality，VR）技术，用户通过鼠标或键盘的交互式控制，可以观察某一地点周围 360°的景象，或者从空间任何角度观察某一物体。QuickTime 以其领先的多媒体技术和跨平台特性、较小的存储空间要求、技术细节的独立性以及系统的高度开放性，得到业界的广泛认可，目前已成为数字媒体软件技术领域的事实上的工业标准。国际标准化组织（ISO）最近选择 QuickTime 文件格式作为开发 MPEG 4 规范的统一数字媒体存储格式。

（3）高级流格式文件（.asf）。Microsoft 公司推出的 ASF（Advanced Streaming Format）是一个独立于编码方式的在 Internet 上实时传播多媒体的技术标准，Microsoft 公司希望用 ASF 取代 QuickTime 之类的技术标准以及 WAV、AVI 之类的文件扩展名，并打算将 ASF 用作将来的 Windows 版本中所有多媒体内容的标准文件格式。ASF 的主要优点包括本地或网络回放、可扩充的媒体类型、部件下载、可伸缩的媒体类型、流的优先级化、多语言支持、环境独立性、丰富的流间关系以及扩展性等。NetShow 服务器和 NetShow 播放器是 ASF 应用的主要部件，两者间传送的是现场的 ASF 流或存储 ASF 流的 ASF 文件（.asf）。ASF 流是通过网络传输的信息流，它既可以是从 NetShow 服务器发出的 ASF 文件，也可以是由 ASF 实时编码器进行编码后得到的现场信息。当实时编码器对现场信息进行编码并加入 ASF 流之后，编码器将该 ASF 流发送到 NetShow 服务器，再由 NetShow 服务器将 ASF 流发送给网络上的所有 NetShow 播放器，从而实现单路广播或多路广播，而 NetShow 播放器则专门接收经过单路广播或多路广播发来的 ASF 信息流并实时播放。

（4）RealVideo 文件（.rm）。RealVideo 文件是 RealNetworks 公司开发的一种新型流式视频文件格式，主要用来在低速率的广域网上实时传输活动视频影像，可以根据网络数据传输速率的不同而采用不同的压缩比率，从而实现影像数据的实时传送和实时播放。RealVideo 除了可以以普通的视频文件形式播放之外，还可以与 RealServer 服务器相配合，实现在数据传输过程中边下载边播放视频影像，而不必像大多数视频文件那样，必须先下载然后才能播放。目前，Internet 上已有不少网站利用 RealVideo 技术进行重大事件的实况转播。RealVideo 与 RealAudio 和 RealFlash 一起被称为 RealMedia，RealAudio 用来传输接近 CD 音质的音频数据，RealVideo 用来传输连续视频数据，而 RealFlash 则是 RealNetworks 公司与 Macromedia 公司新近合作推出的一种高压缩比的动画格式。RealMedia 根据网络数据传输速率的不同制定了不同的压缩比率，现在大多使用其中的 14.4Kbps、28.8Kbps 以及 ISDN 56Kbps 这 3 种不同速率下的 RealMedia 流格式。整个 Real 系统由 3 个部分组成，包括 RealServer（服务器）、RealEncoder（编码器）和 RealPlayer（播放器）。RealEncoder 负责将已有的音频和视频文件或者现场的音频和视频信号实时转换成 RealMedia 格式，RealServer 负责广播 RealMedia 格式的音频或视频，而 RealPlayer 则负责将传输过来的 Real Media 格式的音频或视频数据流实时播放出来。

（5）NAVI。NAVI 是 new AVI 的缩写，是一个名为 ShadowRealm 的地下组织发展起来的一种新视频格式。它是由 Microsoft ASF 压缩算法修改而来的。视频文件格式主要追求的是压缩效率和图像质量，NAVI 为了追求这个目标，改善了原始 ASF 格式的一些不足，拥有更高的帧率。当然，这是以牺牲 ASF 的视频流特性作为代价的。概括来说，NAVI 就是一种去掉视频流特性的改良型 ASF 格式，就是非网络版本的 ASF。

（6）DivX。简单地说，DivX 是一项由 DivXNetworks 公司发明的，类似于 MPEG4/MP3 的数字多媒体压缩技术。简单理解就是 Video 部分以 MPEG4 格式压缩，Audio 部分以 MP3（MPEG-1 Layer 3）格式压缩，然后组合而成的 AVI 影片，可以把 MPEG-2 格式的多媒体文件压缩至原来的 10%，更可把 VHS 格式录像带格式的文件压缩至原来的 1%，其压缩效率约为同样播放时间的 DVD 的 1/5～1/10，并且其声音及影像的品质都相当不错，但比 DVD 还是差一点，比起 VCD 要好得多。

（7）MPEG 文件（.mpeg/.mpg/.dat）。MPEG 是 Moving Pictures Experts Group（动态图像专家组）的英文缩写，这个专家组始建于 1988 年，专门负责为 CD 建立视频和音频标准，其成员均为视频、音频及系统领域的技术专家。由于 ISO/IEC1172 压缩编码标准是由此小组提出并制定的，MPEG 也由此闻名于世。

MPEG-1 制定于 1992 年，为工业级标准而设计，可适用于不同带宽的设备，如 CD-ROM、Video-CD、CD-i。它可针对 SIF 标准分辨率（对于 NTSC 制为 352X240；对于 PAL 制为 352X288）的图像进行压缩，传输速率为 1.5Mbps，每秒播放 30 帧，具有 CD（指激光唱盘）音质，质量级别基本与 VHS 相当。MPEG 的编码速率最高可达 4～5Mbps，但随着速率的提高，其解码后的图像质量有所降低。MPEG-1 也被用于数字电话网络上的视频传输，如非对称数字用户线路（ADSL）、视频点播（VOD）以及教育网络等。同时，MPEG-1 也可用作记录媒体或是在 Internet 上传输音频。

MPEG-2 制定于 1994 年，设计目标是高级工业标准的图像质量以及更高的传输率。MPEG-2 所能提供的传输率在 3～10Mbps 间，在 NTSC 制式下的分辨率可达 720 像素×486 像素，MPEG-2 能够提供广播级的视像和 CD 级的音质。MPEG-2 的音频编码可提供左右中及两个环绕声道、一个加重低音声道和多达 7 个伴音声道（DVD 可有 8 种语言配音的原因）。由于 MPEG-2 在设计时的巧妙处理，使得大多数 MPEG-2 解码器可以播放 MPEG-1 格式的数据，如 VCD。MPEG-2 的另一特点是，它可以提供一个较广的范围改变压缩比，以适应不同画面质量、存储容量以及带宽的要求。除了作为 DVD 的指定标准外，MPEG-2 还可用于为广播、有线电视网、电缆网络以及卫星直播（Direct Broadcast Satellite）提供广播级的数字视频。

由于 MPEG-2 的出色性能表现，已能适用于高清晰度电视（High-Definition TV，HDTV），使得原打算为 HDTV 设计的 MPEG-3 还没出世就被抛弃了。

MPEG-4 标准主要应用于视像电话（Videophone）、视像电子邮件（Video E-mail）和电子新闻（Electronic News）等，其传输速率要求较低，在 4800～64000bps 之间，分辨率为 176 像素×144 像素。MPEG-4 利用很窄的带宽，通过帧重建技术压缩和传输数据，以求以最少的数据获得最佳的图像质量。与 MPEG-1 和 MPEG-2 相比，MPEG-4 的特点是其更适于交互 AV 服务以及远程监控。MPEG-4 是第一个使用户由被动变为主动（不再只是观看，允许用户加入其中，即有交互性）的动态图像标准；它的另一个特点是其综合性，从根源上说，MPEG-4 试图将自然物体与人造物体相融合（视觉效果意义上的），另外，MPEG-4 的设计目标还有更广的适应性和可扩展性。

（8）Flash 文件（.swf）。

Flash 是美国的 MACROMEDIA 公司于 1999 年 6 月推出的优秀网页动画设计软件。它是一款交互式动画设计工具，用它可以将音乐、声效、动画以及富有新意的界面融合在一起，从而制作出高品质的网页动态效果。Flash 使用了矢量图形和流式播放技术，与位图图形不同的是，矢量图形可以任意缩放尺寸而不影响图形的质量；流式播放技术使得动画可以边播放边下载，从而缓解了网页浏览者焦急等待的情绪。关键帧和图符使得所生成的动画（.swf）文件非常小，几"K"字节的动画文件已经可以实现许多令人心动的动画效果，用在网页设计上不仅可以使网页更加生动，而且小巧玲珑下载迅速，使得动画可以在打开网页很短的时间里就得以播放。

4）常用的多媒体播放器

上述不同格式的多媒体文件，都要求用户的操作系统中安装对应的多媒体播放软件，这些软件大致可分为两类，即可独立运行的多媒体播放器应用程序和依赖于浏览器的多媒体应用插件（Plugin）。最初的多媒体播放软件通常是与多媒体文件格式一一对应的，因此，为了能够播放多种格式的多媒体文件，用户必须安装不同的播放软件。此后，随着多媒体应用的不断发展，出现了集成式多媒体播放器软件，在支持多种格式多媒体文件的同时，保持统一的用户操作界面，Windows 系统中的媒体播放器和国产的播放软件超级解霸就是典型代表。基于浏览器的多媒体插件通常都是与主流浏览器软件（如 Microsoft Internet Explorer 或 Google Chrome 协同工作的。

2.5.5 虚拟现实

1．虚拟现实的概念

随着 Internet 的飞速发展及 3D 技术的日益成熟，人们已经不满足于 Web 页上二维空间的交互特性，而希望将 WWW 变成一个立体空间。主页上将不再仅仅有图片文字，而且还有三维场景，主页的链接也不再只是高亮度显示的图片和文字，而是在三维空间打开一扇门或者触摸一个物体就进入了另一个主页。甚至在网上还可以有一个虚拟的自己，上网者互相之间都能相互看到，用户可以像逛街一样浏览主页，同时和路上碰到的人打招呼，这就是虚拟现实技术的体现。

虚拟现实是从英文 Virtual Reality 一词翻译过来的，Virtual 就是虚假的意思，Reality 就是真实的意思，合并起来就是虚拟现实，也就是本来没有的事物和环境，通过各种技术虚拟出来，让用户感觉到就如真实的一样。

虚拟现实的定义可以归纳为，虚拟现实是利用计算机生成一种模拟环境（如飞机驾驶舱、操作现场等），通过多种传感设备使用户"投入"该环境中，实现用户与该环境直接进行自然交互的技术。这里所谓的模拟环境，就是用计算机生成的具有表面色彩的立体图形，它可以是某一特定现实世界的真实体现，也可以是纯粹构想的世界。传感设备包括立体头盔（Head Mounted Display）、数据手套（Data Glove）、数据衣（data suit）等穿戴于用户身上的装置和设置于现实环境中的传感装置（不直接戴在身上）。自然交互是指用日常的方式对环境内的物体进行操作（如用手拿东西、行走等）并得到实时立体反馈。

2．VRML

WWW 上的虚拟现实技术是依靠 VRML（Virtual Reality Modeling Language，虚拟现实造型语言）来实现的，使用 VRML 能在 Internet 上设计三维虚拟空间，可以建造虚拟的房间、建筑物、城市、山脉和星球，能用虚拟的家具、汽车、人员、飞机或能想象出的任何东西来填充虚拟的世界。VRML 最主要的特点是能够在 Internet 上创建动态的世界和感觉丰富的虚拟环境。在 VRML 中，用户可以创建锚点于 VRML 空间造型的链接，单击锚点造型将引导 VRML 浏览顺着链接检索出该链接所连的 VRML 文件，那个文件也可以包含跟踪的链接，而且以此发展下去。顺着一个 VRML 文件中的链接，用户能在 3D 空间浏览 Web，当用户漫步于 Internet 时，可以从一个虚拟空间跨入另一个空间。

VRML 的基本目标是建立互联网上的交互式三维多媒体，基本特征包括分布式、三维、交互性、多媒体集成及境界逼真性等。

目前，互联网上有很多 VRML 站点，使用搜索引擎就可以查到。需要说明的是，在浏览 VRML 站点前，浏览器要安装 VRML 的插件。常见的 VRML 的插件有 CosmoPlayer、blaxxun Contact、Cortona 和 WorldView 等。

3．虚拟现实的应用

（1）远程教育：国内外一些高等院校利用 VRML 2.0 语言成功开发了基于集成声音、图像及其他多媒体技术的三维空间的远程教育中心，它制造了一个完全立体化的模型，虚拟出真实的校园环境，用户进入教育中心会如同进入真正的学校一样，可以进行提问、考试等，进行实时的教学和交流。

（2）商业应用：VRML 可以让顾客更好地感受想要购买的商品。对于那些期望与客户建立直接联系的公司，尤其是那些在自己的主页上向客户发送电子广告的公司，VRML 具有特别的吸引力。

（3）网络娱乐：网络娱乐领域是 VRML 的一个重要应用领域。它能提供良好的多人之间的交互功能，提供更加逼真的虚拟环境，从而使人们能够享受其中的乐趣，带来美好的娱乐感觉。VRML 目前正朝着实时通信、大规模用户交互的方向发展。

2.5.6　电子商务

电子商务（e-Business）是指政府、企业和个人利用计算机与网络技术实现商品买卖和资金结算的过程，是各参与方之间以电子方式而非物理交换或直接物理接触方式完成任何形式的业务交易。这里的电子方式包括电子数据交换（EDI）、电子支付手段、电子定货系统、电子邮件、传真、网络、电子公告系统条码、图像处理及智能卡等。一次完整的商业贸易过程是复杂的，包括交易前的商情了解、询价、报价、发送定单、应答定单、发送接收送货通知、取货凭证及支付汇兑过程等，此外还涉及行政过程的认证等行为，涉及资金流、物流、信息流的流动。严格地说，只有上述所有贸易过程都实现了无纸贸易，即全部非人工介入，完全使用各种电子工具完成，才能称为一次完整的电子商务过程。

简单地说，电子商务是在 Internet 开放的网络环境下，基于浏览器/服务器应用方式，实现消费者的网上购物、商户之间的网上交易和在线电子支付的一种新型的商业运营模式。电子商务是在虚拟空间进行的商务活动，是对传统商务活动的一次根本性革新，将使人类社会的政治和文化生活发生深刻变革。互联网的迅速发展使之成为继传统市场之后的又一个巨大市场，这一市场突破了国界与疆域，企业或商家可以在互联网上构筑覆盖全球的商业营销网，因而可以获得全球性的无限商务空间。电子商务以一种最大化网络方式将顾客、销售商、供应商和雇员联系在一起，使供需双方在最适当的时机得到最适用的市场信息，因而能够极大地促进供需双方的经济活动，减少交易费用和经营成本，提高企业经济效益和竞争能力。

通常电子商务的应用模式分为 B2B、B2C、C2C 三类，B2B（Business to Business）代表商家对商家，B2C（Business to Citizen）代表商家对个人，C2C（Citizen to Citizen）代表个人对个人。电子商务的应用非常广泛，像网上银行、网上炒股、网上购物、网上订票、网上租赁、工资发放及费用缴纳等。

随着 IT 技术的迅速发展，未来的电子商务将主要以如下几种形式体现。

1. EDI 业务

EDI（Electronic Data Interchange）的中文意思是电子数据交换。它是电子商务发展早期的主要形式，旨在票据传送的电子化，在运输业中的体现是能最大限度地利用设备、仓库，获得更大效益；在零售业、制造业和仓储业中的体现是提高货物提取及周转速度，加快资金的流动；在通关与报关业务中的体现是实现货物通关自动化和国际贸易无纸化；在金融保险和商检业中的体现是，能够提供快速可靠的支付，减少时间和费用，加快资金流动。

2. 虚拟银行

随着虚拟现实技术的不断进步，银行金融业正在积极利用虚拟现实技术，创建虚拟金融世界，这也是为了适应网络商业日益发展的需要。在虚拟银行电子空间中，可以允许数以百万计的银行客户和金融客户，面向银行所提供的几十种服务，客户可以根据需要随时到虚拟银行里漫游，这些服务包括信用卡网上购物、电子货币结算、金融服务及投资业务的咨询等。虚拟银行一方面使银行能够争取到更多的顾客，并且服务成本迅速下降；另一方面也使客户能够从虚拟银行获得方便、及时、高质量的服务，同时又节省很多服务费。当前，建立网络银行最重要的是完善硬件和软件设施、完善有关技术标准以及统一操作规范。

3. 网上购物

随着电子商务技术的发展和应用，网络购物将越来越普及，并日渐成为一种新的生活时尚。网络购物利用先进的通信和计算机网络的三维图形技术，把现实的商业街搬到网上，用户无须担心出门时的天气变化，足不出户便能像真的上街那样"逛商场"，方便、省时、省力地选购商品，而且订货不受时间限制，商家会送货上门。目前很多电子商务网站已开通了书店、花市、计算机城、超级市场以及订票、订报、网上直销等服务。

4. 网络广告

WWW 提供的多媒体平台使得通信费用降低，对于机构或公司而言，利用其进行产品宣传，非常具有诱惑力。网络广告可以根据更精细的个性差别将顾客进行分类，分别传送不同的广告信息。而且网络广告不像电视广告那样使用户被动接受广告信息，因为网络广告的顾客是主动浏览广告内容的。未来的广告将利用最先进的虚拟现实界面设计达到身临其境的效果，给用户带来一种全新的感官体验。以汽车广告为例，用户可以打开汽车的车门进去看一看，还可以利用计算机提供的虚拟驾驶系统体验一下驾车的感受。

2.5.7 电子政务

1. 电子政务的概念

电子政务（e-Government）即政务信息化，是指国家机关在政务活动中全面应用现代信息技术进行办公和管理，为社会公众提供服务。电子政务是政府机关提高行政效率、降低行政成本、形成"行为规范、运转有效、公正透明、廉洁高效"的行政管理体制的有效途径。

电子政务主要包括 4 个方面的内容。

1）信息发布

信息发布是指对将要公布的信息运用 FTP 等软件上传到相应的 WWW 服务器，通过互联网发布给广大公众。其主要形式包括各政府机构可以在自己的网站（包括内网和外网）上实现信息发布，并通过建立政府整体性的网络系统进行相互间的信息传递，以增进政府之间以及政府与社会各部门之间的沟通；在各政府部门建立各种资料库的基础上，还可以通过网站进行数据库查询，向政府公务员和社会公众提供便捷的方法，使其通过互联网等渠道取得有关资料。

2）网上交互式办公

网上交互式办公是指实现在线查询、登记、申报、备案、讨论及意见征集等交互式办公，还包括政府采购、招标、审批以及网上报税和纳税等项目。网上交互式办公还体现为通过互联网对政府与公众之间的事务进行互动处理，能够使政府快速听到群众的呼声，对民众来信和意见做出及时处理。

3）内部办公自动化

内部办公自动化是指建立办公业务流程的自动化系统，从公文的拟制、审阅、签批、下发、归档，到公文的查询、借阅等全程均通过计算机网络来处理，实现电子公文。内部办公自动化还包括全程使用计算机网络处理对报表的统计、制作、汇总及管理，通过局域网进行资料信息的数据共享及交换，达到办公业务规范化、科学化和无纸化。

4）部门间协同工作

部门间协同工作俗称"一站式服务"，是指多个政府机构针对同一事项，利用共同的网络平台进行协同工作。

通常电子政务的应用模式分为 G2G、G2B、G2C 三类，G2G（Government to Government）代表不同的政府机构对不同的政府机构，G2B（Government to Business）代表政府机构对商家或企业，G2C（Government to Citizen）代表政府机构对公民。

2. 政府门户网站

不管是 G2G、G2B，还是 G2C，其应用接口都是通过政府门户网站实现的。图 2-53 所示的就是北京市政府的门户网站。在北京市政府的门户网站，公民可以得到政策查询、网上纳税、户口申报等服务，企业可以进行工商注册、网上报关、财税登记等服务。

图 2-53 北京市政府的门户网站

所谓政府门户网站，即是指在各政府部门的信息化建设基础之上建立起跨部门的、综合的业务应用系统，使公民、企业与政府工作人员快速便捷地接入所有相关政府部门的业务应用、组织内容与信息，并获得个性化的服务，使相关的人在恰当的时间获得恰当的服务。政府门户网站不仅是政务信息发布平台和业务处理平台，也是知识加工平台、知识决策平台、知识获取平台的集成，它使政府各部门办公人员之间的信息共享和交流更加流畅，通过数据挖掘、数据加工而使零散的信息成为知识，使相关人员在恰当的时间使用恰当的知识，为行政决策提供充分的信息和知识支持。政府门户网站有赖于各政府部门已有的信息化基础条件。后台整合是政府门户网站建设的关键所在，也就是说，实施电子政务，最重要的是其前台的业务流程设置与后台不同政府机构之间的业务协调处理。另外，正确处理政府门户网站与各政府机构内网的关系是政府门户网站建设的另一个关键所在，也就是说，在实施电子政务时，需要重点考虑的是政务内网与政务外网之间的关系、如何进行数据共享、如何架构信息安全策略等问题。

3．我国电子政务的发展

电子政务已经成为国家信息化建设体系的重要组成部分，中央网络安全与信息化小组的成立，对推动我国电子政务组织体系创新起到重要的推动作用。近年来，互联网、云计算、大数据、移动通信等信息技术，以及社交媒体应用的快速发展进一步推动了电子政务发展模式创新，"十三五"是电子政务发展的关键时期，2016年，围绕"放管服"改革、政务大数据应用、"互联网+政务服务"等重大任务推进，我国电子政务开局良好。

《十三五国家信息规划》明确了"打破信息壁垒和孤岛，实现各部门业务系统互联互通和信息跨部门跨层级共享共用，建立公共数据资源开放共享体系和面向企业和公民的一体化公共服务体系"的电子政务建设目标，提出了统筹发展电子政务，支持善治高效的国家治理体系构建的建设任务，并列出了应用基础设施建设、数据资源共享开放、互联网+电子政务等优先行动计划，为"十三五"我国电子政务发展指明了方向。

一体化"互联网+电子政务"平台成为电子政务发展的新趋势，践行"五大发展理念"，以人为本，建设跨层级、跨地区、跨部门、跨系统的一站式"互联网+电子政务"平台，优化政务服务流程，创新政务服务方式，推进政府大数据开放共享，打通各类信息孤岛，推行公开透明服务，降低制度性交易成本，持续改善营商环境，深入推进大众创业、万众创新，最大程度利企便民，让企业和群众少跑腿、好办事、不添堵，共享"互联网+电子政务"发展成果，成为我国电子政务的主流趋势。

第 3 章　局域网技术综合布线

3.1　局域网基础

3.1.1　局域网参考模型

1980 年 2 月，电器和电子工程师协会（Institute of Electrical and Electronics Engineers，IEEE）成立了 802 委员会。当时个人计算机联网刚刚兴起，该委员会针对这一情况制定了一系列局域网标准，称为 IEEE 802 标准。按 IEEE 802 标准，局域网体系结构由物理层、媒介访问控制子层（Media Access Control，MAC）和逻辑链路控制子层（Logical Link Control，LLC）组成，如图 3-1 所示。

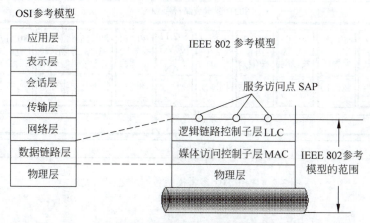

图 3-1　IEEE 802 参考模型

IEEE 802 参考模型的最低层对应于 OSI 模型中的物理层，包括如下功能。
（1）信号的编码/解码。
（2）前导码的生成/去除（前导码仅用于接收同步）。
（3）比特的发送/接收。

IEEE 802 参考模型的 MAC 和 LLC 合起来对应 OSI 模型中的数据链路层，MAC 子层完成的功能如下。

（1）在发送时将要发送的数据组装成帧，帧中包含地址和差错检测等字段。

（2）在接收时，将接收到的帧解包，进行地址识别和差错检测。

（3）管理和控制对于局域网传输媒介的访问。

LLC 子层完成的功能如下。

（1）为高层协议提供相应的接口，即一个或多个服务访问点（Service Access Point，SAP），通过 SAP 支持面向连接的服务和复用能力。

（2）端到端的差错控制和确认，保证无差错传输。

（3）端到端的流量控制。

需要指出的是，局域网中采用了两级寻址，用 MAC 地址标识局域网中的一个站，LLC 提供了服务访问点（SAP）地址，SAP 指定了运行于一台计算机或网络设备上的一个或多个应用进程地址。

目前，由 IEEE 802 委员会制定的标准已近 20 个，各标准之间的关系如图 3-2 所示。

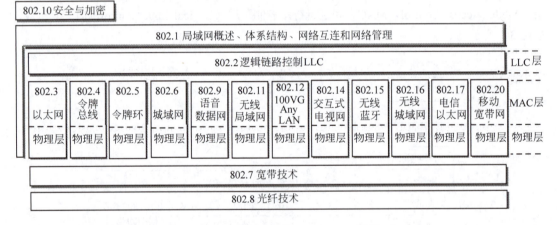

图 3-2　IEEE 802 参考模型各标准之间的关系

具体描述如下。

- 802.1：局域网概述、体系结构、网络互连和网络管理。
- 802.2：逻辑链路控制（LLC）。
- 802.3：带碰撞检测的载波侦听多路访问（CSMA/CD）方法和物理层规范（以太网）。
- 802.4：令牌传递总线访问方法和物理层规范（Token Bus）。
- 802.5：令牌环访问方法和物理层规范（Token Ring）。
- 802.6：城域网访问方法和物理层规范分布式队列双总线网（DQDB）。
- 802.7：宽带技术咨询和物理层课题与建议实施。

- 802.8：光纤技术咨询和物理层课题。
- 802.9：综合话音/数据服务的访问方法和物理层规范。
- 802.10：互操作 LAN 安全标准（SILS）。
- 802.11：无线局域网（wireless LAN）访问方法和物理层规范。
- 802.12：100VG ANY LAN 网。
- 802.14：交互式电视网（包括 cable modem）。
- 802.15：简单，低耗能无线连接的标准（蓝牙技术）。
- 802.16：无线城域网（MAN）标准。
- 802.17：基于弹性分组环（Resilient Packet Ring，RPR）构建新型宽带电信以太网。
- 802.20：3.5GHz 频段上的移动宽带无线接入系统。

3.1.2 局域网拓扑结构

拓扑是一种研究与大小、距离无关的几何图形特性的方法。在计算机网络中，计算机作为节点，传输媒介作为连线，可构成相对位置不同的几何图形。网络拓扑结构是指用传输媒介互连各种设备形成的物理布局。参与 LAN 工作的各种设备用媒介互连在一起有多种方法，不同连接方法的网络性能不同。按照不同的物理布局，局域网拓扑结构通常分为三种，分别是总线型拓扑结构、星型拓扑结构和环型拓扑结构。

1. 总线型拓扑结构

总线型拓扑结构是使用同一媒介或电缆连接所有端用户的一种方式，也就是说，连接端用户的物理媒介由所有设备共享，如图 3-3 所示。使用这种结构必须解决的一个问题是确保端用户使用媒介发送数据时不会出现冲突。在点到点链路配置时，这是相当简单的。如果这条链路是半双工操作，只需要使用很简单的机制便可保证两个端用户轮流工作。在一点到多点方式中，对线路的访问依靠控制端的探询来确定。然而，在 LAN 环境下，由于所有数据站都是平等的，不能采取上述机制。为此，一种在总线共享型网络使用的媒介访问方法，即带有碰撞检测的载波侦听多路访问（CSMA/CD）应运而生。

这种结构具有费用低、数据端用户入网灵活、站点或某个端用户失效不影响其他站点或端用户通信的优点，缺点是一次仅能有一个端用户发送数据，其他端用户必须等到获得发送权，媒介访问获取机制较复杂。尽管有上述一些缺点，但由于布线要求简单，扩充容易，端用户失效和增删不影响全网工作，所以这种结构是 LAN 技术中使用最普遍的一种。

2. 星型拓扑结构

星型拓扑结构存在中心节点，每个节点通过点对点的方式与中心节点相连，任何两个节点之间的通信都要通过中心节点来转接。图 3-4 所示为目前使用最普遍的以太网星型拓扑结构，处于中心位置的网络设备称为集线器（Hub）。

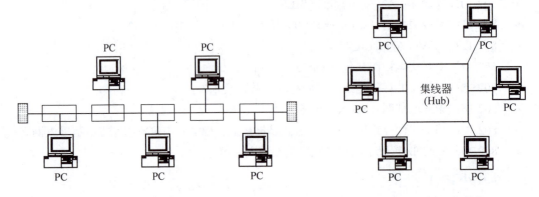

图 3-3　总线型拓扑结构　　　　　　　图 3-4　星型拓扑结构

这种结构便于集中控制，因为端用户之间的通信必须经过中心站。这一特点也带来了易于维护和安全等优点，端用户设备因为故障而停机时不会影响其他端用户间的通信。但这种结构非常不利的一点是中心系统必须具有极高的可靠性，因为中心系统一旦损坏，整个系统便会瘫痪。为此，中心系统通常采用双机热备份，以提高系统的可靠性。

3．环型拓扑结构

环型拓扑结构在 LAN 中使用较多。这种结构中的传输媒介从一个端用户到另一个端用户，直到将所有端用户连成环，如图 3-5 所示。这种结构显然消除了端用户通信时对中心系统的依赖性。

环型拓扑结构的特点是每个端用户都与两个相临的端用户相连，因而存在着点到点链路，构成闭合的环，但环中的数据总是沿一个方向绕环逐站传递。在环型拓扑中，多个节点共享一条环形通路，为了确定环中的节点在什么时候可以插入传送数据帧，同样要进行介质访问控制。因此，环型拓扑的实现技术中也要解决介质访问控制方法问题。与总线型拓扑一样，环型拓扑一般也采用某种分布式控制方法，环中的每个节点都要执行发送与接收控制逻辑信号。

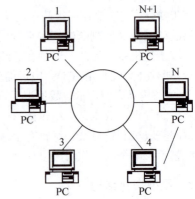

图 3-5　环型拓扑结构

3.1.3 局域网媒介访问控制方法

所有局域网均由共享该网络传输能力的多个设备组成。在网络中，服务器和计算机众多，每台设备随时都有发送数据的需求，这就涉及媒介的争用问题，所以需要有方法来控制设备对传输媒介的访问，以便两个特定的设备在需要时可以交换数据。传输媒介的访问控制方式与局域网的拓扑结构、工作过程有密切关系。目前，计算机局域网常用的访问控制方式有 3 种，分别是载波侦听多路访问/冲突检测（CSMA/CD）、令牌环访问控制法（Token Ring）和令牌总线访问控制法（Token Bus）。

1. CSMA/CD

CSMA/CD（Carrier Sense Multiple Access With Collision Detection）含有两方面的内容，即载波侦听（CSMA）和冲突检测（CD）。CSMA/CD 访问控制方式主要用于总线型拓扑结构，是 IEEE 802.3 局域网标准的主要内容。CSMA/CD 的设计思想如下所述。

1）载波侦听多路访问

各个站点都有一个"侦听器"，用来测试总线上有无其他工作站正在发送信息（也称为载波识别），一个站如果要发送数据，首先侦听（监听）总线，查看信道上是否有信号，如果信道已被占用，则此工作站等待一段时间后再争取发送权；如果侦听总线是空闲的，没有其他工作站发送的信息，就立即抢占总线进行信息发送。查看信号的有无即为载波侦听。CSMA 技术中要解决的另一个问题是侦听信道已被占用时如何确定等待多长时间。通常有两种方法，一种是当某工作站检测到信道被占用后，继续侦听下去，一直等到发现信道空闲后，立即发送，这种方法称为持续的载波侦听多点访问；另一种是当某工作站检测到信道被占用后，就延迟一个随机时间后再检测，不断重复这个过程，直到发现信道空闲后，开始发送信息，这称为非持续的载波侦听多点访问。

2）冲突检测

当信道处于空闲时，某一个瞬间，如果总线上两个或两个以上的工作站同时想发送数据，那么该瞬间它们都可能检测到信道是空闲的，同时都认为可以发送信息，从而一齐发送，这就产生了冲突（碰撞）。另一种情况是某站点侦听到信道是空闲的，但这种空闲可能是较远站点已经发送了信息包，而由于在传输介质上信号传送的延时，信息包还未传送到此站点的缘故，如果此站点又发送信息，也将产生冲突。因此消除冲突是一个重要问题。

若在帧发送过程中检测到碰撞，则停止发送帧，即会形成不完整的帧（称"碎片"）在媒介上传输，并随即发送一个 Jam（强化碰撞）信号以保证让网络上的所有站都知道已出现了碰撞。发送 Jam 信号后等待一段随机时间，再重新尝试发送。

在返回去重新发送帧之前，碰撞次数 n 加 "1" 递增（一开始 $n=0$），判断碰撞次数 n 是否达到 16（十进制），若 $n=16$，则按"碰撞次数过多"差错处理，若 $n<16$，则计算一个随机量 r，r 的范围为 $0<r<2k$，其中 $k=\min(n,10)$，即当 $n\geq 10$ 时 $k=10$，当 $n<10$ 时 $k=n$，获得延迟时间 $t=rT$。

其中 T 为常数，是网络上固有的一个参数，称为"碰撞槽时间"。延迟时间 t 又称"退避时间"，它表示检测到碰撞后要重新发送帧需要一段随机延迟时间，以避免发生碰撞各站的重新发送帧的时间。这种规则又称为"截短二进制指数退避"（truncated binary exponential backoff）规则，即退避时间是碰撞时间的 r 倍。

3）碰撞槽时间

碰撞槽时间（Slot time）即是在帧发送过程中发生碰撞时间的上限，即在这段时间中可能检测到碰撞，而一过这段时间后永远不会发生碰撞，当然也不会检测到碰撞。也就是说，当发送的帧在媒介上传播时，如果超过了 Slot time，就再也不会发生碰撞，直到发送成功，或者说，一过这段时间，发送站就争用媒介成功。

为了帮助读者理解 Slot time，并进一步了解该参数的重要性，这里先分析检测一次碰撞需要多长时间。如图 3-6 所示，假设公共总线媒介长度为 S，A 与 B 两个站点分别配置在媒介的两个端点上（即 A 与 B 站相距 S），帧在媒介上的传播速度为 0.7C（C 为光速），网络的传输率为 R（bps），帧长为 L（bit）。图 3-6（a）表示 A 站正开始发送帧 fA，沿着媒介向 B 站传播；图 3-6（b）表示 fA 快到 B 站前一瞬间，B 站发送帧 fB；图 3-6（c）表示在 B 站处发生了碰撞，B 站立即检测到碰撞，同时碰撞信号沿媒介向 A 站回传；图 3-6（d）表示碰撞信号返回到 A 站，此时 A 站的 fA 尚未发送完毕，因此 A 站能检测到碰撞。从 fA 发送后直到 A 站检测到碰撞为止，这段时间间隔就是 A 站能够检测到碰撞的最长时间，这段时间一过，网络上就不可能发生碰撞，Slot time 的物理意义就是这样描述的，近似可以用以下公式近似表示。

$$\text{Slot time} \approx 2S/0.7C + 2t_{PHY}$$

其中，C 为光速，0.7C 是信号在媒介上的传输速度，t_{PHY} 为 A 站物理层的延时，因为发送帧和检测碰撞都在 MAC 层进行，因此必须要加上 2 倍的物理层延时时间。

假设 A 站为了在 Slot time 上检测到碰撞至少要发送的帧长为 L_{min}，因为 $L_{min}/R=\text{Slot time}$，所以 $L_{min} \approx (2S/0.7C+2t_{PHY}) \times R$。$L_{min}$ 称为最小帧长度，由于碰撞只可能发生在小于或等于 L_{min} 时，因此 L_{min} 也可理解为媒介上传播的最大帧碎片长度。

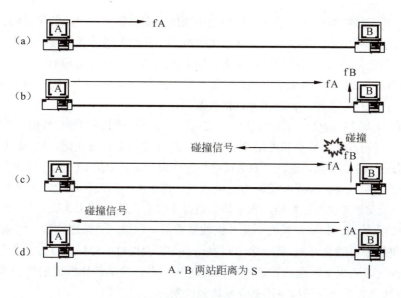

图 3-6 检测碰撞的最长时间

综上所述，Slot time 是 CSMA/CD 机理中一个极为重要的参数，这一参数描述了在发送帧的过程中处理碰撞的如下所述 4 个方面。

（1）它是检测一次碰撞所需的最长时间。如果超过了该时间，媒介上的帧将再也不会遭到碰撞而损坏。

（2）必须要求发送的帧长度有个下限限制，即所谓"最小帧长度"。最小帧长度能保证在网络最大跨距范围内，任何站在发送帧后，若碰撞产生，都能检测到。因为任何站要检测到碰撞必须在帧发送完毕之前，否则碰撞产生后可能漏检，造成传输错误。

（3）它是在碰撞产生后，决定了在媒介上出现的最大帧碎片长度。

（4）作为碰撞后帧要重新发送所需的时间延迟计算的基准。

从公式 $L_{min} \approx (2S/0.7C + 2t_{PHY}) \times R$ 可以知道，光速 C 和物理层延时 t_{PHY} 是常数，对于一个具有 CSMA/CD 的公共总线型（或树型）拓扑结构的局域网来说，公式中的其他 3 个参数 L_{min}、S 及 R 作为变量互为正、反比关系。例如，当传输率 R 固定时，最小帧长度与网络跨距具有正变的关系，即跨距越大，L_{min} 越长；当 L_{min} 不变时，传输率越高，跨距 S 越小。这些分析对以太网的性能和发展以及高速以太网的特点均有指导性意义。

4）接收规则

在以太网结构中，发送节点需要通过竞争获得总线的使用权，而其他节点都应处于接收状态。当一个节点完成一组数据接收后，首先要判断接收帧的长度。因为 802.3 协议对帧的最小长度做了规定，若接收帧长度小于规定帧的最小长度，则必然是冲突后的废弃帧。因此，如果帧太短，则表明冲突发生，接收节点丢弃已接收数据，并重新进入等待接收状态。如果没有发生冲突，接收节点会检查帧目的地址，如果目的地址为单一节点的物理地址，并且是本节点地址，则接收该帧；如果目的地址是组地址，而接收节点属于该组，则接收该帧；如果目的地址是广播地址，也应接收该帧；否则丢弃该接收帧。

如果接收节点进行地址匹配后确认应接收该帧，则下一步进行 CRC 校验。如果 CRC 校验正确，应进一步检查 LLC 数据长度是否正确。如果 LLC 数据长度正确，则 MAC 子层将帧中的 LLC 数据送往 LLC 子层，进入"成功接收"的结束状态。如果 LLC 数据长度不对，则进入"帧长度错"的结束状态。如果帧校验中发现错误，首先应判断接收帧的长度是不是 8 位的整数倍。如果帧长度是 8 位的整数倍，表示传输过程中没有发生比特丢失或对位错，此时应进入"帧校验错"结束状态；如果帧长度不是 8 位的整数倍，则进入"帧比特错"结束状态。

从以上讲解中可以看出，任何一个节点发送数据都要通过 CSMA/CD 方法去争取总线使用权，从它准备发送到成功发送的发送等待延时时间是不确定的。因此人们将以太网所使用的 CSMA/CD 方法定义为一种随机争用型介质访问控制方法。

CSMA/CD 方式的主要特点是原理比较简单、技术上较易实现、网络中各工作站处于同等地位、不需要集中控制，但这种方式不能提供优先级控制，各节点争用总线，不能满足远程控制所需要的确定延时和绝对可靠性的要求。另外，此方式效率高，但当负载增大时，发送信息的等待时间较长。

2. Token Ring 与 Token Bus

Token Ring 是令牌通行环（Token Passing Ring）的简写。其主要技术指标是网络拓扑为环形布局、基带网、数据传送速率 4Mbps、采用单个令牌（或双令牌）的令牌传递方法。环型拓扑结构网络的主要特点是只有一条环路、信息单向沿环流动、无路径选择问题。

令牌环技术的基础是使用了一个称为令牌的特定比特串，当环上的所有站都处于空闲时，令牌沿环传递，当某一站想发送帧时必须等待，直至检测到经过该站的令牌为止。这时该站改变令牌中的一个比特，从而抓住令牌，然后将令牌加在发送数据帧的帧首，变成发送数据帧。此时在环上不再有令牌，因此其他想发送帧的站必须等待。这个发送数据帧将在环上环行一周，然后由发送站将其清除。

Token Bus 是 Token Passing Bus（令牌通行总线）的简写。这种方式主要用于总线型或树型拓扑结构网络中。1976 年，美国 Data Point 公司研制成功的 ARCnet（Attached Resource Computer）网络综合了令牌传递方式和总线网络的优点，在物理总线结构中实现了令牌传递控制方法，从而构成一个逻辑环路。

3.1.4 无线局域网简介

21 世纪迎来了信息时代,网络已经渗透到了个人、企业以及政府。现在的网络建设已经发展到无所不在,不论用户在任何时间还是任何地点,都可以轻松上网。网络无所不在其实并不简单,光靠光纤、铜缆是不够的,毕竟在许多场合不允许铺设线缆。因此,需要推广一种新的解决方案,使网络的无所不在能够得以实现,这种解决方案就是无线数据网络。

1. 无线数据网络种类

无线数据网络解决方案包括无线个人网(Wireless Personal Area Network,WPAN)、无线局域网(Wireless LAN,WLAN)、无线城域网(Wireless MAN,WMAN)和无线广域网(Wireless WAN,WWAN)。

1)WPAN

WPAN 主要用于个人用户工作空间,典型距离覆盖几米,可以与计算机同步传输文件,可以访问本地外围设备,如打印机等。WPAN 通常形象描述为"最后 10 米"的通信需求,目前主要技术为蓝牙(Bluetooth)。

蓝牙技术源于 1994 年 Ericsson 提出的无线连线与个人接入的想法。1997 年 Ericsson、IBM、INTEL、NOKIA 和 TOSHIBA 商议建立一种全球化的无线通信个人接入与无线连线新手段,定名为"蓝牙"。Bluetooth 是一位在 10 世纪统一了丹麦和挪威的丹麦国王的名字,发明者无疑希望蓝牙技术也能够像这位国王一样,把移动电话、笔记本计算机和手持设备紧密地结合在一起。1998 年 5 月"蓝牙特别兴趣组织"BSIG(Bluetooth Special Interest Group)正式发起成立,简称蓝牙 SIG。同期,1998 年 3 月在 IEEE 802.11 项目组中,对 WPAN 感兴趣的人士成立了研究小组,命名为 IEEE 802.15 工作组,主要工作是在 WPAN 内对无线媒介接入控制(MAC)和物理层(PHY)进行规范。为了保持两个标准的互操作性,蓝牙 SIG 采纳了 WPAN 的标准,即 IEEE 802.15 标准。这样蓝牙 1.0 版本可以达到与 802.15 之间 100%的互操作性。

1999 年 11 月,Motorola、Lucent、Microsoft 及 3Com 加盟 BSIG,成为 BSIG 的发起成员,使蓝牙技术的发展获得了更强有力的支持,并显示出更明朗的前景。现今,BSIG 的参加成员已达 2500 多个,其发展势头令人瞩目。目前,蓝牙信道带宽为 1MHz,异步非对称连接最高数据速率达 723.2Kbps,连接距离多半为 10m 左右。为了适应未来宽带多媒介业务的需求,蓝牙速率亦拟进一步增强,新的蓝牙标准 2.0 版拟支持高达 10Mbps 以上的速率(4 Mbps、8 Mbps、12Mbps、20Mbps)。

2)WLAN

顾名思义,WLAN 是一种借助无线技术取代以往的有线布线方式构成局域网的新手段。WLAN 可提供传统有线局域网的所有功能,是计算机网络与无线通信技术相结合的产物。WLAN 利用射频无线电或红外线,借助直接序列扩频或跳频扩频、GMSK、OFDM 等技术,甚至将来的超宽带传输技术 UWBT，实现固定、半移动及移动的网络终端对互联网进行较远距离的高速连接访问，支持的传输速率为 2～54Mbps。WLAN 通常形象描述为"最后 100 米"的通信需求，如企业网和驻地网等。

1997 年 6 月，IEEE 推出了 802.11 标准，开创了 WLAN 先河。目前，WLAN 领域主要是 IEEE 802.11x 系列。IEEE 802.11 是 1997 年 IEEE 最初制定的一个 WLAN 标准，主要用于解决办公室无线局域网和校园网中用户终端的无线接入，其业务范畴主要限于数据存取，速率最高只能达 2Mbps。由于它在速率、传输距离、安全性、电磁兼容能力及服务质量方面均不尽如人意，从而产生了其系列标准，IEEE 802.11x 系列标准中应用最广泛的是 802.11b。802.11b 将速率扩充至 11Mbps，并可在 5.5Mbps、2Mbps 及 1Mbps 之间进行自动速率调整，亦提供了 MAC 层的访问控制和加密机制，从而达到了与有线网络相同级别的安全保护，还提供了可供选择的 40 位及 128 位的共享密钥算法，从而成为目前 IEEE 802.11 系列的主流产品。而 802.11b+还可将速率增强至 22Mbps。802.11a 工作在 5GHz 频带，数据传输速率将提升到 54Mbps。

目前，IEEE 802.11 系列得到了许多半导体器件制造商的支持，这些制造商成立了一个无线保真联盟 Wi-Fi（Wireless Fidelity）。Wi-Fi 实质上是一种商业认证，表明具有 Wi-Fi 认证的产品要符合 IEEE 802.11 无线网络规范。无疑，Wi-Fi 为 802.11 标准的推广起到了积极的促进作用。

3）WMAN

WMAN 是一种有效作用距离比 WLAN 更远的宽带无线接入网络，通常用于城市范围内的业务点和信息汇聚点之间的信息交流和网际接入，有效覆盖区域为 2～10km，最大可达 30km，数据传输速率最快可高达 70Mbps。目前主要技术为 IEEE 802.16 系列。

IEEE 802.16 标准于 2001 年 12 月获得批准，其主题为"Air Interface For Fixed Broadband Wireless Access System"，即"宽带固定无线接入系统的空中接口"。IEEE 802.16 标准对无线接入设备的媒介接入控制层和物理层制定了技术规范，可支持 1～2GHz、10GHz 以及 12～66GHz 等多个无线频段。

借鉴于 Wi-Fi 模式，一个同样由多个顶级制造商组成的全球微波接入互操作联盟 WiMax（Wireless Interoperability Microwave Access）宣告成立。WiMax 的目标是帮助推动和认证采用 IEEE 802.16 标准的器件和设备具有兼容性和互操作性，促进这些设备的市场推广。

4）WMAN

WMAN 主要解决超出一个城市范围的信息交流无线接入需求。IEEE 802.20 和 3G 蜂窝移动通信系统构成了 WMAN 的标准。

2002 年 11 月，IEEE 802 标准委员会成立了 IEEE 802.20 工作组，即移动宽带无线接入（Mobile Broadband Wireless Access，MBWA）工作组，其主要任务是制定适用于各种工作在 3.5GHz 频段上的移动宽带无线接入系统公共空中接口的物理层和媒介访问控制层的标准协议。

这个标准初步规划是为以 250km/h 速度前进的移动用户提供高达 1Mbps 的高带宽数据传输，这将为高速移动用户创造使用视频会议等对带宽和时间敏感的应用的条件。拟议中的 802.20 标准的覆盖范围同现在的移动电话系统一样，都是全球范围的，而传输速度却达到了 Wi-Fi 水平，与现在的移动通信网络相比具有明显的优势。

ITU 早在 1985 年就提出工作在 2GHz 频段的移动商用系统为第三代移动通信系统，国际上统称为 IMT-2000 系统（International Mobile Telecommunications-2000），简称 3G（3rd Generation）。ITU 所设定的 3G 标准的主要特征包括国际统一频段、统一标准；实现全球的无缝漫游；提供更高的频谱效率、更大的系统容量，是目前 2G 技术的 2～5 倍；提供移动多媒介业务。3G 的三大主流无线接口标准分别是 W-CDMA、CDMA2000 和 TD-SCDMA，其中，W-CDMA 标准主要起源于欧洲和日本；CDMA2000 系统主要是由以美国高通北美公司为主导提出的；时分同步码分多址接入标准 TD-SCDMA 由中国提出，并在此无线传输技术（RTT）的基础上与国际合作，完成了 TD-SCDMA 标准，成为 CDMA TDD 标准的一员，这是中国移动通信界的一次创举，也是中国对第三代移动通信发展的贡献。

中国主导制定的 4G 国际标准为 TD-LTE-Advanced 和 FDD-LTE-Advance。2013 年年底，工信部正式向三大运营商发放了 4G 牌照，中国移动、中国电信和中国联通均获得 TD-LTE 牌照，中国移动获得了 130MHz 的频谱资源，远高于中国电信和中国联通的 40MHz。对于 LTE 上、下行信道的划分可以使用时分多路（TDD）技术，也可以使用频分多路（FDD）技术，欧洲运营商大多倾向于 FDD-LTE。

2. 无线局域网扩频技术

无线局域网采用电磁波作为载体传送数据信息。对电磁波的使用有两种常见模式，即窄带和扩频。窄带微波（Narrowband Microwave）技术适用于长距离点到点的应用，可以达到 40km，最大带宽可达 10Mbps；但受环境干扰较大，不适合用来进行局域网数据传输。所以目前无线局域网的数据传输通常采用无线扩频技术（Spread Spectrum Technology，SST）。

常见的扩频技术包括跳频扩频（Frequency-Hopping Spread Spectrum，FHSS）和直接序列扩频（Direct Sequence Spread Spectrum，DSSS）两种，它们工作在 2.4～2.4835GHz。这个频段称为 ISM 频段（Industrial Scientific Medical Band），主要开放给工业、科学、医学三方面使用。该频段是依据美国联邦通信委员会（FCC）定义出来的，在美国属于免执照（Free License），并没有使用授权的限制。

跳频技术将 83.5MHz 的频带划分成 79 个子频道，每个频道带宽为 1MHz。信号传输时在 79 个子频道间跳变，因此传输方与接收方必须同步，获得相同的跳变格式，否则接收方无法恢复正确的信息。跳频过程中如果遇到某个频道存在干扰，将绕过该频道。由于受跳变的时间间隔和重传数据包的影响，跳频技术的典型带宽限制为 2～3Mbps。无线个人网采用的蓝牙技术就是跳频技术，该技术提供非对称数据传输，一个方向速率为 720Kbps，另一个方向速率仅为

57Kbps。蓝牙技术也可以传送 3 路双向 64Kbps 的话音。

直接序列扩频技术是无线局域网 802.11b 采用的技术,将 83.5MHz 的频带划分成 14 个子频道,每个频道带宽为 22MHz。直接序列扩频技术用一个冗余的位格式来表示一个数据位,这个冗余的位格式称为 chip,因此它可以抗拒窄带和宽带噪音的干扰,提供更高的传输速率。直接序列扩频技术(DSSS)提供的最高带宽为 11Mbps,并且可以根据环境因素的限制自动降速至 5.5Mbps、2Mbps、1Mbps。

3. 无线局域网拓扑结构

无线局域网组网分两种拓扑结构,即对等网络和结构化网络。

对等网络(Peer to Peer)用于一台计算机(无线工作站)和另一台或多台计算机(其他无线工作站)的直接通信,该网络无法接入有线网络,只能独立使用。对等网络中的一个节点必须能"看"到网络中的其他节点,否则就认为网络中断,因此对等网络只能用于少数用户的组网环境,比如 4~8 个用户,并且他们离得足够近。

结构化网络(Infrastructure)由无线访问点 AP(Access Point)、无线工作站 STA(Station)以及分布式系统(DSS)构成,覆盖的区域分基本服务区(Basic Service Set,BSS)和扩展服务区(Extended Service Set,ESS)。

无线访问点也称无线集线器,用于在无线工作站(STA)和有线网络之间接收、缓存和转发数据。无线访问点通常能够覆盖几十至几百用户,覆盖半径达上百米。基本服务区由一个无线访问点以及与其关联的无线工作站构成,在任何时候,任何无线工作站都与该无线访问点关联。一个无线访问点所覆盖的微蜂窝区域就是基本服务区。无线工作站与无线访问点关联采用 AP 的基本服务区标识符(BSSID),在 802.11 中,BSSID 是 AP 的 MAC 地址。扩展服务区是指由多个 AP 以及连接它们的分布式系统组成的结构化网络,所有 AP 必须共享同一个扩展服务区标识符(ESSID),也可以说扩展服务区 ESS 中包含多个 BSS。

无线局域网产品中的楼到楼网桥(Building to Building Bridge)为难以布线的场点提供了可靠、高性能的网络连接。使用无线楼到楼网桥可以得到高速度、长距离的连接,事实上,可以得到超过两路 T1 线路的流量。无线楼到楼网桥可以提供点到点、点到多点的连接方式,用户可以选择最符合需求的天线,如传输近距离的全向性天线或传输远距离的扇形指向性天线。

4. 无线局域网的几个主要工作过程

1)扫频

STA 在加入服务区之前要查找哪个频道有数据信号,分主动和被动两种方式。主动扫频是指 STA 启动或关联成功后扫描所有频道;一次扫描中,STA 采用一组频道作为扫描范围,如果发现某个频道空闲,就广播带有 ESSID 的探测信号;AP 根据该信号做响应。被动扫频是指

AP 每 100ms 向外传送灯塔信号，包括用于 STA 同步的时间戳、支持速率以及其他信息，STA 接收到灯塔信号后启动关联过程。

2）关联

关联（Associate）过程用于建立无线访问点和无线工作站之间的映射关系，实际上是把无线网变成有线网的连线。分布式系统将该映射关系分发给扩展服务区中的所有 AP。一个无线工作站同时只能与一个 AP 关联。在关联过程中，无线工作站与 AP 之间要根据信号的强弱协商速率，速率变化包括 11Mbps、5.5Mbps、2Mbps 和 1Mbps。

3）重关联

重关联（Reassociate）就是当无线工作站从一个扩展服务区中的一个基本服务区移动到另外一个基本服务区时，与新的 AP 关联的整个过程。重关联总是由移动无线工作站发起。

4）漫游

漫游（Roaming）指无线工作站在一组无线访问点之间移动，并提供对于用户透明的无缝连接，包括基本漫游和扩展漫游。基本漫游是指无线 STA 的移动仅局限在一个扩展服务区内部。扩展漫游是指无线 SAT 从一个扩展服务区中的一个 BSS 移动到另一个扩展服务区中的一个 BSS。802.11 并不保证这种漫游的上层连接，常见做法是采用 Mobile IP 或动态 DHCP。

5．无线局域网的访问控制方式

802.3 标准的以太网使用 CSMA/CD 访问控制方法。在这种介质访问机制下，准备传输数据的设备首先检查载波通道，如果在一定时间内没有侦听到载波，那么这个设备就可以发送数据。如果两个设备同时发送数据，冲突就会发生，并被所有冲突设备所检测到。这种冲突便延缓了这些设备的重传，使得它们在间隔某一随机时间后才发送数据。而 802.11b 标准的无线局域网使用的是带冲突避免的载波侦听多路访问方法（CSMA/CA），冲突检测（Collision Detection）变成了冲突避免（Collision Avoidance）。因为在无线传输中侦听载波及冲突检测都是不可靠的，侦听载波有困难。另外，通常无线电波经天线送出去时，自己是无法监视到的，因此冲突检测实质上也做不到。在 802.11 中侦听载波由两种方式来实现，一个是实际去听是否有电波在传，然后加上优先权控制；另一个是虚拟的侦听载波，告知大家待会有多久的时间我们要传东西，以防止冲突。

CSMA/CA 访问控制方式将时间域的划分与帧格式紧密联系起来，保证某一时刻只有一个站点发送数据，实现了网络系统的集中控制。因传输媒介不同，CSMA/CD 与 CSMA/CA 的检测方式也不同。CSMA/CD 通过电缆中电压的变化来检测，当数据发生碰撞时，电缆中的电压就会随之发生变化；而 CSMA/CA 采用能量检测（ED）、载波检测（CS）和能量载波混合检测 3 种方式检测信道是否空闲。

3.2 以太网

3.2.1 以太网简介

以太网（Ethernet）是 Xerox 公司在 1972 年开创的。1972 年秋，一位刚从麻省理工学院毕业的学生 Bob Metcaife 来到 Xerox palo Alto 研究中心（PARC）计算机实验室工作，Metcaife 的第一件工作是把 Xerox ALTO 计算机连到 ARPANet 上（ARPANet 是现在的 Internet 的前身）。在访问 ARPANet 的过程中，他偶然发现了 ALOHA 系统（这是一个源于夏威夷大学的地面无线电广播系统，其核心思想是共享数据传输信道）的一篇论文，Metcaife 认识到，通过优化就可以把 ALOHA 系统的速率提高到 100%。1972 年底，Metcaife 和 DavidBoggs 设计了一套网络，把不同的 ALTO 计算机连接起来。Metcaife 把他的这一研究性工作命名为 ALTO ALOHA。1973 年 5 月 22 日，世界上第一个个人计算机局域网 ALTO ALOHA 投入了运行，这一天，Mctcalfe 写了一段备忘录，称他已将该网络改名为以太网（Ethernet），其灵感来自于"电磁辐射是可以通过发光的以太来传播的"这一想法。最初的以太网以 2.94Mbps 的速度运行，运行速度慢，原因是以太网的接口定时采用 ALTO 系统时钟，即每 340ns 才发送一个脉冲。当然，因为以太网的核心思想是使用共享的公共传输信道，在公共传输信道上进行载波监听，这已比初始的 ALOHA 网络有了巨大的改进，经过一段时间的研究与发展，1976 年，以太网已经发展到能够连接 100 个用户节点，并在 1000m 长的粗缆上运行。由于 Xerox 急于将以太网转化为产品，因此将以太网改名为 Xerox Wire。1976 年 6 月，Metcalfe 和 Boggs 发表了题为"以太网：局域网的分布型信息包交换"的著名论文，1977 年底，Metcalfe 和他的三位合作者获得了"具有冲突检测的多点数据通信系统"的专利，多点传输系统被称为 CSMA/CD（载波监听多路访问/冲突检测）。从此，以太网就正式诞生了。

1979 年，在 DEC、Intel 和 Xerox 共同将此网络标准化时，也将 Xerox Wire 网络又恢复成"以太网"这个原来的名字。1980 年 9 月，三方公布了第三稿"以太网：一种局域网的数据链路层和物理层规范 1.0 版"，这就是著名的以太网蓝皮书，也称 DIX（DEC、Intel、Xerox 的第一个字母）版以太网 1.0 规范，一开始规范规定在 20MHz 下运行，经过一段时间后降为 10MHz，并重新定义了 DIX 标准，并以 1982 年公布的以太网 2.0 版规范终结。1983 年，以太网技术（802.3）与令牌总线（802.4）和令牌环（802.5）共同成为局域网领域的三大标准。1995 年，IEEE 正式通过了 802.3u 快速以太网标准，以太网技术实现了第一次飞跃。1998 年，802.3z 千兆以太网标准正式发布，2002 年 7 月 18 日正式通过了万兆以太网标准 802.3ae。

从 20 世纪 80 年代开始，以太网就成为最普遍采用的网络技术，它一直"统治"着世界各地的局域网和企业骨干网，并且正在向城域网发起攻击。根据 IDC 的统计，以太网的端口数约为所有网络端口数的 85%，而且以太网这种强大的优势仍然有继续保持下去的势头。纵观以太网的强劲发展历程，可以发现以太网主要得益于以下几个特点。

（1）开放标准，获得众多厂商的支持。目前，几乎所有硬件制造商生产的设备以及几乎所有软件开发商开发的操作系统和应用协议都与以太网兼容。

（2）易于移植和升级，可最大限度保护用户投资。对于所有以太网技术，其帧的结构几乎是一样的，这就提供了一个非常好的升级途径。快速以太网技术提供了从 10M 向 100M 以太网的平滑升级。千兆和万兆以太网的出现，增加带宽的同时也扩展了可升级性。只要将低速以太网设备用交换机连接到千兆和万兆以太网设备上，就可实现一个物理线速向另一个物理线速的适配。这样的升级方式就使得千兆和万兆能无缝地与现在的以太网集成。

（3）价格便宜，管理成本低。无论在局域网、接入网还是即将进入的城域网、广域网，以太网技术在价格上与其他技术相比都具有优越性。若全面采用以太网解决方案，价格将更具有吸引力。另外，以太网存在时间长，标准化程度高，一般网络管理人员都比较熟悉，因此它的运行维护管理成本也比较低。

（4）结构简单，组网方便。以太网技术的实现原理统一采用了 CSMA/CD 介质访问控制方法，不同版本以太网的帧结构和网络拓扑结构也是一致的，对布线系统的要求较低，网络连接设备的配置比较简单。

3.2.2　以太网综述

1. 10M 以太网

根据传输媒介的不同，10M 以太网大致有 4 个标准，各个标准的 MAC 子层媒介访问控制方法和帧结构以及物理层的编码译码方法（曼彻斯特编码）均是相同的，不同的是传输媒介和物理层的收发器及媒介连接方式。依照技术出现的时间顺序，这 4 个标准依次如下。

1）10Base 5

1983 年，IEEE 802.3 工作组发布 10Base 5 "粗缆" 以太网标准，这是最早的以太网标准。10Base 5 以太网传输媒介采用 ϕ 10、50Ω 粗同轴电缆，拓扑结构为总线型，电缆段上工作站之间的距离为 2.5m 的整数倍，每个电缆段内最多只能有 100 台终端，但每个电缆段不能超过 500m。网络设计遵循 "5-4-3" 法则，根据该法则，整个网络的最大跨距为 2500m。

- "5" 即是网络中任意两个端到端的节点之间最多只能有 5 个电缆段。
- "4" 即是网络中任意两个端到端的节点之间最多只能有 4 个中继器。
- "3" 即是网络中任意两个端到端的节点之间最多只能有 3 个共享网段。

10Base 5 代表的具体意思是：工作速率为 10Mbps，采用基带信号，每一个网段最长为 500m。

2）10Base 2

1986 年，IEEE 802.3 工作组发布 10Base 2 "细缆"以太网标准。10Base 5 以太网传输媒介采用ϕ5、50Ω 粗同轴电缆，拓扑结构为总线型，电缆段上工作站之间的距离为 0.5m 的整数倍，每个电缆段内最多只能有 30 台终端，但每个电缆段不能超过 185m。10Base2 以太网设计遵循"5-4-3"法则，整个网络的最大跨距为 925m。

10Base 2 代表的具体意思是：工作速率为 10Mbps，采用基带信号，每一个网段最长约为 200m。

3）10Base T

1991 年，IEEE 802.3 工作组发布 10Base T "非屏蔽双绞线"以太网标准。10Base T 以太网传输媒介采用 100ΩUTP 双绞线，拓扑结构为星型，所有站点均连接到一个中心集线器（Hub）上，但每个电缆段不能超过 100m。10Base T 以太网设计遵循"5-4-3"法则，整个网络的最大跨距为 500m。

10Base T 代表的具体意思是：工作速率为 10Mbps，采用基带信号，T 表示传输媒介为双绞线（Twisted pair）。

4）10Base F

1993 年，IEEE 802.3 工作组发布 10Base F "光纤"以太网标准。10Base F 以太网传输媒介采用多模光纤，拓扑结构为星型，所有站点均连接到一个支持光纤接口的中心集线器上，每个电缆段不能超过 2000m。10Base F 以太网设计也遵循"5-4-3"法则，但由于受 CSMA/CD 碰撞域的影响，整个网络的最大跨距为 4000m。

10Base F 代表的具体意思是：工作速率为 10Mbps，采用基带信号，F 表示传输媒介光纤（Fiber）。

2．100M 以太网

1995 年，IEEE 通过了 802.3u 标准，将以太网的带宽扩大为 100Mbps。从技术角度上讲，802.3u 并不是一种新的标准，只是对现存 802.3 标准的升级，习惯上称为快速以太网。其基本思想很简单，即保留所有旧的分组格式、接口以及程序规则，只是将位时从 100ns 减少到 10ns，并且所有快速以太网系统均使用集线器。快速以太网除了继续支持在共享媒介上的半双工通信外，1997 年，IEEE 通过了 802.3x 标准后，还支持在两个通道上进行双工通信。双工通信进一步改善了以太网的传输性能。另外，100M 以太网的网络设备的价格并不比 10M 以太网的设备贵多少。100Base-T 以太网在近几年的应用得到了非常快速的发展。

1）100Base-T4

100Base-T4 传输载体使用 3 类 UTP，它采用的信号速度为 25MHz，需要 4 对双绞线，不使用曼彻斯特编码，而是三元信号，每个周期发送 4bit，这样就获得了所要求的 100Mbps，还有一个 33.3Mbps 的保留信道。该方案即所谓的 8B6T（8bit 被映射为 6 个三进制位）。

2）100Base-TX

100Base-TX 传输载体使用 5 类 100ΩUTP，其设计比较简单，因为它可以处理速率高达 125MHz 以上的时钟信号，每个站点只需使用两对双绞线，一对连向集线器，另一对从集线器引出。它采用了一种运行在 125MHz 下的称为 4B/5B 的编码方案，该编码方案将每 4bit 的数据编成 5bit，挑选时每组数据中不允许出现多于 3 个"0"，然后再将 4B/5B 码进一步编成 NRZI 码进行传输。这样要获得 100Mbps 的数据传输速率，只需要 125M 的信号速率。

3）100Base-FX

100Base-FX 既可以选用多模光纤，也可以选用单模光纤。在全双工情况下，多模光纤传输距离可达 2km，单模光纤传输距离可达 40km。

3．千兆以太网

工作站之间用 100Mbps 以太网连接后，对于主干网络的传输速度就会提出更高的要求，1996 年 7 月，IEEE 802.3 工作组成立了 802.3z 千兆以太网任务组，研究和制定了千兆以太网的标准，这个标准满足以下要求：允许在 1000Mbps 速度下进行全双工和半双工通信；使用 802.3 以太网的帧格式；使用 CSMA/CD 访问控制方法来处理冲突问题；编址方式和 10Base-T、100Base-T 兼容。这些要求表明千兆以太网和以前的以太网完全兼容。1997 年 3 月，又成立了另一个工作组 802.3ab 来集中解决用 5 类线构造千兆以太网的标准问题，而 802.3z 任务组则集中制定使用光纤和对称屏蔽铜缆的千兆以太网标准。802.3z 标准于 1998 年 6 月由 IEEE 标准化委员会批准，802.3ab 标准计划也于 1999 年通过批准。

1）1000Base LX

1000Base LX 是一种使用长波激光作为信号源的网络介质技术，在收发器上配置波长为 1270～1355nm（一般为 1300nm）的激光传输器，既可以驱动多模光纤，也可以驱动单模光纤。1000Base LX 所使用的光纤规格包括 62.5μm 多模光纤、50μm 多模光纤、9μm 单模光纤。其中，使用多模光纤时，在全双工模式下，最长传输距离可以达到 550m；使用单模光纤时，全双工模式下的最长有效距离为 5km。系统采用 8B/10B 编码方案，连接光纤所使用的 SC 型光纤连接器与快速以太网 100Base FX 所使用的连接器的型号相同。

2）1000Base SX

1000Base SX 是一种使用短波激光作为信号源的网络介质技术，收发器上所配置的波长为 770～860nm（一般为 800nm）的激光传输器不支持单模光纤，只能驱动多模光纤，具体包括 62.5μm 多模光纤、50μm 多模光纤。使用 62.5μm 多模光纤，全双工模式下的最长传输距离为 275m；使用 50μm 多模光纤，全双工模式下最长有效距离为 550m。系统采用 8B/10B 编码方案，1000Base SX 所使用的光纤连接器与 1000Base LX 一样，也是 SC 型连接器。

3）1000Base CX

1000Base CX 是使用铜缆作为网络介质的两种千兆以太网技术之一，另外一种就是将要在后面介绍的 1000Base T。1000Base CX 使用的一种特殊规格的高质量平衡双绞线对的屏蔽铜缆，最长有效距离为 25m，使用 9 芯 D 型连接器连接电缆，系统采用 8B/10B 编码方案。1000Base CX 适用于交换机之间的短距离连接，尤其适合于千兆主干交换机和主服务器之间的短距离连接。以上连接往往可以在机房配线架上以跨线方式实现，不需要再使用长距离的铜缆或光纤。

4）1000Base T

1000Base T 是一种使用 5 类 UTP 作为网络传输媒介的千兆以太网技术，最长有效距离与 100Base TX 一样，可以达到 100m。用户可以采用这种技术在原有的快速以太网系统中实现 100～1000Mbps 的平滑升级。与前文所介绍的其他 3 种网络介质不同，1000Base T 不支持 8B/10B 编码方案，需要采用专门的更加先进的编码/译码机制。

4．万兆以太网

1）10GE 以太网

2002 年 6 月，IEEE 802.3ae 10G 以太网标准发布，以太网的发展势头又得到了一次增强。确定万兆以太网标准的目的是将 802.3 协议扩展到 10Gbps 的工作速度，并扩展以太网的应用空间，使之包括 WAN 链接。万兆以太网与 SONET：OC-192 帧结构的融合，可以与 OC-192 电路和 SONET/SDH 设备一起运行，保护了传统基础设施投资，使供应商在不同地区通过城域网提供端到端以太网。

物理层：802.3ae 大体分为两种类型，一种是与传统以太网连接，速率为 10Gbps 的"LAN PHY"；另一种是连接 SDH/SONET，速率为 9.58464Gbps 的"WAN PHY"。每种 PHY 分别可使用 10GBase-S（850nm 短波）、10GBase-L（1310nm 长波）、10GBase-E（1550nm 长波）3 种规格，最大传输距离分别为 300m、10km、40km，其中 LAN PHY 还包括一种可以使用 DWDM 波分复用技术的"10GBASE-LX4"规格。WAN PHY 与 SONET OC-192 帧结构融合，可与 OC-192 电路、SONET/SDH 设备一起运行，保护传统基础投资，使运营商能够在不同地区通过城域网提供端到端以太网。

传输介质层：802.3ae 目前支持 9μm 单模、50μm 多模和 62.5μm 多模 3 种光纤，而对电接口的支持规范 10GBASE-CX4 目前正在讨论之中，尚未形成标准。

数据链路层：802.3ae 继承了 802.3 以太网的帧格式和最大/最小帧长度，支持多层星型连接、点到点连接及其组合，充分兼容已有应用，不影响上层应用，进而降低了升级风险。与传统的以太网不同，802.3ae 仅仅支持全双工方式，而不支持单工和半双工方式，不采用 CSMA/CD 机制。802.3ae 不支持自协商，可简化故障定位，并提供广域网物理层接口。

人们不仅在万兆以太网的技术和性能方面看到了其实质性的提高,也正因如此,以太网正在从局域网逐步延伸至城域网和广域网,在更广阔的范围内发挥其作用。

2) 40GE 以太网

2003 年 5 月 26 日,在以太网技术行将迎来 30 岁诞辰之际,思科高级副总裁 Luca Cafiero 指出,未来两年内,以太网的最高数据传输速率将可望提高至 40Gbps。他称,业内将 40G 而非 100G 确定为以太网下一步发展目标的重要原因在于,与 100G 以太网相比,研发 40G 以太网在技术上面临的挑战相对较小,更为切实可行。与此同时,Cafiero 还指出,实际上,借助新发布的 Supervisor Engine 720 引擎,思科公司的 Catalyst6500 旗舰级企业交换平台目前已可以为每一接口卡提供 40Gbps 的数据传输速率支持。他还指出,新型以太网技术成功的关键在于能够推动单位数据传输成本的下降。也就是说,新的以太网技术的 1bps 数据传输成本必须低于原有技术才能大获成功。

3.2.3 以太网技术基础

1. IEEE 802.3 帧的结构

媒介访问控制子层(MAC)的功能是以太网的核心技术,它决定了以太网的主要网络性能。MAC 子层通常又分成帧的封装/解封和媒介访问控制两个功能模块。在了解该子层的功能时,首先要了解以太网的帧结构,其帧结构如图 3-7 所示。

7	1	6	6	2	46~1500	4
前导码	帧首定界符(SFD)	目的地址(DA)	源地址(SA)	长度(L)	逻辑链路层协议数据单元(LLC-PDU)	帧检验序列(FCS)

图 3-7 IEEE 802.3 帧的结构

(1)前导码:包含了 7 个字节的二进制"1""0"间隔的代码,即 1010…10 共 56 位。当帧在媒介上传输时,接收方就能建立起位同步,因为在使用曼彻斯特编码的情况下,这种"1""0"间隔的传输波形为一周期性方波。

(2)帧首定界符(SFD):它是长度为 1 个字节的 10101011 二进制序列,此码一过,表示一帧实际开始,以使接收器对实际帧的第一位定位。也就是说,实际帧由余下的 DA+SA+L+LLCPDU+FCS 组成。

(3)目的地址(DA):它说明了帧企图发往的目的站地址,共 6 个字节,可以是单址(代表单个站)、多址(代表一组站)或全地址(代表局域网上的所有站)。当目的地址出现多址时，即表示该帧被一组站同时接收，称为"组播（multicast）"。当目的地址出现全地址时，即表示该帧被局域网上的所有站同时接收，称为"广播（broadcast）"。通常以 DA 的最高位来判断地址的类型，若最高位为"0"，则表示单址；为"1"表示多址或全地址。全地址时，DA 字段为全"1"代码。

（4）源地址（SA）：它说明发送该帧的站的地址，与 DA 一样占 6 个字节。

（5）长度（L）：共占两个字节，表示 LLC-PDU 的字节数。

（6）数据链路层协议数据单元（LLC-PDU）：它的范围处在 46～1500 字节之间。注意，46 字节最小 LLC-PDU 长度是一个限制，目的是要求局域网上的所有站都能检测到该帧，即保证网络正常工作。如果 LLC-PDU 小于 46 个字节，则发送站的 MAC 子层会自动填充"0"代码补齐。

（7）帧检验序列（FCS）：它处在帧尾，共占 4 字节，是 32 位冗余检验码（CRC），检验除前导码、SFD 和 FCS 以外的所有帧的内容，即从 DA 开始至 DATA 完毕的 CRC 检验结果都反映在 FCS 中。当发送站发出帧时，一边发送，一边逐位进行 CRC 检验。最后形成一个 32 位 CRC 检验和填在帧尾 FCS 位置中一起在媒介上传输。接收站接收帧后，从 DA 开始同样边接收边逐位进行 CRC 检验。最后接收站形成的检验和若与帧的检验和相同，则表示媒介上传输的帧未被破坏。反之，接收站认为帧被破坏，会通过一定的机制要求发送站重发该帧。

一个帧的长度为 DA+SA+L+LLCPDU+FCS=6+6+2+（46～1500）+4=64～1518 即，当 LLC-PDU 为 46 字节时，帧最小，帧长为 64 字节；当 LLC-PDU 为 1500 字节时，帧最大，帧长为 1518 字节。

2．以太网的跨距

系统的跨距表示了系统中任意两个站点间的最大距离范围，媒介访问控制方式 CSMA/CD 约束了整个共享型快速以太网系统的跨距。

前文介绍了 CSMA/CD 的重要的参数碰撞槽时间（Slot time），可以认为：

$$\text{Slot time} \approx 2S/0.7C + 2t_{\text{PHY}}$$

如果考虑一段媒介上配置了中继器，且中继器的数量为 N，设一个中继器的延时为 tr，则

$$\text{Slot time} \approx 2S/0.7C + 2t_{\text{PHY}} + 2Nt_r$$

由于 Slot time=$L_{\min}/R$，$L_{\min}$ 称为最小帧长度，R 为传输速率，则系统跨距 S 的表达式为：

$$S \approx 0.35C(L_{\min}/R - 2t_{\text{PHY}} - 2Nt_r)$$

通过前面的学习可知，$L_{\min}$=64B=512b，C=3×10^8m/s，所以在 10M 以太网环境中，R=10×10^6bps；在 100M 以太网环境中，R=100×10^6bps。

如果忽略 $2t_{\text{PHY}}$ 和 $2Nt_r$，10M 以太网环境中最大跨距为 5376m，100M 以太网环境中最大跨距为 537.6m。如果在实际应用中忽略中继器，只算上 $2t_{\text{PHY}}$，则 10M 以太网环境中最大跨距

为 5000m 左右，100M 以太网环境中最大跨距约为 412m。然而，在实际应用中，物理层所耗去的时间和中继器所耗去的时间都是不能忽略的，这也就是有 5-4-3 法则的原因。尤其是在 R 变大时，跨距呈几何级数递减，当 R 为 1000M 时，依据这个法则，根据物理层所耗去的时间的大小，甚至会出现跨距为负的情况，则网络变得不可用。为此，1Gbps 以太网上采用了帧的扩展技术，目的是在半双工模式下扩展碰撞域，达到增长跨距的目的。

帧扩展技术是在不改变 802.3 标准所规定的最小帧长度的情况下提出的一种解决办法，把最小帧长一直扩展到 512 字节（即 4096 位）。若形成的帧小于 512 字节，则在发送时要在帧的后面添上扩展位，达到 512 字节再发送到媒介上去。扩展位是一种非"0""1"数值的符号，若形成的帧已大于或等于 512 字节，则发送时不必添加扩展位。这种解决办法使得在媒介上传输的帧长度最短不会小于 512 字节，在半双工模式下大大扩展了碰撞域，媒介的跨距可延伸至 330m。在全双工模式下，由于不受 CSMA/CD 约束，无碰撞域概念，因此在媒介上的帧无必要扩展到 512 字节。

100Base TX/FX 系统的跨距如图 3-8 所示。由于跨距实际上反映了一个碰撞域，因此图中用两个 DTE 之间的距离来表示，DTE 可以是一个网桥、交换器或路由器，也可以认为是系统中的两个站点。中继器用 R 表示一般是一个共享型集线器，它的功能是延伸媒介和连接另一个媒介段。

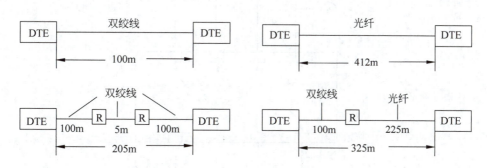

图 3-8　100M 以太网的跨距

在双绞线媒介情况下，由于最长媒介段距离为 100m，加一个中继器，就延伸一个最长媒介段距离，达到 200m。如果想再延伸距离，加两个中继器后，也只能达到 205m，205m 即为 100Base TX 的跨距。

在光纤媒介情况下，不使用中继器，跨距可达到 412m，即是一个碰撞域范围，但光纤的最长媒介段 2km 要远远大于 412m。另外，加一个中继器后，并不能延伸距离，由于中继器的延迟时间，跨距反而变小了，在加两个中继器时，跨距几乎和双绞线加两个中继器的跨距相同。因此，在实际应用中通常采用混合方式，即中继器一侧采用光纤，另一侧采用双绞线。双绞线可直接连接用户终端,跨距可达 100m,光纤可直接连接路由器或主干全双工以太网交换机,跨距可达 225m。

3. 交换型以太网

在交换型以太网出现以前,以太网系统均为共享型以太网系统。在整个系统中,由于受到 CSMA/CD 媒介访问控制方式的制约,所以整个系统处在一个碰撞域范围中,系统中每个站都可能在往媒介上发送帧,那么每个站要占用媒介的机率就是 10Mbps/n,n 为站数。以太网受到 CSMA/CD 制约后,所有站均在争用媒介而共同分隔带宽,称"共享型"以太网。

在 20 世纪 80 年代后期,即 10Base T 出现后不久,就出现了以太网交换型集线器。到了 20 世纪 90 年代,快速以太网的交换技术和产品更是发展迅速,应用广泛。交换型以太网系统中的交换型集线器也称为以太网交换器,以其为核心连接站点或者网段。如图 3-9 所示,交换器的各端口之间在交换器上同时可以形成多个数据通道,图中在交换器上同时存在 4 个数据通道,它们可以存在于站与站、站与网段或者网段与网段之间。网段即是多个站点构成的一个共享媒介的集合,一般是一个共享型集线器连接若干个站点构成一个网段。

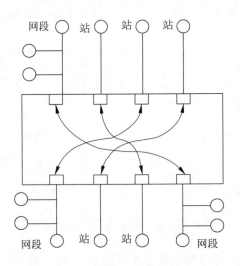

图 3-9 以太网交换器示意图

既然是在交换器上同时存在多个端口间的通道,也就意味着系统同时存在多个碰撞域,每一个碰撞域的一对端口都独占带宽(一个享有发送带宽,另一个享有接收带宽),那么就整个系统的带宽来说,就不再是只有 10Mbps(10Base T 环境)或 100Mbps(100Base T 环境),而是与交换器所具有的端口数有关。可以认为,若每个端口为 10Mbps,则整个系统带宽可达 10M·n,其中 n 为端口数,若 n=10,则系统带宽可达 100Mbps。因此,拓宽了整个系统带宽是交换型以太网系统最明显的特点。

综上所述,交换型以太网系统与共享型以太网相比有如下优点。

(1) 每个端口上可以连接站点,也可以连接一个网段。不论站点或网段均独占该端口的带宽(10Mbps 或 100Mbps)。

(2) 系统的最大带宽可以达到端口带宽的 n 倍,其中 n 为端口数。n 越大,系统的带宽越高。

(3) 交换器连接了多个网段,每一个网段都是独立、被隔离的。但如果需要,独立网段之间通过其端口也可以建立暂时的数据通道。

(4) 被交换器隔离的独立网段上数据流信息不会随意广播到其他端口上去,因此具有一定的数据安全性。

4. 全双工以太网

交换器设备工作时不同的逻辑数据通道之间已不再受到 CSMA/CD 的约束,但每条逻辑数据通道的两个端口之间却仍然受到 CSMA/CD 的约束,即一条逻辑数据通道就是一个碰撞域。

当交换器以太网技术和应用发展到一定阶段后,不仅要求整个系统的带宽要达到一定高度,而且还要求整个系统的跨距也要有一定的保证,特别在 100Mbps 及 1Gbps 以太网环境中,使用光纤作为媒介的情况下,若再使用受到 CSMA/CD 约束的一般半双工技术和产品,网络覆盖范围的矛盾会尤为突出。为了解决上述问题,全双工以太网技术和产品问世了,且在 1997 年由 IEEE 802.3x 标准来说明该技术的规范。

全双工以太网技术是用来说明以太网设备端口的传输技术,与传统半双工以太网技术的区别在于每个端口和交换机背板之间都存在两条逻辑通路。这样,每一个端口就可以同时接收和发送帧,不再受到 CSMA/CD 的约束,在端口发送帧时不再会发生帧的碰撞,已无碰撞域的存在。这样一来,端口之间媒介的长度仅仅受到数字信号在媒介上的传输衰变的影响,而不像传统以太网半双工传输时还要受到碰撞域的约束。

图 3-10 所示为两个端口之间全双工传输,端口上设有端口控制功能模块和收发器功能模块,端口上是全双工还是半双工操作一般可以自适应,也可以用人工设置。当全双工操作时,帧的发送和接收可以同时进行,这样与传统半双工操作方式比较,传输链路的带宽提高了一倍,即端口支持 10Mbps 或者 100Mbps 传输率,而其带宽却分别是 20Mbps 和 200Mbps。在全双工传输帧时,端口上既无侦听的机制,链路上又不会多路访问,也不再需要碰撞检测,传统半双工方式下的媒介访问控制 CSMA/CD 的约束已不存在。

在 10Mbps 端口传输率情况下,只有 10BaseT 及 10Base FL 支持全双工操作,而在 100Mbps 快速以太网情况下,除了 100Base T4 外,100BaseTX 和 100Base TX 均支持全双工操作。千兆位以太网 1000Base X 也支持全双工操作。即只有链路上提供独立的发送和接收媒介才能支持全双工操作。表 3-1 说明了支持全双工操作的各类以太网网段的最长距离，并与传统半双工操作受碰撞域限定的网段最长距离进行比较。

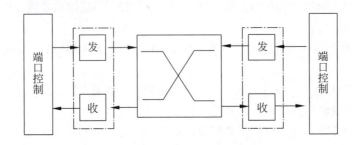

图 3-10　全双工以太网交换器示意图

表 3-1　各类以太网网段的最长距离

以太网类型	传 输 媒 介	全双工网段最长距离	半双工网段最长距离
10Base T	UTP	100m	100m
10Base F	MMF	2km	2km
100Base T	UTP、STP	100m	100m
100Base F	MMF	2km	412m
1000Base LX	MMF	550m	330m
	SMF	5km	330m
1000Base SX	MMF62.5μm	300m	
	MMF50μm	550m	330m
1000Base CX	STP	25m	25m
1000Base T	UTP	100m	100m

　　从表 3-1 可知，使用双绞线媒介，100m 的距离对于半双工操作来说并非是碰撞域的跨距，仍是数字信号驱动的最长距离，因此不论是 10Mbps、100Mbps 还是 1000Mbps 环境，全双工操作并未占有优势。对于媒介采用光纤来说，10Base FL 在两种情况下光纤最长距离均为 2km，这是因为在 10Mbps 传输速率情况下，由碰撞域决定的半双工网段最长距离要大于 2km，2km 的光纤仍是由数字信号在光纤上传输的最长距离。在 100Base FX 的以太网中，全双工网段距离可达 2km，而传统的半双工操作情况下，由于受到 CSMA/CD 的约束，碰撞域的跨距决定了网段最长距离为 412m。在 1000Base LX 的以太网中，采用单模光纤全双工网段距离可达 5km，而传统的半双工操作情况下，由于受到 CSMA/CD 的约束，碰撞域的跨距决定了网段最长距离为 330m。在 1000Base SX 的以太网中，因不能使用单模光纤，多模光纤扩展网络有效距离的效果并不明显。

对于网络中的客户机而言，由于其访问服务器时，发送和接收的负载往往是很不均衡的，因此，用全双工操作方式连接客户站，可延伸距离，有明显的得益。对于服务器，由于会受到许多客户站的同时访问，所以发送和接收的负载一般较接近均衡，所以使用全双工操作方式增加带宽是明显的得益，但由于系统服务器往往与系统主交换器放置在一起，因此延伸距离上显得无必要。对于交换器之间的连接来说，使用全双工操作方式，在延伸连接距离和拓展带宽上均能得益。

3.2.4 以太网交换机的部署

在应用级的局域网中，很少存在只使用单台交换机的局域网，一方面因为单台交换机的端口数量有限，另一方面，单台交换机的地理位置使得联网计算机终端的距离受限。通常，在一个局域网中，使用几台交换互相连接在一起，从而达到扩展端口和扩展距离的目的。那么交换机与交换机是如何连接在一起的呢？目前广泛使用的模式有两种，一种是级连（uplink）模式，另一种是堆叠（stack）模式。

1. 级连模式

级连模式是最常规、最直接的一种扩展方式。级连模式通过双绞线或光纤实现，一般在交换机的前面板上有专门的级连口，如果没有，也可以用交叉接法来级连。级连是通过端口进行的，级连后两台交换机是上下级的关系。

级连模式起源于早期的共享型集线器（Hub），共享型集线器的物理拓扑结构是星型，而逻辑拓扑结构还是总线型的，集线器仅仅相当于一条浓缩了的总线，在集线器的某一个端口级连另一台集线器，只是相当于把浓缩的总线又加长了一些，仍然是一条总线，所有端口都要在一个碰撞域里受到 CSMA/CD 的约束。但这样相当于把传输媒介加长了，在加长的传输媒介上又增加了一些端口。但付出的代价是，在这个碰撞域里又多了一些端口共享整个带宽，从而导致网络性能低下。当然这种级连方式必须遵循 5-4-3 法则，也就是级连不能超过 4 层。级连模式的典型结构如图 3-11 所示。

需要特别指出的是，对于那些没有专用级连端口的集线器之间的级连，双绞线接头中线对的分布与连接网卡和集线器时有所不同，必须要用交叉线。而许多集线器为了方便用户，提供了一个专门用来串接到另一台集线器的端口，在对此类集线器进行级连时，双绞线均应为直通线接法。不管采用交叉线还是直通线进行级连，都没有改变级连的本质。

用户如何判断自己的集线器是否需要交叉线连接呢？主要方法有以下几种。

（1）查看说明书。如果该集线器在级连时需要交叉线连接，一般会在设备说明书中进行说明。

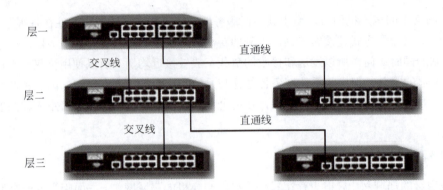

图 3-11 级连模式的以太网交换机

（2）查看连接端口。如果该集线器在级连时不需要交叉线，大多数情况下都会提供一至两个专用的互连端口，并有相应标注，如"Uplink""MDI""Out to Hub"，表示使用直通线连接。

（3）实测。这是最管用的一种方法，可以先制作两条用于测试的双绞线，其中一条是直通线，另一条是交叉线，之后用其中的一条连接两个集线器，这时注意观察连接端口对应的指示灯，如果指示灯亮，表示连接正常，否则换另一条双绞线进行测试。

随着快速以太网技术和交换技术的出现，级连模式又逐渐变成组建大型局域网最理想的扩展方式，成为以太网扩展端口应用中的主流技术。在交换机上进行级连，级连交换机的端口共享的仅仅是被级连交换机中被级连端口的带宽，而不是整个网络的带宽。更何况目前的交换机级连通常都是高速交换机端口级连低速交换机，即 1000M 端口级连 100M 的交换机，100M 端口则级连 10M 的交换机，或者是交换机级连共享型的集线器。由此一来，极大程度地克服了传统集线器级连共享带宽而导致网络性能降低的弊端。虽然交换机的级连在一定程度上仍然受 CSMA/CD 的约束，但其优势却是不可替代的，通常表现在以下几个方面。

（1）级连模式可使用通用的以太网端口进行层次间互联，其中包括 100M 端口、1000M 端口以及新兴的 10G 端口。

（2）级连模式是组建结构化网络的必然选择，级连使用普通的、长度限制并不严格的电缆（光纤），各个级连单元的位置相对较随意，非常有利于综合布线。

（3）级连模式通常是解决不同品牌交换机之间以及交换机与集线器之间连接的有效手段。

2．堆叠模式

堆叠模式通常是为了扩充带宽用的，通常用专门的堆叠卡插在交换机的后面，用专门的堆叠电缆连接几台交换机，堆叠后这几台交换机相当于一台交换机。堆叠是采用交换机背板的叠加，使多个工作组交换机形成一个工作组堆，从而提供高密度的交换机端口，堆叠中的交换机就像一个交换机一样，配制一个 IP 地址即可。

级连是通过交换机的某个端口与其他交换机相连的，而堆叠是通过集线器的背板连接起来的，它是一种建立在芯片级上的连接，如 2 个 24 口交换机堆叠起来的效果就像是一个 48 口的交换机。

堆叠模式的优点如下。

（1）增加网络端口的同时，还增加了逻辑数据通道，扩充了网络带宽，不同堆叠单元的端口之间可以直接交换，进行快速转发，从而极大地提高了网络性能。

（2）不受 5-4-3 原则的约束，堆叠单元可以超过 4 个。

（3）提供简化的本地管理，将一组交换机作为一个对象来管理。

堆叠模式的缺点如下。

（1）堆叠是一种非标准化技术，各个厂商之间不支持混合堆叠，同一组堆叠交换机必须是同一品牌。

（2）堆叠模式不支持即插即用，在物理连接完毕之后，还要对交换机进行相应的设置，才能正常运行。

（3）不存在拓扑管理，一般不能进行分布式布置。

常见的堆叠有菊花链堆叠和矩阵堆叠两种。

所谓菊花链，就是从上到下串起来，形成单一的一个菊花链堆叠总线。菊花链模式是简化的级联模式，主要的优点是提供集中管理的扩展端口，对于多交换机之间的转发效率并没有提升，主要是因为菊花链模式是采用高速端口和软件来实现的。菊花链模式使用堆叠电缆将几台交换机以环路的方式组建成一个堆叠组，然后加一根从上到下起冗余备份作用的堆叠电缆。图 3-12 所示是 2003 年 6 月北电网络推出的 BayStack 5510 菊花链堆叠交换机，一个堆叠中有 8 个交换机，整个堆叠的带宽高达 640Gbps，每台交换机与上下相邻单元间都具有 40Gbps 的全双工带宽。

矩阵堆叠需要提供一个独立的或者集成的高速交换中心（堆叠中心），所有堆叠的交换机通过专用的高速堆叠端口上行到统一的堆叠中心，堆叠中心一般是一个基于专用 ASIC 的硬件交换单元，ASIC 交换容量限制了堆叠的层数。使用高可靠、高性能的 Matrix 芯片是星型堆叠的关键。由于涉及专用总线技术，电缆长度一般不能超过 2m，所以，矩阵堆叠模式下，所有交换机需要局限在一个机架之内。图 3-13 所示是 3COM 公司的 3300 系统交换机连成矩阵堆叠的示意图。

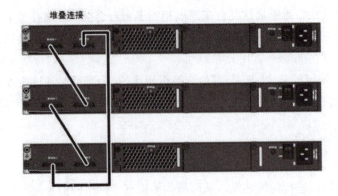

图 3-12　菊花链堆叠交换机

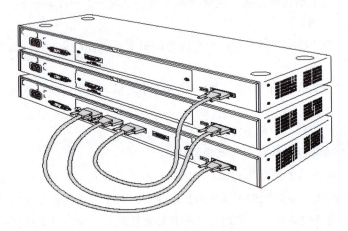

图 3-13　矩阵堆叠交换机

3．混合模式

通过前文的介绍不难得出结论，堆叠模式是一种集中管理的端口扩展技术，不能提供拓扑管理，没有国际标准，且兼容性较差。但是，对于那些对带宽要求较高并需要大量端口的单节点局域网，堆叠模式可以提供比较优秀的转发性能和方便的管理特性。级连模式是组建网络的基础，可以灵活利用各种拓扑、冗余技术，对于那些对带宽要求不高且级连层次很少的网络，级连方式可以提供最优化的性能。可见，级连模式和堆叠模式的优点和缺点都十分鲜明，单纯地运用任何一种模式，都不会最大限度地优化网络。在实际的应用中，由于网络的复杂性。用户需求的多重性，通常同时使用两种模式进行交换机的部署，称其为混合模式。图 3-14 所示就是考虑了半双工以太网最大跨距约束的一个典型的混合模式交换机部署方案。

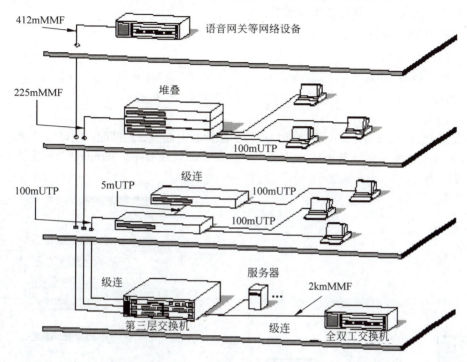

图 3-14　混合模式部署交换机

3.3　交换机与路由器的基本配置

3.3.1　交换机的基本配置

不同厂家生产的不同型号的交换机，其具体的配置命令和方法是有差别的。不过配置的原理基本都是相同的，下面主要以华为 S 系列交换机为例介绍交换机配置的基本技术和技能。

1．电缆连接及终端配置启动

如图 3-15 所示，接好 PC 和交换机各自的电源线，在未开机的条件下，把 PC 的串口 1

（COM1）通过控制台电缆与交换机的Console端口相连，即可完成设备的连接工作。

交换机Console端口的默认参数如下。

- 端口速率：9600bps。
- 数据位：8。
- 奇偶校验：无。
- 停止位：1。
- 流控：无。

在配置PC的仿真终端时只需将端口属性的配置和上述参数相匹配，就可以成功地访问到交换机。如图3-16所示为以Windows环境下的终端仿真软件Hyper Terminal为例配置COM端口属性窗口。

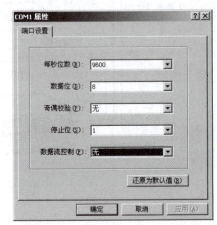

图3-15 仿真终端与交换机的连接　　　　图3-16 仿真终端端口参数配置

在连接好线路，配置好终端仿真软件后，就可以打开交换机，此时终端窗口就会显示交换机的启动信息，显示交换机的硬件结构和软件加载过程，直到出现如下信息提示用户设置登录密码。

Please configure the login password (8-16)
Enter Password:
Confirm Password:

完成Console登录密码设置后，用户便可以配置和使用交换机。

2．Web网管方式启动交换机

在默认出厂状态下，将PC的IP地址配成192.168.1.2或者同网段的其他地址，用网线将

PC 与交换机的任意以太网端口连接。在 PC 的浏览器地址栏输入 https://192.168.1.253，登录交换机的网管界面，输入默认用户名 admin 和密码 admin@huawei.com，首次登录需要修改密码。随后如图 3-17 所示显示交换机的 Web 网管配置界面。

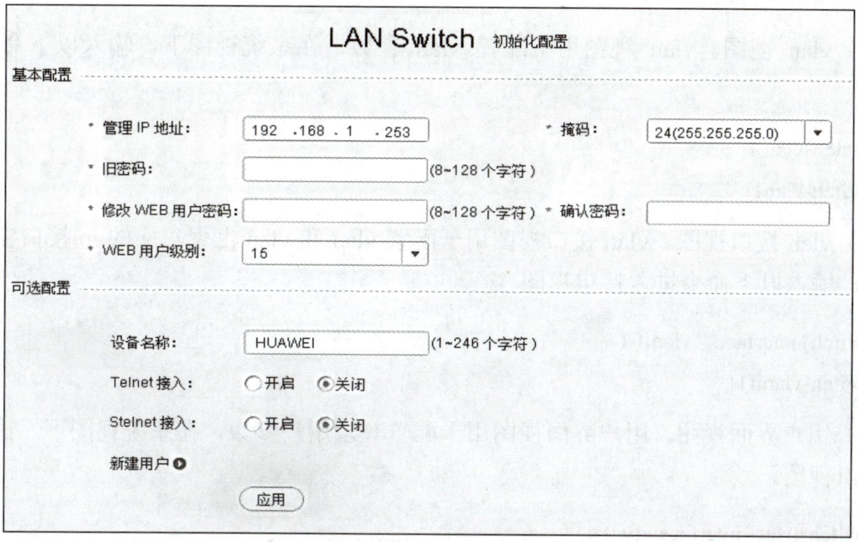

图 3-17　Web 网管配置界面

3．交换机的命令视图

在进行交换机的配置之前，需要了解交换机的基本配置模式。常见的交换机命令视图有用户视图、系统视图、以太网端口视图、vlan 视图、vlan 接口视图、用户界面视图等，几种视图的配置是递进关系。

（1）用户视图。在交换机正常启动后，用户使用终端仿真软件或 Telnet 登录交换机，可自动进入用户配置模式，在用户视图下。可以查看交换机的简单运行状态和统计信息。其命令状态如下。

\<Switch\>

（2）系统视图。系统视图主要用于配置交换机的系统参数，在用户视图下，输入以下命令进入系统视图。

\<Switch\>system-view

[Switch]

（3）以太网端口视图。以太网端口视图用于配置以太网网端口参数，在系统视图下，输入以下命令进入以太网端口视图。

[Switch] interface GigabitEthernet0/0/1
[Switch-GigabitEthernet0/0/1]

(4) vlan 视图。vlan 视图用于配置 vlan 参数,在系统视图下,输入以下命令进入 vlan 视图。

[Switch]vlan 1
[Switch-vlan1]

(5) vlan 接口视图。vlan 接口视图用于配置 vlan 和 vlan 汇聚对应的 ip 接口参数,在系统视图下,输入以下命令进入接口视图。

[Switch] interface　vlanif 1
[Switch-vlanif1]

(6) 用户界面视图。用户界面视图用于配置登录用户参数,在系统视图下,输入以下命令进入接口视图。

[Switch]user- interface vty 0 4
[Switch-ui-nty0-4]

4. 交换机的基本配置

在默认配置下,所有接口处于可用状态,并且都属于 VLAN 1,这种情况下交换机就可以正常工作了。但为了方便管理和使用,首先应对交换机做基本的配置。

(1) 配置交换机的设备名称、管理 VLAN 和 TELNET。

```
<HUAWEI>                                        //用户视图提示符
<HUAWEI>system-view                             //进入系统视图
[HUAWEI]sysname Switch1                         //修改设备名称为 SW1
[Switch1] vlan 5                                //创建交换机管理 VLAN 5
[Switch1-VLAN5] management-vlan
[Switch1-VLAN5] quit
[Switch1] interface vlanif 5                    //创建交换机管理 VLAN 的 VLANIF 接口
[Switch1-vlanif5] ip address 10.10.1.1 24       //配置 VLANIF 接口 IP 地址
[Switch1-vlanif5] quit
[Switch1] telnet server enable                  //Telnet 默认是关闭的,需要打开
[Switch1] user-interface vty 0 4                //开启 VTY 线路模式
[Switch1-ui-vty0-4] protocol inbound telnet     //配置 telnet 协议
```

```
[Switch1-ui-vty0-4] authentication-mode aaa        //配置认证方式
[Switch1-ui-vty0-4] quit
[Switch1] aaa
[Switch1-aaa] local-user admin password irreversible-cipher Hello@123
//配置用户名和密码，用户名不区分大小写，密码区分大小写
[Switch1-aaa] local-user admin privilege level 15       //将管理员的账号权限设置为 15（最高）
[Switch1-aaa]quit
[Switch1]quit
< Switch1>save                                      //在用户视图下保存配置
```

（2）Telnet 登录到交换机。

```
C:\Documents and Settings\Administrator> telnet 10.10.1.1
  //输入交换机管理 IP，并按回车键
Login authentication
Username:admin                                      //输入用户名和密码
Password:
Info: The max number of VTY users is 5, and the number
 of current VTY users on line is 1.
      The current login time is 2016-07-03 13:33:18+00:00.
< Switch1>                                          //用户视图命令行提示符
```

（3）配置交换机的接口。交换机默认的接口属性支持一般网络环境下的正常工作，通常不需要配置。端口属性配置的对象主要有接口隔离、速率、双工等信息。

配置接口 GE1/0/1 和 GE1/0/2 的端口隔离功能，实现两个接口之间的二层数据隔离，三层数据互通。

```
< Switch1> system-view
[Switch1] port-isolate mode l2
[Switch1] interface gigabitethernet 1/0/1
[Switch1-GigabitEthernet1/0/1] port-isolate enable group 1
[Switch1-GigabitEthernet1/0/1] quit
[Switch1] interface gigabitethernet 1/0/2
[Switch1-GigabitEthernet1/0/2] port-isolate enable group 1
[Switch1-GigabitEthernet1/0/2] quit
```

配置以太网接口 GE0/0/1 在自协商模式下协商速率为 100Mbit/s。

```
< Switch1> system-view
[Switch1] interface gigabitethernet 0/0/1
```

[Switch1-GigabitEthernet0/0/1] negotiation auto
[Switch1-GigabitEthernet0/0/1] auto speed 100

配置以太网电接口 GE0/0/1 在自协商模式下双工模式为全双工模式。
< Switch1> system-view
[Switch1] interface gigabitethernet 0/0/1
[Switch1-GigabitEthernet0/0/1] negotiation auto

（4）查看和配置 MAC 地址表。交换机通过学习网络中设备的 MAC 地址，并将学习得到的 MAC 地址存放在缓存中。

MAC 表由多条 MAC 地址表项组成。MAC 地址表项是由 MAC、VLAN 和端口组成，交换机在收到数据帧时，会解析出数据帧的源 MAC 地址和 VLANID 并与接收数据帧的端口组合成一条数据表项。MAC 地址表项的查看可以了解交换机运行的状态信息，排查故障。

执行命令 display mac-address，查看所有的 MAC 地址表项。
< Switch1> display mac-address

MAC Address	VLAN/VSI	Learned-From	Type
00e0-0900-7890	10/-	-	blackhole
00e0-0230-1234	20/-	GE1/0/1	static
0001-0002-0003	30/-	Eth-Trunk1	dynamic

Total items displayed = 3

执行命令 display interface vlanif 5，显示 VLANIF 接口的 MAC 地址。
< Switch1> display interface vlanif 5
Vlanif5 current state : DOWN
Line protocol current state : DOWN
Description:
Route Port,The Maximum Transmit Unit is 1500
Internet Address is 192.168.1.1/24
IP Sending Frames' Format is PKTFMT_ETHNT_2, Hardware address is 00e0-0987-7891
Current system time: 2016-07-03 13:33:09+08:00
    Input bandwidth utilization   : --
    Output bandwidth utilization : --

在 MAC 地址表中增加静态 MAC 地址表项，目的 MAC 地址为 0001-0002-0003，VLAN 5 的报文，从接口 gigabitethernet0/0/5 转发出去。

[Switch1] mac-address static 0001-0002-0003 gigabitethernet 0/0/5 vlan 5

3.3.2 配置和管理 VLAN

VLAN 技术是交换技术的重要组成部分，也是交换机配置的基础。它用以把物理上直接相连的网络从逻辑上划分为多个子网。每一个 VLAN 对应着一个广播域，处于不同 VLAN 上的主机不能进行通信，不同 VLAN 之间的通信需第三层交换技术才可以解决。对虚拟局域网的配置和管理主要涉及链路和接口类型、GARP（Generic Attribute Registration Protocol）协议和 VLAN 的配置。

链路和接口类型，为了适应不同网络环境的组网需要，链路类型分为接入链路（Access Link）和干道链路（Trunk Link）两种。接入链路只能承载 1 个 VLAN 的数据帧，用于连接交换机和用户终端；干道链路能承载多个不同 VLAN 的数据帧，用于交换机间互连或连接交换机与路由器。根据接口连接对象以及对收发数据帧处理的不同，以太网接口分为 Access 接口、Trunk 接口、Hybrid 接口和 QinQ 接口 4 种接口类型，分别用于连接终端用户、交换机与路由器以及 Internet 与企业内网的互联等。

交换机的初始状态是工作在透明模式，有一个默认的 VLAN1，所有端口都属于 VLAN1。

1．划分 VLAN 的方法

虚拟局域网是交换机的重要功能，通常划分 VLAN 的方式有多种，分别是基于接口、MAC 地址、子网、网络层协议、匹配策略等。

通过接口来划分 VLAN。交换机的每个接口配置不同的 PVID，当数据帧进入交换机时没有带 VLAN 标签，该数据帧就会被打上接口指定 PVID 的 Tag 并在指定 PVID 中传输。

通过源 MAC 地址来划分 VLAN。建立 MAC 地址和 VLAN ID 映射关系表，当交换机收到的是 Untagged 帧时，就依据该表给数据帧添加指定 VLAN 的 Tag 并在指定 VLAN 中传输。

通过子网划分 VLAN。建立 IP 地址和 VLAN ID 映射关系表，当交换机收到的是 Untagged 帧，就依据该表给数据帧添加指定 VLAN 的 Tag 并在指定 VLAN 中传输。

通过网络层协议划分 VLAN。建立以太网帧中协议域和 VLAN ID 的映射关系表，当收到的是 Untagged 帧，就依据该表给数据帧添加指定 VLAN 的 Tag 并在指定 VLAN 中传输。

通过策略匹配划分 VLAN，实现多种组合的划分，包括接口、MAC 地址、IP 地址等。建立配置策略，当收到的是 Untagged 帧，且匹配配置的策略时，给数据帧添加指定 VLAN 的 Tag 并在指定 VLAN 中传输。

2. 配置 VLAN 举例

在网络中,用于终端与交换机、交换机与交换机、交换机与路由器连接时 VLAN 的划分方式多种多样,需要灵活运用。下面就接入层交换机基于接口和 MAC 的 VLAN 划分举例说明。

```
#基于接口划分 VLAN
<HUAWEI> system-view                                    //进入交换机系统视图
[HUAWEI] sysname SwitchA                                //交换机命名
[SwitchA] vlan batch  2                                 //批量方式建立 VLAN 2
[SwitchA] interface gigabitethernet 0/0/1               //进入交换机接口视图
[SwitchA-GigabitEthernet0/0/1] port link-type access    //配置接口类型
[SwitchA-GigabitEthernet0/0/1] port default vlan 2      //将接口加入 VLAN 2
[SwitchA-GigabitEthernet0/0/1] quit
[SwitchA] interface gigabitethernet 0/0/2               //在接口视图配置上联接口
[SwitchA-GigabitEthernet0/0/2] port link-type trunk     //配置上联接口类型
[SwitchA-GigabitEthernet0/0/2] port trunk allow-pass vlan 2  //通过 VLAN2
[SwitchA-GigabitEthernet0/0/2] quit

#基于 MAC 地址划分 VLAN
<HUAWEI> system-view
[HUAWEI] sysname SwitchA
[SwitchA] vlan batch 2
[SwitchA] interface gigabitethernet 0/0/1               //在接口视图配置上联接口
[SwitchA-GigabitEthernet0/0/1] port link-type hybrid    //配置上联接口类型
[SwitchA-GigabitEthernet0/0/1] port hybrid tagged vlan 2  //通过 VLAN2
[SwitchA-GigabitEthernet0/0/1] quit
[SwitchA] interface gigabitethernet 0/0/2               //进入交换机接口视图
[SwitchA-GigabitEthernet0/0/2] port link-type hybrid    //配置接口类型
[SwitchA-GigabitEthernet0/0/2] port hybrid untagged vlan 2  //将接口加入 VLAN 2
[SwitchA-GigabitEthernet0/0/2] quit
[SwitchA] vlan 2
[SwitchA-vlan2] mac-vlan mac-address 22-22-22           //PC 的 MAC 地址与 VLAN2 关联
[SwitchA-vlan2] quit
[SwitchA] interface gigabitethernet 0/0/2
[SwitchA-GigabitEthernet0/0/2] mac-vlan enable          //基于 MAC 地址使能接口
[SwitchA-GigabitEthernet0/0/2] quit
```

3．配置 GARP 协议

GARP 协议主要用于建立一种属性传递扩散的机制，以保证协议实体能够注册和注销该属性。简单说就是为了简化网络中配置 VLAN 的操作，通过 GVRP 的 VLAN 自动注册功能将设备上的 VLAN 信息快速复制到整个交换网，减少了手工配置工作量，保证了 VLAN 配置的正确性。

为了让读者清楚地了解 GVRP 协议的工作情况以及如何来配置 GVRP，这里结合一个综合实例进行说明，拓扑结构如图 3-18 所示。在交换机 A、B 分别配置全局使能 GVRP 功能，使所有子网设备能够互访。

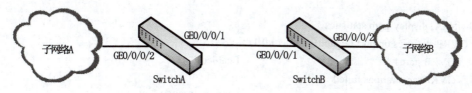

图 3-18　VLAN 拓扑结构图

交换机 A 的配置如下，交换机 B 和交换机 A 的配置相似。

\# 配置交换机 A，全局使能 GVRP 功能。
<HUAWEI> system-view
[HUAWEI] sysname SwitchA
[SwitchA] gvrp

\# 配置接口为 Trunk 类型，并允许所有 VLAN 通过。
[SwitchA] interface gigabitethernet 0/0/1
[SwitchA-GigabitEthernet0/0/1] port link-type trunk
[SwitchA-GigabitEthernet0/0/1] port trunk allow-pass vlan all
[SwitchA-GigabitEthernet0/0/1] quit
[SwitchA] interface gigabitethernet 0/0/2
[SwitchA-GigabitEthernet0/0/2] port link-type trunk
[SwitchA-GigabitEthernet0/0/2] port trunk allow-pass vlan all
[SwitchA-GigabitEthernet0/0/2] quit

\# 使能接口的 GVRP 功能，并配置接口注册模式。
[SwitchA] interface gigabitethernet 0/0/1

[SwitchA-GigabitEthernet0/0/1] gvrp
[SwitchA-GigabitEthernet0/0/1] gvrp registration normal
[SwitchA-GigabitEthernet0/0/1] quit
[SwitchA] interface gigabitethernet 0/0/2
[SwitchA-GigabitEthernet0/0/2] gvrp
[SwitchA-GigabitEthernet0/0/2] gvrp registration normal
[SwitchA-GigabitEthernet0/0/2] quit

配置完成后,在 SwitchA 上使用命令 display gvrp statistics,查看接口的 GVRP 统计信息,其中包括 GVRP 状态、GVRP 注册失败次数、上一个 GVRP 数据单元源 MAC 地址和接口 GVRP 注册类型。

```
[SwitchA] display gvrp statistics
  GVRP statistics on port GigabitEthernet0/0/1
    GVRP status                     : Enabled
    GVRP registrations failed       : 0
    GVRP last PDU origin            : 0000-0000-0000
    GVRP registration type          : Normal

  GVRP statistics on port GigabitEthernet0/0/2
    GVRP status                     : Enabled
    GVRP registrations failed       : 0
    GVRP last PDU origin            : 0000-0000-0000
    GVRP registration type          : Normal
Info: GVRP is disabled on one or multiple ports.
```

3.3.3 路由器

1．路由器概述

计算机网络中有非常多的主机,这些主机分布在不同的局域网中,如果没有能够连接不同局域网的设备,那么这些主机之间就不可能进行通信。路由器就是这样一种能够将多个局域网相连接的网络设备,如图 3-19 所示。

互联网络中有大量路由器,用来连接各个不同的局域网。路由器可以学习和传播各种路由信息,并根据这些路由信息将网络中的分组转发到正确的网络中。

路由器是工作在 OSI 七层模型第三层(网络层)的设备,其具有局域网和广域网两种接口。它可以作为企业内部网络和 Internet 骨干网络的连接设备来使用。路由器通过路由表为进入路由器的数据分组选择最佳的路径,并将分组传输到适当的出口。

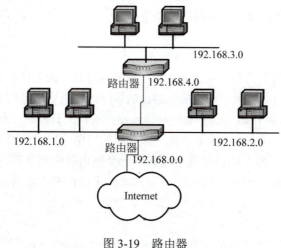

图 3-19 路由器

2．路由器的功能

路由器主要有 3 种功能，即网络互联、网络隔离和流量控制。

1）网络互联

路由器的主要功能是实现网络互联，它主要采用以下技术来实现不同网络之间的数据报文传输。

地址映射：地址映射技术可以完成逻辑地址（IP 地址）与物理地址（MAC 地址）之间的转换，从而完成数据在同一网段内的传输。

路由选择：每个路由器都会保持着一个独立的路由表，该路由表根据数据包中的目的 IP 地址判断该数据包应该送往的下一个路由器的地址。路由表分为静态和动态两种，建立和维护更新路由表是路由器完成路由选择的关键。

协议转换：路由器可以连接不同结构的局域网。不同结构的局域网要进行连接，需要连接设备能够实现协议的转换（如 IP 协议向 IPX 协议之间的转换）。

2）网络隔离

路由器一方面用来连接各个局域网，保证各个局域网之间的通信，另一方面路由器可以根据数据包的源地址、目的地址、数据包类型等对数据包能否被转发作出适当的判断，从而隔离各个局域网之间不需要传输的数据包。这种隔离能够将各个局域网中的广播风暴隔离在每个局域网之内，防止局域网中的广播风暴影响到整个网络的性能；同时能够保证网络的安全，将不必要的数据流量隔离，以保证网络的安全。

3）流量控制

路由器具有非常好的流量控制能力，它可以利用相应的路由算法来均衡网络负载，从而有效控制网络拥塞，避免因拥塞而导致网络性能下降。

3．路由表

路由器的主要工作就是为经过路由器的每个数据帧寻找一条最佳传输路径，并将该数据有效地传送到目的站点。由此可见，选择最佳路径的策略即路由算法是路由器的关键所在。

为了完成这项工作，路由器中保存着各种传输路径的相关数据——路由表（Routing Table），供路由选择时使用。打个比方，路由表就像平时使用的地图一样，标识着各种路线，路由表中保存着子网的标志信息、网上路由器的个数和下一个路由器的名字等内容。路由表可以是由系统管理员固定设置好的，也可以由系统动态修改；可以由路由器自动调整，也可以由主机控制。

1）静态路由表

由系统管理员事先设置好的固定的路由表称为静态（static）路由表，一般是在系统安装时就根据网络的配置情况预先设定的，它不会随网络结构的改变而改变。

2）动态路由表

动态（Dynamic）路由表是路由器根据网络系统的运行情况而自动生成的路由表。路由器根据路由选择协议（Routing Protocol）提供的功能，自动学习和记忆网络运行情况，在需要时自动计算数据传输的最佳路径。

4．路由选择协议

路由选择协议是一种网络层协议，它通过提供一种共享路由选择信息的机制，允许路由器与其他路由器通信以更新和维护自己的路由表，并确定最佳的路由选择路径。通过路由选择协议，路由器可以了解未直接连接的网络的状态，当网络发生变化时，路由表中的信息可以随时更新，以保证网络上的路由选择路径处于可用状态。

路由表由路由协议生成。路由协议根据其生成路由表的方式，可以分为静态路由协议和动态路由协议两种。静态路由协议下的路由信息完全由管理员手动完成，在完成路由表后，除非管理员再次调整路由信息，否则不会发生变化。而动态路由协议可以根据网络的状态变化而不断地调整路由器中的路由表，以使路由表随时保持最新的状态，保证信息包能够顺利转发。

1）静态路由协议

在静态路由协议下，路由信息由管理员配置而成，它适用于小型的局域网络（拥有 5 台以下的路由器）。静态路由协议具有运行速度快、占用资源少、配置方法简单的特点，但是由于静态路由需要管理员手动配置，如果在网络中的状态发生变化，需要修改路由信息，那么对于网络管理员来说，将会是非常大的工作量，同时管理和配置的难度也较大。所以，静态路由协议在小型的网络中能够工作得很好，但在较大规模的网络中并不能够很好地运行和维护。

2）动态路由协议

动态路由协议根据路由信息更新方式的不同，可以分为距离矢量路由协议和链路状态路由协议两种。

距离矢量（Distance-vector）路由协议采用距离矢量路由选择算法，确定到网络中任一链路的方向（向量）与距离，如 RIP 协议。

链路状态（Link-state）路由协议创建整个网络的准确拓扑，以计算路由器到其他路由器的最短路径，如 OSPF、IS-IS 等。

3.3.4 路由器的配置

1．路由器的基本配置

华为路由器、交换机等数据网络产品都采用 VRP（Versatile Routing Platform，通用路由平台），华为路由器与交换机的命名及操作类似。

以华为 AR 系列路由器为例，配置路由器的连接方式如图 3-20 所示，使用专用的配置线缆将路由器的 Console 端口（配置端口）与计算机的串行口（RS232 接口）相连，然后打开计算机中的仿真终端进行连接。设备默认用户名为 admin，密码为 Admin@huawei。

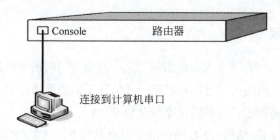

图 3-20 Consol 方式连接路由器

用户通过 Console 口配置路由器操作如下。

设置系统的日期、时间和时区。
<Huawei> clock timezone BJ add 08:00:00
<Huawei> clock datetime 20:10:00 2016-03-16

设置设备名称和管理 IP 地址。
<Huawei> system-view
[Huawei] sysname Router
[Router] interface gigabitethernet 0/0/0
[Router -GigabitEthernet0/0/0] ip address 10.10.1.2   24

[Router -GigabitEthernet0/0/0] quit

设置 Telnet 用户的级别和认证方式。
[Router] telnet server enable
[Router] user-interface vty 0 4
[Router -ui-vty0-4] user privilege level 15
[Router -ui-vty0-4] authentication-mode aaa
[Router -ui-vty0-4] quit
[Router] aaa
[Router -aaa] local-user admin1234 password irreversible-cipher Hello@6789
[Router -aaa] local-user admin1234 privilege level 15
[Router -aaa] local-user admin1234 service-type telnet
[Router -aaa] quit

进入 Windows 的命令行提示符，通过 Telnet 方式登录设备。
C:\Documents and Settings\Administrator> telnet 10.10.1.2
回车后，在登录窗口输入用户名和密码，出现用户视图的命令行提示符。
< Router >

2．静态路由的配置

通过配置静态路由，用户可以人为地指定对某一网络访问时所要经过的路径，网络结构比较简单，且一般到达某一网络所经过的路径唯一的情况下采用静态路由。下面通过一个实例介绍设置静态路由、查看路由表，理解路由原理及概念。

如图 3-21 所示设计拓扑结构，3 台路由器分别命名为 R1、R2、R3，所使用的接口和相应的 IP 地址分配如图 3-21 所示，其中"/24"与"/30"表示子网掩码为 24 位和 30 位。

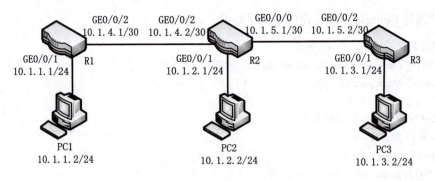

图 3-21 静态路由实例图

路由器 R1 配置文件：
```
#
interface GigabitEthernet0/0/1                  //接口视图配置 R1 的接口地址
ip address 10.1.1.1 255.255.255.0
#
interface GigabitEthernet0/0/2
ip address 10.1.4.1 255.255.255.252
#
ip route-static 10.1.2.0 255.255.255.0 10.1.4.2  //系统视图配置 R1 到不同网段的静态路由
ip route-static 10.1.3.0 255.255.255.0 10.1.4.2
#
return
```

路由器 R2 配置文件：
```
#
interface GigabitEthernet0/0/1                  //接口视图配置 R2 的接口地址
ip address 10.1.2.1 255.255.255.0
#
interface GigabitEthernet0/0/2
ip address 10.1.4.2 255.255.255.252
#
interface GigabitEthernet0/0/0
ip address 10.1.5.1 255.255.255.252
#
ip route-static 10.1.1.0 255.255.255.0 10.1.4.1  //系统视图配置 R2 到不同网段的静态路由
ip route-static 10.1.3.0 255.255.255.0 10.1.5.2
#
return
```

路由器 R3 配置文件：
```
#
interface GigabitEthernet0/0/1                  //接口视图配置 R3 的接口地址
ip address 10.1.3.1 255.255.255.0
#
interface GigabitEthernet0/0/2
ip address 10.1.5.2 255.255.255.252
```

```
#
ip route-static 10.1.1.0 255.255.255.0 10.1.5.1      //系统视图配置 R3 到不同网段的静态路由
ip route-static 10.1.2.0 255.255.255.0 10.1.5.1
#
return
```

通过路由器中配置静态路由以实现路由器 R1、R2、R3 在 IP 层的相互连通性，也就是要求 PC1、PC2、PC3 之间可以相互 ping 通。

首先在 R1 路由器上查看静态路由表的信息，可以看到两条静态路由信息，下一跳都指向 10.1.4.1。

```
<R1>display ip routing-table protocol static
Route Flags: R - relay, D - download to fib
------------------------------------------------------------------------------------------
Public routing table : Static
        Destinations : 2        Routes : 2        Configured Routes : 2
Static routing table status : <Active>
        Destinations : 2        Routes : 2
Destination/Mask     Proto    Pre   Cost      Flags  NextHop         Interface
     10.1.2.0/24     Static   60    0         RD     10.1.4.2        GigabitEthernet0/0/2
     10.1.3.0/24     Static   60    0         RD     10.1.4.2        GigabitEthernet0/0/2
Static routing table status : <Inactive>
        Destinations : 0        Routes : 0
```

接下来在 PC1 的命令行 ping 终端 PC2，显示如下，结果验证了 PC1 到 PC2 在 IP 层数据可达，其他 PC 间测试相似。

```
PC1>ping 10.1.2.2
Ping 10.1.2.2: 32 data bytes, Press Ctrl_C to break
From 10.1.2.2: bytes=32 seq=1 ttl=126 time=16 ms
From 10.1.2.2: bytes=32 seq=2 ttl=126 time=16 ms
From 10.1.2.2: bytes=32 seq=3 ttl=126 time=16 ms
From 10.1.2.2: bytes=32 seq=4 ttl=126 time=16 ms
From 10.1.2.2: bytes=32 seq=5 ttl=126 time=16 ms
--- 10.1.2.2 ping statistics ---
    5 packet(s) transmitted
    5 packet(s) received
    0.00% packet loss
```

round-trip min/avg/max = 16/16/16 ms

3.3.5　配置路由协议

本节主要讲述对路由协议的配置。IP 路由选择协议用有效、无循环的路由信息填充路由表，从而为数据包在网络之间传递提供了可靠的路径信息。路由选择协议又分为距离矢量、链路状态和平衡混合 3 种。

距离矢量（Distance Vector）路由协议计算网络中所有链路的矢量和距离，并以此为依据确认最佳路径。使用距离矢量路由协议的路由器定期向其相邻的路由器发送全部或部分路由表。典型的距离矢量路由协议有 RIP。

链路状态（Link State）路由协议使用为每个路由器创建的拓扑数据库来创建路由表，每个路由器通过此数据库建立一个整个网络的拓扑图。在拓扑图的基础上通过相应的路由算法计算出通往各目标网段的最佳路径，并最终形成路由表。典型的链路状态路由协议是 OSPE（Open Shortest Path First，开放最短路径优先）路由协议。

平衡混合（Balanced Hybrid）路由协议结合了链路状态和距离矢量两种协议的优点，此类协议的代表是 BGP，即边界网关协议。

下面将分别讨论如何在路由器中配置 RIP（路由选择信息协议）和 OSPF 动态路由协议。

1．配置 RIP 协议

RIP 是距离矢量路由选择协议的一种。路由器收集所有可到达目的地的不同路径，并且保存有关到达每个目的地的最少站点数的路径信息，除到达目的地的最佳路径外，任何其他信息均予以丢弃。同时，路由器也把所收集的路由信息用 RIP 协议通知相邻的其他路由器。这样，正确的路由信息逐渐扩散到了全网。

RIP 使用非常广泛，它简单、可靠，便于配置。RIP 版本 2 还支持无类域间路由（Classless Inter-Domain Routing，CIDR）、可变长子网掩码（Variable Length Subnetwork Mask，VLSM）和不连续的子网，并且使用组播地址发送路由信息。但是 RIP 只适用于小型的同构网络，因为它允许的最大跳数为 15，任何超过 15 个站点的目的地均被标记为不可达。RIP 每隔 30s 广播一次路由信息。

假设有图 3-22 所示的网络拓扑结构，试通过配置 RIP 协议使全网连通。

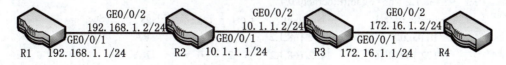

图 3-22　RIP 协议配置拓扑图

#配置路由器 R1 接口的 IP 地址。
[R1] interface gigabitethernet 0/0/1
[R1-GigabitEthernet0/0/2] ip address 192.168.1.1 24
R2、R3 和 R4 的配置与 R1 的配置相似。

#配置路由器 R1 的 RIP 功能。
[R1] rip
[R1-rip-1] network 192.168.1.0
[R1-rip-1] quit

配置路由器 R2 的 RIP 功能。
[R2] rip
[R2-rip-1] network 192.168.1.0
[R2-rip-1] network 10.0.0.0
[RouterB-rip-1] quit

配置路由器 R3 的 RIP 功能。
[R3] rip
[R3-rip-1] network 10.0.0.0
[R3-rip-1] network 172.16.0.0
[R3-rip-1] quit

配置路由器 R4 的 RIP 功能。
[R4] rip
[R4-rip-1] network 172.16.0.0
[R4-rip-1] quit

查看路由器 R1 的 RIP 路由表。
[R1] display rip 1 route
Route Flags: R - RIP
             A - Aging, S - Suppressed, G - Garbage-collect

 Peer 192.168.1.2   on GigabitEthernet0/0/1
       Destination/Mask   Nexthop   Cost   Tag   Flags   Sec
       10.0.0.0/8   192.168.1.2   1   0   RA   1
       172.16.0.0/16   192.168.1.2   2   0   RA   1

从路由表中可以看出，RIP-1 发布的路由信息使用的是自然掩码。
分别在路由器 R1、R2、R3、R4 配置 RIP-2，在路由器 R1 上配置如下，其他路由器上配置方法相同。

在路由器 R1 上配置 RIP-2。
[R1] rip
[R1-rip-1] version 2
[R1-rip-1] quit

查看路由器 R1 的 RIP 路由表。
[R1] display rip 1 route
　Route Flags: R - RIP
　　　　　A - Aging, S - Suppressed, G - Garbage-collect

Peer 192.168.1.2 on GigabitEthernet0/0/1
　　Destination/Mask　　　Nexthop　　Cost　Tag　　Flags　Sec
　　10.1.1.0/24　　　　　192.168.1.2　　1　　0　　　RA　　4
　　172.16.1.0/24　　　　192.168.1.2　　2　　0　　　RA　　4

从路由表中可以看出，RIP-2 发布的路由中带有更为精确的子网掩码信息。

2．RIP 与 BFD 联动

双向转发检测（Bidirectional Forwarding Detection，BFD）是一种用于检测邻居路由器之间链路故障的检测机制，它通常与路由协议联动，通过快速感知链路故障并通告使得路由协议能够快速地重新收敛，从而减少由于拓扑变化导致的流量丢失。

假设有图 3-23 所示的网络拓扑结构，在网络中有 4 台路由器通过 RIP 协议实现网络互通。其中业务流量在主链路 R1---R2---R3 进行传输。要求提高从 R1 到 R2 数据转发的可靠性，当主链路发生故障时，业务流量会快速切换到另一条路径进行传输。

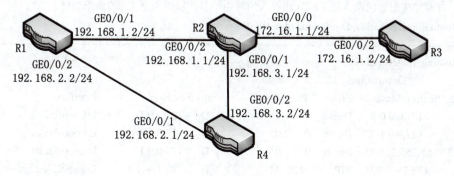

图 3-23　RIP 协议配置拓扑图

配置路由器 R1 接口的 IP 地址。
[R1] interface gigabitethernet 0/0/1
[R1-GigabitEthernet0/0/1] ip address 192.168.1.2 24
[R1-GigabitEthernet0/0/1] quit
[R1]] interface gigabitethernet 0/0/2
[R1-GigabitEthernet0/0/2] ip address 192.168.2.2 24
[R1-GigabitEthernet0/0/2] quit

配置路由器 R1 的 RIP 的基本功能。
[R1] rip 1
[R1-rip-1] version 2
[R1-rip-1] network 192.168.1.0
[R1-rip-1] network 192.168.2.0
[R1-rip-1] quit
路由器 R2、R3 和 4 的配置与路由器 R1 相似。

查看路由器 R1、R2 以及路由器 R4 之间已经建立的邻居关系，以路由器 R1 的显示为例。
[R1]dis rip 1 neighbor

```
----------------------------------------------------------------
 IP Address        Interface              Type    Last-Heard-Time
----------------------------------------------------------------
 192.168.1.1       GigabitEthernet0/0/1   RIP     0:0:20
 Number of RIP routes   : 1
 192.168.2.1       GigabitEthernet0/0/2   RIP     0:0:12
 Number of RIP routes   : 1
```

查看完成配置的路由器之间互相引入的路由信息，以路由器 R1 的显示为例。
Route Flags: R - relay, D - download to fib

Routing Tables: Public
         Destinations : 12   Routes : 13

Destination/Mask	Proto	Pre	Cost	Flags	NextHop	Interface
127.0.0.0/8	Direct	0	0	D	127.0.0.1	InLoopBack0
127.0.0.1/32	Direct	0	0	D	127.0.0.1	InLoopBack0
127.255.255.255/32	Direct	0	0	D	127.0.0.1	InLoopBack0
172.16.1.0/24	RIP	100	1	D	192.168.1.1	GigabitEthernet0/0/1
192.168.1.0/24	Direct	0	0	D	192.168.1.2	GigabitEthernet0/0/1
192.168.1.2/32	Direct	0	0	D	127.0.0.1	GigabitEthernet0/0/1

192.168.1.255/32	Direct	0	0		D	127.0.0.1	GigabitEthernet0/0/1
192.168.2.0/24	Direct	0	0		D	192.168.2.2	GigabitEthernet0/0/2
192.168.2.2/32	Direct	0	0		D	127.0.0.1	GigabitEthernet0/0/2
192.168.2.255/32	Direct	0	0		D	127.0.0.1	GigabitEthernet0/0/2
192.168.3.0/24	RIP	100	1		D	192.168.1.1	GigabitEthernet0/0/1
	RIP	100	1		D	192.168.2.1	GigabitEthernet0/0/2
255.255.255.255/32	Direct	0	0		D	127.0.0.1	InLoopBack0

由路由表看到去往目的地 172.16.1.0/24 的下一跳地址是 192.168.1.1，出接口是 GigabitEthernet0/0/1，流量在主链路路由器 R1---R2 上进行传输。

配置路由器 R1 上所有接口的 BFD 特性。

[R1] bfd
[R1-bfd] quit
[R1] rip 1
[R1-rip-1] bfd all-interfaces enable   //启用 bfd 功能，并配置最小发送、时间间隔和检测时间倍数等。
[R1-rip-1] bfd all-interfaces min-rx-interval 100 min-tx-interval 100 detect-multiplier 10
[R1-rip-1] quit
R2 的配置与此相似。

完成上述配置之后，在路由器 R1 上执行命令 display rip bfd session 看到路由器 R1 与 R2 之间已经建立起 BFD 会话，BFDState 字段显示为 Up，以路由器 R1 的显示为例。

[R1]dis rip 1 bfd session all
  LocalIp   :192.168.1.2   RemoteIp   :192.168.1.1   BFDState   :Up
  TX   :100   RX   :100   Multiplier:10
  BFD Local Dis :8192   Interface :GigabitEthernet0/0/1
  Diagnostic Info:No diagnostic information
  LocalIp   :192.168.2.2   RemoteIp   :192.168.2.1   BFDState   :Down
  TX   :10000   RX   :10000   Multiplier:0
  BFD Local Dis :8193   Interface :GigabitEthernet0/0/2
  Diagnostic Info:No diagnostic information

通过以下步骤验证配置结果。

在路由器 R2 的接口 GigabitEthernet2/0/0 上执行 shutdown 命令，模拟链路故障。
[R2] interface gigabitethernet 0/0/2
[R2-GigabitEthernet0/0/2] shutdown

查看 R1 的 BFD 会话信息,可以看到路由器 R1 及 R2 之间不存在 BFD 会话信息。

```
[R1]dis rip 1 bfd session all
 LocalIp          :192.168.2.2      RemoteIp   :192.168.2.1     BFDState    :Down
 TX               :10000            RX         :10000           Multiplier:0
 BFD Local Dis :8193                Interface  :GigabitEthernet0/0/2
 Diagnostic Info:No diagnostic information
```

查看 R1 的路由表。

```
[R1]dis ip routing-table
Route Flags: R - relay, D - download to fib
------------------------------------------------------------------------------
Routing Tables: Public
         Destinations : 9        Routes : 9
Destination/Mask       Proto   Pre   Cost    Flags NextHop       Interface
       127.0.0.0/8     Direct  0     0         D   127.0.0.1     InLoopBack0
       127.0.0.1/32    Direct  0     0         D   127.0.0.1     InLoopBack0
 127.255.255.255/32    Direct  0     0         D   127.0.0.1     InLoopBack0
      172.16.1.0/24    RIP     100   2         D   192.168.2.1   GigabitEthernet0/0/2
     192.168.2.0/24    Direct  0     0         D   192.168.2.2   GigabitEthernet0/0/2
     192.168.2.2/32    Direct  0     0         D   127.0.0.1     GigabitEthernet0/0/2
   192.168.2.255/32    Direct  0     0         D   127.0.0.1     GigabitEthernet0/0/2
     192.168.3.0/24    RIP     100   1         D   192.168.2.1   GigabitEthernet0/0/2
 255.255.255.255/32    Direct  0     0         D   127.0.0.1     InLoopBack0
```

由路由表可以看出,在主链路发生故障之后备份链路 R1---R4---R2 被启用,去往 172.16.1.0/24 的路由下一跳地址是 192.168.2.1,出接口为 GigabitEthernet0/0/2。

3．配置 OSPF 协议

开放最短路径优先(Open Shortest Path First,OSPF)协议是重要的路由选择协议。它是一种链路状态路由选择协议,是由 Internet 工程任务组开发的内部网关协议(Interior Gateway Protocol,IGP),用于在单一自治系统(Autonomous System,AS)内决策路由。

链路是路由器接口的另一种说法,因此 OSPF 也称为接口状态路由协议。OSPF 通过路由器之间通告网络接口的状态来建立链路状态数据库,生成最短路径树,每个 OSPF 路由器使用这些最短路径构造路由表。下面分别介绍 OSPF 协议的相关要点。

- 自治系统。自治系统包括一个单独管理实体下所控制的一组路由器,OSPF 是内部网关路由协议，工作于自治系统内部。
- 链路状态。所谓链路状态，是指路由器接口的状态，如 Up、Down、IP 地址、网络类型以及路由器和它邻接路由器间的关系。链路状态信息通过链路状态通告（Link State Advertisement，LSA）扩散到网上的每台路由器。每台路由器根据 LSA 信息建立一个关于网络的拓扑数据库。
- 最短路径优先算法。OSPF 协议使用最短路径优先算法，利用从 LSA 通告得来的信息计算每一个目标网络的最短路径，以自身为根生成一棵树，包含了到达每个目的网络的完整路径。
- 路由标识。OSPF 的路由标识是一个 32 位的数字，它在自治系统中被用来唯一识别路由器。默认使用最高回送地址，若回送地址没有被配置，则使用物理接口上最高的 IP 地址作为路由器标识。
- 邻居和邻接。OSPF 在相邻路由器间建立邻接关系，使它们交换路由信息。邻居是指共享同一网络的路由器，并使用 Hello 包来建立和维护邻居路由器间的关系。
- 区域。OSPF 网络中使用区域（Area）来为自治系统分段。OSPF 是一种层次化的路由选择协议，区域 0 是一个 OSPF 网络中必须具有的区域，也称为主干区域，其他所有区域要求通过区域 0 互连到一起。

下面按照图 3-24 所示的网络拓扑结构图来配置 OSPF 协议。

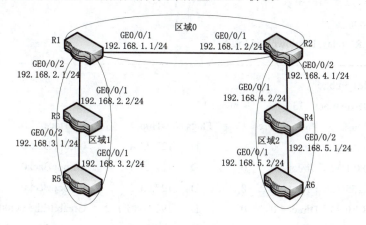

图 3-24　OSPF 协议配置实例图

配置 R1 路由器接口的 IP 地址。
<Huawei> system-view
[Huawei] sysname R1
[R1] interface gigabitethernet 0/0/1

[R1-GigabitEthernet0/0/1] ip address 192.168.1.1 24
[R1-GigabitEthernet0/0/1] quit
[R1] interface gigabitethernet 0/0/2
[R1-GigabitEthernet0/0/2] ip address 192.168.2.1 24
[R1-GigabitEthernet0/0/2] quit
在路由器 R1 上配置 OSPF 基本功能。
[R1] router id 1.1.1.1
[R1] ospf
[R1-ospf-1] area 0
[R1-ospf-1-area-0.0.0.0] network 192.168.1.0 0.0.0.255
[R1-ospf-1-area-0.0.0.0] quit
[R1-ospf-1] area 1
[R1-ospf-1-area-0.0.0.1] network 192.168.2.0 0.0.0.255
[R1-ospf-1-area-0.0.0.1] quit
[R1-ospf-1] quit

路由器 R2、R3、R4、R5 和 R6 路由器的配置与 R1 相似。

#在路由器 R1 上查看路由表
<R1>dis ip rout
Route Flags: R - relay, D - download to fib

Routing Tables: Public
     Destinations : 13 Routes : 13

Destination/Mask	Proto	Pre	Cost	Flags	NextHop	Interface
127.0.0.0/8	Direct	0	0	D	127.0.0.1	InLoopBack0
127.0.0.1/32	Direct	0	0	D	127.0.0.1	InLoopBack0
127.255.255.255/32	Direct	0	0	D	127.0.0.1	InLoopBack0
192.168.1.0/24	Direct	0	0	D	192.168.1.1	GigabitEthernet0/0/1
192.168.1.1/32	Direct	0	0	D	127.0.0.1	GigabitEthernet0/0/1
192.168.1.255/32	Direct	0	0	D	127.0.0.1	GigabitEthernet0/0/1
192.168.2.0/24	Direct	0	0	D	192.168.2.1	GigabitEthernet0/0/2
192.168.2.1/32	Direct	0	0	D	127.0.0.1	GigabitEthernet0/0/2
192.168.2.255/32	Direct	0	0	D	127.0.0.1	GigabitEthernet0/0/2
192.168.3.0/24	OSPF	10	2	D	192.168.2.2	GigabitEthernet0/0/2

192.168.4.0/24	OSPF	10	2	D	192.168.1.2	GigabitEthernet0/0/1
192.168.5.0/24	OSPF	10	3	D	192.168.1.2	GigabitEthernet0/0/1
255.255.255.255/32	Direct	0	0	D	127.0.0.1	InLoopBack0

从路由器 R1 的路由表上可以看出，已经显示了全部的路由。

在路由器 R5 与路由器 R6 之间的连通性，在 R5 带源地址 ping 命令测试。

<R5>ping -a 192.168.3.2 192.168.5.2

  PING 192.168.5.2: 56　data bytes, press CTRL_C to break

    Reply from 192.168.5.2: bytes=56 Sequence=1 ttl=251 time=30 ms

    Reply from 192.168.5.2: bytes=56 Sequence=2 ttl=251 time=50 ms

    Reply from 192.168.5.2: bytes=56 Sequence=3 ttl=251 time=40 ms

    Reply from 192.168.5.2: bytes=56 Sequence=4 ttl=251 time=30 ms

    Reply from 192.168.5.2: bytes=56 Sequence=5 ttl=251 time=40 ms

  --- 192.168.5.2 ping statistics ---

    5 packet(s) transmitted

    5 packet(s) received

    0.00% packet loss

    round-trip min/avg/max = 30/38/50 ms

查看路由器 R1 的 OSPF 邻居。

<R1> display ospf peer

     OSPF Process 1 with Router ID 1.1.1.1

        Neighbors

 Area 0.0.0.0 interface 192.168.1.1(GigabitEthernet0/0/1)'s neighbors

 Router ID: 2.2.2.2　　　　Address: 192.168.1.2

  State: Full　Mode:Nbr is　Master　Priority: 1

  DR: 192.168.1.1　BDR: 192.168.1.2　MTU: 0

  Dead timer due in 32　sec

  Retrans timer interval: 5

  Neighbor is up for 01:06:23

  Authentication Sequence: [0]

        Neighbors

 Area 0.0.0.1 interface 192.168.2.1(GigabitEthernet0/0/2)'s neighbors

 Router ID: 3.3.3.3　　　　Address: 192.168.2.2

  State: Full　Mode:Nbr is　Master　Priority: 1

  DR: 192.168.2.1　BDR: 192.168.2.2　MTU: 0

Dead timer due in 28　sec

Retrans timer interval: 5

\# 显示路由器 R1 的 OSPF 路由信息。

<R1>display ospf routing

OSPF Process 1 with Router ID 1.1.1.1

Routing Tables

Routing for Network

Destination	Cost	Type	NextHop	AdvRouter	Area
192.168.1.0/24	1	Transit	192.168.1.1	1.1.1.1	0.0.0.0
192.168.2.0/24	1	Transit	192.168.2.1	1.1.1.1	0.0.0.1
192.168.3.0/24	2	Transit	192.168.2.2	3.3.3.3	0.0.0.1
192.168.4.0/24	2	Inter-area	192.168.1.2	2.2.2.2	0.0.0.0
192.168.5.0/24	3	Inter-area	192.168.1.2	2.2.2.2	0.0.0.0

Total Nets: 5

Intra Area: 3　Inter Area: 2　ASE: 0　NSSA: 0

3.4　综合布线

3.4.1　综合布线系统概述

1．什么是综合布线系统

综合布线系统（Premises Distribution System，PDS）又称结构化综合布线系统（Structured Cabling Systems，SCS）。综合布线系统是为通信与计算机网络而设计的，它可以满足各种通信与计算机信息传输的要求，是为具有综合业务需求的计算机数据网开发的。综合布线系统具体的应用对象主要是通信和数据交换，即话音、数据、传真、图影像信号。综合布线系统是一套综合系统，它可以使用相同的线缆、配线端子板、相同的插头及模块插孔，解决传统布线存在的兼容性问题。综合布线系统是建筑智能化大厦工程的重要组成部分，是智能化大厦传送信息的神经中枢。

2．综合布线系统的特点

综合布线系统是信息技术和信息产业大规模高速发展的产物，是布线系统的一项重大革新，它和传统布线系统比较，具有明显的优越性，具体表现在以下 6 个方面。

（1）兼容性。其设备可以用于多种系统。沿用传统的布线方式，会使各个系统的布线互不相容，管线拥挤不堪，规格不同，配线插接头型号各异，所构成的网络内的管线与插接件彼此不同而不能互相兼容，一旦要改变终端机或话音设备位置，势必重新敷设新的管线和插接件。而综合布线系统不存在上述问题，它将语音、数据信号的配线统一设计规划，采用统一的传输线、信息插接件等，把不同信号综合到一套标准布线系统中。同时，该系统相比于传统布线大为简化，不存在重复投资，可以节约大量资金。

（2）开放性。对于传统布线，一旦选定了某种设备，也就选定了布线方式和传输介质，如要更换一种设备，原有布线将全部更换，这样极为麻烦，又增加大量资金。综合布线系统采用开放式体系结构，符合国际标准，对现有著名厂商的硬件设备均是开放的，对通信协议也同样是开放的。

（3）灵活性。传统布线各系统是封闭的，体系结构是固定的，若增减设备将十分困难。而综合布线系统，所有传递信息线路均为通用的，即每条线路均可传送话音、传真和数据，所用系统内的设备（计算机、终端、网络集散器、HUB 或 MAU、电话、传真）的开通及变动无须改变布线，只要在设备间或管理间作相应的跳线操作即可。

（4）可靠性。传统布线各系统互不兼容，因此在一个建筑物内存在多种布线方式，形成各系统交叉干扰，这样各个系统可靠性降低，势必影响整个建筑系统的可靠性。综合布线系统布线采用高品质的材料和组合压接方式构成一套高标准的信息网络，所有线缆与器件均通过国际上的各种标准，保证了综合布线系统的电气性能。综合布线系统全部使用物理星型拓扑结构，任何一条线路有故障都不会影响其他线路，从而提高了可靠性，各系统采用同一传输介质，互为备用，又提高了备用冗余。

（5）经济性。综合布线系统设计信息点时要求按规划容量，留有适当的发展容量，因此，就整体布线系统而言，按规划设计所做的经济分析表明，综合布线系统会比传统的价格性能比更优，后期运行维护及管理费也会下降。

（6）先进性。随着信息时代快速发展，数据传递和话音传送并驾齐驱，多媒介技术的迅速崛起，如仍采用传统布线，在技术上太落后。综合布线系统采用双绞线与光纤混合布置方式是比较科学和经济的方式。

3．综合布线标准

综合布线的标准很多，但在实际工程项目中，并不需要涉及所有标准和规范，而应根据布线项目性质和涉及的相关技术工程情况适当引用标准规范。通常来说，布线方案设计应遵循布线系统性能和系统设计标准，布线施工工程应遵循布线测试、安装、管理标准及防火、机房及防雷接地标准。

例如，一个典型的办公网络的布线系统，集成方案中通常采用如下标准。

- 国家标准《建筑与建筑群综合布线系统工程设计规范》GB 30511—2000。

- 国家标准《建筑与建筑群综合布线系统工程施工和验收规范》GB 30512—2000。
- 《大楼通信综合布线系统第一部分总规范》YD/T 926.1—2001。
- 《大楼通信综合布线系统第二部分综合布线用电缆光纤技术要求》YD/T 926.2—2001。
- 《大楼通信综合布线系统第三部分综合布线用连接硬件技术要求》YD/T 926.3—2001。
- 北美标准 ANSI/TIA/EIA 568B《商用建筑通信布线标准》。
- 国际标准 ISO/IEC 11801《信息技术——用户通用布线系统》(第2版)。
- 《国际电子电气工程师协会：CSMA/CD 接口方法》IEEE 802.3。

4．综合布线系统的构成

综合布线系统由 6 个子系统组成，即建筑群子系统、设备间子系统、垂直子系统、管理子系统、水平子系统和工作区子系统。大型布线系统需要用铜介质和光纤介质部件将 6 个子系统集成在一起。综合布线系统的 6 个子系统的构成如图 3-25 所示。

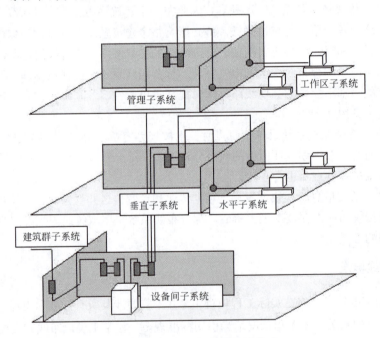

图 3-25　综合布线系统的构成

- 水平子系统（Horizontal Subsystem）：由信息插座、配线电缆或光纤、配线设备和跳线等组成。国内称之为配线子系统。
- 垂直子系统（Backbone Subsystem）：由配线设备、干线电缆或光纤、跳线等组成。

国内称为干线子系统。
- 工作区子系统（Work Area Subsystem）：为需要设置终端设立的独立区域。
- 管理子系统（Administration Subsystem）：是针对设备间、交接间、工作区的配线设备、缆线、信息插座等设施进行管理的系统。
- 设备间子系统（Equipment room Subsystem）：是安装各种设备的场所，对综合布线而言，还包括安装的配线设备。
- 建筑群子系统（Campus Subsystem）：由配线设备、建筑物之间的干线电缆或光纤、跳线等组成。

3.4.2 综合布线系统设计

1. 系统设计原则

与其他系统设计一样，设计者首先要进行用户需求分析，然后根据需求分析进行方案设计。但需要指出的是，综合布线系统理论上可以容纳话音，包括电话、传真、音响（广播）；数据包括计算机信号、公共数据信息；图像包括各种电视信号、监视信号；控制包括温度、压力、流量、水位以及烟雾等各类控制信号。但实际工程中，至少在目前技术条件和工程实际需要中多为话音和数据，原因是多方面的，其中值得注意的是，话音的末端装置和计算机网络的终端用户装置往往是要变动的，有的是经常变动的，因此采用综合布线系统及其跳选功能，很容易在不改动原有敷线条件的情况下满足用户的需求。此外，本来可用同轴电缆可靠地传输电视信号，若改用综合布线，则要增设昂贵的转换器。对消防报警信号，用普通双绞线已达到要求，若改用综合布线，经过配线架再次终接，也无此必要。因此集成化的要求应视实际需要来定。

在进行综合布线系统设计时通常应遵循以下原则。
（1）采用模块化设计，易于在配线上扩充和重新组合。
（2）采用星型拓扑结构，使系统扩充和故障分析变得十分简易。
（3）应满足通信自动化与办公自动化的需要，即满足话音与数据网络的广泛要求。
（4）确保任何插座互连主网络，尽量提供多个冗余互连信息点插座。
（5）适应各种符合标准的品牌设备互连入网，满足当前和将来网络的要求。
（6）电缆的敷设与管理应符合综合布线系统设计要求。

2. 工作区子系统设计

根据综合布线设计规范的工程经验，并结合用户的实际建筑情况，除去走廊、过道等因素，考虑建筑面积的 70% 为实际办公面积，办公区每 8～10m^2 一个双孔信息出口，可配一部电话、一部计算机。信息插座通常可有如下所述 3 种安装形式。

（1）信息插座安装于地面上。要求安装于地面的金属底盒应当是密封的，防水、防尘，并可带有升降的功能。此方法设计安装造价较高，并且由于事先无法预知工作人员的办公位置，也不知分隔板的确切位置，因此灵活性不是很好。

（2）信息插座安装于分隔板上。此方法适于分隔板位置确定的情况下，安装造价较为便宜。

（3）信息插座安装于墙上。此方法在分隔板位置未确定情况下，可沿大开间四周的墙面每隔一定距离均匀地安装 RJ45 埋入式插座。此方法和前两种方式相比，无论在系统造价、移动分隔板的方便性、整洁度方面，还是在安装和维护方面都是很好的。

标准信息插座型号为 RJ45，采用 8 芯接线，全部按标准制造，符合 ISDN 标准。通常数据和话音均采用 MDVO（多媒介信息）模块式超五类信息插座。在 RJ45 插座内不仅可以插入数据通信通用的 RJ45 接头，也可以插入电话机专用的 RJ12 插头。

3．水平子系统设计

水平子系统将垂直子系统线路延伸到了用户工作区，由工作区的信息插座、信息插座至楼层配线设备（FD）的配线电缆或光纤、楼层配线设备和跳线等组成。该系统从各个子配架子系统出发连向各个工作区的信息插座。水平子系统要求走廊的吊顶上应安装有金属线槽，进入房间时，从线槽引出金属管以埋入方式由墙壁而下到各个信息点。通常水平子系统采用双绞线，在需要时也可采用光纤；根据整个综合布线系统的要求，应在交换间或设备间的配线设备上进行连接。如果采用双绞线，长度不应超过 90m。在保证链路性能的情况下，水平光纤距离可适当加长。信息插座采用 8 位模块式通用插座或光纤插座。配线设备交叉连接的跳线应选用综合布线专用的软跳线，在电话应用时也可选用双芯跳线。

双绞线作为水平子系统的主要组成部分，通常采用管线敷设，一般应使用 20 年左右，这也对双绞线的性能和质量提出了更高的要求。所以，应根据具体网络工程合理选择双绞线。比较好的办法是从实际应用出发，考虑未来发展的余地和投资费用，确保安装质量。从实际出发是指要考虑目前用户对网络应用的要求有多高，100M 以太网是否够用。因为网络的布线系统是一次性长期投资，考虑未来发展是指要考虑到网络的应用是否在一段时期内会有对千兆以太网或未来更高速的网络的需求。

就目前而言，进行一个新工程的永久性的综合布线，通常需要在超 5 类和 6 类之间选择。超 5 类系统可以支持千兆以太网的运行，而且不同厂商的超 5 类系统之间可以互用。6 类价格较之超 5 类更昂贵，但其带宽却由 200MHz 扩大到 250MHz，提高了 25%，显示了传输速率的增强。目前，6 类双绞线已经在少数工程中超前采用。需要注意的是，6 类系统是专用的，元件的指标仍在研究之中。各个厂商的元器件都有独特的设计和性能指标，互通的可能性很小。

4. 垂直子系统设计

垂直子系统主要用于连接各层配线室，并连接主配线室。垂直子系统要求建筑物竖井中应立有金属线槽，且每隔两米焊一根粗钢筋，以安装和固定垂直子系统的电缆。竖井中的线槽应和各层配线室之间有金属线槽连通。

垂直子系统实现计算机设备、程控交换机（PBX）、控制中心与各管理子系统间的连接，常用介质是大对数双绞线电缆、光纤。垂直干线部分提供了建筑物中主配线架与分配线架连接的路由，通常采用 IBDNPLUS 型、ATMM 或 DFlex 型大对数铜缆和 62.5/125 多模光纤来实现这种连接。

ATMM、Dflex 属于大对数 3 类双绞线，通常被用做电话及广播信号等低速率的主干传输线缆。IBDN PLUS 型大对数电缆属于超 5 类的传输介质，其特性与水平子系统所用的同类线材的物理特性相同，被用作计算机、视频图像等高速数据应用的主干传输线缆。

多模光纤的优点为光耦合率高、纤芯对准要求相对较宽松。当弯曲半径大于其直径 20 倍时不影响信号的传输，是符合 IEEE 802.5 FDDI 和 EIA/TIA568 标准的光传输介质。用于计算机数据传输距离超过 100m 时的应用，其传输距离可达 2km。在保密性要求高的场合，建议也采用光纤传输。对于距离强电磁干扰源较近的情况，亦需要利用光纤的抗干扰性好的优点。充分考虑到投资的回报率和性能价格比，一般情况下，话音干缆采用符合 EIA/TIA568 标准的大对数 3 类双绞线，数据干缆采用 NTF-CMGR-06 多模光纤。

5. 管理子系统设计

管理子系统由交连、互连配线架组成，为连接其他子系统提供连接手段。交连和互连允许将通信线路定位或重定位到建筑物的不同部分，以便能更容易地管理通信线路，并且在移动终端设备时能方便地进行插拔。

分配线间是各管理子系统的安装场所，分配线间可位于大楼的某一层或以多层共用一个配线间的方式分布，用于将连接至工作区的水平线缆与自设备间引出的垂直线缆相连接。

对于信息点不是很多，使用功能又近似的楼层，为便于管理，可共用一个子配线间；对于信息点较多的楼层，应在该层设立配线室。配线室的位置可选在弱电竖井附近的房间内，用于安装配线架和安装计算机网络通信设备。

通常管理子系统使用墙装式光纤接续装置（光纤配线架），置于各层的配线间内。其上嵌 1 块 6ST 耦合器面板，ST 接头由陶瓷材料制成，最大信号衰减量小于 0.2dB。光纤接续装置将自设备间引出的光纤引入，通过光纤跳线与网络设备相连，由网络设备上的 UTP 端口经 UTP

跳线与配线架（置于 19 英寸机柜中）相连。

6．设备间子系统设计

设备间子系统（主配线间）由设备间中的电缆、连接器和相关支撑硬件组成，它把公共系统设备的各种不同设备互连起来。该子系统将中继线交叉连接处和布线交叉处与公共系统设备（如 PBX）连接起来。

通常主配线架设置在程控机房内，用于垂直干缆和 PABX 的连接，建议采用 QCBIX 系列配线架，可充分满足话音通信的要求。通常计算机网络主配线架设在网管中心，使用光纤配线架，端接来自各分配线间的光纤，并通过光纤跳线和计算机网络中心交换机相连。光纤配线架采用 24/48 口配线箱，适用于光纤数量多密度大的场合，可直接安装在标准的 19 英寸机柜内，用于主干光纤和网络设备的连接，十分易于管理。

按照标准的设计要求，设备间，尤其是要集中放置设备的设备间，应尽量满足如下要求。

（1）将服务电梯安排在设备间附近，以便装运笨重的设备。
（2）室温应保持在 18～27℃之间，相对湿度保持在 30%～55%。
（3）保持室内无尘或少尘，通风良好，亮度至少达 30lx。
（4）安装合适的消防系统（如采用湿型消防系统，不要把喷头直接对准电气设备）。使用防火门，使用至少能耐火 1 小时的防火墙和阻燃漆。
（5）提供合适的门锁，至少要有一扇窗口留做安全出口。
（6）尽量远离存放危险物品的场所和电磁干扰源（如发射机和电动机）。
（7）设备间的地板负重能力至少应为 $500kg/m^2$。
（8）标准的天花板高度为 240cm，门的大小至少为 210cm×150cm，向外开。
（9）在设备间尽量将设备机柜放在靠近竖井的位置，在柜子上方应装有通风口用于设备通风。
（10）在配线间内应至少留有两个专用的 220V/10A 单相三极电源插座。如果需要在配线间内放置网络设备，则还应根据放置设备的供电需求配有另外的 220V/10A 专用线路，此线路不应与其他大型设备并联，并且最好先连接到 UPS，以确保对设备的供电及电源的质量。

7．建筑群子系统设计

建筑群子系统由连接各建筑物之间的综合布线缆线、建筑群配线设备（CD）和跳线等组成。建筑物之间的缆线宜采用地下管道或电缆沟的敷设方式。建筑物群干线电缆、光纤、公用网和专用网电缆、光纤（包括天线馈线）进入建筑物时，都应设置引入设备，并在适当位置终端转换为室内电缆、光纤。引入设备还包括必要的保护装置。引入设备宜单独设置房间，如条件合适也可与 BD 或 CD 合设。建筑群和建筑物的干线电缆、主干光纤布线的交接不应多于两次。从楼层配线架（FD）到建筑群配线架（CD）之间只应通过一个建筑物配线架（BD）。

8. 管线设计

在综合布线系统中，管线设计通常有两种方案，一种是用于墙上型信息出口的，采用走吊顶的装配式槽形电缆桥架的方案，这种方式适用于大型建筑物，为水平子系统提供机械保护和支持；另一种是用于地面型信息出口的地面线槽走线方式，这种方式适用于大开间的办公间，有大量地面型信息出口的情况。

1）装配式槽形电缆桥架

装配式槽形电缆桥架是一种闭合式的金属托架，安装在吊顶内，从弱电井引向各个设有信息点的房间，再由预埋在墙内的不同规格的铁管将线路引到墙上的暗装铁盒内。

线槽的材料为冷轧合金板，表面可进行相应处理，如镀锌、喷塑、烤漆等。线槽可以根据情况选用不同的规格。根据本项目的需要，选择的是容积为 50(B)×100(H)mm^2、长度为 2m、重量为 3.67kg/m 的槽体配以上盖板宽为 100mm、长为 2m、重量为 2.20kg/m 的线槽和容积为 50(B)×50(H)mm^2、长度为 2m、重量为 1.91kg/m 的槽体配以上盖板宽为 50mm、长度为 2m 重量为 0.87kg/m 的两种规格的线槽。为保证电缆的转弯半径，线槽须配以相应规格的分支辅件，以提供线路路由的弯转自如。

同时为确保线路的安全，应使槽体有良好的接地端。金属线槽、金属软管、电缆桥架及各分配线箱均需整体连接，然后接地。如果不能确定信息出口的准确位置，拉线时可先将线缆盘在吊顶内的出线口，待具体位置确定后，再引到各信息出口。

2）地面线槽走线

地面线槽走线方式通常先在地面垫层中预埋金属线槽，主线槽从弱电井引出，沿走廊引向各方向，到达设有信息点的各房间时，再用支线槽引向房间内的各信息点出线口。强电线路可以与弱电线路平行配置，但需分隔于不同的线槽中。这样可以向每一个用户提供一个包括数据、语音、不间断电源、照明电源出口的集成面板，真正做到在一个清洁的环境下实现办公室自动化。

由于地面垫层中可能会有消防等其他系统的线路，所以必须与由建筑设计单位和建筑施工单位一起，综合各系统的实际情况，完成地面线槽路由部分的设计。另外，地面线槽也需整体连接，然后接地。

按照标准的线槽设计方法，应根据水平线的外径来确定线槽的横截面积，即：

$$线槽的横截面积 = 水平线截面积之和 \times 3$$

9．电气防护、接地及防火设计

综合布线系统应根据环境条件选用相应的缆线和配线设备，或采取防护措施，并应符合下列规定。

（1）当综合布线区域内存在干扰或用户对电磁兼容性有较高要求时，宜采用屏蔽缆线和屏蔽配线设备进行布线，也可采用光纤系统。采用屏蔽布线系统时，所有屏蔽层应保持连续性。

（2）综合布线系统采用屏蔽措施时，必须有良好的接地系统。保护地线的接地电阻值，单独设置接地体时，不应大于 4Ω；采用接地体时，不应大于 1Ω。采用屏蔽布线系统时，屏蔽层的配线设备（FD 或 BD）端必须良好接地，用户（终端设备）端视具体情况接地，两端的接地应连接至同一接地体。若接地系统中存在两个不同的接地体，其接地电位差不应大于 1Vr.m.s。每一楼层的配线柜都应采用适当截面的铜导线单独布线至接地体，也可采用竖井内集中用铜排或粗铜线引到接地体，导线或铜导体的截面应符合标准。接地导线应接成树状结构的接地网，避免构成直流环路。

（3）当电缆从建筑物外面进入建筑物时，电缆的金属护套或光纤的金属件均应有良好的接地，同时要采用过压、过流保护措施，并符合相关规定。

（4）根据建筑物的防火等级和对材料的耐火要求，综合布线应采取相应的措施。在易燃的区域和大楼竖井内布放电缆或光纤，应采用阻燃的电缆和光纤；在大型公共场所宜采用阻燃、低燃、低毒的电缆或光纤；相邻的设备间或交换间应采用阻燃型配线设备。

（5）当综合布线路由上存在干扰源，且不能满足最小净距要求时，宜采用金属管线进行屏蔽。综合布线电缆与附近可能产生高频电磁干扰的电动机、电力变压器等电气设备之间应保持必要的间距。综合布线电缆与电力电缆的间距应符合表 3-2 的规定。墙上敷设的综合布线电缆、光纤及管线与其他管线的间距应符合表 3-3 的规定。

表 3-2　综合布线电缆与电力电缆的间距

类　别	与综合布线接近状况	最小净距（mm）
380V 电力　电缆<2kVA	与缆线平行敷设	130
380V 电力　电缆<2kVA	有一方在接地的金属线槽或钢管中	70
380V 电力　电缆<2kVA	双方都在接地的金属线槽或钢管中	10
380V 电力　电缆 2-5kVA	与缆线平行敷设	300
380V 电力　电缆 2-5kVA	有一方在接地的金属线槽或钢管中	150
380V 电力　电缆 2-5kVA	双方都在接地的金属线槽或钢管中	80
380V 电力　电缆>5kVA	与缆线平行敷设	600
380V 电力　电缆>5kVA	有一方在接地的金属线槽或钢管中	300
380V 电力　电缆>5kVA	双方都在接地的金属线槽钢管中	150

表 3-3　墙上敷设的综合布线电缆、光纤及管线与其他管线的间距

其 他 管 线	最小平行净距（mm） 电缆、光纤或管线	最小交叉净距（mm） 电缆、光纤或管线
避雷引下线	1000	300
保护地线	50	20
给水管	150	20
压缩空气管	150	20
热力管（不包封）	500	500
热力管（包封）	300	300
煤气管	300	20

3.4.3　综合布线系统的性能指标及测试

综合布线作为网络中最基本、最重要的组成部分，它是连接每一台服务器和工作站的纽带，作为传输高速数据的介质，综合布线系统对线缆的要求较严格，一旦线缆产生故障，严重时可导致整个网络系统瘫痪。一个布线系统的传输性能是由多种因素决定的，包括线缆特性、连接硬件、跳线、整体回路连接数目以及设计和安装质量。即使线缆和连接硬件都符合国际标准，由于在布线系统的设计和安装过程中加入了许多人为因素，所以必须对整个布线系统进行全面测试，以证明布线系统的安装是合格的。

1. 双绞线系统的测试元素及标准

通常，双绞线系统的测试指标主要集中在链路传输的最大衰减值和近端串音衰减等参数上。链路传输的最大衰减值是由于集肤效应、绝缘损耗、阻抗不匹配、连接电阻等因素，造成信号沿链路传输损失的能量。电磁波从一个传输回路（主串回路）串入另一个传输回路（被串回路）的现象称为串音，能量从主串回路串入回路时的衰减程度称为串音衰减。在 UTP 布线系统中，近端串音为主要的影响因素。

下面给出双绞线系统的几个主要测试元素及标准。需要指出的是，表中数值为通道回路总长度为 100m 以内、基本回路总长度为 94m 以内、测试温度为 20℃下的标准值。

1）链路传输的最大衰减限值

综合布线系统链路传输的最大衰减限值，包括配线电缆和两端的连接硬件、跳线在内，应符合表 3-4 的规定。

表 3-4　链路传输的最大衰减限值

频率 （MHz）	最大衰减值（dB）			
	A 级	B 级	C 级	D 级
0.1	16	5.5	—	—
1.0	—	5.8	3.7	2.5
4.0	—	—	6.6	4.8
10.0	—	—	10.7	7.5
16.0	—	—	14.0	9.4
20.0	—	—	—	10.5
31.25	—	—	—	13.1
62.5	—	—	—	18.4
100.0	—	—	—	23.2

2）近端串音（NEXT）衰减限值

综合布线系统任意两线之间的近端串音衰减限值，包括配线电缆和两端的连接硬件、跳线、设备和工作区连接电缆在内（但不包括设备连接器），应符合表 3-5 的规定。

表 3-5　线对间最小近端串音衰减限值

频率 （MHz）	最大衰减值（dB）			
	A 级	B 级	C 级	D 级
0.1	27	40	—	—
1.0	—	25	39	54
4.0	—	—	29	45
10.0	—	—	23	39
16.0	—	—	19	36
20.0	—	—	—	35
31.25	—	—	—	32
62.5	—	—	—	27
100.0	—	—	—	24

3）回波损耗限值

综合布线系统中任一电缆接口处的回波损耗限值应符合表 3-6 的规定。

表 3-6　电缆接口处最小回波损耗限值

频率 （MHz）	最小回波损耗值	
	C 级	D 级
10≤f<16	15	15
16≤f<20		15
20≤f<100		10

2．光纤布线系统的测试元素及标准

在光纤系统的实施过程中涉及光纤的镉铺设，光纤的弯曲半径，光纤的熔接、跳线，设计方法及物理布线结构的不同会导致两网络设备间的光纤路径上光信号的传输衰减有很大不同。虽然光纤的种类较多，但光纤及其传输系统的基本测试方法大体相同，所使用的测试仪器也基本相同。对磨接后的光纤或光纤传输系统，必须进行光纤特性测试，使之符合光纤传输通道测试标准。基本的测试内容如下。

1) 波长窗口参数

综合布线系统光纤波长窗口的各项参数应符合表 3-7 的规定。

表 3-7 光纤波长窗口参数

光纤模式	波长下限（nm）	波长上限（nm）	基准试验波长（nm）	谱线最大宽度（nm）
多模	790	910	850	50
多模	1285	1330	1300	150
单模	1288	1339	1310	10
单模	1525	1575	1550	10

2) 光纤布线链路的最大衰减限值

综合布线系统的光纤布线链路的衰减限值应符合表 3-8 的规定。

表 3-8 光纤布线链路的最大衰减限值

应用类别	链路长度（m）	多模衰减值（dB）		单模衰减值（dB）	
		850（nm）	1300（nm）	1310（nm）	1550（nm）
水平子系统	100	2.5	2.2	2.2	2.2
垂直子系统	500	3.9	2.6	2.7	2.7
建筑群子系统	1500	7.4	3.6	3.6	3.6

3) 光回波损耗限值

综合布线系统光纤布线链路任一接口的光回波损耗限值应符合表 3-9 的规定。

表 3-9 最小光回波损耗限值

光纤模式、标称波长（nm）	最小的光回波损耗限值（dB）
多模 850	20
多模 1300	20
单模 1310	26
单模 1550	26

3．测试环境

为了保证布线系统测试数据准确可靠，对测试环境有着严格的规定。

1）测试条件

综合布线最小模式带宽测试现场应无产生严重电火花的电焊、电钻和产生强磁干扰的设备作业，被测综合布线系统必须是无源网络、无源通信设备。

2）测试温度

综合布线测试现场温度在 20～30℃ 之间，湿度宜在 30%～80% 之间，由于衰减指标的测试受测试环境温度影响较大，当测试环境温度超出上述范围时，需要按照有关规定对测试标准和测试数据进行修正。

3）测试仪表

按时域原理设计的测试仪均可用于综合布线现场测试，但测试仪的测量扫描步长要满足近端串扰指标测量精度的基本保证，能够在 0～250MHz 频率范围内提供各测试参数的标称值和阈值曲线，具有自动、连续、单项选择测试的功能。每测试一条链路，时间不应大于 25s，且每条链路应具有一定的故障定位诊断能力。

4．测试流程

在开始测试之前，应该认真了解布线系统的特点、用途以及信息点的分布情况，确定测试标准。选定测试仪后按以下程序进行测试。

（1）测试仪测试前自检，确认仪表是正常的。

（2）选择测试了解方式。

（3）选择设置线缆类型及测试标准。

（4）NVP 值核准，核准 NVP 使用缆长不短于 15m。

（5）设置测试环境湿度。

（6）根据要求选择"自动测试"或"单项测试"。

（7）测试后存储数据并打印。

（8）发生问题修复后复测。

（9）测试中出现"失败"查找故障。

第 4 章 网络操作系统

4.1 网络操作系统概述

4.1.1 网络操作系统的概念

1. 网络操作系统的概念

网络操作系统（Network Operation System，NOS）首先必须是一个操作系统。那么什么是操作系统呢？一个完整的计算机系统是由硬件系统和软件系统两大部分组成的。仅有硬件，计算机是不能自行工作的，还必须给它配备"思想"，即指挥它如何工作的软件。软件家族中最重要的系统软件就是操作系统，它有两个功能，一是管理计算机系统的各种软、硬件资源；二是提供人机交互的界面。那么多的软件、硬件资源组合在一起，如何才能有条不紊地工作呢？靠的就是操作系统的管理，由操作系统对资源进行统一分配、协调。在计算机内部，处理和存储的都是二进制数据，人是不能直接识别的，人对计算机下达的命令，计算机也是不能识别的，为此，中间需要一个翻译，这个翻译就是操作系统。

网络操作系统作为一个操作系统也应具有上述功能，以实现网络中的资源管理和共享。计算机单机操作系统是用户和计算机之间的接口，网络操作系统则是网络用户和计算机网络之间的接口。计算机网络不只是计算机系统的简单连接，还必须有网络操作系统的支持。网络操作系统的任务就是支持网络的通信及资源共享，网络用户则通过网络操作系统请求网络服务。而网络操作系统除了具备单机操作系统所需的功能，如处理器管理、存储器管理、设备管理和文件管理等功能之外，还必须承担整个网络范围内的任务管理以及资源的管理与分配任务，能够对网络中的设备进行存取访问，能够提供高效可靠的网络通信能力，提供更高一级的服务。除此之外，它还必须兼顾网络协议，为协议的实现创造条件和提供支持。

简单地讲，网络操作系统是使联网计算机能够方便而有效地共享网络资源，为网络用户提供所需的各种服务的软件与协议的集合。网络操作系统是网络的心脏和灵魂，是向网络计算机提供服务的特殊的操作系统，它在计算机操作系统下工作，使计算机操作系统增加了网络操作所需要的能力。

2. 网络操作系统的功能

网络操作系统的基本功能如下。

(1)文件服务。
(2)打印服务。
(3)数据库服务。
(4)通信服务。
(5)信息服务。
(6)分布式服务。
(7)网络管理服务。
(8)Internet/Intranet 服务。

3．网络操作系统的特点

作为网络用户和计算机网络之间的接口,一个典型的网络操作系统一般具有以下特点。

(1)复杂性。单机操作系统的主要功能是管理本机的软硬件资源。而网络操作系统一方面要对全网资源进行管理,以实现整个网络的资源共享,另一方面还要负责计算机间的通信与同步,显然比单机操作系统要复杂得多。

(2)并行性。单机操作系统通过为用户建立虚拟处理器来模拟多机环境,从而实现程序的并发执行。而网络操作系统在每个节点上的程序都可以并发执行,一个用户作业既可以在本地运行,也可以在远程节点上运行;在本地运行时,还可以分配到多个处理器中并行操作。

(3)高效性。网络操作系统中采用多线程的处理方式。线程相对于进程而言需要较少的系统开销,比进程更易于进行管理。采用抢先式多任务时,操作系统不用专门等待某一线程的完成后再将系统控制交给其他线程,而是主动将系统控制交给首先申请得到系统资源的其他线程,这样就可以使系统运行具有更高的效率。

(4)安全性。网络操作系统的安全性主要体现在具有严格的权限管理,用户通常分为系统管理员、高级用户和一般用户,不同级别的用户具有不同的权限;进入系统的每个用户都要审查,对用户的身份进行验证,执行某一特权操作也要进行审查;文件系统采取了相应的保护措施,不同程序有不同的运行方式。

4.1.2 常见的网络操作系统

网络操作系统是组建网络的关键因素之一,目前流行的网络操作系统软件主要有 UNIX、Windows、Linux 和 Netware 等。

1．UNIX 操作系统

UNIX 系统是在美国麻省理工学院(MIT)于 1965 年开发的分时操作系统 Multics 的基础

上不断演变而来的，它原是 MIT 和贝尔实验室等为美国国防部研制的。贝尔实验室的系统程序设计人员汤普逊（Thompson）和里奇（Ritchie）于 1969 年在 PDP-7 计算机上成功地开发了 16 位微机操作系统。该系统继承了 Multics 系统的树型结构、Shell 命令语言和面向过程的结构化设计方法，以及采用高级语言编写操作系统等特点，同时摒弃了它的许多不足之处。为了表示它与 Multics 既继承又摒弃的关系，该系统命名为 UNIX，UNIX 中的 UNI 正好与 Multi 相对照，表示 UNIX 系统不像 Multics 系统那样庞大和复杂，而 X 则是 cs 的谐音。

1972 年，UNIX 系统开始移植到 PDP-ll 系列机上运行，1979 年，贝尔实验室又将其移植到类似于 IBM370 的 32 位机上运行，并公布了 UNIX 第 7 版。1980 年又公布了为 VAX-ll/780 计算机编写的操作系统 UNIX32V。在此基础上，加利福尼亚大学伯克利分校同年发表了 VAX-ll 型机用的 BSD4.0 和 BSD4.1 版本。1982 年，贝尔实验室又相继公布了 UNIX systems III 的 3.0、4.0 和 5.0 等版本。它们是对 UNIX32V 的改进，但却不同于 BSD4.0 和 BSD4.1 版本。1983 年 AT&T 推出了 UNIX systems V 和几种微处理机上的 UNIX 操作系统。伯克利分校公布了 BSD4.2 版本。在 1986 年，UNIX systems V 又发展为它的改进版 Res2.1 和 Res3.0，BSD4.2 又升级为 BSD4.3。

在这种背景下，IEEE 组织成立了 POSIX 委员会专门进行 UNIX 的标准化方面的工作。此外，1988 年，以 AT&T 和 Sun Micro system 等公司为代表的 UI（UNIX International）和以 DEC、IBM 等公司为代表的 OSF（Open Software Foundation）组织也开始了这种标准化工作。它们与 UNIX 的开发工作虽然不一样，但它们定义出了 UNIX 的统一标准（可以运行 UNIX 应用软件的操作系统就是 UNIX）。从而统一 UNIX 系统的关键就变成是否能提供一个标准的用户界面，而不在于其系统内部是如何实现的了。

由于意识到 UNIX 系统的巨大价值，1980 年 8 月 Microsoft（1983 年从中分出 SCO）公司宣布它在 16 位（Intel 8086、Zelog 28000、Motorola M68000 等芯片）机上提供 UNIX 的微机版——Xenix，作为 UNIX 的商用系统。后来这一系统主要基于 Intel x86 芯片机器发展。Xenix 1.0 最早是基于 UNIX V7 开发的，后来又根据 UNIX SystemIII、UNIX System V 的各种版本做了裁剪、更新和扩充，形成了 Xenix 1.x、Xenix 2.x 等一系列版本。由于与 Microsoft 的关系，Xenix 上提供了存取 MS-DOS 格式文件及磁盘的命令。这种传统一直被 SCO 继承了下来，这也是之所以 Xenix 及后来的 SCO UNIX 在 PC 上使用最为广泛的原因之一。

目前，UNIX 操作系统在商业领域逐步发展成为功能最强、安全性和稳定性最好的网络操作系统，但通常与服务器硬件产品集成在一起，较具有代表性的有 IBM 公司的 AIX、甲骨文公司的 Solaris 和 HP 公司的 HP-UX 等，各公司的 UNIX 比较适合运行于本公司的专用服务器、工作站等设备上。

2．Windows 操作系统

Windows 起源可以追溯到 Xerox 公司进行的工作。1970 年，美国 Xerox 公司成立了著名的研究机构 Palo Alto Research Center（PARC），从事局域网、激光打印机、图形用户接口和面向对象技术的研究，并于 1981 年宣布推出世界上第一个商用的 GUI（图形用户接口）系统——Star 8010 工作站。但如后来许多公司一样，由于种种原因，技术上的先进性并没有带来所期望的商业上的成功。

当时，Apple Computer 公司的创始人之一 Steve Jobs 在参观 Xerox 公司的 PARC 研究中心后，认识到了图形用户接口的重要性以及广阔的市场前景，开始着手进行自己的 GUI 系统研究开发工作，并于 1983 年研制成功第一个 GUI 系统——Apple Lisa。随后不久，Apple 又推出第二个 GUI 系统 Apple Macintosh，这是世界上第一个成功的商用 GUI 系统。当时，Apple 公司在开发 Macintosh 时，出于市场战略上的考虑，只开发了 Apple 公司自己的微机上的 GUI 系统。而此时，基于 Intel x86 微处理器芯片的 IBM 兼容微机的出现，给 Microsoft 公司开发 Windows 提供了发展空间和市场。

Microsoft 公司于 1983 年春季宣布开始研究开发 Windows。1985 年和 1987 年分别推出 Windows 1.03 版和 Windows 2.0 版。但是，由于当时硬件和 DOS 操作系统的限制，这两个版本并没有取得很大的成功。此后，Microsoft 公司对 Windows 的内存管理、图形界面做了重大改进，使图形界面更加美观并支持虚拟内存。Microsoft 于 1990 年 5 月份推出 Windows 3.0 并一举成功。

此后 Windows 操作系统产品出现了两条主线，一条是适合于桌面 PC 运行的操作系统。如 1995 年推出的 Windows 95（又名 Chicago），它可以独立运行而不需要 DOS 支持。随后，陆续推出了 Windows 98、Windows ME、Windows 2000 Professional、Windows XP、Windows 7、Windows 8、Windows10 等。另一条是网络操作系统 NT（NewTechnology）系列。

1993 年 6 月，Microsoft 公司发布了旨在与 UNIX 和 Netware 竞争的 NT 第 1 版 NT 3.1，但由于存在很多缺陷，没有获得成功。1994 年 9 月，Microsoft 同时发布 NT 3.5 和 BackOffice 应用包，NT 3.5 的资源要求比 NT 3.1 减少了 4MB，并增强了与 UNIX 和 NetWare 的连接和集成。1996 年，Microsoft 发布了 NT 4.0 版，这种版本支持 Windows 95 界面，一种 Exchange 文电传送客户机和 Network OLE，后者允许软件对象经过网络进行通信。2000 年初融合了 Windows 98 和 Windows NT 的 Windows 2000（曾经命名为 NT5）问世。2003 年 4 月，恰逢"Windows NT 问世 10 周年"，Microsoft 发布了"Windows .NET Server 2003"。2008 年 3 月，Microsoft 发布了"Windows Server 2008"，并于 2009 年 7 月发布"Windows Server 2008 R2"。2012 年 9 月 18 日，微软中国在北京举行"创新，从云开始"发布会，正式发布了"Windows Server 2012"。微软于 2016 年 10 月 13 日正式发布了最新的服务器操作系统 Windows Server 2016。

3. Linux 操作系统

1991 年，芬兰赫尔辛基大学的学生 Linus Torvalds 利用互联网发布了他在 i386 个人计算机上开发的 Linux 操作系统内核的源代码，创建了具有全部 UNIX 特征的 Linux 操作系统。近年来，Linux 操作系统发展十分迅猛，每年的发展速度超过 200%，得到了包括 IBM、HP、Oracle、Sybase、Informix 在内的许多著名软硬件公司的支持，目前 Linux 已全面进入应用领域。由于它是互联网和开放源码的基础，许多系统软件设计专家利用互联网共同对它进行了改进和提高。目前，直接形成了与 Windows 系列产品的竞争。究其原因，主要是 Linux 具有以下特点。

（1）可完全免费得到。只要有快速的网络连接，Linux 操作系统可以从互联网上免费下载使用，而且，Linux 上的绝大多数应用程序也是免费可得的。

（2）可以运行在 386 以上及各种 RISC 体系结构的机器上。Linux 最早诞生于微机环境，一系列版本都充分利用了 X86CPU 的任务切换能力，使 X86CPU 的效能发挥得淋漓尽致，而这一点 Windows 没有做到。此外，它可以很好地运行在由各种主流 RISC 芯片（ALPHA、MIPS、PowerPC、UltraSPARC、HP-PA 等）搭建的机器上。

（3）Linux 是 UNIX 的完整实现。Linux 是从一个成熟的 UNIX 操作系统发展而来的，UNIX 上的绝大多数命令都可以在 Linux 里找到并有所加强。UNIX 的可靠性、稳定性以及强大的网络功能也在 Linux 身上一一体现。

（4）具有强大的网络功能。实际上，Linux 就是依靠互联网迅速发展起来的，自然具有强大的网络功能。它可以轻松地与 TCP/IP、LANManager、Windows for Workgroups、Novell Netware 或 Windows NT 网络集成在一起，还可以通过以太网或调制解调器连接到 Internet 上。Linux 不仅能够作为网络工作站使用，更可以胜任各类服务器的工作，如 X 应用服务器、文件服务器、打印服务器、邮件服务器及新闻服务器等。

（5）是完整的 UNIX 开发平台。Linux 支持一系列的 UNIX 开发工具，几乎所有主流程序设计语言都已移植到 Linux 上并可免费得到，如 C、C++、Fortran77、ADA、PASCAL、Modual2 和 3、Tcl/TkScheme 及 SmallTalk/X 等。

（6）完全符合 POSIX 标准。POSIX 是基于 UNIX 的第一个操作系统簇国际标准，Linux 遵循这一标准使 UNIX 下许多应用程序可以很容易移植到 Linux 下，相反也是这样。

常见 Linux 发行版本有 Red Hat Enterprise Linux、CentOS Linux、Kali Linux、Debian、Ubuntu Linux 等。

4.2 Windows Server 2008 R2 的安装与配置

4.2.1 Windows Server 2008 R2 及其特点

Windows Server 2008 R2 是 Windows Server 2008 的升级产品，为一款仅支持 64 位的操作系统，可以为大、中或小型企业搭建功能强大的网站和应用程序服务器平台。强大的管理功能与经过强化的安全措施，简化了服务器的管理，提高了资源的可用性，有效保护企业应用程序和数据。另外提供了全新的虚拟化技术，提供更多的高级功能，在改善 IT 效率的同时提高了灵活性。无论是整合服务器，构建私有云，或提供虚拟桌面基础架构（VDI），强大的虚拟化功能，可以将数据中心与桌面的虚拟化战略提升到一个新的层次。Windows Server 2008 R2 各版本概览如表 4-1 所示。

表 4-1 Windows Server 2008 R2 各版本概览

版 本	服 务 特 点
Windows Server 2008 R2 Foundation Edition（基础版）	基础版是一种成本低廉、容易部署、经过实践证实的可靠技术，为组织提供了一个基础平台，面向的是小型企业主和 IT 多面手，用于支撑小型的业务。可以运行最常见的业务应用，共享信息和资源
Windows Server 2008 R2 Standard Edition（标准版）	标准版自带了改进的 Web 和虚拟化功能，这些功能可以提高服务器架构的可靠性和灵活性，同时还能帮助我们节省时间和成本。利用其中强大的工具，我们可以更好地控制服务器，提高配置和管理任务的效率。而且，改进的安全特性可以强化操作系统，保护你的数据和网络，为业务提供一个高度稳定可靠的基础
Windows Server 2008 R2 Enterprise Edition（企业版）	企业版是一个高级服务器平台，为重要应用提供了一种成本较低的高可靠性支持。它还在虚拟化、节电以及管理方面增加了新功能，使得流动办公的员工可以更方便地访问公司的资源
Windows Server 2008 R2 Datacent Edition（数据中心版）	数据中心版是一个企业级平台，可以用于部署关键业务应用程序，以及在各种服务器上部署大规模的虚拟化方案。它改进了可用性、电源管理，并集成了移动和分支位置解决方案。通过不受限的虚拟化许可权限合并应用程序，降低了基础架构的成本。它可以支持 2～64 个处理器。Windows Server R2 2008 数据中心提供了一个基础平台，在此基础上可以构建企业级虚拟化和按比例增加的解决方案
Windows Web Server 2008 R2（Web 版）	Web 版是一个强大的 Web 应用程序和服务平台。它拥有多功能的 IIS 7.5，是一个专门面向 Internet 应用而设计的服务器，它改进了管理和诊断工具，在各种常用开发平台中使用它们，可以帮助我们降低架构的成本。在其中加入 Web 服务器和 DNS 服务器角色后，这个平台的可靠性和可量测性也会得到提升，可以管理最复杂的环境——从专用的 Web 服务器到整个 Web 服务器场

续表

版 本	服 务 特 点
Windows HPC Server 2008 R2	HPC（高性能计算，High-Performance Computing）版本可以有效地利用上千个处理器核心，加入了一个管理控制台，通过它可以前摄性地监控及维护系统的健康状态和稳定性。利用作业计划任务的互操作性和灵活性，我们可以在 Windows 和 Linux 的 HPC 平台之间进行交互，还可以支持批处理和面向服务的应用（SOA, Service Oriented Application）
Windows Server 2008 R2 for Itanium-Based Systems（安腾版）	安腾版是一个企业级的平台，可以用于部署关键业务应用程序。可量测的数据库、业务相关和定制的应用程序可以满足不断增长的业务需求。故障转移集群和动态硬件分区功能可以提高可用性

Windows Server 2008 R2 是一个多任务操作系统，能够以集中或分布的方式实现各种应用服务器角色。这些应用服务器如下。

（1）打印和文件服务器。

（2）Web 服务器和应用程序服务器。

（3）Hyper-V。

（4）域服务和证书服务。

（5）网络策略和访问服务。

（6）目录服务器、域名系统（DNS）、动态主机配置（DHCP）服务器和 Windows Internet 命名服务器（WINS）。

（7）远程桌面服务。

1．Windows Server 2008 R2 的主要特点

（1）可靠性。Windows Server 2008 R2 通过可靠、实用和灵活的集成结构，帮助用户确保商业信息的安全可靠。

（2）高效性。Windows Server 2008 R2 的高效性主要体现在通过提供灵活易用的工具帮助用户设计、部署与组织网络，通过加强策略、使任务自动化以及简化升级来帮助用户主动管理网络，通过让用户自行处理更多的任务来降低支持开销。

（3）实用性。Windows Server 2008 R2 提供集成的 Web 服务器，帮助用户快速、轻松和安全地创建动态 Intranet 和 Internet Web 站点；提供集成的应用程序服务器，帮助用户轻松地开发、部署和管理 XML Web 服务；提供多种工具，使用户得以将 XML Web 服务与内部应用程序、供应商和合作伙伴连接起来。

（4）经济性。WindowsServer 2008 R2 能够紧密地与 Microsoft 及其合作伙伴的硬件、软件和服务相结合,帮助用户合并各个服务器,从而更好地优化服务器部署策略,降低用户的所属权总成本(TCO)。

2. Windows Server 2008 R2 的新增功能

Windows Server 2008 R2 增强了核心 Windows Server 操作系统的功能,提供了富有价值的新功能,以协助各种规模的企业提高控制能力、可用性和灵活性,适应不断变化的业务需求。新的 Web 工具、虚拟化技术、可伸缩性增强和管理工具有助于节省时间、降低成本,并为信息技术(IT)基础结构奠定坚实的基础。

Windows Server 2008 R2 包含了许多增强功能,从而使该版本成为有史以来最可靠的 Windows Server Web 应用程序平台。该版本提供了最新的 Web 服务器角色和 Internet 信息服务 IIS7.5 版,并在服务器核心提供了对.NET 更强大的支持。IIS 7.5 的设计目标着重于功能改进,使网络管理员可以更轻松地部署和管理 Web 应用程序,以增强可靠性和可伸缩性。另外,IIS 7.5 简化了管理功能,并为自定义 Web 服务环境提供了比以往更多的方法。IIS 7.5 在以下 4 个方面进行了改进:

(1)集成扩展。IIS7.5 中集成了 WebDAV,为 Web 服务器管理员提供了更多用于身份验证、审核和日志记录的选项。集成了请求筛选模块(以前是 IIS 7 的扩展)可以限制或阻止特定的 HTTP 请求,从而有助于防止可能有害的请求到达服务器。集成了 IIS Administration Pack 扩展,让管理可视化而且更加集中,界面更加友好,可以在 IIS 管理器配置编辑器和 UI 扩展,可管理请求筛选规则、FastCGI 和 ASP.NET 应用程序设置。

(2)增强管理,提供了最佳做法分析器 (BPA)、用于 Windows PowerShell 的 IIS 模块、配置日志记录和跟踪等新的管理工具和模块。最佳做法分析器 (BPA) 是一种管理工具,使用服务器管理器和 Windows PowerShell 可以访问这种工具。通过扫描 IIS 7.5 Web 服务器并在发现潜在的配置问题时进行报告,BPA 可以帮助管理员减少违背最佳做法的情况。用于 Windows PowerShell 的 IIS 模块是一个 Windows PowerShell 管理单元,该管理单元可以执行 IIS 7 管理任务,还可以管理 IIS 配置和运行时数据。此外,一批面向任务的 cmdlet 可以提供管理网站、Web 应用程序和 Web 服务器的简单方法。配置日志记录和跟踪可以审核对 IIS 配置的访问权限,可以启用事件查看器中可用的任何新日志来跟踪成功或失败的修改。

(3)应用程序承载增强。IIS 7.5 是一种更加灵活和可管理的平台,适用于许多类型的 Web 应用程序(如 ASP.NET 和 PHP),提供服务强化、托管服务账户、可承载 Web 核心、用于 FastCGI 的失败请求跟踪等多种新功能,提高安全性和改进诊断。

(4)增强了对服务器核心的 .NET 支持。Windows Server 2008 R2 的服务器核心安装选项支持 .NET Framework 2.0、3.0、3.5.1 和 4.0。可以承载 ASP.NET 应用程序,可以在 IIS 管理器中执行远程管理任务,还可以在本地运行用于 Windows PowerShell 的 IIS 模块中包含的

cmdlet。

需要指出的是，IIS 7.5 在默认情况下并不会被安装在 Windows Server 2008R2 上，这需要管理员手动进行安装。IIS7.5 服务器界面如图 4-1 所示。

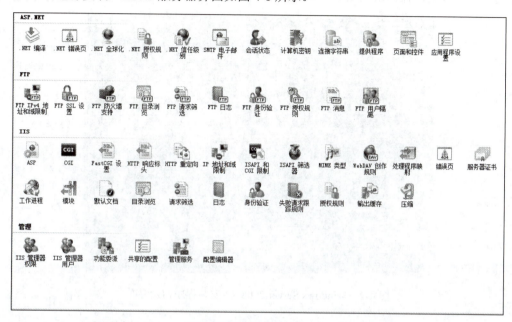

图 4-1　IIS 7.5 服务器界面

4.2.2　Windows Server 2008 R2 的安装

Windows Server 2008 R2 家族包括 Windows Server 2008 R2 基础版、Windows Server 2008 R2 标准版、Windows Server 2008 R2 企业版、Windows Server 2008 R2 数据中心版、Windows Server 2008 R2 Web 版等产品，安装时用户可以进行选择。安装时系统的硬件环境建议 CPU 主频在 1.4 GHz（x64 处理器）以上，内存 512MB 以上，硬盘 32GB 以上，监视器的分辨率在 800 像素×600 像素以上。

Windows Server 2008 R2 的安装继承了 Windows 产品安装时方便、快捷、高效的特点，几乎不需要多少人工参与就可以自动完成硬件的检测、安装、配置等工作。用户需要做的仅是通过屏幕来了解它所提供的各项新技术以及产品特点。安装过程中会收集区域信息、语言信息、个人注册信息、计算机/管理员基本信息、网络基本信息等。Windows Server 2008 R2 的安装过程如下。

（1）在启动计算机的时候进入 CMOS 设置，把系统启动选项改为光盘启动，保存配置后放入系统光盘，重新启动计算机，让计算机通过系统光盘启动。启动后，系统读取启动文件，首先出现的界面是安装语言选择，接下来单击"现在安装"按钮开始操作系统安装（如图 4-2），然后选择需要安装的操作系统版本（如图 4-3），单击"下一步"按钮。

图 4-2　Windows Server 2008 R2 安装程序初始界面

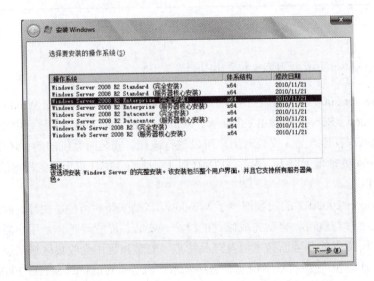

图 4-3　Windows Server 2008 R2 安装程序选择操作系统版本界面

（2）选定需要安装的分区，如果是第一次安装，磁盘没有做分区，则单击"驱动器选项（高级）"（见图 4-4），单击"新建"（见图 4-5），根据需要进行磁盘分区，同时，可以选择分区进行格式化，相比较 Windows Server 2003，Windows Server 2008 R2 仅支持 NTFS 格式分区，此处无分区格式选择选项，默认 NTFS 格式文件系统。

NTFS 是随着 Windows NT 操作系统而产生的，并随着 Windows NT4 跨入主力分区格式的行列，它的优点是安全性和稳定性极其出色。NTFS 文件系统的安全性，主要体现在 3 个方面。

① NTFS 分区对用户权限做出了非常严格的限制，每个用户都只能按照系统赋予的权限进行操作，任何试图越权的操作都将被系统禁止。在一个格式化为 NTFS 的分区上，每个文件或者文件夹都可以单独分配一个许可，这个许可使得这些资源具备更高级别的安全性，用户无论是在本机还是通过远程网络访问设有 NTFS 许可的资源，都必须具备访问这些资源的权限。

② NTFS 支持对单个文件或者目录的压缩。这种压缩不同于 FAT 结构中对驱动器卷的压缩，其可控性和速度都要比 FAT 的磁盘压缩要好得多。

③ NTFS 使用事务日志自动记录所有文件夹和文件更新，当出现系统损坏和电源故障等问题而引起操作失败后，系统能够利用日志文件重做或恢复未成功的操作，从而保护系统安全。

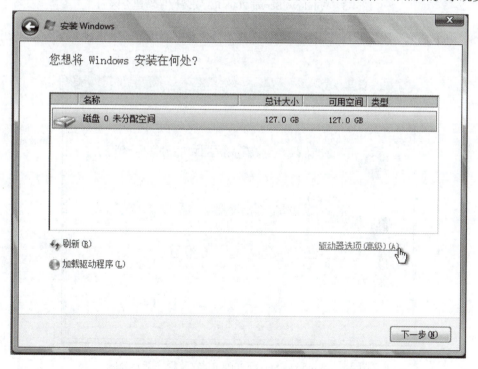

图 4-4　Windows Server 2008 R2 安装程序选择分区

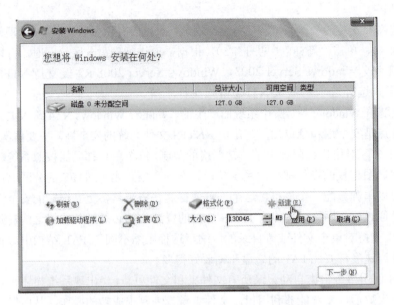

图 4-5　Windows Server 2008 R2 安装程序新建分区

（3）由于是第一次安装操作系统，此处选择"自定义（高级）"，单击进入下一步，如图 4-6 所示。

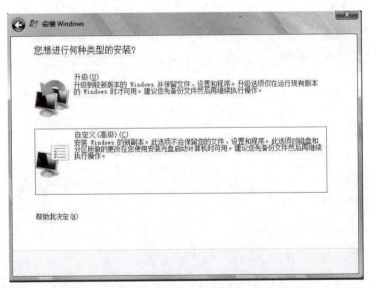

图 4-6　Windows Server 2008 R2 安装程序新建分区

（4）此处需选中"我接受许可条款"复选框，方可进行下一步安装，如图4-7所示。

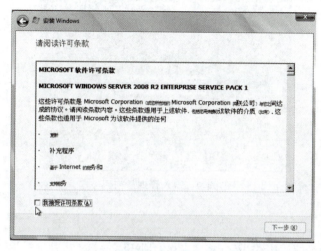

图4-7　Windows Server 2008 R2安装程序界面

（5）Windows正在复制文件，此时可能会重启，耐心等待，如图4-8所示。

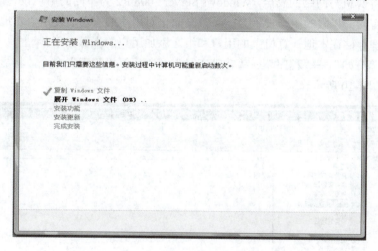

图4-8　Windows Server 2008 R2安装程序界面

（6）设置计算机系统管理员的密码，如图4-9所示。此处必须设置密码，密码设置要安全，由于本地密码策略要求，最好是数字、大写字母、小写字母、特殊字符相结合且大于6个字符，然后单击 按钮即可登录刚刚安装的Windows Server 2008 R2系统。

图 4-9 输入管理员密码

4.2.3 Windows Server 2008 R2 的基本配置

1. 本地用户和组

为了保障计算机与网络的安全，Windows Server 2008 R2 为不同的用户设置了不同的权限，同时通过将具有同一权限的用户设置为一个组来简化对用户的管理。使用"本地用户和组"功能可创建并管理存储在本地计算机上的用户和组。添加用户的步骤如下。

（1）选择"开始"→"程序"→"管理工具"→"计算机管理"命令，将显示"计算机管理"窗口，如图 4-10 所示。

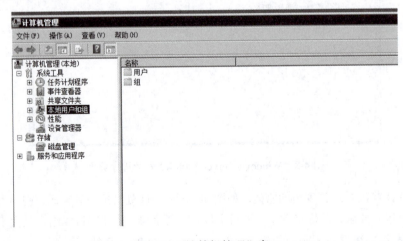

图 4-10 "计算机管理"窗口

（2）双击左侧窗格中的"本地用户和组"节点，在左侧的"名称"窗格中将出现"用户"和"组"两个目录，其中分别存放本机的用户和组，双击"用户"目录显示用户信息，如图 4-11 所示。

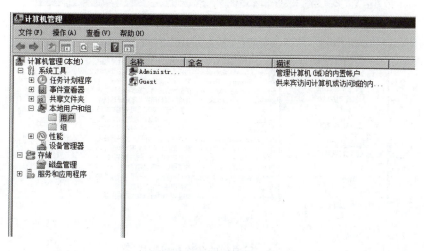

图 4-11　用户设置

（3）右击"用户"目录，在弹出的快捷菜单中选择"新用户"命令，弹出"新用户"对话框，依次输入用户名、用户全名、描述、密码以及确认密码，选中"用户下次登录时须更改密码"复选框，然后单击"创建"按钮，即可创建新用户，如图 4-12 所示。

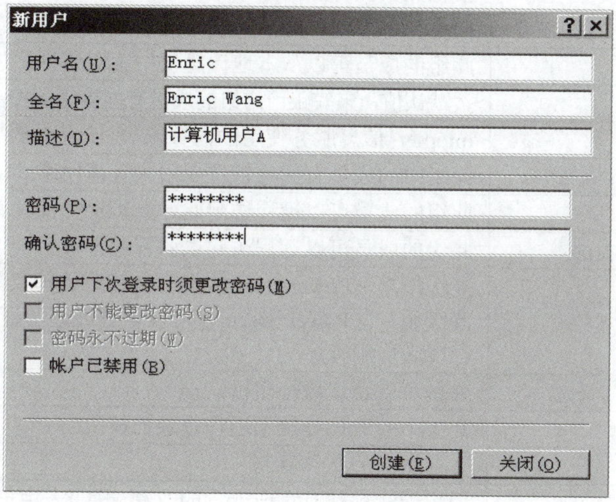

图 4-12　添加新用户

（4）采用同样的方法可以进行组的管理，如图 4-13 所示。其中组的名称和权限描述如表 4-2 所示。

图 4-13　管理组

表 4-2　用户组的名称和权限描述

名　　称	权　限　描　述
Administrators	管理员对计算机/域有不受限制的完全访问权
Backup Operators	备份操作员为了备份或还原文件可以替代安全限制
Certificate Service DCOM Access	允许该组的成员连接到企业中的证书颁发机构
Cryptographic Operators	授权成员执行加密操作
Distributed COM Users	成员允许启动、激活和使用此计算机上的分布式 COM 对象
Event Log Readers	此组的成员可以从本地计算机中读取事件日志
Guests	按默认值，来宾跟用户组的成员有同等访问权，但来宾账户的限制更多
IIS_IUSRS	Internet 信息服务使用的内置组
Network Configuration Operators	此组中的成员有部分管理权限来管理网络功能的配置
Performance Log Users	此组的成员可以远程访问此计算机上性能计数器的日志
Performance Monitor Users	此组的成员可以远程访问以监视此计算机
Power Users	高级用户（Power Users）拥有大部分管理权限，但也有限制。因此，高级用户（Power Users）可以运行经过验证的应用程序，也可以运行旧版应用程序
Print Operators	成员可以管理域打印机
Remote Desktop Users	此组中的成员被授予远程登录的权限
Replicator	支持域中的文件复制
Users	用户无法进行有意或无意的改动。因此，用户可以运行经过验证的应用程序，但不可以运行大多数旧版应用程序

2．配置网络协议

只有在计算机上正确安装网卡驱动程序和网络协议，并正确设置 IP 地址信息之后，服务器才能与网络内的计算机进行正常通信。

1）安装网卡

Windows Server 2008 R2 支持即插即用功能，并且内置了很多知名品牌网卡的驱动程序。因此在正常情况下，安装 Windows Server 2008 R2 时，系统就已经自动完成了网卡的安装。

如果系统没有提供网卡的相应驱动程序，在安装好 Windows Server 2008 R2 系统之后，选择"开始"→"程序"→"管理工具"→"计算机管理"命令，在打开的对话框中单击"设备管理器"节点，展开"网络适配器"目录，显示该计算机所有的网络适配器，右击选择适配器，在快捷菜单中选择"卸载"命令以卸载未成功安装的网卡，然后选择"扫描硬件改动"项，依照系统提示插入网卡驱动程序盘，依次单击"下一步"按钮进行安装。

2）配置 IP 地址信息

在 Windows Server 2008 R2 系统中，若正确安装了网卡等网络设备，系统可自动安装 TCP/IP 协议。TCP/IP 协议的配置操作如下。

（1）选择"开始"→"控制面板"→"网络和共享中心"→"更改适配器设置"→"本地连接"，将出现如图 4-14 所示的对话框。

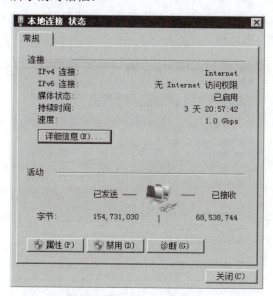

图 4-14 "本地连接 状态"对话框

（2）单击"属性"按钮，显示"本地连接 属性"对话框，如图 4-15 所示。

图 4-15 "本地连接 属性"对话框

（3）在列表框中选择"Internet 协议版本 4（TCP/IPv4）"选项，单击"属性"按钮，或者选择列表中"Internet 协议版本 4（TCP/IPv4）"选项，系统弹出如图 4-16 所示的"Internet 协议版本 4（TCP/IPv4）属性"对话框。

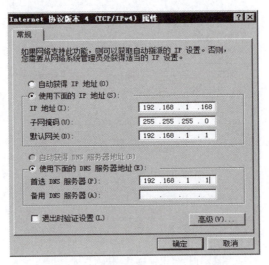

图 4-16 "Internet 协议版本 4（TCP/IPv4）属性"对话框

(4) 分别在文本框中输入 IP 地址、子网掩码、默认网关以及 DNS 服务器的 IP 地址等信息。有关 DNS、WINS 等的高级设置,可单击"高级"按钮后进行设置,如图 4-17 所示。

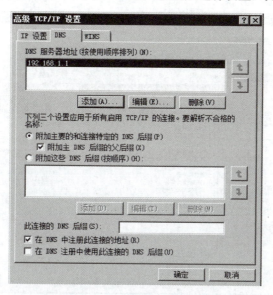

图 4-17 高级 TCP/IP 设置

3. 添加、删除和管理服务器角色

安装 Windows Server 2008 R2 时,在默认的情况下并不安装任何网络服务,要提供网络服务,必须添加相应的服务器角色,如 DNS 服务器、远程桌面服务、文件服务等。

1) 添加角色

(1) 选择"开始"→"管理工具"→"服务器管理器"命令,弹出如图 4-18 所示的窗口。

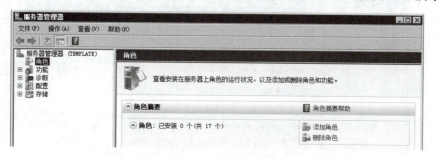

图 4-18 "服务器管理器"窗口

(2) 在"服务器管理器"窗口中依次单击"角色"和"添加角色"按钮,将跳转至服务器角色添加界面,如图 4-19 所示。选中需要添加的角色,单击"下一步",根据提示完成操作,可能会提示需要重启系统。

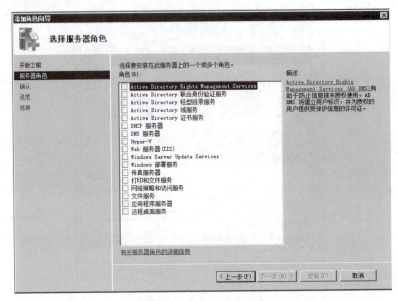

图 4-19 添加角色向导

2)删除角色

(1)打开"服务器管理器"窗口,依次单击"角色"和"删除角色"按钮,如图 4-20 所示。

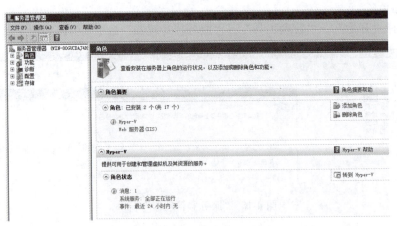

图 4-20 "服务器管理器"窗口

(2)在"删除角色向导"页面中取消选中需要删除的角色,如图 4-21 所示,单击"下一步"按钮。

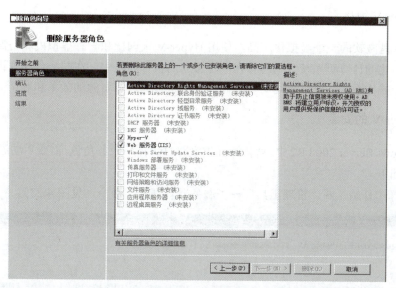

图 4-21 "删除服务器角色"窗口

(3)单击"删除"按钮即可删除 Hyper-V,如图 4-22 所示。

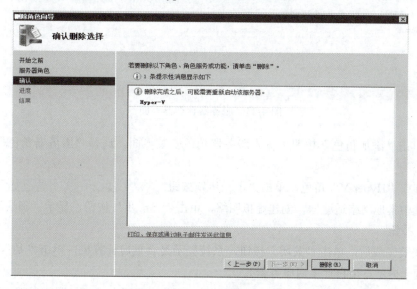

图 4-22 角色删除确认

4.2.4　Hyper-V 配置

1．Hyper-V 概述

Hyper-V 是微软的一个虚拟化产品，使用 Hyper-V 来创建和管理虚拟机和资源，每个虚拟机是一个虚拟化的计算机系统，它运行在一个孤立的执行环境中。在同一台物理计算机上可以同时运行多个操作系统，通过使用更多的硬件资源来提高计算资源的效率和利用率。

2．Hyper-V 的安装

在 Windows Server 2008 R2 中，默认情况下没有 Hyper-V 服务角色，需要手动添加，Hyper-V 的安装步骤如下。

（1）选择"开始"→"管理工具"→"服务器管理器"命令（见图 4-23）。

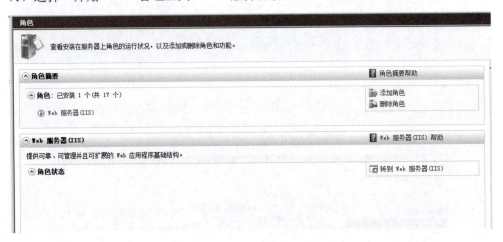

图 4-23　服务器管理器界面

（2）单击"添加角色"按钮，进入服务器角色安装界面，选择"服务器角色"标签（见图 4-24）。

（3）选中"Hyper-V"角色，单击"下一步"按钮。

（4）选中本地网络适配器，创建虚拟网络，单击"下一步"按钮，显示"确认"页面，单击"安装"按钮。

（5）安装完成后，单击"关闭"按钮，系统提示是否重启计算机，单击"是"，重启服务器（如系统无提示，请自行重启服务器）。

（6）服务器重启后，服务器继续配置 Hyper-V 角色，配置完成后如图 4-25 所示。

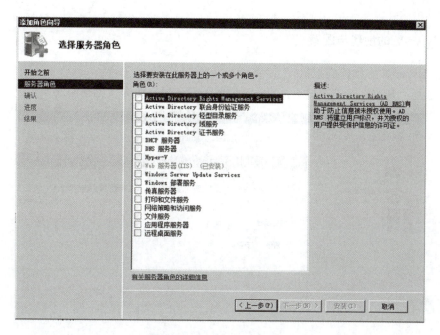

图 4-24 Hyper-V 安装界面

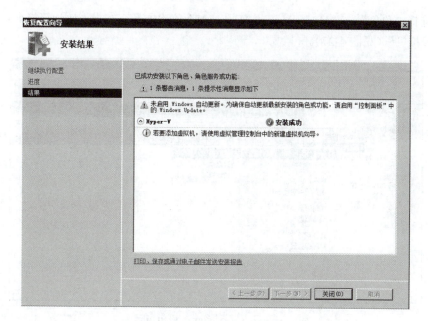

图 4-25 Hyper-V 安装完成界面

3．Hyper-V 的创建与配置

1）在 Hyper-V 中创建虚拟机

（1）选择"开始"→"管理工具"→"服务器管理器"命令（见图 4-26）。

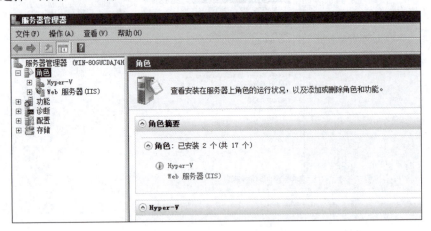

图 4-26　Hyper-V 创建虚拟机界面

（2）选择"角色"→"Hyper-V"→"Hyper-V"依次展开，右击本地计算机名，选择"新建"→"虚拟机"（见图 4-27）。

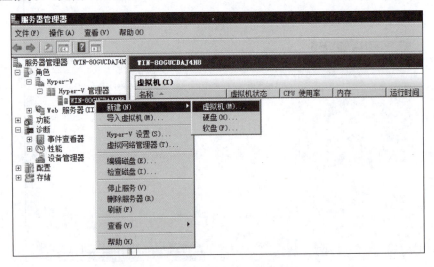

图 4-27　Hyper-V 中新建虚拟机界面

（3）进入新建虚拟机向导界面，输入新建虚拟机的名称，单击"下一步"按钮，如图4-28所示。

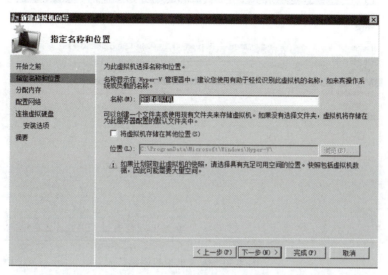

图4-28 设置新建虚拟机名称

（4）请为新创建的虚拟机设置内存大小，也可以在虚拟机创建完成后设置内存，如图4-29所示。

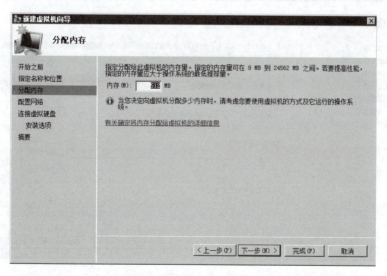

图4-29 设置虚拟机内存大小

（5）选择虚拟机网络驱动器，如图4-30所示。

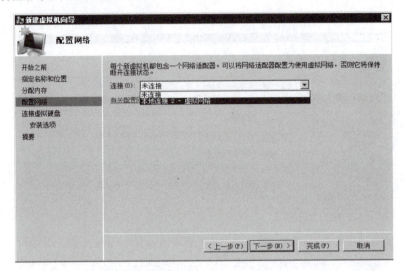

图4-30 配置虚拟机网络

（6）设置虚拟机硬盘大小、存储位置，此处可以选择新建硬盘，也可以使用已经创建的硬盘文件，同时也可以选择以后附加，如图4-31所示。

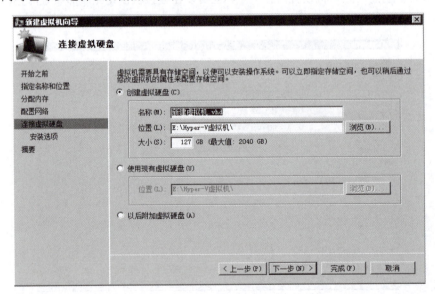

图4-31 创建虚拟硬盘

（7）选择操作系统的安装方式，可以指定宿主机的光驱，使用光驱安装；也可以使用 ISO 镜像文件安装，或者通过网络安装，也可以选择以后安装，如图 4-32 所示。

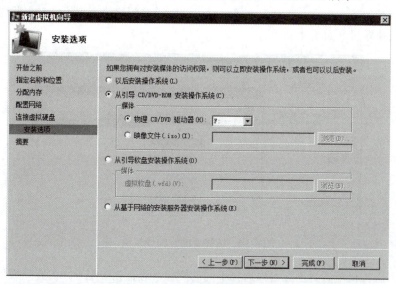

图 4-32　选择操作系统的安装方式

（8）虚拟机创建摘要界面，单击"完成"按钮，创建虚拟机按钮，如图 4-33 所示。

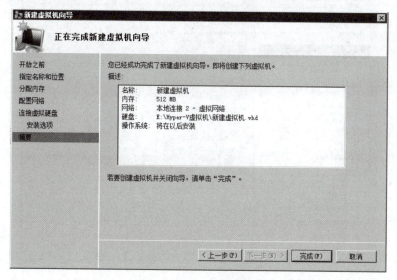

图 4-33　虚拟机创建摘要

2）配置虚拟机，安装操作系统。

（1）虚拟机创建完成后，在虚拟机列表可以查看所有已经创建的虚拟机，并能看到虚拟机的状态、CPU 使用率、内存、运行时间等属性。选中需要配置的虚拟机，右击并选择"设置"，进入虚拟机配置界面，如图 4-34 所示。

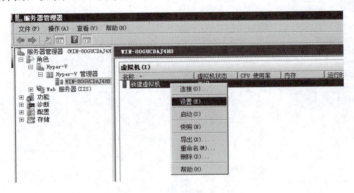

图 4-34　选择要配置的虚拟机

（2）进入虚拟机配置界面，可以选择不同的硬件，进行相关配置，配置完成后，单击"确定"按钮，关闭配置界面，如图 4-35 所示。

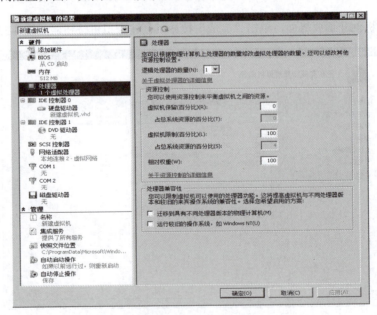

图 4-35　虚拟机配置界面

3)在虚拟机列表界面,选择刚创建的虚拟机,右击并选择"启动"则虚拟机加电启动,因为操作系统未安装,此时会进行操作系统安装,同时,双击虚拟机,则会连接此虚拟机,可在弹出的控制台界面,对虚拟机进行操作。

4.2.5 远程管理

远程管理的使用是衡量 Windows Server 2008 R2 网络管理员、系统管理员水平的重要指标。它既可是系统中集成的,又可以是由其他单独远程管理软件所提供的。在 Windows 系统中,远程管理是集成于其他服务之中,是通过使用其他服务或服务组合来实现的。

1. Microsoft 管理控制台(MMC)

Microsoft 管理控制台集成了用来管理网络、计算机、服务及其他系统组件的管理工具。可以使用 MMC 创建、保存并打开管理工具单元,这些管理工具用来管理硬件、软件和 Windows 系统的网络组件。MMC 可以运行在各种 Windows 9x/NT 操作系统上,以及 Windows XP Home Edition/XP Professional 和 Windows Server 2003、Windows Server 2008 家族的操作系统上。

MMC 不执行管理功能,但集成管理工具。可以添加到控制台的主要工具类型称为管理单元,其他可添加的项目包括 ActiveX 控件、网页的链接、文件夹、任务板视图和任务。

若需要在 Windows Server 2008 R2 上经常对多台计算机进行远程桌面管理可进行用户添加,以便完成远程管理。用户添加操作如下。

(1)选择"开始"→"运行"命令打开"运行"对话框,在文本框中输入命令"mmc",如图 4-36 所示。

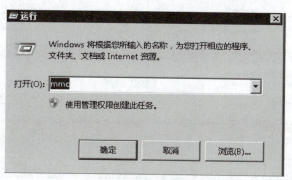

图 4-36 "运行"命令

(2)单击"确定"按钮,系统显示 MMC 控制台窗口,如图 4-37 所示。

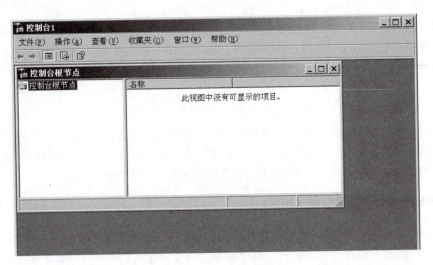

图 4-37 MMC 控制台窗口

(3) 选择"文件"→"添加或删除管理单元"命令。
(4) 在列表框中选择"远程桌面"选项,单击"添加"按钮,如图 4-38 所示。

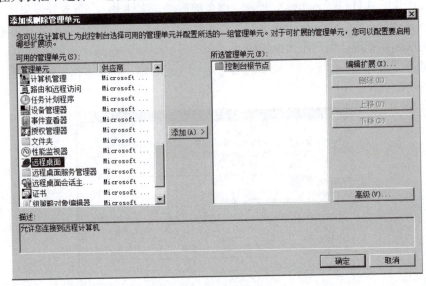

图 4-38 添加远程桌面

(5) 右击控制台根节点中的远程桌面,选择"添加新连接",在如图 4-39 所示的对话框中依次添加计算机 IP、连接名称、用户名,完成一个用户的添加。

图 4-39 添加新连接

(6) 重复步骤 (5), 将目标计算机逐个添加到控制台。

2. 远程桌面连接

远程桌面连接功能是为 Windows Server 2008 R2 系统提供的一种连接远程工作站的远程管理工具。

1) 配置远程桌面连接

(1) 选择"开始"→"控制面板"→"系统"→"远程"命令打开"系统属性"对话框,切换到"远程"选项卡,在"远程桌面"栏中选中"仅允许运行使用网络级别身份验证的远程桌面的计算机连接(更安全)"单选按钮,如图 4-40 所示。

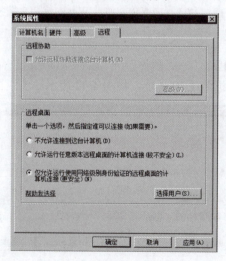

图 4-40 "远程"选项卡

（2）选择"开始"→"控制面板"→"Windows 防火墙"→"允许程序或功能通过 Windows 防火墙"命令打开对话框，如图 4-41 所示，选中"远程桌面"复选框，单击"确定"即可允许远程访问。

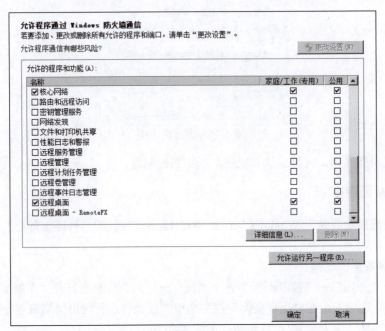

图 4-41　允许程序或功能通过 Windows 防火墙界面

2）使用远程桌面连接

选择"开始"→"所有程序"→"附件"→"远程桌面连接"命令，随即弹出一个对话框，要求输入要远程连接的计算机名或 IP 地址，如图 4-42 所示。

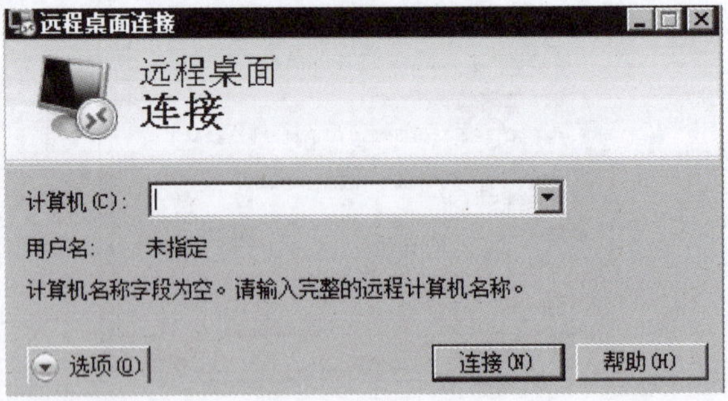

图 4-42　远程桌面连接

单击"选项"按钮，即可弹出一个可以对该项远程连接进行详细配置的对话框，如图 4-43 所示。在这个对话框中包括 6 个选项卡，可以进行非常全面的连接配置，在此不做详细介绍。

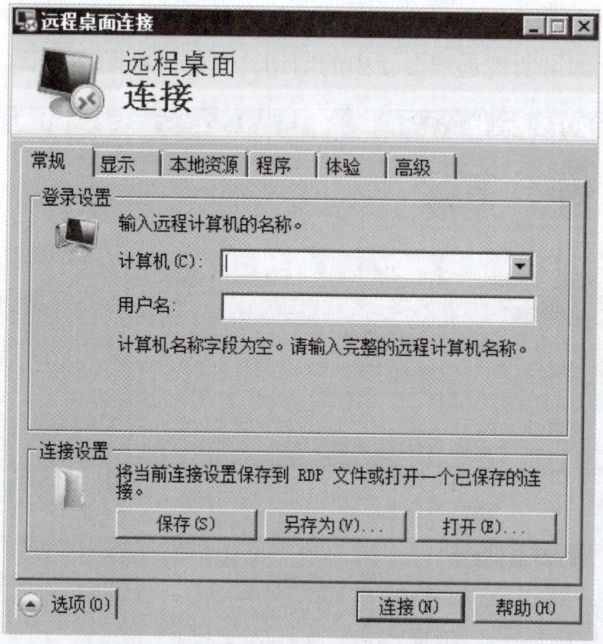

图 4-43　远程桌面连接详细配置的对话框

使用远程桌面连接功能可以很容易地连接到其他允许连接远程桌面的计算机，用户可以保存设置以用于下次连接，远程连接登录界面如图 4-44 所示。

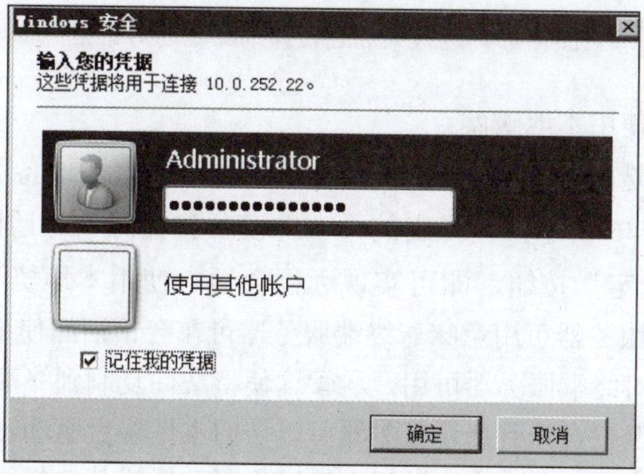

图 4-44　远程连接登录

通过远程桌面连接方式可进行的远程管理操作如下。

（1）在远程会话中进行剪切和粘贴操作。

如图 4-45 所示，远程桌面连接时，选择"本地资源"选项卡，选中"剪贴板"复选框，单击"连接"按钮，即可实现远程会话中的剪切、复制、粘贴操作。

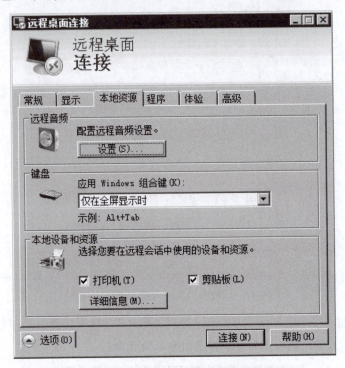

图 4-45　远程桌面连接详细配置的对话框

（2）使终端服务器使用本地磁盘。

远程桌面连接时，选择"本地资源"选项卡，单击"本地设备和资源"栏目中的"详细信息"按钮，如图 4-46 所示，在弹出的"本地设备和资源"对话框中选中需要使用的本地磁盘资源，单击"确定"按钮，即可实现远程会话中使用本地资源和磁盘。

使这些资源对终端服务器可用意味着终端服务器可在会话期间使用这些资源。例如，假定选择使本地磁盘驱动器对终端服务器可用，尽管这使将文件复制到终端服务器或从终端服务器复制文件都非常容易，但也意味着终端服务器可以访问本地磁盘驱动器的内容。在这种情况不适当的时候，可取消选中相应复选框，以使本地磁盘驱动器或其他任何本地资源不会被重定向到终端服务器。默认情况下，本地设备和资源在远程会话中不可用。

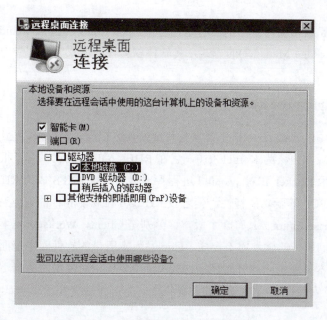

图 4-46 选择本地设备和资源

(3) 从远程会话打印到本地打印机。

远程桌面连接时，选择"本地资源"选项卡，选中"打印机"复选框，单击"连接"按钮，即可实现远程会话中的使用本地计算机的打印机。打印机重定向可将打印作业从终端服务器或远程桌面计算机路由到本地计算机（也称为客户端计算机）连接的打印机。当在远程计算机上运行的 Windows 版本中没有本地打印机所需要的驱动程序时，须使用手动重定向，在此不做赘述。

4.3 Red Hat Enterprise Linux 7

4.3.1 Red Hat Enterprise Linux 简介

1. Linux 的版本分类

Linux 发行版本趋于多样化。目前在操作系统核心(Kernel)部分，常用的版本是 4.x.x。为了方便安装，将操作系统核心与各种软件组合起来一起包装，作为 Linux 的发行版本，目前市场上已经有 300 多种发行版本，如 Red Hat Linux、Slackware Linux、Open Linux、Informagic、SuSE Linux、Debian Linux、Redflag Linux、Turbo Linux、Linux-Mandrake 和红旗 Linux 等。

Red Hat Linux 是目前流行最广的发行版，它和 Open Linux、Linux-Mandrake 等发行版都采用 RPM(Red Hat Package Manager)的方式，将软件以套件的形式分门别类地进行整理，供用户使用。

2．Red Hat Enterprise Linux 7

Red Hat 于 2014 年 6 月 9 日正式发布 Enterprise Linux 7 以来，已经更新至 Enterprise Linux 7.3 版本。该版本内核为 Kernel 3.10，它在 RHEL 6 的基础上又有了很大的改进，集成了应用程序虚拟化技术 Docker 和对 systemd 进程管理器的支持，XFS 成为 RHEL 7 默认的文件系统以及能监控系统 PCP 等新功能特性，使之较 RHEL 6 在功能和性能方面有很大提升。

Red Hat Enterprise Linux 7 共有 3 个版本，分别是 Client、Workstation 和 Server。这 3 个版本的区别就在于它们所带的软件库不一样。Client 版本所带的软件库主要面向一般的办公与娱乐；Workstation 版本集成了一些开发程序；Server 主要使用对象是服务器端用户。上述所有版本均为 64 位，只能安装在 64 位 CPU 的计算机上。本书主要介绍 Red Hat Enterprise Linux 7 Server。

3．Red Hat Enterprise Linux 7 的主要特点

在释放的 Red Hat Enterprise Linux 7 版本中，Red Hat 提高和改进了整个服务器、系统和整体 Red Hat 开源体验，除此之外，还有如下新特点。

- xfs 作为默认的文件系统。
- 一个新的引导加载程序和一个全新的图形安装程序。
- systemd 系统和服务管理器。
- 内核补丁工具 kpatch，允许用户给内核打补丁时不用重启系统。
- Docker 环境支持，允许用户部署和应用轻量级容器。
- 硬件事件报告机制（HERM）修正了内存错误检查与纠正机制（EDAC）的错误报告。
- openLMI 项目提供了一个共同的基础设施来管理 LINUX 系统。

4.3.2　Red Hat Enterprise Linux 7 的安装

1．安装前的准备

Red Hat Enterprise Linux 7 的安装稍显复杂，需要一些计算机的基本知识。在开始安装 Red Hat Enterprise Linux 7 之前，需要先了解一下硬盘分区、文件系统和目录结构的相关概念，只有理解了这些基本的概念，才能更好地进行 Linux 操作系统的安装，并顺利地安装成功。

1）磁盘分区

在常用的 PC 系统中，硬盘在安装某个操作系统之前，都需要对硬盘进行分区，在硬盘分区时需要清晰地掌握硬盘分区的概念，以避免对硬盘分区的意外操作所造成的数据丢失。

按照分区的类型划分，硬盘分区可分为主分区、扩展分区和逻辑分区。

（1）主分区是硬盘分区的基本类型，主分区中可直接创建文件系统供操作系统使用。硬盘的分区信息是保存在硬盘分区表当中的，在硬盘分区表中只能保存 4 个主分区记录，因此，一个硬盘中最多只能建立 4 个主分区。

（2）扩展分区是一类特殊的硬盘主分区，扩展分区中不能够直接创建文件系统，它是为了应对主分区数量不够而设计的特殊分区。扩展分区必须进一步划分成逻辑分区才能再加以使用。扩展分区作为特殊的主分区需要占用硬盘分区表中 4 个分区记录中的一个记录。

（3）逻辑分区只能建立在扩展分区中，在逻辑分区中可以建立文件系统。逻辑分区的信息不占用分区表的记录，而是保存在扩展分区中的。扩展分区和逻辑分区是为了解决硬盘分区数量不能满足操作系统使用的问题而产生的。

在 Linux 中，所有硬件设备都使用相应的设备文件进行表示，硬盘和分区也是如此，硬盘和分区设备的文件表述形式如下所述。

（1）Linux 中对于 IDE（硬盘）设备采用 hdx 的文件名格式表示，其中，x 为 a、b、c 或 d，系统中最多有 4 个 IDE 设备，例如系统中的第 1 个 IDE 设备（通常为第一块硬盘）名称为 hda，第 3 个 IDE 设备名称为 hdc。

（2）硬盘的主分区采用 hdxn 的文件名格式表示，其中，hdx 是分区所在的硬盘，n 是从 1～4 的数字，分别表示 4 个主分区，例如系统中第 1 个 IDE 硬盘的第 1 个主分区表示为 hda1，第 1 个 IDE 硬盘的第 2 个主分区表示为 hda2。

（3）硬盘的逻辑分区与主分区采用了同样的 hdxn 文件名格式，区别在于逻辑分区的 n 从 5 开始进行编号（因为前 4 个编号给主分区使用了），例如，系统中第 1 个 IDE 硬盘的第 1 个逻辑分区表示为 hda5，第 2 个逻辑分区表示为 hda6 所以，在 Windows 系统中的 D 盘在 Linux 中通常被表示为 hda5。

掌握了以上硬盘设备和硬盘分区的命名方式后，在 Linux 的安装过程中就可以更加明确地进行硬盘的分区了。

2）Linux 使用的文件系统类型

在使用 Windows 操作系统的过程中，经常会将硬盘分区格式化为 FAT32 或 NTFS 格式，其实 FAT32 或 NTFS 都属于文件系统类型。在 Linux 操作系统中能够使用如下所述多种类型的文件系统。

（1）XFS：是一个 64 位文件系统，为 RedHat Linux7 的默认文件系统类型，最大支持 8EB 减 1 字节的单个文件系统，适合海量存储或者超大规模的文件存储。

（2）EXT2 和 EXT3：这是 Linux 操作系统常用的文件系统类型，EXT2 正在被逐渐淘汰，EXT3 是 EXT2 的改进版本，EXT4 是 EXT3 的后继版本，是第 4 代扩展文件系统，修改了 EXT3 中部分重要的数据结构，支持更大的文件系统和更大的文件，EXT4 可以提供更佳的性能和可靠性。

（3）SWAP：SWAP 类型的文件系统在 Linux 系统的交换分区中使用，也是 Linux 系统默认支持的，作用就像 Windows 系统中的虚拟内存一样。交换分区的大小通常设置为主机系统内存的 2 倍大小。例如，对于拥有 256MB 物理内存的主机，其交换分区的大小建议设置为 512MB；对于内存大于 2GB 的主机，交换分区大小设置为与物理内存大小相同即可。

大多数 Linux 系统还支持其他类型的文件系统，如 xfs 和 jfs 等，这些文件系统类型一直用于商业版本的 UNIX 操作系统，具有出色的性能表现。目前也被 Linux 系统支持。对于微软公司的文件系统格式 FAT32 和 NTFS，Linux 能够部分支持，大多数 Linux 系统支持 FAT32 文件系统的读写和 NTFS 的只读，而不能支持 NTFS 文件系统的写入。当然，在借助辅助软件的条件下也可以对 NTFS 文件系统写入，但 Linux 本身支持不好。

对于 Linux 操作系统支持的众多文件系统类型，了解 EXT3 和 SWAP 文件系统类型就可以完成 Linux 系统的安装。

3）Linux 的目录结构

在 Windows 操作系统中，使用盘符代表独立的文件系统，如 C 盘、D 盘等，每一个盘符中都会有一个根目录，这种同一个系统中可以存在多个根目录的目录结构，称为森林型目录结构。而 Linux 系统使用树型目录结构，即在整个系统中只存在一个根目录（文件系统），所有其他文件系统都挂载到根目录下相应的子目录节点中。

在实际的 Linux 系统里，文件名和目录是区分大小写的。Linux 操作系统中常用的目录及其作用如下所述。

- 根（/）目录：是 Linux 文件系统的起点，根目录所在的分区称为根分区。
- /bin 目录：用于存放系统基本的用户命令，普通用户权限可以执行。
- /boot 目录：用于存放 Linux 系统启动所必需的文件，出于系统安全考虑，/boot 目录通常被划分为独立的分区。
- /etc 目录：重要的目录，用于存放 Linux 系统的各种程序的配置文件和系统配置文件。

- /usr 目录：用于存放 Linux 系统中大量的应用程序，其中包括图形程序。这个目录中又被划分成很多子目录，用于存放不同类型的应用程序。类似于 Windows 下的 Program Files 程序文件夹。
- /var 目录：用于存放系统中经常需要变化的一些文件，如系统日志文件等。这个目录通常被划分为独立的分区，用独立的硬盘，用以存储数据。
- /sbin 目录：用于存放系统基本的管理类命令，要管理员用户权限才可以执行。
- /tmp 目录：用于存放临时文件，该目录会被自动清理干净。
- /dev 目录：设备文件目录。在 Linux 下，设备被当成文件，这样一来硬件被抽象化，便于读写、网络共享以及根据需要临时装载到文件系统中。正常情况下，设备会有一个独立的子目录。这些设备的内容会出现在独立的子目录下。
- /home 目录：用于存放所有普通用户的宿主目录（家目录），如 teacher 用户的宿主目录为/home/teacher；对于提供给大量用户使用的 Linux 系统，/home 目录通常划分独立的分区，以方便用户数据的备份。
- /root 目录：是 Linux 系统管理员（超级用户）root 的宿主目录，在默认情况下只有 root 用户的宿主目录在根目录下，而不是在/home 目录下。

以上列举的只是 Linux 系统中用户经常用到的子目录，根目录中还有很多其他子目录需要用户在 Linux 的使用过程中逐渐熟悉。如果应用需要，Linux 系统中的所有子目录都可以创建为独立的硬盘分区，没有进行独立分区的子目录都会保存在根分区中。

2．启动安装

Red Hat Enterprise Linux 7 图形化安装程序引入了一个全新的用户界面设计，使安装方便、快捷。新的安装程序界面将一组配置选项放到了一个中心界面，用户单击需要改变的选项，改变它们，然后开始安装。

（1）选择系统引导方式。

首先在计算机的 CMOS 中把启动盘的先后顺序设置好，然后把安装光盘放入光驱，重新启动计算机，此时，系统会进行自检，自检完毕后会出现安装系统的引导界面，如图 4-47 所示。这个屏幕包括如下引导选项：

- Install Red Hat Enterprise Linux 7.0（安装 RHEL 7.0）
- Test this media & install Red Hat Enterprise Linux 7.0（测试安装文件并安装 RHEL 7.0）
- Troubleshooting（修复故障）

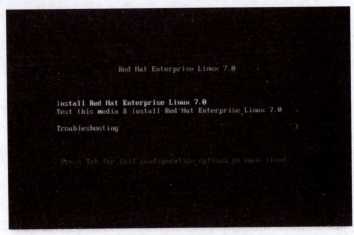

图 4-47　安装系统引导界面

一般情况下选择第一项，然后按 Enter 键进入引导安装。对用户来说，从光盘引导并执行图形化安装是最简便的方法，但有时，可能需要其他方法来引导。例如，计算机的内存过低或显卡在硬件检测中没有被检测到时，只能用文本模式进行安装，安装引导程序不会进入图形安装界面。

（2）安装过程语言选择。

确定引导方式后，进入图 4-48 所示界面，这里可以选择在安装过程中的语言，在此选择"中文"→"简体中文（中国）"，单击"继续"按钮。

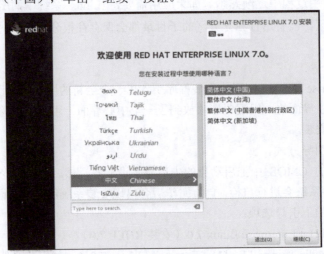

图 4-48　选择安装语言

(3)安装信息概要。

进入图 4-49 一站式安装界面,需要用户配置 7 个选项,即"日期与时间""语言支持""键盘""安装源""软件选择""安装位置""网络与主机名"。这里注意必须正确配置带有橙色感叹号的选项,并使其消失,才可进行下一步安装。

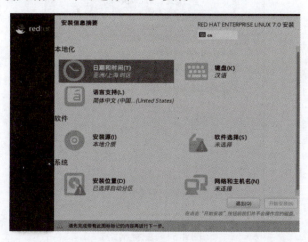

图 4-49　安装信息摘要

(4)网络与主机名配置。

为了以后配置"日期与时间"选项时,可以直接同步 NTP 服务器,这里我们先配置网络。单击"网络与主机名"进入图 4-50 所示界面。

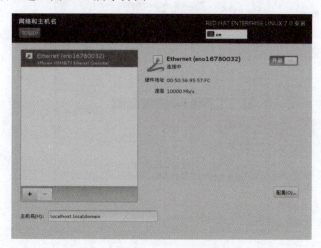

图 4-50　网络与主机名

首先在窗口的左侧选中要配置的网卡，再单击右侧的滑块使其从"关闭"状态变为"开启"以此激活网络连接。然后单击"配置…"按钮会弹出一个网络配置窗口，配置 IP 地址，选择"常规"选项卡，选中"可用时自动链接到这个网络"复选框，如图 4-51 所示。

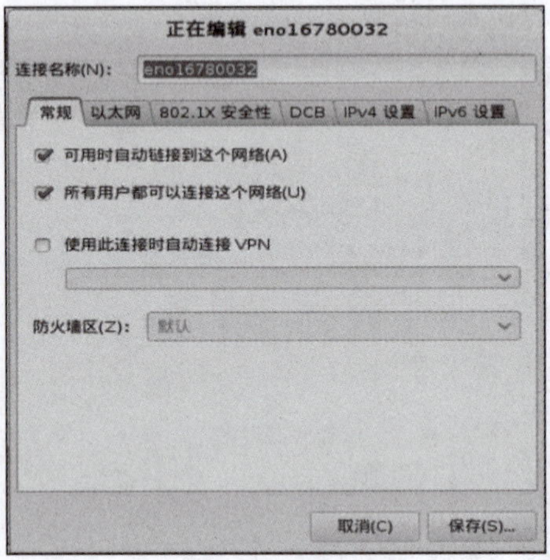

图 4-51　配置网络

然后单击"IPv4 设置"选项卡，在"方法"下拉列表框中选择"手动"选项，然后单击"添加"按钮，按照用户的网络环境配置诸如 IP 地址、子网掩码、网关、DNS 等，如图 4-52 所示。

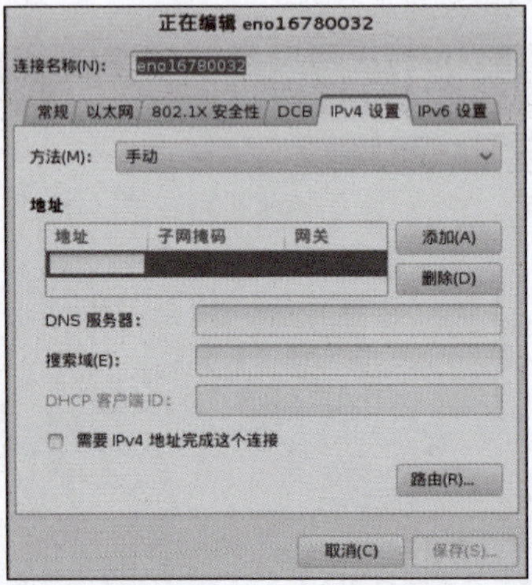

图 4-52　IPv4 设置

然后单击"保存..."按钮保存配置。此时窗口关闭,返回到"网络与主机名"界面,在"主机名"栏目处配置主机名,在右边对应的选框里会有默认的主机名,可以删除填写自己的主机名。

至此,网络与主机选项卡配置完成,单击"完成"按钮返回到"安装信息概要"界面。

(5)日期与时间。

单击"日期与时间"进入图 4-53,选择"地区"为"亚洲","城市"为"上海"。将"网络时间"滑块从"关闭"改为"开启",单击"完成"按钮返回安装信息概要界面。

注意:不同的时区会有不一样的日期/时间显示,这可能会造成业务数据的时间不一致,所以,要为系统选择正确的时区才行。

图 4-53　选择地区和城市

(6)配置语言支持。

这里我们就按照默认的语言支持"中文"即可,其他用户可根据自己的需要定制,这里不做过多的介绍。

(7)配置键盘。

这里我们就按照默认的语言支持"简体中文(中国)"即可,其他用户可根据自己的需要定制,这里不做过多的介绍。

(8)配置软件源。

这里我们按默认配置即可。

（9）配置安装位置。

单击"安装位置"进入图 4-54，从图中可知，当前计算机只有一块硬盘，设备名为 sda(如果有多块硬盘，会显示 sda、sdb、sdc 等)。这里首先用户需要选择要做系统分区的硬盘并选中，在下方的"分区"单选按钮中选中"我要配置分区"即自定义分区。

图 4-54　配置安装位置

然后单击"完成"按钮，进入手动分区界面如图 4-55 所示。

Linux 系统对分区的基本要求如下。

① 至少有一个根(/)分区，用来存放系统文件及程序。其大小至少在 5GB 以上。

② 要有一个 SWAP（交换）分区，它的作用相当于 Windows 里的虚拟内存，swap 分区的大小一般为物理内存容量的 1.5 倍(内存<8G)。当系统物理内存大于 8G 时，swap 分区配置 8~16G 即可，太大无用，浪费磁盘空间。

③ /boot 分区，这是 Linux 系统的引导分区，用于存放系统引导文件，所以一般设置 100~200M 即可。

这里我们按照企业中最常用到的针对网站集群架构中的某个节点服务器场景进行分区，该服务器上的数据有多分区（其他节点也有）且数据不太重要。

/boot：设置为 200MB。

Swap：物理内存的 1.5 倍，本机内存 8GB，所以设置为 12GB。

/:剩余硬盘空间大小，这就相当于 Windows 中只有一个 C 盘，所有数据和系统文件都放在一起。

图 4-55 手动分区

在"新挂载点将使用以下分区方案"下拉列表框中选择创建"标准分区"后，单击下边的"+"，弹出"添加新挂载点"窗口，如图 4-56 所示。

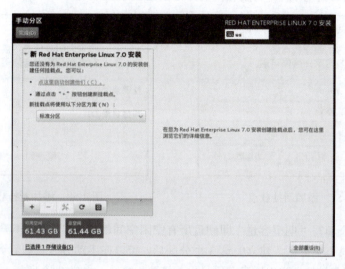

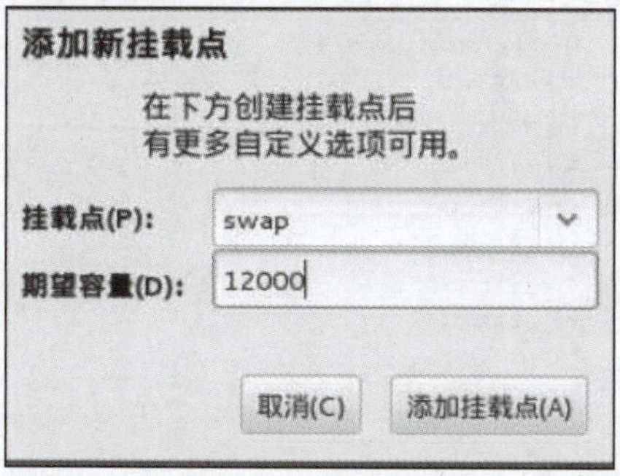

图 4-56 添加新挂载点

挂载点（Mount Point）是 Linux 下访问磁盘分区的入口，也就是说如果要往分区中写入数据的话就必须通过这个挂载点，这一点是与 Windows 不同的。期望容量（Desired Capacity）是指你指定分区的大小，单位是 MB，这里我们先建立第一个分区 swap 分区并分配 12GB 大小的空间（本机内存是 8GB）。然后单击"添加挂载点"返回到手动分区界面，再单击"+"创建/boot 分区，如图 4-57 所示。

然后单击"添加挂载点"。再用相同的方法创建根分区,如图4-58所示。

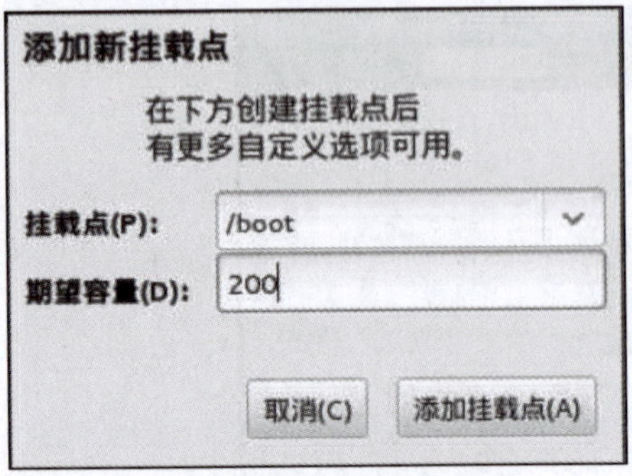

图4-57 添加新挂载点

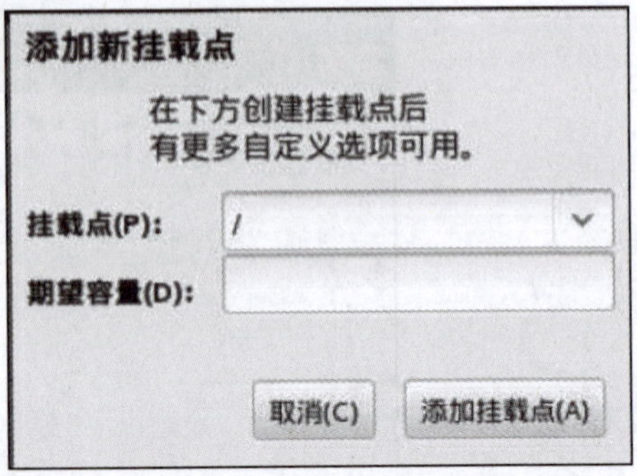

图4-58 添加新挂载点

这里注意,不填写"期望容量"即硬盘所有空闲空间都将分给当前分区,即,将所有剩余硬盘空间都分给根(/)分区。建立完这3个分区后,可以在手动分区窗口看到刚才所有分区的结果。单击"完成"按钮,弹出磁盘分区"更改摘要"窗口,如图4-59所示,确认没有错误后,单击"接受更改"。磁盘分区完成。

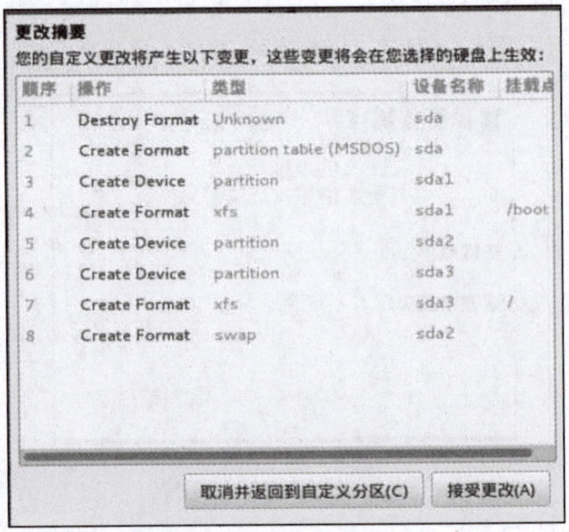

图4-59 更改摘要

(10)配置软件选择。

单击"软件选择"进入图4-60所示界面,在该图中,左边是系统定制的各种基本环境选项,右边是确定基本环境后,想额外添加的软件包组选项。

第 4 章 网络操作系统

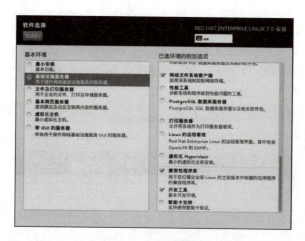

图 4-60　配置软件选择

根据经验，选择安装包是应该采用最小化原则，即不需要的或者不确定是否需要的就不安装，这样可以确保系统安全。如果安装过程中落下了部分包组，在安装系统完成后可以通过 YUM 方式安装上。按照这个原则我们这里只安装一些基本包组。选择左边"基础设施服务器"类型，在右边的多选框中依次勾选"兼容性程序库""开发工具""网络文件系统客户端""文件及存储服务器"4 个最常用到的包组，然后单击"完成"按钮完成软件选择配置。至此，所有安装信息 7 项配置全部完成，单击"开始安装"按钮，进入下一界面。

（11）用户设置。

进入用户设置界面如图 4-61 所示。

图 4-61　用户设置

这里有两个配置选项，一个是管理员用户的密码设置"ROOT 密码"，一个是添加新用户设置"创建用户"，注意下边安装进度显示条和提示表明与此同时正在建立分区并往硬盘中复制系统文件。在此我们给 ROOT 用户添加一个密码，单击"ROOT 密码"弹出创建密码窗口，如图 4-62 所示。输入两次 ROOT 密码，单击"完成"按钮。"创建用户"即可创建一个非管理员权限的用户，用户名和密码可以自己设定，可根据生产环境来添加，这里不再赘述。设置完成后等待系统安装完成。

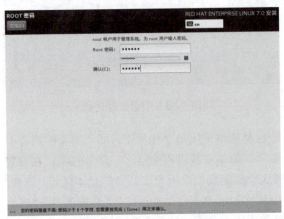

图 4-62　输入"ROOT 密码"

（12）安装结束。

系统安装结束后，单击"重启(R)"按钮，如图 4-63 所示。

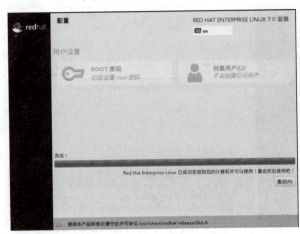

图 4-63　结束安装

4.3.3 Red Hat Enterprise Linux 7 的使用

1. 系统启动、登录等基本操作

1)启动系统

Red Hat Enterprise Linux 7 是通过 GRUB2 来引导系统的,如果计算机装有多个操作系统,一般只要在 Red Hat Enterprise Linux 7 安装过程中进行了正确的配置,GRUB2 都会在引导界面上显示系统列表,供用户选择进入哪一个系统;如果不选择,系统会在规定的时间后自动进入默认的系统。假如引导系统列表中有多个操作系统,可以通过按↑或↓键进行选取,选定后按 Enter 键即可。如果是第一次运行该系统,系统将自动进入"欢迎"界面,一般来说,在系统执行自检完成之后,系统将进入 Red Hat Enterprise Linux 7 的登录界面。如果 Linux 系统已经配置了 X Window System,那么系统将会进入"图形化登录界面"并打开"登录"对话框,如图 4-64 所示。

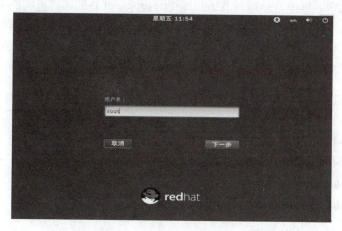

图 4-64 图形化登录界面

该对话框提示用户输入账号和密码,如果拥有本系统的用户账号和密码,如输入根用户 root 和根用户的密码(选择"其他"项目时才能按照提示输入 root 根用户名和密码)之后按 Enter 键,系统将开始进行一些基本硬件的初始化,当基本硬件初始化执行完毕,系统就会自动进入桌面环境。

如果在系统安装时没有配置 X Window System,将出现"文本提示符登录"界面,要求输入账号和密码,如图 4-65 所示。同样,如果拥有本系统的用户账号和密码,输入之后按 Enter 键就可以登录该系统。文本界面如下。

图 4-65 "文本提示符登录"界面

至于让系统引导用户进入图形化界面还是文本界面，完全可以根据用户的喜好和需要而定，用户可以在系统安装后进行更改。RHEL 7 现已更改 SYSTEMD 作为系统和服务管理器，systemd 引入了一个和运行级别功能相似但不同的概念——目标（target）不像以前 RHEL 版本中用数字表示运行级别，每个目标都有名字和独特的功能，并且能同时启动多个。所以现在修改默认级别的时候，不能再使用修改/etc/inittab 文件的方法了，而是使用创建软连接的方法。可以执行下面命令，设置启动时默认进入文本模式或图形模式。

```
#进入文字模式
ln -sf /lib/systemd/system/multi-user.target /etc/systemd/system/default.target
#进入图形模式
ln -sf /lib/systemd/system/graphical.target /etc/systemd/system/default.target
#也可以使用 systemctl 命令，设置启动时默认进入文本或图形模式
systemctl   enable   multi-user.target      //文字模式
systemctl   enable   graphical.target       //图形模式
```

2）远程连接 Linux 系统管理

在实际的工作场景中，物理服务器本地的窗口是很少接触到的，因为服务器装完系统后，都要拉到 IDC 机房托管，如果购买了云主机，更是碰不到服务器本地显示器了，因此在装好 Linux 系统后，应该是配置好客户端软件远程连接 Linux 系统进行管理。

当前，几乎大部分生产环境中，最常用的 Linux 远程连接服务的工具就是 SSH 软件了，SSH 分为 SSH 客户端和 SSH 服务器端。其中，SSH 服务器端包含的软件主要有 openssh 和 openssl，在启动 Linux 系统时，默认 SSH 服务器端程序就会随系统一起启动，SSH 服务就是一个守护进程，服务名称 sshd，负责监听远程 SSH 客户端的连接请求并进行处理。SSH 客户端最常用的工具集是 Windows 平台上运行的 SecureCRT，该工具安装简单，使用方便。除此之外还有 xshell、putty 及 Linux 下的 SSH 客户端软件。

SSH 服务器端和 SSH 客户端之间的交流都是通过 SSH 协议实现的。SSH 协议是 Secure Shell Protocol 的简写。在进行数据传输前，SSH 先通过加密技术对联机数据包进行加密处理，然后再进行数据传输，这样可以确保传递的的数据安全。

使用 Linux 下的 SSH 客户端连接 Linux 服务器命令格式：

ssh user@ip
ssh:SSH 客户端连接命令
user:使用什么账户登录到远程服务器上
ip:远程服务器的 IP 地址

例如：

[root@rhel7 ~]# ssh root@192.168.1.100

意思是说，我想用 SSH 协议以 ROOT 账户去连接和管理 IP 地址是 192.168.1.100 的远程服务器。连通后会提示要求输入 ROOT 账户的密码。即可连接到远端服务器。

3）用 reboot 命令重新启动计算机

一般情况下，按 Ctrl+Alt+Del 组合键可以重新启动计算机，但是正规的用法是执行 reboot 命令，其语法为

reboot [-n] [-w] [-d] [-f] [-i]

4）用 shutdown 命令关机或进入单人维护模式

利用 shutdown 命令可以关闭系统中正在运行的所有程序，并可以根据用户的需要进入单人系统维护模式，或执行重开机、关机的操作。shutdown 命令的语法如下。

shutdown [-t secs] [-rkhncfF] time [warning message]

参数说明如下。

（1）time 参数用于设置多长时间后执行 shutdown 命令。time 参数有两种模式，即 hh:mm 或+m。hh:mm 表示几点几分进入维护模式，如 shutdown　12:00 表示 12：00 之后执行 shutdown 命令；+m 表示 m 分钟后进入维护模式。

比较特别的用法是以 now 参数表示立即进入维护模式，例如

[root@rhel6 ~]# shutdown now

（2）r 参数用来指示 shutdown 之后重新启动（reboot），举例如下。

```
[root@rhel7 ~]# shutdown –r now
[root@rhel7 ~]# shutdown –r 22:40 &
```

(3) k 参数表示只是发送消息给所有用户。如下例子是用来发送 3 分钟后进入维护模式的消息。

```
[root@rhel7 ~]# shutdown – k 3 warning: system will shutdown!
broadcast message from root (tty0) Sun May 31 12:00:00, 2007
warning:system will shutdown!
The system is going DOWN TO maintenance mode in 3 minutes!!
```

(4) h 参数用来停止系统的运行,举例如下。

```
[root@rhel7 ~]# shutdown –h now
…
the system halted
stopping all md devices
Power down
```

其实有些时候如果用户想省事,直接输入 halt 命令就可以直接关机了,语法如下。

```
[root@rhel7 ~]# halt
```

2.文本模式和图形化模式的切换

在文本模式下,输入 startx 命令可以直接进入 X Window System 界面。而在 X Window System 界面下,也可以使用文本模式。

Linux 主机在控制台(Console)下提供了 6 个虚拟终端,在每一个虚拟终端中都可以执行各自的程序,如表 4-3 所示。

表 4-3 控制台、组合键和内容

控制台	组合键	内容
1	Ctrl+Alt+F1	X 图形化显示
2	Ctrl+Alt+F2	Shell 提示
3	Ctrl+Alt+F3	安装日志(安装程序的信息)
4	Ctrl+Alt+F4	与系统相关的消息
5	Ctrl+Alt+F5/F6	文本(shell)显示界面
7	Ctrl+Alt+F7	安装提示对话框
1	Ctrl+Alt+F1	X 图形化显示

在登录 X Window System 系统后的任何时候，按 Ctrl+Alt+Fn 组合键都可以切换到其他虚拟终端，其中的 Fn 是指 F1 到 F7 功能键。例如，按 Ctrl+Alt+F2 组合键，可切换到第一个虚拟终端；按 Ctrl+Alt+F3 组合键，可切换到第二个虚拟终端；依次类推。若要返回原来的 X Window System 系统界面，可以按 Ctrl+Alt+F1 组合键。

用户也可以在窗口登录界面出现时按 Ctrl+Alt+F7 组合键直接登录文本模式终端。

当然，在 Red Hat Enterprise Linux 7 图形化界面中，通过终端命令程序也可在使用 X Window System 系统的同时使用文本模式。

3．系统登录时的注意事项

1）处理登录失败

如果输入了错误的用户名或密码，那么系统将在用户名和密码都输入完毕后返回一段错误消息。此消息表明输入的登录名或密码错误，或者两者都无效。为减少未授权用户通过猜测登录名和密码进入系统的可能性，系统要求登录名和密码必须都正确才可进入。登录失败的常见原因可能是登录的计算机不对，在一个较大的网络系统中，在登录系统之前必须说明要建立连接的计算机，如果弄错了计算机名，本来正确的登录名和密码组合也可能不再有效；也可能是登录名和密码未区分大小写，要确保 CAPSLOCK 键关闭，输入的用户名和密码必须与当初设定的完全一致，否则登录名无效，如果没有以用户的身份来设定登录名和密码组合，那么它们可能会无效。

2）退出

按 Ctrl+D 组合键，或者在 shell 提示符后输入命令 exit，即可从字符界面退出。

4．系统删除

要删除 Red Hat Enterprise Linux 7，需要从 MBR 中删除有关 GRUB2 的信息。在 DOS、Windows 2003 或 Windows XP 系统中，可以使用 fdisk 命令来重写 MBR，以便引导主 DOS 分区。该命令格式为 fdisk /mbr 。

如果需要从一个驱动器中删除 Linux 分区，并且已经使用 fdisk 命令来这么做，将会遇到"分区存在但又不存在"的问题。当一个计算机中安装了 Linux 系统，同时也安装了 Windows 系统（包括 Windows XP 和 Windows 2003 等）时，如果要删除 Linux 分区，那么用户确定 Linux 分区是存在的，而在 Windows 分区中是看不到 Linux 分区的，所以在 Windows 分区中 Linux 分区好像是不存在的。删除非 DOS 分区的最好办法是使用一个理解不同分区概念的非 DOS 工具，具体方法如下。

首先插入 Red Hat Enterprise Linux 7 光盘来引导系统，用户会看到一个引导提示。在提示下输入命令 Linux　rescue 启动救援模式程序。按照提示输入键盘和语言要求，与安装 Red Hat

Enterprise Linux 7 时输入的一样。

然后，打开的对话框会通知用户该程序正在查找要救援的 Red Hat Enterprise Linux 7 系统。在该对话框中选择"跳过"选项。然后用户就会在命令提示下访问要删除的分区。

接下来输入命令 list-harddrives。这条命令会列出系统上所有被安装程序识别的硬盘驱动器及其大小。请注意，只能删除必要的 Red Hat Enterprise Linux 7 分区，删除其他分区会导致数据丢失或系统分区表损坏。

要删除分区，也可以使用分区工具 parted。启动 parted 后，输入如下命令即可，命令行中的 /dev/hda 是要删除的分区所在的驱动器。

parted /dev/hda

使用 print 命令可以查看当前的分区表，从而判定要删除的分区号，命令格式为 print。

print 命令还可以显示分区的类型（如 Linux-swap、ext2 和 ext3 等）。列出分区类型可帮助用户判定是否要删除该分区。

使用 rm 命令可删除分区。例如，要删除分区号为 3 的分区，可采用命令行格式 rm 3。

删除分区后，使用 print 命令可以确认该分区是否已从分区表中删除。

删除 Linux 分区，设置了相应选项后，可以输入 quit 来退出 parted。退出 parted 后，可在引导提示后输入 exit 来退出救援模式并重新引导系统，或者按 Ctrl+Alt+Delete 组合键来重新引导系统。

如果系统是与其他操作系统并存的，在清除 MBR 中的 GRUB 或 LILO 引导程序后，也可以使用 Windows 中的磁盘分区工具删除 Linux 分区。

5．常用命令

1）Linux 命令格式

Linux 命令的通用格式如下。

命令字　[命令选项]　[命令参数]

也可以表示为如下格式。

command [-options] parameter1 parameter2 …

由以上命令格式可以看出，Linux 的通用命令格式由命令字（指令）、命令选项和命令参数（对象）3 个部分组成。

（1）命令字就是命令名称，是整个命令中最重要的一部分，例如变换路径的指令为 cd，等等；在 Linux 的命令行界面中使用命令字唯一确定一条命令，因此在输入命令时一定要确保输入的命令字正确。而且 Linux 操作系统对于英文字符的处理是对大小写敏感的，无论是文件名还是命令名，都需要区分大小写，在输入命令时尤其需要注意这一点。

（2）命令选项的功能是指定命令的具体功能，同一条命令配合使用不同的命令选项可以获得相似但具有细微差别的功能。命令选项有如下一些特性。

- 根据使用命令的不同，命令选项的个数和内容也会不同。
- 根据需要实现的命令功能，命令选项的数量可以是 0 个到多个；对于大多数命令，不使用命令选项时执行命令的默认功能；但是有些命令必须使用命令选项。
- 大多数命令可以组合使用命令选项，即在一条命令中可以同时使用多个命令选项；一些命令选项之间会存在冲突，不允许同时使用。

命令选项又可分为短格式和长格式两种使用形式。短格式的命令选项使用单个英文字母表示，选项字母可以是大写，也可以是小写，选项前使用-符号（半角的减号符）引导开始，例如 ls -l；如果同时使用多个选项，可在-符号后面加多个选项，例如在 ls 命令中可以使用 ls -al 以长格式显示所有文件的目录列表。长格式的命令选项使用英文单词表示，选项前使用--符号（两个半角的减号符）引导开始，如 ls --help；如果同时使用多个长格式选项，则每个选项前都需要使用--符号引导，选项间使用空格符分隔，如--abc --xyz。

长短两种格式的命令选项实现的效果是一样的。不同之处在于长格式选项意义明确，容易记忆；短格式选项结构简单，输入快捷。在实际使用中，命令选项的长、短格式各有优势，应根据实际的应用需求选择使用。

（3）命令参数就是命令的处理对象，通常情况下，命令参数可以是文件名、目录（路径）名或用户名等内容。根据所使用命令的不同，命令参数的个数可以是 0 到多个。在使用某条 Linux 命令时，应根据该命令具体的命令格式提供相应类型和数量的命令参数，以满足命令的正常运行。

2）命令的输入

在命令的输入过程中，还需要注意以下几点。

（1）命令行提示符：是 Linux 命令行界面的标志，可分为普通用户和管理员用户两种。普通用户的提示符是$，例如[root@rhel7 ~]$，$表示当前的用户身份为普通用户。

Linux 管理员用户 root 的命令提示符是#，通过#提示符，用户可以判断自己的身份为管理员，例如[root@rhel7 ~]#，这表示当前的用户身份为管理员。

由于在 Linux 系统中，用户使用某个账号进行系统登录后，还可以使用相应的命令将用户身份转换为其他角色的用户，以实现不同权限的操作，因此命令提示符是用户判断当前身份状态的重要依据。

（2）空格的使用：在 Linux 命令的输入过程中，命令字、命令选项和命令参数之间都需要使用空格进行分隔，空格符的数量至少为 1 个，因为只有使用空格对命令中的各部分进行分隔，Linux 系统才能够正确地理解命令所表示的含义。

另外,同一处地方无论空多少格,Linux 都视为一格。

(3)回车的使用。在 Linux 命令行状态下输入命令,总是以回车符作为所输入命令的结束,表示确认这个命令的输入。在没有回车前,命令行上输入的所有内容都处于编辑状态,可以进行任何的编辑修改。一旦回车,命令会立即送达 Linux 系统进行执行。

3)Linux 的帮助系统

在掌握 Linux 命令的通用格式之后,就可以进行具体命令的学习了。Linux 命令众多,除了查阅书本和手册之外,用户会更愿意使用命令的在线帮助查询所需的内容。在 Linux 中,命令又可以分为内部命令和外部命令,凡是属于系统 Shell 自带的命令,就是内部命令,其他命令或应用程序就属于外部命令。

Linux 中对命令提供的在线帮助形式有以下几种。

(1)help 命令。

Shell 命令是 Linux 系统中使用频率最高的一类命令,Linux 系统启动后,Shell 始终驻留内存,执行 shell 命令时不需要读取硬盘中的执行文件,因此执行的速度快。

Shell 命令可以理解为系统的内部命令。Linux 系统中只有少数命令属于 Shell 命令。

Bash 是 Linux 系统中默认使用的 Shell 程序。help 命令可以提供 Bash 中所有 Shell 命令的帮助信息。一是显示 Bash 的命令列表,单独执行 help 命令时,将显示 Bash 中包括的 Shell 命令的列表;二是获得单独 Bash 命令的帮助信息,如 help cd 将显示 cd 的帮助命令。另外,help 命令本身也属于 Shell 命令,因此 help 命令可以获得自身的帮助。

(2)使用"--help"命令选项。

Linux 系统中大多数命令都属于非 Shell 命令,即外部命令。当执行外部命令时,先要从文件系统中读取命令对应的执行文件,然后再执行。

Linux 中很多外部命令都提供了--help 选项,当命令与--help 选项配合时,只显示该命令的帮助概要信息,而不执行其他操作。

--help 选项提供的命令帮助以比较简要的形式为用户提供命令的常用格式、命令选项等信息,便于用户快速查询。

(3)man 命令。

手册页(manual page)帮助是 Linux 系统中查询命令帮助信息的通用形式。无论是 Shell 命令还是非 Shell 命令,通常都提供手册页形式的帮助信息。

由于 man 命令采用了全屏幕的文本方式显示命令的手册页,在该环境阅读的过程中可以进行如下操作。

- 上下单行移动:使用上、下方向键可以将屏幕内容上移或下移 1 行。
- 上下翻屏:使用 Page Up 和 Page Down 键可以向上或向下进行翻屏。
- 退出阅读环境:使用 Q 键可以随时退出手册页的阅读环境。

手册页提供的命令帮助内容非常全面，用户通过手册页几乎可以查询到命令的所有选项和用法，并且手册页适用于包括 Shell 命令在内的所有系统中的命令。因此，熟练掌握 man 命令阅读手册页帮助信息是学习 Linux 命令的好方法。

例如，man cp，会显示参考手册页中的 cp（copy）命令。参考手册页是 Linux 下的标准 HELP 系统，含有很多细节和非常技术化的信息，一般新手要花点力气才能看懂，但是非常有用。

（4）info 命令。

信息页（info page）是 Linux 中提供的与手册页类似的另一种帮助信息的形式，信息的内容需要使用 info 命令进行阅读。

例如，info cp，会显示 cp（copy）命令的帮助文件。通常 info 包含的信息和 man 相似，但 info 可以显示更完整的最新信息。不过 info 的浏览功能不是很直观，所以大多数人用 man 比较多。另外还有一个 pinfo，是 info 的替代品（可能是因为比 info 容易用的缘故）。

（5）其他帮助信息。

RedHat Linux 的 CD 里包含了许多资料，一部分是 HTML 格式，一部分是纯文本格式，用户在安装之前可以在 MS Windows 环境下阅读所有资料。

例如，RedHat 手册可以利用 Windows 上的 HTML 浏览器阅读，只要打开 D:\doc\rhmanual\manual\index.html 就可以了（这里假设 CD-ROM 的驱动器号在 Windows 下是 D），也可以看\doc\LDP 目录下的 Linux 文档计划手册。例如，可以用浏览器打开 doc\LDP\sag\sag.html 阅读 Linux 系统管理员指南，还可以看\doc\HOWTO 目录下的 HOWTO 文档、\doc\HOWTO\mini 目录下的迷你 HOWTO 和\doc\FAQ 目录下的 FAQ（常见问题）中的各种问题。

另外，如果忘记了想要用的命令的准确名字，用户可以用 apropos 试试。例如，要想得到一组和 copy 有关的命令，可以输入如下命令。

apropos copy

或者

whatis copy

whatis 命令和 apropos 相似，但 whatis 必须要做关键字的匹配，输出结果也比较简单。而 apropos 会对整个数据库搜索（关键字及其描述），并输出详细信息。

在一些使用菜单的程序中，如在设置系统服务用的 ntsysv（或 setup）中，还可以按 F1 键了解某个服务具体是做什么的。

事实上，Linux 最主要、最丰富的帮助来自于互联网，Linux 本身就是依靠互联网的协助完善并形成系统的。在互联网上有大量的 Linux 爱好者和社区，提供了很多详尽的帮助。所以用户要善于从互联网上寻找 Linux 的帮助。

4）目录操作命令

目录是文件的容器，用于存放文件。同时目录又是一类特殊的文件，可以存放其他目录。在某个目录中存放的其他目录叫作这个目录的子目录。

对目录操作的基本命令如下所述。

（1）列目录命令 ls：用于显示文件或目录的信息，在 ls 命令的基本语法中可以使用文件名和目录作为命令参数，这个命令就相当于 DOS 下的 dir 命令一样，也是 Linux 控制台命令中最为重要的几个命令之一。ls 最常用的参数有-a、-l 和-F 三个。当 ls 命令未使用任何文件或目录名作为参数时，即 ls 命令使用默认参数时，将显示当前目录中的内容。

ls 命令默认以短格式显示文件和目录信息，即只显示文件和目录的信息，如果需要查看更详细的文件资料，就要用到 ls –l 这个指令。

在 Linux 中用长格式列目录命令 ls –l 时，显示结果为：-rwxrw-r--5 user group 1089 Nov 18 2009 filename，其中列出的每个字段都有自己的含义，它们的对应关系见表 4-4。

表 4-4　ls 命令输出结果含义

-rwxrw-r--	5	user	group	1089	Nov 18 2009	filename
存取权限	链接数	用户	组名	字节数	最后修改时间	文件名

ls 命令使用目录名作为参数时，将显示指定目录中的内容，即目录中所包括的文件和目录的列表，而不是显示目录文件本身的信息。

Linux 系统中以.开头的文件被系统视为隐藏文件，但仅用 ls 命令是看不到它们的。用 ls –a 指令除了显示一般文件名外，隐藏文件也会显示出来。

如果想要在列出的文件或目录的名称后加一个符号来表示文件的属性，则可以用 ls –F 显示。可以看到，可执行文件后加了个*符号，目录后面则加了个/符号。

（2）显示当前目录 pwd：用于显示用户当前所在的目录，该命令可以有效地帮助用户了解自己当前所在的目录。pwd 命令使用简单，不需要任何参数，通常也不需要使用命令选项。

（3）目录更改命令 cd：用于改变用户当前目录到其他目录，它的使用方法和在 DOS 环境下没什么两样。但和 DOS 不同的是，Linux 的目录对大小写是敏感的，如果大小写拼写有误，cd 命令操作是成功不了的。另外，如果直接输入 cd，后面不加任何东西，会回到使用者自己的家目录（home 目录，又叫宿主目录）。假设是 root 用户，那就是回到/root 目录。这个功能同 cd ~是一样的，~也代表用户的宿主目录。

宿主目录是用户登录 Linux 系统后用户默认所在的目录，因此又称为用户登录目录。例如，无论用户 teacher 当前在哪个目录下，执行 cd 或 cd ~命令后都会转换到/home/teacher 目录。

Linux 中使用..（两个英文句点）表示当前目录的父目录（上一级目录），因此使用 cd..命令可以由当前目录进入当前目录的父目录，即退到当前目录的上一级目录。Linux 中使用/符号表示根目录，因此，cd /命令可以从任何目录直接进入根目录。由此可以看出，在 Linux 中有两种表示目录（文件）路径的形式：一是相对路径，是以 . 或 .. 开始的目录路径表示形式，. 表示当前目录，即路径以当前目录为参照，例如 . /test 表示当前目录下的 test 目录（文件）；.. 表示当前目录的父目录，即路径以当前目录的父目录为参照，例如 .. /test 表示当前目录的父目录下的 test 目录（文件）。目录（文件）的相对路径表示依赖于用户当前所在的目录；二是绝对路径，是以/根路径开始的路径表示形式。/表示 Linux 文件系统的根目录，因此在任何时刻, /home 目录总是表示根目录下的 home 目录。目录（文件）的绝对路径表示不依赖于用户的当前目录。

相比较而言，使用相对路径表示目录（文件）路径形式灵活多变，通常使用于表示当前目录"附近"的目录（文件）；而绝对路径常用来表示 Linux 系统中目录结构相对稳定（不经常改变）的目录（文件）；因此在选择使用相对路径或绝对路径时，应根据实际情况进行决定。

例如，使用绝对路径进入/home 目录，可执行 cd /home 命令。假设当前目录为/etc，使用相对路径进入/home 目录，可执行 cd ../home 命令。

（4）新建目录命令 mkdir：用于建立空目录。mkdir 命令使用目录名作为参数，建立指定名称的空目录。命令参数指定的目录名称不能与同目录中的其他文件或目录重名，否则无法正确建立目录。

mkdir 命令可以同时使用多个目录名作为参数，即使用同一条 mkdir 命令建立多个目录。

（5）删除目录命令 rmdir：用于删除指定的空目录。rmdir 命令使用目录名作为参数，指定名称的目录必须是空目录（目录中没有任何文件和目录），否则目录不能成功删除。因此在删除某个目录前，需要先确认该目录是空目录，如为非空，需要先将目录中的文件或子目录删除，然后再删除该目录。与 mkdir 命令建立多个目录类似，rmdir 命令也可以接受多个目录参数，即可以在同一条 rmdir 中删除多个空目录。例如命令# rmdir 4 5 6。

与 DOS、Windows 不同，在 Linux 系统中，目录和设备都被视为文件（事实上所有东西都被看作文件），共有如下所述 4 种文件类型。

- 普通文件：即通常所说的文件，包括文本文件、C 语言源代码、Shell 脚本（由 Linux Shell 负责解释的程序）、二进制的可执行程序和各种类型的数据。在长格式列目录文件时，行首前用符号-表示。
- 目录文件：即通常所说的目录，在长格式列目录文件时行首前用字母 d 表示。
- 特殊文件：比如字符设备文件，如显示器、打印机、终端等，在长格式列目录文件时，行首前用字母 c 表示；块设备文件，如硬盘、软盘、光盘等，在长格式列目录文件时，行首前用字母 b 表示。
- 链接文件：链接文件有点类似于 Windows 系统下的所谓快捷方式，但并不完全相同。链接有两种方式，即软链接和硬链接。

5）文件操作命令

Linux 系统中拥有相当多的文件操作命令，按照功能进行划分，包括类型查看、文件建立、复制、删除、移动等多种类型。

（1）文件类型查看命令 file：用于查看文件的类型。file 命令可使用文件名作为参数，自动识别并显示指定文件的类型。file 命令能够识别 Linux 系统中大多数文件的类型，包括文本文件、二进制可执行文件、压缩文件等。

由于 Linux 系统中不强制使用文件扩展名（如.txt 等）来表示文件的类型，在不确定某个文件的类型时，经常需要使用 file 命令查询文件的类型。

（2）新建文件命令 touch：用于新建指定文件名的空文件，使用文件名作为参数。当 touch 命令中的参数指定的文件不存在时，touch 命令将按照参数中的文件名字建立文件，该文件为空文件，文件的大小为 0 字节。当 touch 命令中的参数指定的文件存在时，touch 命令将更新该文件的时间属性，但是不会对文件的内容进行任何改变。

touch 命令通常应用于为满足某些需求（如实验、测试）而建立临时文件的场合。

（3）复制文件命令 cp：用于复制文件（目录），将源地址文件（目录）复制到目标地址，相当于 DOS 环境下的 copy 命令。具体用法是 cp-r 源文件（source）目的文件（target），参数 -r（代表递归 recursive）是指连同源文件中的子目录一同复制。

（4）删除文件命令 rm：用于删除文件，由于在 Linux 系统中删除文件是不可恢复的，因此使用 rm 命令删除文件时需要格外小心。rm 命令常用的参数有-i、-r、-f 三个。rmdir 命令只能删除空目录，但是用 rm 命令可以删除非空目录，这要用到-r 参数。这个操作可以连同这个目录下面的子目录都删除，功能比 rmdir 更强大，不仅可删除指定的目录，而且可以删除该目录下的所有文件和子目录。

在使用删除命令时，为慎重起见，可以用-i 参数。比如，现在要删除一个名字为 text 的一个文件，输入命令，rm-i test，系统会询问是否要删除 test 文件，按 Y 或 N 键可以确认是否要删除 test 文件。与此相反，rm-f 命令可以不经确认强制删除文件。

（5）文件移动与文件重命名 mv：用于对文件（目录）进行移动和重命名。mv 命令与 cp 命令的格式非常相似，例如 mv /tmp/xxx.tar /root，该命令将/tmp 目录下的 xxx.tar 文件移动到/root 目录下，而 mv aaa.tar bbb.tar 命令则是将当前目录下的文件 aaa.tar 更名为 bbb.tar。

文件移动与文件复制的不同之处是，文件复制在生成源文件副本到目的目录的同时保持源文件不变，文件移动只生成目标文件而不保留源文件，因此在使用 cp 命令和 mv 命令时需要掌握两者之间的异同。

（6）查找文件命令 find：是 Linux 中功能非常强大的文件和目录查找命令，可以根据文件的大多数属性对文件进行查找。因此 find 命令的使用形式也比较多变，基本的命令格式为 find [path] [expression]。

find 命令的第一个参数是需要查找的文件的路径，即要在哪个（些）目录中查找符合条件的文件，查找路径参数可以是 0 到多个，如果省略查找路径，将在当前目录中进行查找；如果查找路径为多个，find 命令将在多个目录中分别进行查找。

find 命令的最后一个参数是查找表达式，即进行文件查找的条件，只有符合查找表达式的文件才会显示在 find 命令的输出结果中。如果省略查找表达式，则视为任何文件均满足条件，将显示查找目录中的所有文件（目录）。

find 命令如果不指定任何查找路径和查找条件，即不使用任何参数，将显示当前目录树中的所有文件（目录）的列表。例如如下命令。

find . -name 1.txt：在当前目录及其子目录下查找文件 1.txt。

find /tmp -name 1.txt：在 /tmp 目录及其子目录下查找文件 1.txt。

find 命令最常用的功能就是按照文件名进行查找，表达式为-name filename。

find 命令中还支持相当丰富的查询表达式，用于更多的条件查询，使用时可以查询 find 命令的手册页获取帮助信息。

6）文本文件查看命令

文本文件查看命令包括 cat、more 和 less 等，这些命令在功能上略有不同，但是都可以实现文本文件的查看功能。

（1）cat 命令：用于实现最简单的文本文件查看，将文本文件名作为 cat 的参数时，cat 命令将在屏幕上显示文件的内容。

例如，使用 cat 命令可以查看/etc 目录下的 passwd 文件。

passwd 文件是 Linux 系统的用户账号文件，是文本文件，因此可以使用 cat 命令查看其内容。

cat 命令在显示文本文件的内容时不进行停顿，一次性将文件的所有内容显示输出到屏幕上，对于内容较长的文件，在快速滚屏显示之后，只有最后一页的文件内容保留在屏幕中显示，因此 cat 命令不适合查看长文件。

（2）more 命令：可以分屏显示文件中的内容，当文件的内容超出屏幕的显示范围时，将显示文件开始的一屏内容，并停顿等待用户按键继续显示剩余的内容，屏幕的最下方会显示当前（最后一行）内容在整个文档中的位置（以百分比表示）。

在 more 命令显示界面中输入 h，可以显示 more 命令的帮助信息。

（3）less 命令：对 more 命令的功能做了一定的扩展，更加适合于进行较大文本文件的阅读浏览。less 命令使用文本文件的名字作为参数，分屏显示指定文件的内容。例如如下命令。

$less
/etc/passwd

less 命令以全屏的模式显示文本文件，用户在阅读文件时始终在 less 的阅读环境界面中进行操作，阅读环境屏幕的最后一行是当前被显示文件的名称。

less 命令除了能够提供更加方便的文本浏览按键外，还有一点与 more 命令不同，当文件内容显示到文件尾时，less 命令不自动退出阅读环境，而是等待用户继续进行按键操作，这样更加有利于对文件内容的反复阅读。在 less 命令阅读环境中，用户可以使用 Q 键退出，否则将始终处于阅读环境中。另外，使用 more 命令显示文件时，只能向下翻页；不能向上翻页，而 less 则可以上下翻页。

（4）head 命令与 tail 命令：一对文本文件局部显示命令，head 命令显示文件头部，默认 10 行；tail 显示文件尾部，默认 10 行。通过使用命令选项-n，可以设置显示文件的前 n 行或后 n 行，例如如下命令。

$head -5 /etc/passwd
$tail-5 /etc/passwd

由此可以看出，这些文本查看命令有各自的特点，cat 不能分屏显示；more 适合查看多页文件，可以分屏显示，但是不能在分屏显示的时候向上翻页；less 则不但具备了 more 的特点，还可以在分屏显示的时候上下翻页，并通过 less 自带的命令实现更多方便的查阅功能；head 和 tail 则是查看指定的文件头部或尾部内容。

7）用户账号文件

Linux 作为多用户多任务的操作系统，采用了用户账号的权限管理机制，即为系统中的每个用户提供独立的用户账号，用户使用自己的账号和口令登录系统。因此，Linux 系统可以方便地对每个用户进行管理。

（1）passwd 文件：Linux 系统的所有用户账号都保存在/etc/passwd 文件中，该文件是文本文件，系统中的所有用户都可以读取其内容。但是只有 root 用户才可以修改这个文件。

passwd 文件首部的内容是 Linux 系统安装时设置的用户账号，其中第一个账号是系统管理员 root，其他一些系统账号都有各自的用途，大多数系统账号不能用于正常的系统登录。系统中新建的普通用户账户则按顺序保存在 passwd 文件的末尾，每一行使用:分隔开，共有七个字段，代表的信息分别是用户账号的名称、密码、用户号（UID）、用户组号（GID）、用户全名（信息）、用户宿主目录和用户的登录 Shell 等。

- 账号名称：就是账号名称。
- 密码：早期的 UNIX 系统的密码是放在这个文件中的。由于 passwd 文件对于所有用户都是可读的，出于安全性考虑，该文件中没有保存用户的口令，而是用 x 代替了。真正口令文件为 shadow 文件。
- UID：用户识别码（ID）。当 UID 是 0 时，代表这个账号是系统管理员，所以当要生成另一个系统管理员账号时，将该账号的 UID 改成 0 即可（如果创建一个账号叫作 root，而且只是个名称叫 root 的用户，并不是系统管理员，他的 UID 非定为 0）。这也就是说，系统上的系统管理员不见得只有 root。不过，不建议有多个账号的 UID 是 0。另外，系统默认 500 以下的 UID 作为系统的保留账号，500 以上的才是用户自己创建的账号 id。

- GID：组 id，与/etc/group 有关，是用来规范 group 的。
- 家目录：用户的宿主目录。以 root 为例，root 的家目录在/root，所以当 root 登入后，就会自动进入/root。如果有个账号的使用空间特别大，想要将该账号的家目录移动到其他的硬盘去，可以在这里进行修改。
- 用户信息说明栏：基本上没有什么重要用途，只是用来解释这个账号的意义，或说明性文字。
- Shell：指定用户登录以后使用的 Shell，默认是/bin/bash。也可以指定一个命令来代替 Shell，让账号无法登入。比如/sbin/nologin，这个经常用来制作纯 pop 邮件账号者。

（2）shadow 文件：在早期的 UNIX 操作系统中，用户的账号信息和口令都是保存在 passwd 文件中的，尽管系统已经对口令进行了加密，并且以密文的方式保存在 passwd 文件中，但是 passwd 文件对于系统中的所有用户都是可读的，口令是比较容易被破解的，存在着较大的安全隐患。为了加强 UNIX 系统的安全性，用户口令已经不保存在 passwd 文件中，而是使用独立的 shadow 文件保存用户口令。

Linux 系统中采用了安全的用户账号保存方式，使用 shadow 文件保存密文的用户口令，使用 passwd 文件保存用户账号的其他信息。passwd 文件对 Linux 系统中的所有用户都是可读的，而 shadow 文件只有管理员用户 root 才可以读取其中的内容。例如如下示例。

```
$ ls -1 /etc/passwd/etc/shadow
$ cat /etc/shadow
cat：/etc/shadow：PermisSion denied
```

这里可以看到，访问被拒绝。

由于 shadow 文件保存的口令密文有可能被破解，因此管理员用户一定不要将 shadow 文件以及文件的内容泄露给他人，否则会造成很大的安全隐患。

8）添加用户命令 adduser

adduser 命令用于添加用户账号，在 adduser 命令中需要指定用户登录名作为必要的参数，即 adduser 命令将建立指定登录名的用户账号，其格式为 adduser [-d home] [-s shell] [-c comment] [-m [-k template]] [-f inactive] [-e expire] [-p passwd] [-r] name。命令格式中除 name 外的选项都是可选用的。

Linux 系统中还有一个命令 useradd 也是创建用户命令，这个命令和功能 adduser 是一样的，区别只是命令名称不同。

（1）adduser 命令在建立用户账号时进行了以下几项任务。

- 在 passwd 文件和 shadow 文件的末尾建立用户账号的记录。
- 如果 adduser 命令中未指定用户所属的组，adduser 命令将在系统中自动建立与用户名同名的组，在 group 文件的末尾将添加相应的组账号记录；与用户名同名的组建立后，adduser 会自动设置用户属于同名的组，即用户是同名组的成员。关于 Linux 系统的组账号，这里暂不进行详细的讲解。
- 在/home 目录下建立与用户名相同名称的宿主目录，并在该目录中建立用户的初始配置文件。

（2）使用 passwd 命令初始设置用户口令。

adduser 命令在建立用户账号时，默认不设置用户口令，出于安全考虑，没有口令的账号是不能在 Linux 中登录的。因此建立的用户账号即使存在，也不能用于系统登录。所以需要使用 passwd 命令对用户账号设置口令后才能够正常登录。

passwd 命令用于为指定用户账号设置口令，命令的基本格式为# passwd [选项] 用户账号。

passwd 命令执行时，将提示用户输入需要设置的口令，用户输入口令时是没有字符回显的，因此为了避免用户输入的口令错误，passwd 命令将提示用户连续两次输入要设置的口令，如果两次输入的口令相同，表示用户输入的口令正确，passwd 命令将对口令进行加密，并保存密文的口令到 shadow 文件中。

使用 passwd 命令对用户账号设置口令后，用户就可以使用用户名和对应的口令登录系统了。

另外，/etc/shadow 这个文件和 passwd 文件一样，用:作为分隔符，共九个字段，最重要的是第二个字段。第二个字段中存放的就是经过加密后的用户密码，虽然这些加密过的密码很难被解出来，但是"很难"不等于"不会"。如果是在密码栏（就是第二个字段）的第一个字符为*或者是!，表示这个账号被禁止登录。因此，如果要临时禁止某个用户登录，可以在这个文件中将密码字段的最前面加一个*或者！字符。实际上，passwd 命令的作用就是修改/etc/shadow 这个配置文件。passwd 还可以带一些参数，比如 passwd -l 用户表示暂时禁止用户登录（锁定用户），passwd -u 用户表示解除禁止。

（3）用户登录后的口令更改。

用户从管理员手中接收用户账号，并成功登录 Linux 系统后的第一件事情应该就是更改用户口令，只有这样才能最大限度地保证用户账号的安全。

要特别注意的是，passwd 命令后不接指定的用户，则默认是修改当前用户的口令，例如# passwd，这代表修改 root 用户的口令；# passwd test01 代表修改 test01 用户的口令。

为了提高系统的安全性，一般需要设置复杂口令（字母、数字、特殊符合的组合）。普通用户如果设置过于简单的口令，可能会因为 Linux 不接受而导致 passwd 更改口令失败。

9）删除用户命令 userdel

要删除一个账户（必须是 root 用户），可以用 userdel 命令，格式为 userdel [–r] 用户名。

userdel 命令在删除用户时，默认不会删除掉用户的宿主目录（用户可以手动删除宿主目录），如果需要在删除用户的同时一起删除用户的宿主目录，需要带-r 参数。

10）修改用户属性命令 usermod

当系统管理员建立了某个用户账号后,可以随时使用 usermod 命令设置用户账号的所有属性，主要参数的具体说明如下。

- -c：账号的说明，即/etc/passwd 第五栏的说明栏。
- -d：接账号的家目录，即修改 /etc/passwd 的第六栏。
- -e：指定账号使用的过期日期，格式是 YYYY-MM-DD。用户账号过期后，将不能进行正常的 Linux 系统登录。
- -g：后面接组名称，修改/etc/passwd 的第四个字段，即 GID 字段。
- -l：后面接账号名称，即修改账号名称，/etc/passwd 的第一栏。
- -s：后面接要指定的 Shell，例如/bin/bash 或 /bin/csh 等。
- -u：后面接 UID，即 /etc/passwd 的第三栏。
- -L：暂时将使用者的密码冻结，让其无法登录。修改/etc/shadow 的密码栏。
- -U：将/etc/shadow 密码栏的!去掉，解禁。

usermod 命令可以配合不同的选项修改用户账号的众多属性，包括用户号（UID）、用户所属组、用户宿主目录、用户 Shell 和用户口令等，这些属性大多保存在 passwd 文件和 shadow 文件中。比如创建了一个普通用户，想修改这个用户成为管理员，可以利用命令：# usermod –u 0 testuser。

usermod 命令最常用的功能之一是禁用和启用用户账号，当某个用户账号由于某种原因需要暂停使用时，可以禁用该账号；当需要使用该账号时，可以重新启用该账号。

11）修改用户模板

在系统管理员添加用户账号时，adduser 命令会在/home 目录下建立用户的宿主目录，并在用户的宿主目录中建立用户的初始配置文件。这些用户宿主目录中的初始配置文件来源于/etc/skel 目录，该目录中的文件相当于用户配置文件的模板，在每次新建用户账号时，adduser 命令都会从/etc/skel 目录中复制配置文件到用户的宿主目录中。

用户宿主目录中的配置文件是用于配置用户环境的 Shell 脚本，用户登录系统后，可以根据自己的需求对配置文件进行相应的修改。

修改/etc/skel 目录中默认的配置文件模板，这样在以后建立的用户账号都将使用新的模板文件复制到宿主目录中。如果要手动添加用户，就需要把这个模板复制到相应用户的宿主目录下。

12）切换用户命令 su

切换用户的命令 su 可以让一个普通用户临时拥有超级用户或其他用户的权限，也可以让超级用户以普通用户的身份做一些事情。出于安全的考虑，通常是实现以一个普通用户的身份登录系统进行管理，如果需要用到管理员的身份权限，再用 su 命令切换到管理员账号进行管理。这样可以保证不会出于某种原因误删了某些文件，或进行了只有管理员才能做的误操作。su 命令的格式为# su [参数选项] [使用者账号]，参数说明如下。

- -c：执行一个命令后就结束。
- - ：加了这个减号参数，则会带环境变量转换，这样比较安全。
- -m：保留环境变量不变。

注意，若没有指定切换账号，则系统默认切换为超级用户 root。

13）用户组管理

在 Linux 系统中，用户的权限由用户账号拥有的权限和用户所属组账号拥有的权限两部分组成，属于同一个组账号中的所有用户可以从用户组中继承相同的组权限。这样，Linux 系统通过用户账号和组账号就可以较好地实现权限的分级管理。

（1）添加用户组：Linux 的用户组文件位于/etc 目录中，文件名称是 group，该文件用于保存 Linux 系统中的所有用户组账号的信息。

（2）添加用户组命令 groupadd：用于在 Linux 系统中添加用户组，命令的基本格式为 groupadd [-g gid [-o]] [-r] [-f] group。

使用 groupadd 命令建立用户组后，在用户组文件 group 中会存在对应的用户组记录。

（3）删除用户组命令 groupdel：用于用户组的删除，命令的格式为 groupdel group_name。

groupdel 命令的格式比较简单，使用需要删除的组账号名称作为参数，删除指定的用户组，命令其实是通过删除 group 文件中用户组的记录来实现对指定用户组的删除。

（4）更改用户的组账号命令 usermod：可以更改用户所属的用户组，命令格式为 usermod [-g group] name。

usermod 用-g 选项设置新的组名称，指定用户账号所属的用户组将更新为命令中设定的用户组。

14）文件权限设定

Linux 系统的文件（目录）对不同的用户和用户组提供了独立的访问权限控制。

（1）查看文件权限：用 ls 命令使用-l 选项，可以查看文件和目录的详细信息。示例见表 4-5。

表 4-5 查看文件和目录的详细信息

-rwxrw-r--	5	user	group	1089	Nov 18 2009	filename
存取权限	链接数	用户	组名	字节数	最后修改时间	文件名

-rwxrw-r--就是这个文件的权限字段。权限字一共有 10 位数，最前面那个-代表的是类型，跟在后面的 9 位分为 3 组，每 3 位作为 1 组，第一组 rwx 代表的是所有者（user）权限，其后紧跟的那一组 rw- 代表的是用户所属组（group）的权限，最后那一组 r--代表的是其他人（other）权限。

- r：表示文件可以被读（read）。
- w：表示文件可以被写（write）。
- x：表示文件可以被执行（如果它是程序）。
- -：表示相应的权限还没有被授予（没有授予就表示拒绝）。

并且，rwx 也可以用数字来代替，举例如下。

即，rw-可以用数字 6 表示，r+w+-的权限换算成数字为 4+2+0=6。

在上述例子中，filename 文件的属主是 user，拥有的权限是可读、可写、可执行；所属组是 group，权限是可读、可写、不能执行；其他用户则只能可读。

通过 ls 命令的详细信息输出结果可以清楚地掌握某个文件的属主和属组，以及属主、属组和其他用户这 3 类用户对文件的操作权限。

（2）更改文件权限：chmod 命令用于更改文件对于某类用户的操作权限。chmod 命令的格式相对比较复杂，除了要指定文件名作为参数外，还需要指定文件权限模式，命令格式为

chmod   [ugoa…]   [+-=]   [rwx]   [数字] 文件

权限模式的格式由[uga…]、[+-=]和[rwx]三部分组成。

- ugoa 表示权限设置针对的用户类别，u 代表文件属主，g 代表文件属组，o 代表系统中除属主和属组成员之外的其他用户，a 代表所有用户。
- +-=表示权限设置的操作动作，+代表增加相应权限，-代表减少相应权限，=代表赋值权限。
- rwx 是权限的组合形式，分别代表读、写和执行，r、w、x 这 3 种权限可以组合使用。数字是对应用户类别的权限 rwx 相加和。例如，r=4，w=2，x=1，则属主权限为 rwx（4+2+1=7）；所属组权限为 r-x（4+0+1=5）；其他用户权限为--x（0+0+1=1）。

使用 chmod 命令可以完成以下权限设置，并查看设置结果。
- 查看文件初始权限。
- 将文件属主权限增加执行权限。
- 将文件属组权限撤销可读权限。
- 设置其他用户权限为可执行。

（3）更改文件的属主和属组：chown 命令用于更改文件的属主和属组，要注意的是，更改的使用者必须是已经存在系统中的用户。命令的基本格式如下。

[root@Linux ~]# chown [-R] 账号名称文件或目录

[root@Linux ~]# chown [-R] 账号名称:属组名称文件或目录

- -R：进行递归（recursive）的持续更改，即连同此目录下的所有文件、目录都更新成为这个用户或群组。常常用在变更某一目录的情况。
- chown 命令可以单独设置文件的属主或属组。

15）使用图形界面管理用户和组

RHEL7 的桌面环境中还提供了图形界面的用户和组管理工具，大大简化了对用户和组管理的复杂度，可以作为用户和组管理的辅助手段。用户管理图形程序允许查看、修改、添加以及删除本地用户和组，同时需要 root 用户或使用 root 认证。

用户和组管理程序可以在 Linux 图形界面下使用命令行和菜单两种启动方式进行启动，两种方式的效果相同，选择使用其中一种即可。

（1）命令行启动：在桌面的虚拟终端程序中输入如下命令可以启动用户和组的图形界面管理程序，例如#system-config-users。

（2）菜单启动方式：在桌面环境中，可以通过菜单启动方式启动用户和组管理程序，提供了以下管理功能。

- 查看当前系统中用户和组的信息。
- 添加用户和组到当前系统。
- 更改系统中的用户和组的设置状态。
- 删除当前系统中的用户和组。

4.3.4　Red Hat Enterprise Linux 7 的基本网络配置

Red Hat Enterprise Linux 7 作为网络服务器已经得到了大量的应用，作为 Red Hat Enterprise Linux 7 的网络管理员，首先必须掌握基础的网络配置。

网络的基本配置在系统安装时就已经完成了，所有配置数据都以文本文件的形式保存在目录/etc 中。Linux 和其他 UNIX 系统一样，可以在运行中进行重新配置。也就是说，几乎所有参数可以在系统运行时就进行更改，且不用重新启动。

常见的网络基本配置就是 IP 地址、网关、DNS 配置等。

1. Linux 网络相关配置文件

在 Linux 下,网卡的标识(Network Interface Card,NIC)是以模块对应名称来代替的,RHEL6 中,默认的第一块网卡编号为 eth0,第二张网卡则为 eth1,依此类推。而在 RHEL7 中,网卡命名方式从 eth0,1,2 的方式变成了 enoXXXXX 的格式,en 表示的是 enthernet,o 表示的是 onboard,XXX 表示的一长串数字则是主板的某种索引编号自动生成的,可以保证其唯一性。

系统中重要的网络配置文件如下。

- /etc/sysconfig/network-script/ifcfg-enoxxx
- /etc/hostname
- /etc/resolv.conf

1)/etc/sysconfig/network-script/ifcfg-enoxxx(网络设置文件)

这是一个用来指定服务器上的网络配置信息的文件,里面可以配置 IP 地址、网关、子网掩码、广播地址和开机时 IP 地址是 DHCP 模式还是静态地址等。其中常见的主要参数的含义说明如下。

```
TYPE=Ethernet      #网络接口类型
BOOTPROTO=static   #静态地址
DEFROUTE=yes
IPV4_FAILURE_FATAL=no
IPV6INIT=yes       #是否支持 IPV6
IPV6_AUTOCONF=yes
IPV6_DEFROUTE=yes
IPV6_FAILURE_FATAL=no
NAME=eno16780032   #网卡名称
UUID=16c93842-a039-4da3-b88a-977eb1201b3f
ONBOOT=yes
IPADDR0=10.0.252.198   #IP 地址
PREFIX0=24   #子网掩码
GATEWAY0=10.0.252.254   #网关
DNS1=61.134.1.4   #DNS 地址
HWADDR=00:50:56:95:23:CE   #网卡物理地址,使用虚拟机需要注意此地址
```

IPV6_PEERDNS=yes

IPV6_PEERROUTES=yes

配置完成后，需要使用 systemctl restart network 命令重启网络服务。

2）/etc/hostname（主机名配置文件）

该文件包含了 Linux 系统的主机名。

[root@redhat ~]#vi /etc/hostname 修改配置文件中的 redhat 为 redhat-64，保存文件，然后重新登录，此时，主机名已经更改。

```
[root@redhat-64 ~]# hostnamectl status
    Static hostname: redhat-64
```

表明静态主机名已经修改成功。

3）/etc/resolv.conf（域名解析配置文件）

文件/etc/resolv.conf 用来配置 DNS 客户端，也就是在这个文件中指定域名服务器的地址。它包含了主机的域名搜索顺序和 DNS 服务器的地址，每一行应包含一个关键字和一个或多个由空格隔开的参数。

可以 ping 通外部计算机的公共 IP，但却无法打开 Web 网站的错误通常就是因为这个文件里面的 DNS 设置不正确。

2．常见的网络命令

了解上面这几个文件后，进行网络参数配置就很简单了。先了解几个网络方面的命令。

1）ifconfig 命令

程序/sbin/ifconfig 用来查看和配置主机网络接口，包括基本的配置如 IP 地址、掩码和广播地址，以及高级的选项。

ifconfig 命令的基本形式为 ifconfig <interface><IP-address>[netmask<netmask>] [broadcastbroadcast-address]。命令是怎么写的，ifconfig 就怎么执行，它不会检测广播地址是否和 IP 地址和掩码相对应，所以使用时一定要小心。一个接口可以在不进行重新配置的情况下临时地变为不可用和再变为可用。

例 1：启用和禁用一个接口，命令如下。

```
#ifconfig interface down
#ifconfig interface up
```

例 2：查看、检测接口状态，命令如下。

输入 ifconfig 就可以得到网络接口的状态信息。使用 ifconfig -a 命令可以得到所有激活的接口的状态信息。

并不需要用户是 root 用户，所有用户都可以使用 ifconfig 命令查看接口（但是如果用 ifconfig 命令去修改接口参数，就必须要是 root 用户才有权限执行）。它显示接口的所有配置信息，包括接口自己的 IP 地址、子网掩码、广播地址和物理（硬件）地址（硬件地址是由网卡的生产厂商设置的）；也显示接口的状态，如接口是否被使用和是否为回送接口；还可以显示其他信息，如最大传输单元（通过这个接口可以传输的最大数据包的大小）、网卡 I/O 地址和 IRQ 号、接收和发出数据包的数量和冲突。

有时会有一个接口对应多个 IP 地址的情况。例如，对于运行多个服务的服务器来讲，可以让客户通过不同的 IP 地址来访问每个服务，这使得将来对接口的重新配置变得容易（比如将一些服务转移到别的服务器中去）。

注意：ifconfig 命令进行的配置只在当次有效，重新启动后就没有了，所以要永久生效，必须修改/etc/sysconfig/network-script/ifcfg-enoxxx 配置文件。

2）ping 命令

在 Linux 下，ping 命令也是最常用的一个网络命令。其最常用的方法是在命令后跟上主机名或地址。经常使用的参数如下。

- -c：count 只是发送一定数量的数据包，而不是一直运行。
- -n：显示 IP 地址而不是主机名。当找不到 DNS 服务器或 DNS 太费时有用。
- -r：记录路由。在每一个数据包中加入一选项指示在源和目标之间的所有主机将它们的 IP 地址加到数据包中，这样可以得知数据包通过了哪些主机。数据包的大小限制了只能记录 9 个主机。而一些系统并不考虑这个选项，正因为如此，使用 traceroute 更好。
- -q：禁止输出，只显示最终的统计结果。
- -v：详细显示接收的所有数据包，不仅仅是对 ping 命令的回应。

当检查网络问题时，请首先 ping 主机自己的 IP 地址。这可以检测始发的网络接口的设置是否正确。在这之后，可以试着 ping 默认网关等，直到达到自己的目的主机。这样可以很容易地判断出问题的所在。当然，一旦检测到可以到达默认网关，最好使用 traceroute 程序自动地进行这个进程。

Linux 的 ping 命令和 Windows 下有稍微的区别，Linux 下的 ping 不会自己停止，除非按 Ctrl+C 组合键中断，而且丢包不会出现超时（timeout）提示，只能根据序列号（seq number）判断是否丢包；Windows 下 ping –l 等同于 Linux 下的 ping –s，表示指定包大小。

3）traceroute 测试网络连接路径

traceroute 是 TCP/IP 查找并排除故障的主要工具，它不断用更大的 TTL 发送 UDP 数据包，并探测数据经过的网关的 ICMP 回应，最后得到数据包从源主机到目标主机的路由信息。

traceroute 的工作原理是，traceroute 首先发送 TTL 为 1 的数据包，数据到达一个网关，可能为目标主机或不是，如果为目标主机，这个网关发送一个回应数据包；如果不是目标主机，网关将递减 TTL。因为 TTL 现在为 0，网关删除数据包并返还一个数据包声明此事。不管发生了什么，traceroute 程序都会探测到回复数据包。如果数据已经到达目标主机，它的任务就完成了。如果并没有到达目标主机，它会将 TTL 递增 1（这时为 2）并发送另一个数据包。这一次第一个网关递减 TTL（到 1）并将数据包传送到下一个网关，这个网关将做同样的事，就是确认是否为目标主机并递减 TTL。这个过程将一直进行，直到到达目标主机或 TTL 到达它的最大值（默认为 30，可以使用-mmax_ttl 选项进行修改）。对于每个 TTL，traceroute 将发送 3 个数据包，并报告每个数据包所花费的往返时间。这个功能可以用来检测网络瓶颈。traceroute 通常使用和 ping 一样的方式，将目标地址作为命令参数，例如# traceroute 192.168.1.1。

4）route 命令

/sbin/route 命令控制着内核中的路由表，这个表使内核了解到，在数据包离开主机后将会完成什么操作（直接发送到目标主机或到某网关），以及数据包要发送到的网络接口。

route 命令的一般形式为 route [options] [command [parameters]]。

（1）浏览路由表：route 命令的最简单形式（没有带选项或参数）是显示路由表。所有用户都可以使用这种形式的命令，输出信息总共包含如下所述 8 列。

第 1 列（Destination）：表明路由的终点。如果在文件/etc/hosts 或/etc/networks 中包含有对应的项，则名称将会被替换。default 表示默认网关。

第 2 列（Gateway）：表明数据包传送到目标要经过的网关。星号（*）表明数据包直接发送到了目标主机上。

第 3 列（Genmask）：表明应用于这条路由的掩码，这个掩码作用于 Destination 列中的值。

第 4 列（Flags）：可能含有多个值，常用的标志如下。

- U：路由是可用的。
- H：目标为一主机。这是到指定主机的静态路由。
- G：使用网关。数据包不会被直接送到目标主机，而是使用网关代替。

第 5 列（Metric）：表明到目标的距离。这由一些路由守护程序来自动计算出到达目标的最佳路由。

第 6 列（Ref）：在 Linux 中并没有使用。在其他 UNIX 系统中，它表示这个路由引用的数量。

第 7 列（Use）：内核寻找路由所使用的时间量。

第 8 列（Iface）：表明数据包进行传输的接口。

（2）数字格式输出：可以使用-n 选项，它将不做主机或网络名称的查找，只是显示数字地址。

可以看出，default 目标和*网关被地址 0.0.0.0 代替。这种输出格式比标准的输出格式更实用，因为这里对数据的去向没有不明确的表示。

（3）route 命令可以在路由表中加入或删除路由，使用 add|del 参数就可以实现。add 和 del 命令将分别表示是想要增加还是删除一个路由。还有可选的选项-net 或-host，表明是想使操作在一网络路由中进行，还是对一个主机路由。

5）检测 DNS 解析状态

nslookup 可用来诊断域名系统（DNS）基础的信息。当然，只有在已安装 TCP/IP 协议的情况下才能使用 nslookup 命令行工具。

nslookup 有交互式和非交互式两种模式。如果仅需要查询某个域名的解析，可使用非交互式模式。如果需要查找多个域名解析或更详细的信息，可使用交互式模式。

使用 nslookup 交互模式进行域名查询，一些有关在交互式模式下工作的提示如下。

- 要随时中断交互式命令，请按 **Ctrl+B** 键。
- 要退出，请输入 exit。
- 要将内置命令当作计算机名，请在该命令前面放置转义字符（\）。

如果查找请求失败，nslookup 将打印错误消息。

3. 使用工具进行网络配置

1）NetworkManager 管理器

NetworkManager 管理器运行在命令行界面下，用户可以使用 nmcli 工具配置和管理网络，如图 4-66 所示。

```
[root@redhat-64 ~]# nmcli device show
GENERAL.设备:               eno16780032
GENERAL.类型:               ethernet
GENERAL.硬盘:               00:50:56:95:23:CE
GENERAL.MTU:                1500
GENERAL.状态:               100 (连接的)
GENERAL.CONNECTION:         eno16780032
GENERAL.CON-PATH:           /org/freedesktop/NetworkManager/ActiveConnection/2
WIRED-PROPERTIES.容器:      开
IP4.地址[1]:                ip = 10.0.252.198/24, gw = 10.0.252.254
IP4.DNS[1]:                 61.134.1.4
IP6.地址[1]:                ip = fe80::250:56ff:fe95:23ce/64, gw = ::

GENERAL.设备:               lo
GENERAL.类型:               loopback
GENERAL.硬盘:               00:00:00:00:00:00
GENERAL.MTU:                65536
GENERAL.状态:               10 (未管理)
GENERAL.CONNECTION:         --
GENERAL.CON-PATH:           
IP4.地址[1]:                ip = 127.0.0.1/8, gw = 0.0.0.0
IP6.地址[1]:                ip = ::1/128, gw = ::
```

图 4-66 用 nmcli 工具查看网络信息

2）图像工具 nmtui

图像界面下，在终端执行 nmtui 命令，根据其图形界面提示，进行网络配置。

第 5 章　Windows Server 2008 R2 应用服务器的配置

5.1　IIS 服务器的配置

5.1.1　IIS 服务器的基本概念

IIS 即因特网信息服务器（Internet Information Server），是由微软公司提供的基于 Windows 操作系统运行的互联网基本服务，在组建局域网时，可利用 IIS 来构建 WWW 服务器、FTP 服务器和 SMTP 服务器等。IIS 服务提供了一个功能全面的软件包，面向不同的应用领域给出了 Internet/Intranet 服务器解决方案。在 Windows Server 2008 R2 中集成了 IIS 7.5，在 IIS 7.0 模块化的基础上，改进了管理型和功能性，开始支持 ASP.net、更多的 PowerShell 命令行和集成 WebDAV 等。

1．WWW 服务

WWW（World Wide Web）是图形最为丰富的 Internet 服务，具有很强的链接能力，支持协作和工作流程，可以给世界各地的用户提供商业应用程序。Web 是 Internet 上主机的集合，使用 HTTP 协议提供服务。基于 Web 的信息使用超文本标记语言，以 HTML 格式传送，它不但可以传送文本信息，还可以传送图形、图像、动画、声音和视频信息。这些特点使得 WWW 成为遍布世界的信息交流的平台。

2．FTP 服务

FTP（File Transfer Protocol，文件传输协议）是在 Internet 中两个远程计算机之间传送文件的协议。该协议允许用户使用 FTP 命令对远程计算机中的文件系统进行操作。通过 FTP 可以传送任意类型、任意大小的文件。Windows Server 2008 R2 中的 IIS 7.5 内置了 FTP 模块。

5.1.2　安装 IIS 服务

不同的 Windows 系统内置的 IIS 版本是各不相同的，Windows Server 2008 R2 为 IIS 7.5，默认状态下没有安装 IIS 服务，必须手动安装。IIS 7.5 包含了 Web 服务器和 FTP 服务器，安装

IIS 服务需要加载以下模块。

- Web 服务器：提供对 HTML 网站的支持和 ASP、ASP.NET 以及 Web 服务器扩展的可选支持。可以使用 Web 服务器来承载内部或外部网站，为开发人员提供创建给予 Web 的应用程序的环境。
- 管理工具：提供用于管理 IIS 的 Web 服务器的基础结构。可以使用 IIS 用户界面、命令行工具和脚本来管理 Web 服务器和编辑配置文件。
- FTP 服务器：支持文件传输协议，允许建立 FTP 站点，用于上传和下载文件。

IIS 服务的安装过程非常简单。选择"开始"→"管理工具"→"服务器管理器"→"角色"命令，在打开的窗口中单击"添加角色"按钮，启动 Windows 添加角色向导。在"角色"列表框中选中"Web 服务器（IIS）"复选框，然后单击"下一步"按钮，如图 5-1 所示。

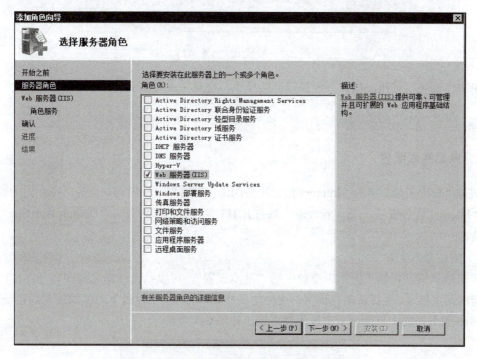

图 5-1　安装 IIS 服务（1）

在"角色服务"列表框中选中"Web 服务器""管理工具""FTP 服务器"复选框，然后单击"下一步"按钮，如图 5-2 所示。IIS 7.5 被分隔成了 40 多个不同功能的模块，管理员可以单击 ⊞ 展开详细服务列表，根据需要安装相应的角色服务，可以使 Web 网站的受攻击面减少，安全性和性能大大提高。

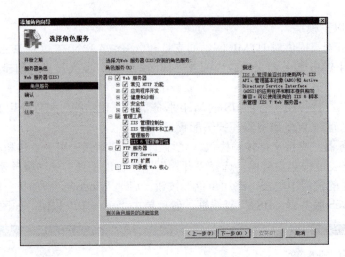

图 5-2　安装 IIS 服务（2）

单击"安装"按钮，按照系统提示继续操作，直到完成安装。

5.1.3　Web 服务器的配置

1．网站基本配置

通过"管理工具"中的"Internet 信息服务(IIS)管理器"来管理网站，然后在弹出的窗口中选择"Internet 信息服务（IIS）管理器"项打开 IIS 主界面，看到名为"Default Web Site"的默认网站。

1）网站基本配置

单击默认网站右侧"操作"窗口中的"基本设置"，可以修改网站名称和物理路径，物理路径指网站主目录，主目录是存放网站文件的文件夹，在这个主目录下还可以任意创建子目录；通常 Web 服务器的主目录位于本地磁盘系统，如图 5-3 所示。

图 5-3　配置 Web 服务器（1）

2）域名和 IP 绑定配置

单击默认网站右侧"操作"窗口中的"绑定",可以配置网站的 IP 地址和绑定网站域名。单击"编辑"弹出"编辑网站绑定"窗口,设置 IP 地址和主机名,主机名即网站域名,如图 5-4 所示。

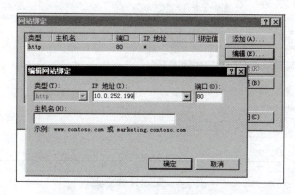

图 5-4　配置 Web 服务器（2）

3）文档配置

双击默认网站右侧主窗口中的"默认文档",可以看到几个默认的主页文件 Default.htm、Default.asp、index.htm 和 iisstart.asp 等,用户可以修改其中任何一个文档来建立自己的网站,如图 5-5 所示。

Web 站点的配置是通过图形用户界面来进行的,读者可以根据提示练习配置网站的过程。

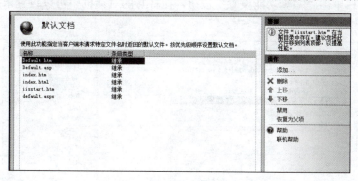

图 5-5　配置 Web 服务器（3）

2．网站的安全性配置

为了保证 Web 网站和服务器运行安全,可以为网站进行身份验证、IP 地址和域名限制的设置，如果没有特别的要求，一般采用默认设置。

身份验证配置：双击默认网站右侧主窗口中的"身份验证"，如图 5-6 所示。

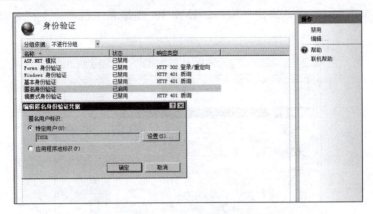

图 5-6 配置身份验证

网站的匿名访问关系到网站的安全问题，用户可以编辑"匿名身份验证"选项栏来设置匿名访问的用户账号。系统中默认的用户权限比较低，只具有基本的访问权限，比较适合匿名访问。

IP 地址和域限制配置：双击默认网站右侧主窗口中的"IP 地址和域限制"，可以对访问站点的计算机进行限制。单击"操作"窗口的"添加允许条目"或"添加拒绝条目"，可以允许或排除某些计算机的访问权限，如图 5-7 所示。

在"操作"栏单击"编辑功能设置"按钮，在打开的对话框中可以设置未指定的客户端的访问权为"允许或者拒绝"。

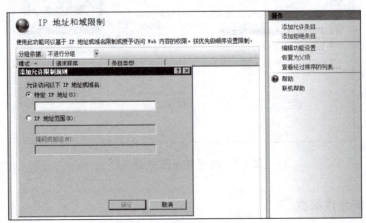

图 5-7 配置 IP 地址和域限制

5.1.4 FTP 服务器的配置

1. 添加 FTP 站点

选择"开始"→"管理工具"→"Internet 信息服务(IIS)管理器"命令，然后在弹出的窗口中，右击"网站"，选择"添加 FTP 站点"，弹出添加 FTP 站点窗口。

（1）设置 FTP 站点名称和物理路径。物理路径即 FTP 主目录，所谓主目录是指映射为 FTP 根目录的文件夹，FTP 站点中的所有文件将保存在该目录中。用户可以把主目录修改为计算机中的其他文件夹，甚至可以是另一台计算机上的共享文件夹，如图 5-8 所示。

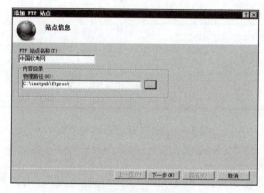

图 5-8　配置站点信息

（2）在"IP 地址"下拉列表中设置该 FTP 站点的 IP 地址。Windows Server 2008 R2 操作系统中允许安装多块网卡，而且每块网卡也可以绑定多个 IP 地址，通过设置 IP 地址，FTP 客户端可以利用设置的这个 IP 地址来访问该 FTP 服务器，在下拉列表中选择一个即可，端口号使用默认的 21 即可，如图 5-9 所示。

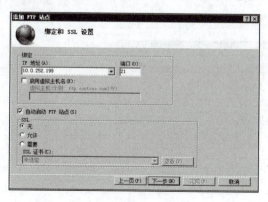

图 5-9　配置 IP 和端口

(3)FTP身份验证有匿名和基本两种方式,为了安全,建议使用基本方式。"授权"栏目,允许访问最好选择指定用户。权限根据需要,可以选择只读或者读写,在"权限"栏目选中相应的复选框即可。单击"完成"按钮,就完成了FTP站点的添加,如图5-10所示。

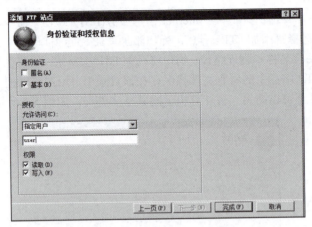

图5-10 配置身份验证和授权

2. IP地址和域限制

双击FTP站点右侧主窗口中的"FTP IPv4 地址和域限制",可以对访问站点的计算机进行限制。单击"操作"窗口的"添加允许条目"或"添加拒绝条目",可以允许或排除某些计算机的访问权限,如图5-11所示。

在"操作"栏单击"编辑功能设置"按钮,在打开的对话框中可以设置未指定的客户端的访问权为"允许"或者"拒绝"。

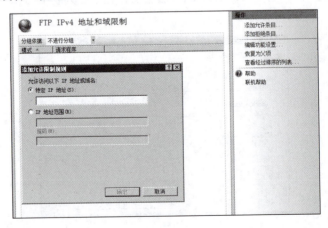

图5-11 配置IP地址和域限制

5.2　DNS 服务器的配置

5.2.1　DNS 服务器基础

域名系统（DNS）服务是一种 TCP/IP 的标准服务，负责 IP 地址和域名之间的转换。DNS 服务允许网络上的客户机注册和解析 DNS 域名。这些名称用于为搜索和访问网络上的计算机提供定位。

域名服务器负责控制本地数据库中的名字解析。DNS 的数据库结构形成一个倒立的树状结构，树的每一个节点都表示整个分布式数据库中的一个分区（域），每个分区可再进一步划分成子分区（域）。每个节点有 1 个至多 63 个字符长的标识，命名标识中一律不区分大小写。节点的域名是从根到当前域所经过的所有节点的标记名，从右到左排列，并用点"."分隔。域名树上的每一个节点必须有唯一的域名，每个域名对应一个 IP 地址，一个 IP 地址可以对应多个域名。

一个域名服务器可以管理一个域，也可以管理多个域，通常在一个域中可能有多个域名服务器，域名服务器有以下几种类型。

（1）主域名服务器（Primary Name Server）：负责维护这个区域的所有域名信息，是特定域所有信息的权威性信息源。一个域有且只有一个主域名服务器。它从域管理员构造的本地磁盘文件中加载域信息，该文件（区文件）包含着该服务器具有管理权的一部分域结构的最精确信息。主服务器是一种权威性服务器，因为它以绝对的权威去回答对本域的任何查询。

（2）辅域名服务器（Secondary Name Server）：当主域名服务器关闭、出现故障或负载过重时，辅域名服务器作为备份服务器提供域名解析服务。辅助服务器从主域名服务器获得授权，并定期向主服务器询问是否有新数据，如果有，则调入并更新域名解析数据，以达到与主域名服务器同步的目的。辅助域名服务器中有一个所有域信息的完整备份，可以权威地回答对该域的查询，因此，辅助域名服务器也称为权威性服务器。

（3）缓存域名服务器（Caching-only Server）：可运行域名服务器软件，但是没有域名数据库。它从某个远程服务器取得每次域名服务器查询的回答，一旦取得一个答案，就将它放在高速缓存中，以后查询相同的信息时就用它予以回答。缓存域名服务器不是权威性服务器，因为它提供的所有信息都是间接信息。

（4）转发域名服务器（Forwarding Server）：负责所有非本地域名的本地查询。转发域名服务器接到查询请求时，先在其缓存中查找，如果找不到，就把请求依次转发到指定的域名服务器，直到查询到结果为止，否则返回无法映射的结果。

另外，读者还需要了解两个概念，一个是正向解析，表示将域名转换为 IP 地址；另一个是反向解析，表示将 IP 地址转换为域名。反向解析时要用到反向域名，顶级反向域名为

in-addr.arpa.，例如一个 IP 地址为 200.20.100.10 的主机，它所在域的反向域名即是 100.20.200.in-addr.arpa。

在 Windows Server 2008 R2 中，使用图形化的方式可以很方便地配置 DNS 服务器。本节主要以使用 Windows Server 2008 R2 中的图形化 DNS 配置工具为例介绍 DNS 服务器配置的具体方法。

5.2.2 安装 DNS 服务器

默认情况下，Windows Server 2008 R2 系统中没有安装 DNS 服务器，因此需要用户手动安装，安装过程如下。

（1）选择"开始"→"管理工具"→"服务器管理器"→"角色"命令，在打开的窗口中单击"添加角色"按钮，启动 Windows 添加角色向导。

（2）在"服务器角色"列表框中选中"DNS 服务器"复选框，并单击"下一步"按钮。安装向导提示，执行至确认界面，单击"安装"按钮，完成 DNS 服务器的安装。

5.2.3 创建区域

DNS 服务器安装完成以后，在"服务器管理器"界面，双击"角色"→"DNS 服务器"，依次展开 DNS 服务器功能菜单，右击"正向查找区域"，选择"新建区域（Z）"，弹出"新建区域向导"对话框。用户可以在该向导的指引下创建区域。下面以创建正向查找区域为例进行说明。

（1）在"新建区域向导"的欢迎页面中单击"下一步"按钮进入"区域类型"选择页面。默认情况下"主要区域"单选按钮处于选中状态，单击"下一步"按钮，如图 5-12 所示。

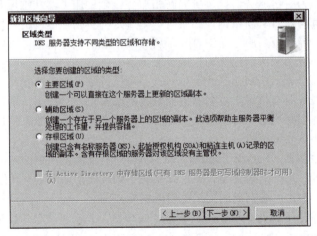

图 5-12　创建正向查找区域（1）

（2）在"区域名称"编辑框中输入一个能反映区域信息的名称（如 test.com），单击"下一步"按钮。

（3）区域数据文件名称通常为区域名称后添加".dns"作为后缀来表示。若用户的区域名称为 test.com，则默认的区域数据文件名即为 test.com.dns，如图 5-13 所示。

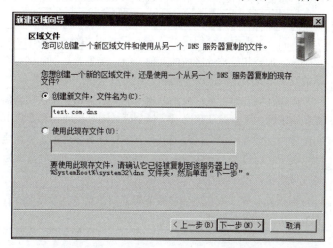

图 5-13 创建正向查找区域（2）

（4）按照向导提示，完成正向查找区域的创建。

5.2.4 配置区域属性

1. 修改区域的起始授权机构（SOA）记录

SOA（Start of Authority）用来识别域名中由哪一个命名服务器负责信息授权，在区域数据库文件中，第一条记录必须是 SOA 的设置记录。

在 dnsmgmt 窗口中单击"起始授权机构（SOA）"数据，如有需要，可以修改起始授权机构（SOA）的属性。要调整"刷新间隔""重试间隔"或"过期间隔"，请在下拉列表中选择以秒、分钟、小时、天或星期为单位的时间段，然后在文本框中输入数字，如图 5-14 所示。

表 5-1 详细描述了设置界面中各选项的意义。

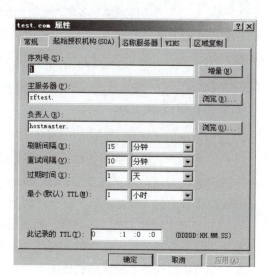

图 5-14 设置 SOA 记录

表 5-1 SOA 设置选项

设置选项	意义
序列号	当名称记录变动时，序列号也跟着增加，用以表示每次变动的序号，这样可以帮助用户辨认要进行动态更新的机器
主服务器	负责这个域的主要命名服务器
负责人	负责人名称后面有一个句点"."表示 E-mail 地址中的@符号
刷新间隔	用于确定加载和维护此区域的其他 DNS 服务器必须尝试更新此区域的频率。默认情况下，每个区域的刷新间隔设置为 1 小时
重试间隔	用于确定加载和维护此区域的其他 DNS 服务器在每次刷新间隔发生时重试区域更新请求的频率。默认情况下，每个区域的重试间隔设置为 10 分钟
过期间隔	由配置为加载和维护此区域的其他 DNS 服务器使用，以决定区域数据在没有更新情况下何时过期。默认情况下，每个区域的过期间隔设置为 1 天
最小（默认）TTL	每次域名缓存所停留在名称服务器上的时间
此记录的 TTL	客户端查询名称，或其他名称服务器复制数据时，数据缓存在机器上的时间称为 TTL。默认值为 1 小时

2．将其他 DNS 服务器指定为区域的名字服务器

如果要向域中添加名称服务器，在 dnsmgmt 窗口中单击"起始授权机构（SOA）"数据，按 IP 地址指定其他的 DNS 服务器，将它们加入列表即可。通过输入其 DNS 名称也可以将区域添加到权威服务器的列表中。输入名称时，按"解析"类型可以在将它添加到列表之前将其名称解析为 IP 地址。使用该过程指定的 DNS 服务器将被加入该区域现有的名称服务器（NS）资源记录中。

5.2.5 添加资源记录

添加资源记录的具体操作如下所述。

（1）选择"开始"→"管理工具"→DNS 命令，打开 DNS 管理器窗口。

（2）在左窗格中依次展开 ServerName→"正向查找区域"目录，然后右击 test.com 区域，选择快捷菜单中的"新建主机"命令，如图 5-15 所示。

（3）打开"新建主机"对话框，如图 5-16 所示，在"名称"编辑框中输入一个能代表该主机所提供服务的名称，在"IP 地址"编辑框中输入该主机的 IP 地址，再单击"添加主机"按钮。很快就会提示已经成功创建了主机记录。

第 5 章　Windows Server 2008 R2 应用服务器的配置　273

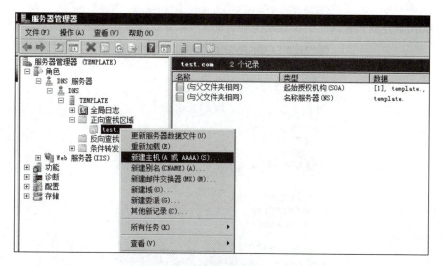

图 5-15　选择"新建主机"命令

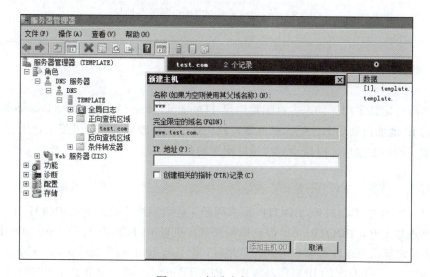

图 5-16　创建主机记录

此外，用户还可以配置别名（CNAME）以及邮件记录（MX）等资源记录。

5.2.6　配置 DNS 客户端

虽然已经有了 DNS 服务器，但客户机并不知道 DNS 服务器在哪里，因此用户必须手动设置 DNS 服务器的 IP 地址才行。在客户机上打开"Internet 协议 4（TCP/IPv4）属性"对话框，在"首选 DMS 服务器"编辑框中设置刚刚部署的 DNS 服务器的 IP 地址即可,如图 5-17 所示。

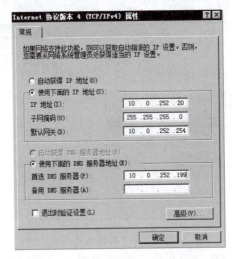

图 5-17 设置客户端的 DNS 服务器地址

5.3 DHCP 服务器的配置

DHCP 服务器是采用了动态主机配置协议(Dynamic Host Configuration Protocol,DHCP),对网络中的 IP 地址自动动态分配的服务器,旨在通过服务器集中管理网络上使用的 IP 地址和其他相关配置的详细信息,以减少管理地址配置的复杂程度。

5.3.1 DHCP 简介

DHCP 的前身是 BOOTP。BOOTP 原本用于无磁盘网络主机,使用 BOOT ROM 而不是磁盘启动并连接上网,BOOTP 可以自动地为那些主机设定 TCP/IP 环境。但 BOOTP 有一个缺点,即在设定前须事先获得客户端的硬件地址,而且与 IP 的对应是静态的。换言之,BOOTP 缺乏"动态性",若在有限的 IP 资源环境中,BOOTP 的一一对应会造成非常大的浪费。

DHCP 分为服务器端和客户端两个部分。所有 IP 地址信息都由 DHCP 服务器集中管理,并负责处理客户端的 DHCP 请求;客户端使用从服务器分配下来的 IP 环境资料。DHCP 透过"租约"的概念有效且动态地分配客户端的 IP 地址。

1. DHCP 的分配形式

首先,必须至少有一台 DHCP 工作在网络上面,它会监听网络的 DHCP 请求,并与客户端协商 TCP/IP 环境设定。它提供了如下两种 IP 定位方式。
- 自动分配（Automatic Allocation）：一旦 DHCP 客户端第一次成功地从 DHCP 服务器端租用到 IP 地址，就永远使用这个地址。
- 动态分配（Dynamic Allocation）：当 DHCP 第一次从 DHCP 服务器端租用到 IP 地址之后，并非永久使用该地址，只要租约到期，客户端就得释放（release）这个 IP 地址，给其他工作站使用。当然，客户端可以比其他主机更优先延续（renew）租约，或租用其他 IP 地址。

动态分配显然比自动分配更加灵活，尤其是当实际 IP 地址不足的时候。例如，一家 ISP 只能提供 200 个 IP 地址用来给拨接客户，但并不意味着客户最多只能有 200 个。因为客户们不可能全部同一时间上网，除了他们各自行为习惯的不同，也有可能是电话线路的限制。这样就可以将这 200 个地址，轮流地租用给拨接上来的客户使用了。

DHCP 除了能动态设定 IP 地址之外，还可以将一些 IP 保留下来给一些特殊用途的机器使用，它可以按照硬件位置来固定分配 IP 地址，这样可以给客户更广的设计空间。同时，DHCP 还可以帮客户端指定 router、netmask、DNS Server、WINS Server 等项目。

2．DHCP 的工作原理

区别于客户端是否第一次登录网络，DHCP 的工作形式会有所不同。

1）第一次登录

（1）寻找 Server。当 DHCP 客户端第一次登录网络的时候，客户发现本机上没有任何 IP 资料设定，它会向网络发出一个 DhcpdisCover 包。因为客户端还不知道自己属于哪一个网络，所以包的来源地址会为 0.0.0.0，而目的地址则为 255.255.255.255，然后再附上 Dhcpdiscover 的信息向网络进行广播。

在 Windows 的预设情形下，Dhcpdiscover 的等待时间预设为 1s，也就是当客户端将第一个 Dhcpdiscover 包送出去之后，如果在 1s 之内没有得到回应，就会进行第二次 Dhcpdiscover 广播。若一直得不到回应，客户端一共有 4 次 Dhcpdiscover 广播，除了第一次会等待 1s 之外，其余三次的等待时间分别是 9s、13s、16s。如果都没有得到 DHCP 服务器的回应，客户端则会显示错误信息，宣告 Dhcpdiscover 失败。之后，基于使用者的选择，系统会继续在 5min 之后再重复一次 Dhcpdiscover 的过程。

（2）提供 IP 租用地址。当 DHCP 服务器监听到客户端发出的 Dhcpdiscover 广播后，它会从那些还没有租出的地址范围内选择最前面的空置 IP，连同其他 TCP/IP 设定回应给客户端一个 Dhcpoffer 包。

由于客户端在开始的时候还没有 IP 地址，所以在其 Dhcpdiscover 封包内会带有其 MAC 地址信息，并且有一个 XID 编号来识别该封包，DHCP 服务器回应的 Dhcpoffer 封包则会根据这些资料传递给要求租约的客户。根据服务器端的设定，Dhcpoffer 封包会包含一个租约期限的信息。

（3）接受 IP 租约。如果客户端收到网络上多台 DHCP 服务器的回应，只会挑选其中一个 Dhcpoffer 而已（通常是最先抵达的那个），并且会向网络发送一个 Dhcprequest 广播封包，告诉所有 DHCP 服务器它将指定接受哪一台服务器提供的 IP 地址。

同时，客户端还会向网络发送一个 ARP 封包，查询网络上有没有其他机器使用该 IP 地址。如果发现该 IP 已经被占用，客户端会送出一个 Dhcpdecline 封包给 DHCP 服务器，拒绝接受其 Dhcpoffer，并重新发送 Dhcpdiscover 信息。

事实上，并不是所有 DHCP 客户端都会无条件接受 DHCP 服务器的 offer，尤其是这些主机安装有其他 TCP/IP 相关的客户软件的情况下。客户端也可以用 Dhcprequest 向服务器提出 DHCP 选择，而这些选择会以不同的号码填写在 DHCP Option Field 里面。换一句话说，在 DHCP 服务器上面的设定未必是客户端全都接受的，客户端可以保留自己的一些 TCP/IP 设定，主动权永远在客户端这边。

（4）租约确认。当 DHCP 服务器接收到客户端的 Dhcprequest 之后，会向客户端发出一个 DHCPACK 回应，以确认 IP 租约的正式生效，也就结束了一个完整的 DHCP 工作过程。

上述工作流程如图 5-18 所示。

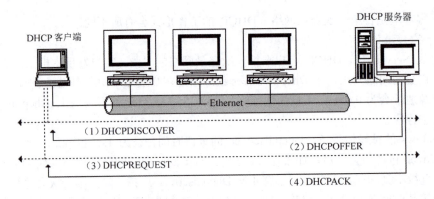

图 5-18　DHCP 的工作流程

2）非第一次登录

一旦 DHCP 客户端成功地从服务器那里取得 DHCP 租约，除非其租约已经失效并且 IP 地址重新设定回 0.0.0.0，否则就无须再发送 Dhcpdiscover 信息，而直接使用已经租用到的 IP 地址向之前的 DHCP 服务器发出 Dhcprequest 信息。DHCP 服务器会尽量让客户端使用原来的 IP 地址，如果没问题，直接回应 Dhcpack 来确认即可；如果该地址已经失效或已被其他机器使用，服务器则会回应一个 DHCPNACK 封包给客户端，要求其重新执行 Dhcpdiscover。

5.3.2 安装 DHCP 服务

在 Windows Server 2008 R2 系统中默认没有安装 DHCP 服务器角色，所以需要手动添加 DHCP 服务器角色。需要注意，要安装 DHCP 服务，首先需要确保在 Windows Server 2008 R2 服务器中安装了 TCP/IP，并为这台服务器指定了静态 IP 地址（本例中为 10.0.252.199）。添加 DHCP 服务器角色的步骤如下。

（1）选择"开始"→"管理工具"→"服务器管理器"→"角色"命令，在打开的窗口中单击"添加角色"按钮，启动 Windows 添加角色向导。

（2）在"服务器角色"列表框中选中"DHCP 服务器"复选框，并单击"下一步"按钮。安装向导提示，执行至确认界面，单击"安装"按钮，完成 DHCP 服务器的安装。

5.3.3 创建 DHCP 作用域

完成 DHCP 服务组件的安装后并不能立即为客户端计算机自动分配 IP 地址，还需要经过一些设置工作。首先要做的就是根据网络中的节点或计算机数确定一段 IP 地址范围，并创建一个 IP 作用域。这部分操作属于配置 DHCP 服务器的核心内容，具体操作步骤如下。

（1）选择"开始"→"管理工具"→"DHCP"命令，打开"DHCP"控制台窗口。在左窗格中单击 DHCP 服务器名称，右击 IPv4，在弹出的快捷菜单中选择"新建作用域"命令，如图 5-19 所示。

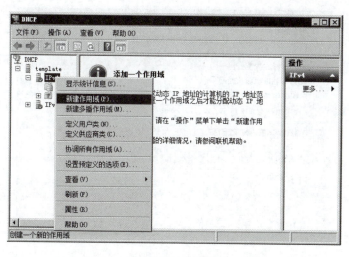

图 5-19 选择"新建作用域"命令

（2）打开"新建作用域向导"对话框，单击"下一步"按钮，打开"作用域名"向导页面，在编辑框中为该作用域输入一个名称和一段描述性信息，然后单击"下一步"按钮，如图 5-20 所示。

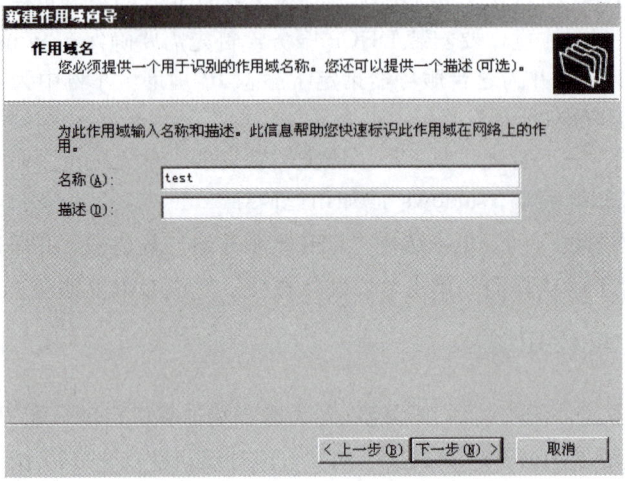

图 5-20 "作用域名"向导页面

（3）打开"IP 地址范围"向导页面，分别在"起始 IP 地址"和"结束 IP 地址"编辑框中输入已经确定好的 IP 地址范围的起止 IP 地址，然后单击"下一步"按钮，如图 5-21 所示。

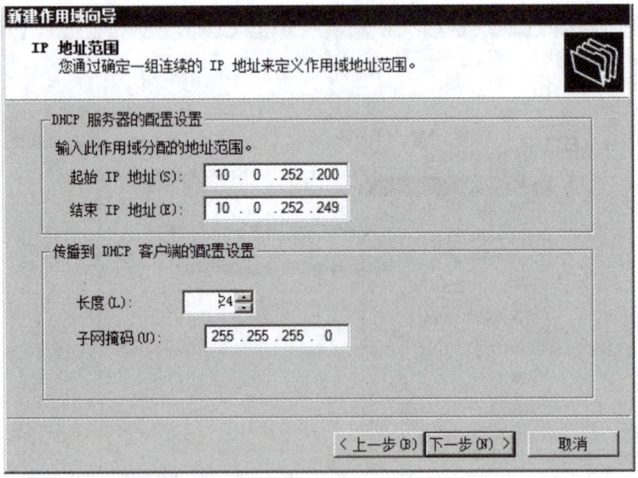

图 5-21 "IP 地址范围"向导页面

（4）打开"添加排除和延迟"向导页面，在这里可以指定需要排除的 IP 地址或 IP 地址范围，在"起始 IP 地址"编辑框中输入要排除的 IP 地址并单击"添加"按钮，然后重复操作即可。完成后单击"下一步"按钮，如图 5-22 所示。

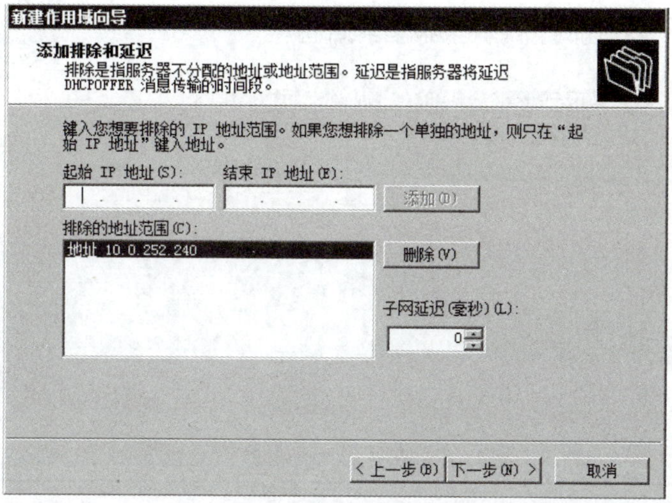

图 5-22 "添加排除和延迟"向导页面

（5）打开"租用期限"向导页面，默认将客户端获取的 IP 地址使用期限限制为 8 天。如果没有特殊要求，保持默认值不变，单击"下一步"按钮，如图 5-23 所示。

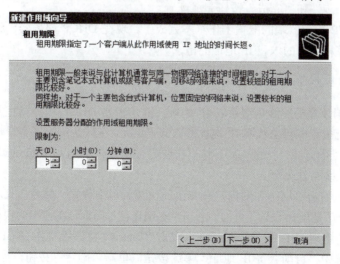

图 5-23 "租用期限"向导页面

（6）打开"路由器（默认网关）"向导页面，根据实际情况输入网关地址，并单击"添加"按钮。如果没有可以不填，直接单击"下一步"按钮，如图5-24所示。

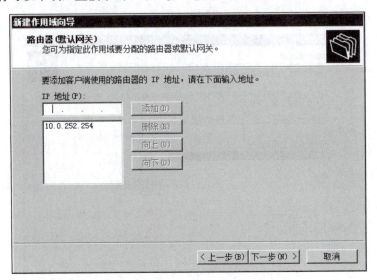

图5-24 "路由器（默认网关）"向导页面

（7）根据向导提示，配置DNS服务器和WINS服务器。

（8）打开"激活作用域"向导页面，保持选中"是，我想现在激活此作用域"单选按钮，并依次单击"下一步"和"完成"按钮完成配置。

至此，DHCP服务器端的配置工作基本完成了。现在DHCP服务器已经做好了准备，随时等待客户端计算机发出的求租IP地址的请求。

5.3.4 设置DHCP客户端

为了使客户端计算机能够自动获取IP地址，除了需要DHCP服务器正常工作以外，还需要将客户端计算机配置成自动获取IP地址的方式。实际上在默认情况下客户端计算机使用的都是自动获取IP地址的方式，一般情况下并不需要进行配置。这里以Windows 7为例对客户端计算机进行配置，具体方法如下。

（1）在桌面上右击"网络"图标，在弹出的快捷菜单中选择"属性"命令。

（2）打开"更改适配器设置"页面，右击"本地连接"图标，在弹出的快捷菜单中选择"属性"命令，打开"本地连接 属性"对话框，双击"Internet 协议版本 4（TCP/IPv4）"选项，在打开的对话框中选中"自动获得IP地址"单选按钮，单击"确定"按钮，如图5-25所示。

图 5-25　Internet 协议（TCP/IP）属性设置

至此，DHCP 服务器端和客户端已经全部设置完成，一个基本的 DHCP 服务环境已经部署成功。在 DHCP 服务器正常运行的情况下，首次开机的客户端会自动获取一个 IP 地址，并拥有 8 天的使用期限。

5.3.5　备份、还原 DHCP 服务器配置信息

在网络管理工作中，备份一些必要的配置信息是一项重要的工作，以便当网络出现故障时，能够及时恢复正确的配置信息，保障网络正常运转。在配置 DHCP 服务器时也不例外，Windows Server 2008 R2 服务器操作系统中也提供了备份和还原 DHCP 服务器配置的功能。

（1）打开 DHCP 控制台，展开 DHCP 选项，选择已经建立好的 DHCP 服务器，右击服务器名，在弹出的快捷菜单中选择"备份"命令。

（2）弹出的窗口要求用户选择备份路径。默认情况下，DHCP 服务器的配置信息是放在系统安装盘的 Windows\system32\dhcp\backup 目录下。如有必要，可以手动更改备份的位置。

（3）当出现配置故障时，如果需要还原 DHCP 服务器的配置信息，则右击 DHCP 服务器名后在弹出的快捷菜单中选择"还原"命令即可。

5.4　活动目录和管理域

5.4.1　活动目录概述

Windows Server 2008 R2 家族的目录服务称为活动目录，它是 Windows Server 2008 R2 非

常关键的服务,与许多协议和服务有着非常紧密的关系,具有以下优越性。

1. 集中的管理

活动目录允许对网络打印机、用户等资源和桌面、服务和应用程序等进行中央管理。活动目录还提供了组织单元特性,使得网络对象的组织良好,也更易于定位和管理信息。同时,通过活动目录,用户可以在任何一台计算机上进行登录,并访问网络资源,而这仅需一个存储在中央目录服务器的用户账户。

2. 高伸缩性

无论企业中只有几百个网络对象,包括打印机、计算机、用户等,还是包含上千个对象,活动目录都可以承担。活动目录允许相当大数量的信息存储量,使得无论是小型企业,还是跨国公司,都可享受到利益。

3. 整合 DNS

活动目录使用 DNS 命名,除提供了一个可伸缩、易于整理的架构化网络连接视图外,还提供了 DNS 安全动态更新等功能。

4. 委派授权

委派授权可以使网络工程师将各种管理任务委派给各个下级管理员,使得每个管理员只能完成其责任内的管理任务。这不但防止了管理员管理或无意破坏超越自己的责任范围的任务,还减轻了网络工程师或总管理员的工作负担。

5.4.2 安装活动目录

活动目录的安装较为复杂,必须在安装前进行一系列的准备,例如活动目录必须安装在 NTFS 分区;必须正确安装了网卡驱动,并安装了 TCP/IP 协议;活动目录可以包含一个或多个域,需合理规划目录结构。

具体安装步骤如下。

(1)选择"开始"→"管理工具"→"服务器管理器"→"角色"命令,在打开的窗口中单击"添加角色",启动 Windows 添加角色向导。

(2)在"服务器角色"列表框中选中"Active Directory 域服务"复选框,并单击"下一步"按钮。安装向导提示,执行至确认界面,单击"安装"按钮,完成 Active Directory 域服务的安装。

(3)选择"开始"→"运行",执行 dcpromo.exe 命令,启动 Active Directory 域服务安装向导,如图 5-26 所示。

第 5 章　Windows Server 2008 R2 应用服务器的配置

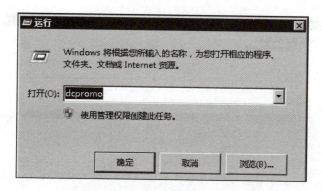

图 5-26　安装域服务（1）

（4）在"Active Directory 域服务安装向导"的欢迎页面中单击"下一步"按钮，进入"操作系统兼容性"说明页面，单击"下一步"按钮。

（5）选中"在新林中新建域"单选按钮，新建域控制器，单击"下一步"按钮，如图 5-27 所示。

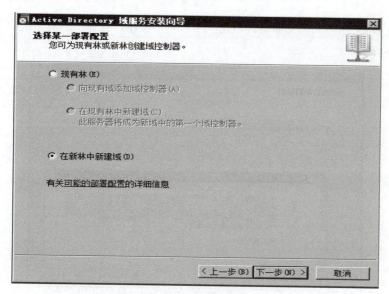

图 5-27　安装域服务（2）

（6）在目录林根域文本框输入域控制器的域名，如 myda.com，单击"下一步"按钮。

（7）设置林功能级别，在林功能级别下拉框中选择"Windows Server 2008 R2"，单击"下一步"按钮，如图 5-28 所示。

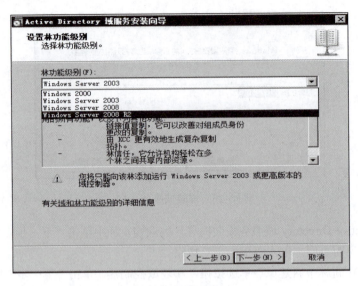

图 5-28 安装域服务（3）

（8）安装 DNS 服务和全局服务，单击"下一步"按钮，在弹出的对话框中单击"是"按钮，如图 5-29 所示。

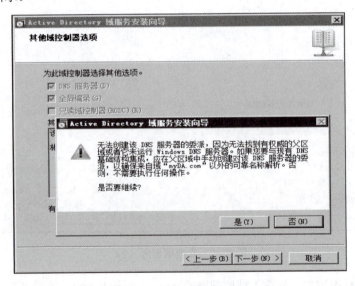

图 5-29 安装域服务（4）

（9）设置保存数据库、日志文件、SYSVOL 的位置，单击"下一步"按钮，如图 5-30 所示。

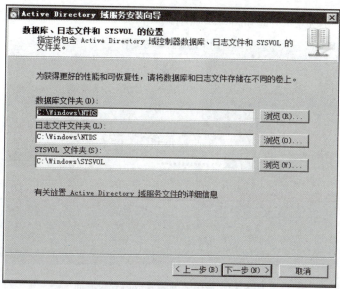

图 5-30　安装域服务（5）

（10）设置目录还原模式的 Administrator 密码，输入密码后，单击"下一步"按钮。进入摘要页面，单击"下一步"按钮，系统开始配置 Active Directory 域服务，配置完成后，自动重启，即可完成安装，如图 5-31 所示。

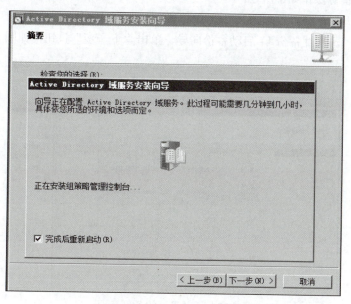

图 5-31　安装域服务（6）

（11）重启后，系统登录界面如图 5-32 所示。

图 5-32　域服务安装完成后登录界面

5.4.3　活动目录的备份

活动目录的备份操作如下所述。

（1）选择"开始"→"管理工具"→"Windows Server Backup"命令，打开备份页面，单击"操作"栏目"一次性备份"，启动备份向导，单击"下一步"按钮，如图 5-33 所示。

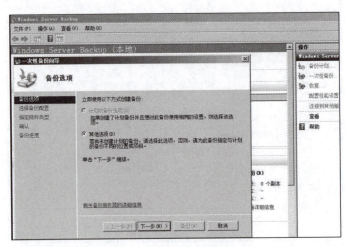

图 5-33　活动目录的备份（1）

（2）选中"自定义"单选按钮，单击"下一步"按钮，如图 5-34 所示。

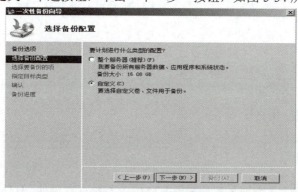

图 5-34　活动目录的备份（2）

（3）单击"添加项"，在弹出的选择项窗口中，选中"系统状态"复选框，单击确定，关闭选择项窗口，单击"下一步"按钮，如图 5-35 所示。"系统状态"备份的信息主要包括 AD 数据库、注册表、SYSVOL 文件夹、AD 集成的 DNS 数据库等。

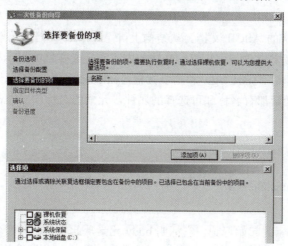

图 5-35　活动目录的备份（3）

（4）根据向导提示，选择备份目标、确认备份信息，单击"备份"开始备份，备份完成后，单击"关闭"按钮，完成备份。

第 6 章　Web 网站建设

6.1　使用 HTML 制作网页

6.1.1　HTML 简介

目前 Internet 上绝大多数网页都是采用 HTML 文档格式存储的。HTML 是标准通用型标注语言（Standard Generalized Markup Language，SGML）的一个应用，是一种对文档进行格式化的标注语言。HTML 文档的扩展名为.html 或.htm，包含大量标记，用以对网页内容进行格式化和布局，定义页面在浏览器中查看时的外观。例如，<B> </B>标记表示文本使用粗字体。HTML 文档中的标记也用来指定超文本链接，使得用户单击该链接时会被引导到另一个页面。

1. HTML 元素

HTML 文档是标准的 ASCII 文档。从结构上讲，HTML 文档由元素（element）组成，组成 HTML 文档的元素有许多种，用于组织文档的内容和定义文档的显示格式。绝大多数元素是"容器"，即它有起始标记（start tag）和结束标记（end tag）。在起始标记和结束标记中间的部分是元素体。每一个元素都有名称和可选择的属性，元素的名称和属性都在起始标记内标明。例如以下 body 元素：

```
<body background="back-ground.gif">
<h2> demo </h2>
<p>This is my first html file. </p>
</body>
```

第一行是 body 元素的起始标记，它标明 body 元素从此开始。元素名称不分大小写。起始标记内的 background 是属性名，指明用什么方法来填充背景，其属性值为 back-ground.gif。一个元素可以有多个属性，属性及属性值不分大小写。

第二行和第三行是 body 元素的元素体，最后一行是 body 元素的结束标记。

2. HTML 文档的组成

HTML 文档的基本结构如下。

```
<html>
<head>
    <title> </title>
    …
</head>

<body>
…
</body>

</html>
```

HTML 文档以<html>标记开始，以</html>结束，由文档头和文档体两部分构成。文档头由元素<head></head>标记，文档体由元素<body></body>标记。

1）文档头

文档头部分可以包含以下元素。

（1）窗口标题：提供对 HTML 文档的简单描述，出现在浏览器的标题栏。用户在收藏页面时显示的就是标题。

（2）脚本语言：一组由浏览器解释执行的语句，能赋予页面更多的交互性。

（3）样式定义：用来将页面样式与内容相分离的级联样式单。

（4）元数据：提供有关文档内容和主题的信息。

需要说明的是，这些元素书写的次序是无关紧要的，它只表明文档头有还是没有该属性。

2）文档体

文档体包含了可以在浏览器中显示的内容，它常常是 HTML 文档中最大的部分，文档体部分可以包含以下元素。

（1）文本：文本内容可以使用适当的格式化元素放置在主体中，这些格式化元素将控制内容的显示方式。

（2）图像：文档中的重要部分，使网页内容更加丰富。

（3）链接：允许在网站中导航或到达其他的网站。链接通常放在页面主体中。

（4）多媒体和特定的编程事件：通过放置在 HTML 文档主体中的代码来管理 Shockwave、SWF、Java Applet，甚至是在线视频。

6.1.2　HTML 常用元素

1．基本元素

1）窗口标题（title）

title 元素是文档头中唯一必须出现的元素，格式如下。

`<title>`窗口标题描述`</title>`

title 标明该 HTML 文档的标题,是对文档内容的概括。标题元素是头元素中唯一必须出现的标记。title 的长度没有限制,一般情况下它的长度不超过 64 个字符。

2)页面标题(hn)

页面标题有 6 种,分别为 h1、h2、…、h6,用于表示文章中的各种标题,标题号越小字体越大。一般情况下,浏览器对标题做如下解释。

- h1 黑体,特大字体,居中,上下各有两行空行。
- h2 黑体,大字体,上下各有一到两行空行。
- h3 黑体(斜体),大字体,左端微缩进,上下空行。
- h4 黑体,普通字体,比 h3 更多缩进,上边有一空行。
- h5 黑体(斜体),与 h4 相同缩进,上边有一空行。
- h6 黑体,与正文有相同缩进,上边有一空行。

hn 还可以有对齐属性 align,属性值可以为 left(标题居左)、center(标题居中)或 right(标题居右)。例如如下示例。

`<h2 align=center>Chapter 2 </h2>`

3)字体

(1)字体大小:HTML 有 7 种字号,1 号最小,7 号最大,默认字号为 3,可以用`<basefontsize=字号>`设置默认字号。

设置文本字号的办法有两种,一种是设置绝对字号,格式为`<font size=字号>`;另一种是设置文本的相对字号,格式为`<font size=±n>`。用第二种方法时,"+"表示字体变大,"–"表示字体变小。

(2)字体风格:分为物理风格和逻辑风格,物理风格直接指定字体,字体有黑体`<b>`、斜体`<i>`、下划线`<u>`、打字机体`<tt>`;逻辑风格指定文本的作用,字体有强调`<em>`、特别强调`<strong>`、源代码`<code>`、例子`<samp>`、键盘输入`<kbd>`、变量`<var>`、定义`<dfn>`、引用`<cite>`、较小`<small>`、较大`<big>`、上标`<sup>`及下标`<sub>`等。

(3)字体颜色:用`<font color=#>`指定,#可以是 6 位十六进制数,分别指定红、绿、蓝的值;也可以是 black、teal、olive、red、blue、maroon、navy、gray、lime、white、green、purple、sliver、yellow 或 aqua 之一。

(4)闪烁:`<blink>`文本`</blink>`使文本闪烁,闪烁频率为 1 秒钟一次。

4)横线(hr)

横线一般用于分隔同一文体的不同部分。在窗口中划一条横线非常简单,只要写一个`<hr`

即可。

5）分行
和禁止分行<nobr>

表示在此处分行。禁止分行标记<nobr>…</nobr>通知浏览器其中的内容在一行内显示，若一行内显示不了，超出部分将被裁剪掉。

6）分段<p>

HTML 浏览器是基于窗口的，用户可以随时改变显示区的大小，所以 HTML 将多个空格以及回车等效为一个空格，这和绝大多数字处理器是不同的。HTML 的分段完全依赖于分段元素<p>。比如如下两段源文档即有相同的输出。

<h2>This is a level Two Heading </h2>
<p>paragraph one</p> <p>paragraph two </p>
…
<h2>This Is a Level Two Heading</h2>
<p>paragraph one </p>
<p>paragraph Two </p>

<p>也可以有多种属性，比较常用的属性是 align。例如以下示例。

<p align=center>This is a centered paragraph </p>

当 HTML 文档中有图形时，图形可能占据了窗口的一端，图形的周围还可能有较大的空白区。这时，不带 clear 属性的<p>可能会使文章的内容显示在该空白区内。为确保下一段内容显示在图形的下方，可使用 clear 属性。clear 属性值可以为 left（下一段显示在左边界处空白的区域）、right（下一段显示在右边界处空白的区域）或 all（下一段的左右两边都不许有别的内容）。

7）转义字符与特殊字符

HTML 使用的字符集是 ISO &859 Larin-1 字符集，该字符集中有许多标准键盘上无法输入的字符。对这些特殊字符，只能使用转义序列。例如 HTML 中的<、>和&因有特殊含义（前两个字符用于链接签，&用于转义）而不能直接使用，使用这 3 个字符时，应使用它们的转义序列。&的转义序列为& amps 或& #38，<的转义序列为&lt 或&#60，>的转义序列为&gt 或&#62。前者为字符转义序列，后者为数字转义序列。例如& Lt；font &Lgt；显示为<font>，若直接写为<font>则被认为是一个链接签。引号的转义序列为&quot；或&#34；。例如<img src="image.gif" alt="A &quol; real " example">。

（1）转义序列各字符间不能有空格。
（2）转义序列必须以"；"结束。

(3) 单独的&不被认为是转义开始。

8) 背景和文本颜色

窗口背景可以用下列方法指定。

<body background="image-URL">
<body bgcolor=#　text=#　link=#　alink=#　vlink=#>

前者指定填充背景的图像，如果图像的大小小于窗口大小，则把背景图像重复，直到填满窗口区域。后者指定的是十六进制的红、绿、蓝分量。

- bgcolor 表示背景颜色。
- text 表示文本颜色。
- link 表示链接指针颜色。
- alinik 表示活动的链接指针颜色。
- vlink 表示已访问过的链接指针颜色。

例如<body bgcolor=FF0000>红背景色，此时体元素必须写完整，即用</body>结束。

9) 图像（image）

图像使页面更加漂亮，但是图像会导致网络通信量急剧增大，使访问时间延长。所以在主页（homepage）中不宜采用很大的图像。如果确实需要一些大图像，可在主页中用一个缩小的图像指向原图，并标明该图的大小。

（1）图像的基本格式：<img src="image-URL">或<img src="image-URL" alt="text">，其中 image-URL 是图像文件的 URL，alt 属性告诉不支持图像的浏览器用 text 代替该图。

（2）图像与文本的对齐方式：图像在窗口中会占据一块空间，在图像的左右可能会有空白，不加说明时，浏览器将随后的文本显示在这些空白中，显示的位置由 align 属性指定。当 align=left 或 align=right 时，图像是一个浮动图像。例如，若 align=left，则图像必须挨着左边框，它把原来占据该块空白的文本"挤走"，或挤到它右边，或挤到它上下。文本与图像的间距用 vspace=# 和 hspace=#指定，#是整数，单位是像素，前者指定纵向间距，后者指定横向间距。

10) 列表（list）

列表用于列举事实，常用的列表有 3 种格式，即无序列表（unordered list）、有序列表（ordered list）和自定义列表（definition list）。各种列表的输出结果如图 6-1 和图 6-2 所示。

（1）无序列表：以<ul>开始，每一个列表条目用<li>引导，最后是</ul>。注意，列表条目不需要结尾链接签</li>，输出时每一列表条目缩进，并且以黑点标示。例如如下示例。

　　<ul>
　　<li>Today

    <li>Tomorrow
</ul>

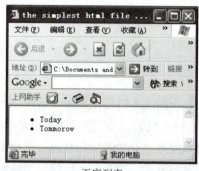 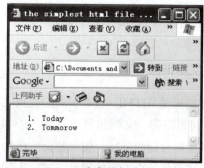

无序列表　　　　　　　　　　　　　　有序列表

图 6-1　列表输出效果（1）

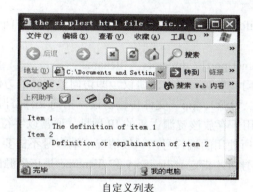

自定义列表

图 6-2　列表输出效果（2）

（2）有序列表：与无序列表相比，只是在输出时列表条目用数字标示，以<ol>开始，以</ol>结束。例如如下示例。

<ol>
    <li>Today
    <li>Tomorrow
</ol>

（3）自定义列表：用于对列表条目进行简短说明的场合，以<dl>开始，列表条目用<dt>引导，它的说明用<dd>引导。例如如下示例。

<dl>

```
<dt>Item 1
<dd>The definition of item 1
<dt>Item 2
<dd>Definition or explanation of item 2
</dl>
```

2．超文本链接

超文本链接是 HTML 最吸引人的优点之一。一个超文本链接由两部分组成，一是被指向的目标。它可以是同一文档的另一部分，也可以是远程主机的一个文档，还可以是动画或音乐；另一部分是指向目标的链接。使用超文本链接，可以使顺序存放的文档具有一定程度上的随机访问能力，这更加符合人类的思维方式。人的思维是跳跃的、交叉的，而每一个链接正好代表了作者或者读者的思维跳跃。

1）统一资源定位器

统一资源定位器（Uniform Resource Locator，URL）用于指定访问该文档的方法。一个 URL 的构成如下。

protocol:// machine.name[:port] / directory / filename

其中，protocol 是访问该资源所采用的协议，即访问该资源的方法，它可以是 http（超文本传输协议，指向 HTML 资源）、ftp（文件传输协议，指向文件资源）、news（指向网络新闻资源）等。machine.name 用于存放该资源主机的 IP 地址，通常以字符形式出现。Port 用于存放该资源主机中相关服务器所使用的端口号。一般情况下端口号不需要指定。只有当服务器所使用的端口号不是默认端口号时才指定。directory 和 filename 是该资源的路径和文件名。

2）指向一个目标<a>

在 HTML 文档中可用链接指向一个目标，其基本格式如下。

```
<a href="URL">字符串</a>
```

href 属性中的统一资源定位器（URL）是被指向的目标，随后的字符串在 HTML 文档中充当指针的角色，其字体一般显示为带下划线的蓝色。当读者单击这个字符串时，浏览器就会将 URL 处的资源显示在屏幕上。

3）标记一个目标

前文提到的链接可以在整个 Internet 上方便链接。但如果编写了一个很长的 HTML 文档，往往需要在同一文档的不同部分之间也建立起链接，使用户可以方便地在上下方之间跳转。

标记一个目标的方法如下。

```
<a name="name">text</a>
```

name 属性将放置该标记的地方标记为"name"，name 是全文唯一的标记串，text 部分可有可无。这样，放置标记的地方做了一个叫作"name"的标记，做好标记后，可以用下列方法来指向它。

<a href="URL#name">text </a>

URL 是放置标记的 HTML 文档的 URL，name 是标记名。对于同一个文档，可以写为如下形式。

<a href="#name">text </a>

这时单击 text 就可以跳转到标记名为 name 的部分了。

4）图像链接

图像也可以建立链接，格式如下。

<a href="URL"><img src="URL"></a>

可以看出，上例中用<img src="URL">取代了链接中 text 的位置。

如下是一个简单的图像链接。

<a href="www.ihep.ac.cn">China home page<img src="flag.gif"></a>

5）图像地图

上文介绍的图像链接中，每幅图只能指向一个地点，而图像地图可以把图像分成多个区域，每个区域指向不同的地点。用图像地图可以编出很漂亮的 HTML 文档。

图像地图不仅需要在 HTML 文档中说明，还需要一个后缀为.map 的文件用来说明图像分区及其指向的 URL 的信息。在.map 文件中说明分区信息的格式如下。

- rect 指定一个矩形区域，该区域的位置由左上角坐标和右下角坐标说明。
- poly 指定一个多边形区域，该区域的位置由各顶点坐标说明。
- circle 指定一个圆形区域，区域位置由垂直通过圆心的直径与该圆的交点坐标说明。
- default 指定图像地图其他部分的 URL。坐标的写法为 x,y，各点坐标之间用空格分开。

图像地图需要一个特殊的处理程序 imagemap。imagemap 放在/cgi-bin 中。在 HTML 文档中引用图像地图的语句格式如下。

<a href="/cgi-bin/imagemap/mymap.map">
<img src="mymap.gif" ismap></a>

可以看出这是一个包含图像元素的链接元素。图像元素指明用于图像地图的图像的 URL，并用 ismap 属性说明。需要说明的是，链接中的 href 属性由两部分组成，第一部分是/cgi-bin/imagemap，它指出用哪个程序来处理图像地图，必须原样写入；第二部分才是图像地图的说明文件 mymap.map。在 netscape 扩展中，图像地图可以用一种比较简化的方式来表示，这就是客户端图像地图。客户端地图可以将图像地图的说明文件写在 HTML 文档中，而且不需要另外的程序来处理。这就使 HTML 作者可以用同类别的元素相一致的写法来写图像地图。客户端图像地图还有一个优点，当鼠标指针指向图像地图的不同区域时，浏览器能显示出各个区域所指向的 URL。

客户端图像地图的定义格式如下。

<img src="URL" usemap="#mymap">

src="URL" 指定用作图像地图的图像，usemap 属性指明这是客户端图像地图，"#mymap" 是图像文件说明部分的标记名，浏览器会寻找名字为 mymap 的<map>元素并从中得到图像地图的分区信息。客户端图像地图的分区信息用<map name=mapname>元素说明，name 属性命名<map>元素。图像地图的各个区域用<area shape="形状" coords="坐标" href="URL">说明，形状可以是 rect，表示矩形，用左上角、右下角的坐标表示，各个坐标值之间用逗号分开；也可是 poly 表示多边形，用各顶点的坐标值表示；还可是 circle 表示圆形，用圆心及半径表示，前两个参数分别为圆心的横、纵坐标，第三个参数为半径。href="URL"表示该区域指向资源的 URL，也可以是 nohref，表示在该区域鼠标点取无效。客户端图像地图各个区域可以重叠，重叠区以先说明的条目为准，例如如下示例。

```
<img src="mapimg.gif" usemap="#Face">
<map name="Face">
<!Text BOTTON> 此行是注释
<area shape="rect"
href="page.html"
coords="140,20,280,60">
<!Triangle BOTTON>
<area shape="poly"
href="image.html"
coords="100,100,180,80,200,140">
<!FACE>
<area shape="circle"
href="nes.html"
coords="80,100,60">
</map>
```

3．表格（Table）

1）表格的基本形式

一个表格由<table>开始，以</table>结束。表格的内容由<tr>、<th>和<td>定义。<tr>说明表格的一个行，表格有多少行就有多少个<tr>。<th>说明表格的列数和相应栏目的名称，有多少个列就有多少个<th>。<td>则填充由<tr>和<th>组成的表格。

2）有通栏的表格

有横向通栏的表格用<th colspan=#>属性说明，colspan 表示横向栏距；#代表通栏占据的网格数，它是一个小于表格的横向网格数的整数。有纵向通栏的表格用 rowspan=#属性说明。rowspan 表示纵向栏距；#表示通栏占据的网格数，应小于纵向网络数。需要说明的是，有纵向通栏的表格，每一行必须用</tr>明确给出横向栏目结束，这是和表格的基本形式不同的。

3）表格的大小、边框宽度和表格间距

表格的大小用 width=#和 height=#属性说明，前者为表宽，后者为表高，#是以像素为单位的整数。

边框宽度由 border=#说明，#为宽度值，单位是像素。

表格间距即划分表格的线的粗细，用 cellspacing=#表示，#的单位是像素。

4）表格中文本的输出

文本与表框的距离用 cellpadding=#说明。表格的宽度大于其中的文本宽度时，文本在其中的输出位置用 align=#说明。#是 left、center 和 right 三者之一，分别表示左对齐、居中和右对齐，align 属性可修饰<tr>、<th>和<td>链接签。

表格的高度大于其中的文本高度时，可以用 valign=#说明文本在其中的位置。#是 top、middle、bottom、baseline 四者之一，分别表示上对齐、文本中线与表格中线对齐、下对齐、文本基线与表格中线对齐。要特别注意的是，baseline 对齐方式使得文本出现在网格的上方，而不是想象中的下半部。同样，valign 可以修饰<tr>、<th>、<td>中的任何一个。

5）浮动表格

所谓浮动表格，是指表格与文档中内容对齐时，若在现在位置上不能满足其对齐方式，表格可上下移动，即"挤开"一些内容，直到满足其对齐要求。一般由 align=left 或 right 指定。

6）表格颜色

表格的颜色用 bgcolor=#指定。

#是十六进制的 6 位数，格式为 rrggbb，分别表示红、绿、蓝三色的分量；或者是 16 种已定义好的颜色名称。

4．框架（Frame）

框架将浏览器的窗口分成多个区域，每个区域可以单独显示一个 HTML 文档，各个区域也可相关联地显示某一个内容。例如，可以将索引放在一个区域，文档内容显示在另一个区域。框架的基本结构如下。

```
<html>
<head>
<title>...</title>
</head>
<noframes>...</noframes>
<frameset>
<frame src="URL">
</frameset>
</html>
```

用户可以在框架中安排行或列，并确定这些行或列的 HTML 页面，这是通过以下标记完成的。

（1）<frameset>标记定义了结构，它的基本参数定义了行或列，<frameset>在框架 HTML 页面中的概念相当于<body>，在简单的框架中不应出现 body 标记。

（2）<frame>标记在框架中排列单独框架，包括通过 src="x"来填充框架中所需的 HTML 文档的位置。

（3）noframe 标记：当浏览器不支持框架时就显示这个标记的内容。

在框架中可以使用如下属性。

（1）cols="x"：这个属性可以创建多个列。框架页面的每一列都给出了一个 x 值，这样就可以创建动态或相对大小的框架。每列的属性值之间用逗号分开。例如，一个有三列框架的 cols 属性为 cols="200,150,*"，表示第一列宽 200 像素，第二列宽 150 像素，第三列由剩余像素组成。

（2）rows="x"：使用列属性的方式来创建行。

（3）border="x"：这个值按像素设置宽度。

（4）frameborder="x"：IE 浏览器用它来控制边界的宽度。

（5）framespacing="x"：这个属性最初由 IE 浏览器使用，用来控制边界宽度。

框架标记使用以下属性。

（1）frameborder="x"：用来控制单个框架周围的边界。

（2）marginheight="x"：根据像素来控制框架边界的高度。

（3）marginwidth="x"：按像素来控制框架边界的宽度。

（4）name ="x"：这个属性允许设计者命名一个单独的框架。命名框架可以作为其他 HTML 页面中链接的目标，名称必须以标准的字母或数字开头。

（5）noresize：这个属性固定了框架的位置，且不允许用户改变框架大小。该属性不需要属性值。

（6）scrolling="x"：通过选择 yes、no 或 auto，可以控制滚动条的外观，yes 为在框架中自动放置滚动条，值为 no 则不出现滚动条，值为 auto 则在需要时自动放置一个滚动条。

（7）src="x"：x 的值由想要放置在框架中的 HTML 页面的相对或绝对 URL 来代替。

6.2　XML 简介

Web 上的文档组织包含了服务器端文档的存储方式、客户端页面的浏览方式以及传输方式，下一代 Web 对文档的组织在数据表达能力、扩展能力、安全性上都提出了新的要求。HTML 已经不能满足当前网络数据描述的需要。1998 年 2 月 10 日，W3C（World Wide Web Consortium）正式公布了 XML 1.0 版本。XML（eXtensible Markup Language，可扩展标记语言）是用于标记电子文件的结构化语言。与 HTML 相比，XML 是一种真正的数据描述语言，它没有固定的标记符号，允许用户自己定义一套适合于应用的文档元素类型，因而具有很大的灵活性。XML 包含了大量自解释型的标识文本，每个标识文本又由若干规则组成，这些规则可用于标识，使 XML 能够让不同的应用系统理解相同的含义。正是由于这些标识的存在，XML 能够有效地表达网络上的各种知识，也为网上信息交换提供了载体。

1．XML 的特点

XML 与 HTML 相比主要有以下特点。

（1）XML 是元标记语言。HTML 定义了一套固定的标记，每一种标记都有其特定的含义。XML 与之不同，它是一种元标记语言，用户可以自定义所需的标记。

（2）XML 描述的是结构和语义。XML 标记描述的是文档的结构和意义，而不是显示页面元素的格式。简单地说就是文档本身只说明文档包括什么标记，而不说明文档看起来是什么样的。

（3）XML 文档的显示使用特有的技术来支持。例如，通过使用样式表为文档增加格式化信息。

2．XML 的基本语法

一个格式正规的 XML 文档由 3 个部分组成，为可选的序言（prolog）、文档的主体（body）和可选的尾声（epilog）。一个 XML 文件通常以一个 XML 声明开始，后面通过 XML 元素来组织 XML 数据。XML 元素包括标记和字符数据。标记用尖括号括起来以便与数据区分开来，尖括号中可以包含一些属性。为了组织数据更加方便、清晰，还可以在字符数据中引入 CDATA 数据块，并可以在文件中引入注释。此外，由于有时需要给 XML 处理程序提供一些指示信息，所以 XML 文件中可以包含处理指示。

通常称一个符合 XML 文档语法规范的 XML 文档为"格式正规"的，如下是一份格式正规的 XML 文档。

```xml
<?xml version="1.0" encoding="GB2312"?>
<?xml-stylesheet href="style.xsl" type="text/xsl"?>
<!-- 以上是 XML 文档的序言部分 -->

<COLLEGE>
    <TITLE>计算机学院</TITLE>
    <LEADER>王志东</LEADER>
    <STU_NUMBER unit="人">3</STU_NUMBER>

    <STUDENT>
        <NAME>李文</NAME>
        <AGE>21</AGE>
        <SEX>男</SEX>
        <CLASS>9902</CLASS>
    </STUDENT>
    <STUDENT>
        <NAME>张雨</NAME>
        <AGE>20</AGE>
        <SEX>女</SEX>
        <CLASS>9901</CLASS>
    </STUDENT>
    <STUDENT>
        <NAME>刘鹃</NAME>
        <AGE>19</AGE>
        <SEX>女</SEX>
        <CLASS>9903</CLASS>
    </STUDENT>
</COLLEGE>
<!-- 以上是文档的主体部分，以下是文档的尾声部分 -->
```

可以看出，XML 文档序言部分从文档的第一行开始，它可以包括 XML 声明、文档类型声明、处理指令等；文档的主体则是由文档根元素所包含的那一部分；XML 尾声部分在文档的末尾，它可以包含注释、处理指令或空白。

组成文档的各种要素，如下所述。

1）声明

一个 XML 文件通常以一个 XML 声明作为开始，XML 声明在文件中是可选内容，可加可不加，但 W3C 推荐加入这一行声明。因此，作为一个良好的习惯，通常把 XML 声明作为 XML 文件的第一行。

XML 声明的作用就是告诉 XML 处理程序"下面这个文件是按照 XML 文件的标准对数据进行置标的"。如下即为一个最简单的 XML 声明。

<?xml version = "1.0"?>

可以看到，XML 声明由 "<?" 开始，由 "?>" 结束。在 "<?" 后面紧跟着处理指示的名称，这里是 "xml"，xml 这 3 个字母不区分大小写。

XML 声明中要求必须指定 version 的属性值。同时，声明中还有两个可选属性 standalone 和 encoding。因此，一个完整的 XML 声明应该如下。

<?xml version = "1.0" encoding= "GB2312" standalone = "no"?>

（1）version 属性。

version 属性指明所采用的 XML 的版本号，而且，它必须在属性列表中排在第一位，声明中表明 XML 的版本为 1.0。

（2）encoding 属性。

所有 XML 语法分析器都要支持 8 位和 16 位的编码标准，不过 XML 可能支持一个更庞大的编码集合。XML 规范中列出了一大堆编码类型。但一般用不到这么多编码，只要知道常见的编码 GB2312（简体中文码）、BIG5（繁体中文码）、UTF-8（西欧字符）就可以了。

XML 的字符编码标准是 Unicode，因此所有 XML 解析器都应该提供对 Unicode 编码标准的支持。该字符编码标准中每个字符用 16 比特表示，可以表示 65 536 个不同的字符。与 Unicode 之前被广泛使用的 ASCII 相比，Unicode 码最大的好处是能够处理多种语言字符。采用哪种编码取决于文件中用到的字符集，如果标记是采用中文书写的，则必须要在声明中加上 encoding = "GB2312" 的属性。

（3）standalone 属性。

standalone 属性表明该 XML 文件是否需要从其他外部资源获取有关标记定义的规范说明，并据此检查当前 XML 文档的有效性。这个属性置的默认值为 no，表示可能有也可能没有这样一个文件。如果该属性置为 yes，说明没有另外一个配套的文件来进行置标声明。

2）元素

写好一个 XML 声明后，一个新的 XML 文档就宣告诞生了。文档的主体由一个或多个元素组成，元素是 XML 文件内容的基本单元。从语法上讲，元素用标记（tag）进行分隔，一个元素包含一个起始标记和一个结束标记。属性和标记之间的数据内容是可选的，其形式如图 6-3 所示。

图 6-3　XML 元素

元素可以包含其他元素、字符数据、实体引用、处理指令、注释和 CDATA 部分。这些统称为元素内容（element content）。

位于文档最顶层的一个元素包含了文档中其他所有元素，称为根元素。另外，元素中还可以再嵌套别的元素。需要说明的是，元素之间应正确嵌套，不能互相交叉。所有元素构成一个简单的层次树，元素和元素之间唯一的直接关系就是父子关系。XML 文档的层次结构如图 6-4 所示。

"置标"是 XML 语言的精髓。因此，标记在 XML 的元素中，乃至整个 XML 文件中，占有举足轻重的位置。XML 的标记和 HTML 的标记在模样上大体相同，除了注释和 CDATA 部分以外，所有符号"<"和符号">"之间的内容都称为标记。其基本形式如图 6-4 所示。

\<标记名（属性名="属性值"）*\>

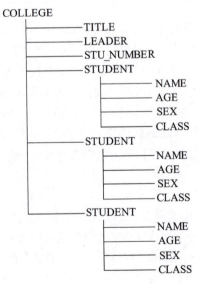

图 6-4　XML 元素间的层次关系树

XML 对于标记的语法规定比 HTML 要严格得多，具体如下所述。

（1）标记命名要合法。

XML 规范中的标识符号命名规则为标记必须以字母、下画线（_）或冒号（:）开头，后跟有效标记命名符号，包括字母、数字、句号（.）、冒号（:）、下画线（_）或连字符（-），但是中间不能有空格，而且任何标记不能以"xml"起始。另外，最好不要在标记的开头使用冒号，尽管它是合法的，但可能会带来混淆。在 XML 1.0 标准中允许使用任何长度的标记，不过，现实中的 XML 处理程序可能会要求标记的长度限制在一定范围内。

（2）区分大小写。

在标记中必须注意区分大小写。在 HTML 中，标记<HELLO>和<hello>是一回事，但在 XML 中，它们是两个截然不同的标记。

（3）必须有正确的结束标记。

结束标记除了要和开始标记在拼写和大小写上完全相同，还必须在前面加上一个斜杠"/"。因此，如果开始标记是<HELLO>，结束标记应该写作</HELLO>。XML 要求标记必须配对出现。不过，为了简便起见，当一对标记之间没有任何文本内容时，可以不写结束标记，而在开始标记的最后以斜杠"/"来确认。这样的标记称为"空标记"，如<emptytag/>。

（4）标记间要正确嵌套。

一个 XML 元素中允许包含其他 XML 元素，但这些元素之间必须满足嵌套性，标记不能相互交叉。例如如下最常见的 HTML 标记重叠示例，它可以在大多数浏览器中使用，但在 XML 中却是非法的。

<B>bold text<I>bold-italic</B>plain italic text…</I>

3）属性

标记中可以包含任意多个属性。在标记中，属性以"名称/取值"对的形式出现，属性名不能重复，名称与取值之间用等号"="分隔，且取值用引号引起来。例如如下示例。

<commodity type = "服装"   color= "黄色">

在这个例子中，type 和 color 是 commodity 标记的属性，"服装"是 type 属性的取值，"黄色"是 color 属性的取值。

属性命名的规范与标记命名规范大体相似，需要注意有效字母、大小写等一系列问题。不过，在必要的时候，属性中也可以包含空格符、标点和实体引用。需要特别注意的是，在 XML 中属性的取值必须用引号引起来，但在 HTML 中这一点并不严格要求。

最后要说明一点，属性的所有赋值都被看作字符串类型。因此，如果处理程序读到下面这段 XML 标记，应用程序应该能够把字符串"10"和"13"转化为它们所代表的数字。

        <圆柱体 半径="10" 高="13">

　　属性和子元素常常能够表述相同的内容，如何判断是使用属性还是子元素有一定难度。一般来说，属性较为简洁、直接，而且有较好的可读性。相反，使用过多的子元素则会使 XML 充斥着大量的开始和结束标记，降低其可读性。在如下几种情况中，宜采用子元素代替属性。

　　（1）属性不能包含子属性，对于一些复杂的信息，宜采用复合的子元素来说明。

　　（2）若元素的开始标记中包含了过多属性，或标记中的元素名称、属性名称、属性取值过长，造成整个开始标记过长而降低了程序的可读性，则可以考虑使用子元素替代属性。

　　空格属性和语言属性是 XML 系统提供的两个特殊属性，使用它们可以说明具体 XML 元素中的空格和语言特性。

　　空格属性名为 xml:space，它用来说明是否需要保留 XML 元素数据内容中的空格字符。空格属性只有两个可能的取值，即 default 和 preserve。有些情况下，为了保证 XML 文档具有较好的可读性，书写时会引入一些空格和回车，使用 default 属性值可自动除去这些空格和回车，还原 XML 元素内容原有的格式；使用 preserve 属性值可保留 XML 元素中的所有空格和回车符。

　　空格属性是可继承属性，指定一个元素的空格属性后，该元素所包含的所有子元素，除非定义了自己的空格属性，否则将继承使用父元素指定的空格属性。

　　语言属性用来说明 XML 元素使用何种语言。语言属性的取值较多，多以国际标准 ISO639 中的编码为标准，如英语的编码是 en，法语的编码为 fr。语言属性的取值也可以使用 IANA（Internet Assigned Numbers Authority）中定义的编码，不过必须增加"I-"或"i-"前缀。用户自定义语言编码应该以"X-"或"x-"开始。在 ISO639 编码中，除了说明语种之外，还可以说明区域，例如"en-GB"指英国英语，而"en-US"指美国英语。使用语言属性有助于开发多语种的应用。与空格属性一样，语言属性也是可继承属性。

　　4）注释

　　有时候，用户希望在 XML 文件中加入一些用作注释的字符数据，并且希望 XML 解析器不对它们进行任何处理。这种类型的文本称作注释（comment）文本。

　　在 HTML 中，注释是用<!--和-->引起来的。在 XML 中，注释的方法完全相同，这样看起来会非常亲切。

　　不过，在 XML 文件中使用注释时，要遵守如下几个规则。

　　（1）在注释文本中不能出现字符'-'或字符串"--"，XML 解析器可能把它们和注释结尾标志"-->"相混淆。

　　（2）不要把注释放在标记之中，否则它就不是一个"格式正规"的 XML 文档，例如如下代码。

        <错误注释 <!-- 注释文本 -->>   </错误注释>

类似地,不要把注释文本放在实体声明中,也不要放在 XML 声明之前。记住,永远用 XML 声明作为 XML 文件中的第一行。

(3) 注释不能被嵌套。在使用一对注释符号表示注释文本时,要保证其中不再包含另一对注释符号。例如如下示例是不合法的。

<!-- 错误 XML 注释嵌套的例子 <!-- 一个注释 --> -->

使用注释时要确保文件在去掉全部注释之后遵守所有"格式正规"文档的要求。

5) 内嵌的替代符

字符<、>、& 、'和"是 XML 的保留字符,XML 利用它们定义和说明元素、标记或属性等。XML 的解析器也将这些字符视为特殊字符,并利用它们来解释 XML 文档的层次内容结构。这样一来,当 XML 内容中包含这些字符,并且需要显示它们的时候,就可能会带来混乱和错误。为了解决这个问题,XML 使用内嵌的替代符来表示这些系统保留字符,如表 6-1 所示。

表 6-1 XML 中的内嵌替代符

替代符	含义	例子	解析结果
&lt;	<	3<5	3<5
&gt;	>	5>3	5>3
&amp;	&	A&B	A&B
&apos;	'	Joe's	Joe's
&quot;	"	"yes"	"yes"

其中,"'"和"""只用在属性说明中,在开始标记之外的 XML 正文中可以直接使用单引号和双引号。

利用内嵌的替代符还可以通过指明字符的 Unicode 码值来直接说明字符。例如,内嵌替代符"&#163"或"&#x00A3"代表了码值为 163 的 Unicode 字符,即英镑货币符号。

上述 5 种内嵌的替代符属于标准的 XML 实体,是 XML 实体中最简单的一类,其他复杂的实体将在后面陆续介绍。

6) 处理指示

处理指示(Processing Instruction,PI)用来给处理 XML 文件的应用程序提供信息。也就是说,XML 解析器可能并不处理它,而把这些信息原封不动地传给 XML 应用程序来解释这个指示,并遵照它所提供的信息进行处理。其实,XML 声明就是一个处理指示。

所有处理指示应该遵循如下格式。

<?处理指示名 处理指示信息?>

处理指示名需要服从 XML 语言的标识符命名规则。要定义处理指示,需要把所定义的处

理指示名放在尖括号组成的括号对中,定义处理指示还可以定义若干属性。

由于 XML 声明的处理指示名是 xml,因此其他处理指示名不能再用 xml。例如在本章的举例中,我们使用一个处理指示来指定与这个 XML 文件配套使用的样式表的类型及文件名,代码如下。

```
<?xml-stylesheet type="text/xsl" href="mystyle.xsl"?>
```

处理指示为 XML 开发人员提供了一种跨越各种元素层次结构的指令表达方式,从而使得应用程序能够按照指示所代表的意义来处理文档。例如如下文档,即希望将标题和段落的前 4 个汉字用黑体表示,当然这种效果也可以通过设置元素属性的方式加以处理。

```
<article>
    <title><?beginUseBold?>节约能源
    </title>
    <content>能源危机<?endUseBold?>早已经不是陌生的话题
    </content>
</article>
```

7) CDATA

有些时候,用户希望 XML 解析器能够把在字符数据中引入的标记当作普通数据而非真正的标记来看待。这时,CDATA 标记可以助用户一臂之力。在标记 CDATA 下,所有标记、实体引用都被忽略,而被 XML 处理程序一视同仁地当作字符数据看待。CDATA 的基本语法如下。

```
<![CDATA[文本内容]]>
```

很显然,CDATA 的文本内容中是不能出现字符串"]]>"的,因为它代表了 CDATA 数据块的结束标志。前文讲过 XML 内嵌的替代符,但是当用户的文本数据中包含大量特殊符号时,通篇地使用替代符,把本来很清晰的一段文字搞得乱七八糟。为了避免这种不便,可以把这些字符数据放在一个 CDATA 数据块中,这样不管它是否含有元素标签符号和实体引用,这些数据统统被当作没有任何结构意义的普通字符串,例如:

```
<Address>
        <![CDATA[
          <联系人>
          <姓名>Jack</姓名>
          <EMAIL>Jack@edu.cn</EMAIL>
          </联系人>
        ]]>
</Address>
```

只要有字符出现的地方，都可以出现 CDATA 部分，但它们不能够嵌套。在 CDATA 部分中，唯一能够被识别的字符串就是它的结束分隔符 "]]>"。

3. 应用程序接口（DOM&SAX）

实际上，XML 文档就是一个文本文件，因此在需要访问文档中的内容时，必须首先书写一个能够识别 XML 文档信息的文本阅读器，也就是通常所说的 XML 解析器（Parser），由它负责对 XML 文档的语法正确性进行验证，并提取其中的内容。XML 文档有时是动态生成的，使得用户能够创建、访问和修改一个 XML 文件。还有些时候用户所开发的应用程序需要能够读懂别人写的 XML 文件，从中提取用户所需要的信息。

在以上这些情况下，都需要一个类似于 ODBC/JDBC 这样的数据库接口规范的统一的 XML 接口，这个接口使得应用程序与 XML 文档结合在一起，让应用程序能够对 XML 文档提供完全的控制。W3C 意识到了上述问题的存在，于是制定了一套书写 XML 解析器的标准接口规范，即文档对象模型（Document Object Model，DOM）。除此之外，XML_DEV 邮件列表中的成员根据应用的需求也自发地定义了一套对 XML 文档进行操作的接口规范——简单应用程序接口（Simple APIs for XML，SAX）。这两种接口规范各有侧重，互有长短，都得到了广泛的应用。

图 6-5 显示了 DOM 和 SAX 在应用程序之间的应用。从图中可以看出，应用程序不是直接对 XML 文档进行操作的，而是首先由 XML 解析器对 XML 文档进行分析，然后应用程序通过 XML 分析器所提供的 DOM 接口或 SAX 接口对分析结果进行操作，从而实现对 XML 文档的访问。

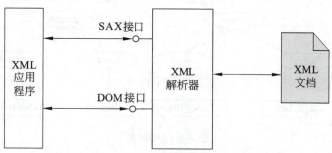

图 6-5　XML 程序接口示意图

1）DOM

在应用程序中，基于 DOM 的 XML 解析器将一个 XML 文档转换成一棵 DOM 树，应用程序通过 DOM 树来实现对 XML 文档数据的操作。通过 DOM 接口，应用程序可以在任何时候访问 XML 文档中的任何一部分数据，因此，这种利用 DOM 接口的机制也称为随机访问机制。

无论 XML 文档中所描述的是什么类型的信息，利用 DOM 所生成的模型都是节点树的形式。也就是说，DOM 强制使用树模型来访问 XML 文档中的信息。在这种模型下，每个元素对应一个节点，而每个节点都可以包含它自己的节点子树，在每个文档的顶端是文档根节点。由于 XML 本质上就是一种分层结构，所以这种描述方法是相当有效的。

例如如下文档，用 DOM 来表示这段文档，效果如图 6-6 所示。

```
<?xml version="1.0"?>

<address>
    <person sex = "male">
        <name>Jack</name>
        <email>Jack@xml.net </email>
    </person>

    <person sex = "male">
        <name>John</name>
        <email>john@xml.net</email>
    </person>
</address>
```

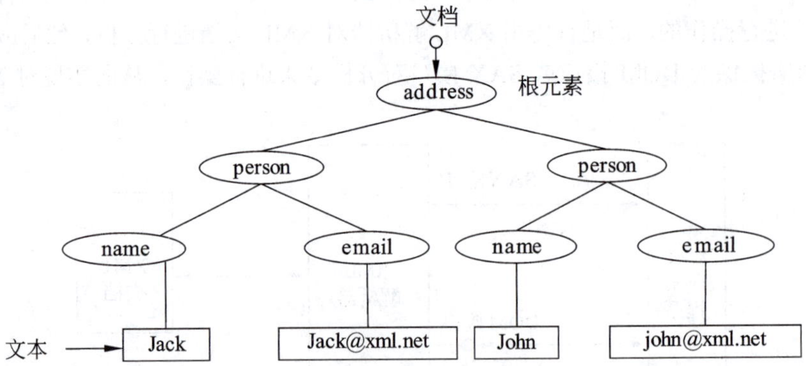

图 6-6 DOM 树

应用程序通过对该对象模型的操作，实现对 XML 文档中数据的操作。DOM API 提供给用户的是一种随机访问机制。通过它，应用程序不仅可以在任意时候访问 XML 文档中的任何数据，而且可以任意地插入、删除、修改、移动和存储 XML 文档中的内容。它提供了一种访问操作存储在 XML 文档内的信息的标准化方法，搭建了应用程序和 XML 文档之间联系的桥梁。

由于 DOM 解析器把整个 XML 文档转化成 DOM 树放在内存中，因此，当文档比较大或者结构比较复杂时，对内存的需求就比较高。而且，对于结构复杂的树的遍历也是一项耗时的操作。所以，DOM 解析器对机器性能的要求比较高，实现效率不十分理想。不过，由于 DOM

解析器所采用的树结构的思想与 XML 文档的结构相吻合，同时鉴于随机访问所带来的方便，因此，DOM 解析器的应用十分广泛。

2）SAX

与 DOM 不同，SAX 采用顺序访问模式，是一种快速读写 XML 数据的方式。当使用 SAX 解析器对 XML 文档进行分析时，会触发一系列事件，并激活相应的事件处理函数，应用程序通过这些事件处理函数实现对 XML 文档的访问，因而 SAX 接口也称为事件驱动接口。

SAX 提供的是一种顺序访问机制，对于已经解析过的部分，不能再倒回去重新处理。SAX 之所以被叫作"简单"应用程序接口，是因为 SAX 解析器只做了一些简单的工作，大部分工作还要由应用程序自己去做。也就是说，SAX 解析器在实现时，只是顺序地检查 XML 文档中的字节流，判断当前字节是 XML 语法中的哪一部分、是否符合 XML 语法，然后再触发相应的事件，而事件处理函数本身则要由应用程序自己来实现。同 DOM 分析器相比，SAX 解析器缺乏灵活性。然而，由于 SAX 解析器实现简单，对内存要求比较低，因此实现效率比较高，对于那些只需要访问 XML 文档中的数据而不对文档进行更改的应用程序来说，SAX 解析器更为合适。

SAX 解析器的大体构成框架如图 6-7 所示。

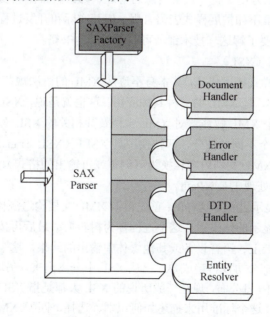

图 6-7　SAX 解析器的结构

最上方的 SAXParserFactory 用来生成一个分析器实例。XML 文档从左侧箭头所示处读入，当解析器对文档进行分析时，就会触发在 DocumentHandler、ErrorHandler、DTDHandler 以及 EntityResolver 接口中定义的回调方法。

4. XML 文档的显示

HTML 中的标记主要用来说明 HTML 文档在浏览器中的显示格式，所以 HTML 文档的显示格式基本是固定的。而 XML 中的标记是开发者自己定义的，主要用来说明 XML 程序文档所表述的数据的内在结构关系。这样一来，XML 程序文档的显示格式就需要用另外的机制来定义。层叠样式表（Cascading Style Sheet，CSS）和扩展样式表语言（eXtensible Style sheet Language，XSL）是 W3C 推荐的表达 XML 文档数据显示格式的两种标准。

1）层叠样式表（CSS）

层叠样式表最早是为方便 HTML 语言而提出的，使用层叠样式表能保证文档显示格式的一致性和较好的格式化，在 XML 中使用层叠样式表可以方便开发人员为自定义的元素和标记定义显示格式。通过层叠样式表可以产生上百种显示格式信息，如字体、颜色、位置等。

层叠样式表信息可以以属性、属性组或独立文件的形式存在。一般认为以独立文件的形式存在较好，因为这样可以方便层叠样式表信息的管理、修改、维护和复用。

层叠样式表的功能虽不如扩展样式表语言强，但其实际和开发过程相对容易得多。在此不详细介绍 CSS 标准，需要了解这一技术细节可以参考其他书籍。

2）扩展样式表语言（XSL）

CSS 是一种静态的样式描述格式，其本身不遵从 XML 的语法规范。扩展样式表语言不同，它遵守 XML 的语法规则，是 XML 的一种具体应用。这也就是说，XSL 本身就是一个 XML 文档，系统可以使用同一个 XML 解释器对 XML 文档及其相关的 XSL 文档进行解释处理。

XSL 语言可分为 3 个不同的部分，即转换工具 XSLT（XSL Transformations，描述了如何将一个没有形式表现的 XML 文档内容转换为可浏览或可输出的格式）、格式对象 FO（formatted object）、XML 分级命令处理工具 XPath。

一个 XML 文档的显示过程是这样的：首先根据 XML 文档构造源树；然后根据给定的 XSL 将这个源树转换为可以显示的结果树，这个过程称为树转换；最后再按照 FO 解释结果树，产生一个可以在屏幕上、纸上、语音设备或其他媒体中输出的结果，这个过程称为格式化。

描述树转换的这一部分协议日趋成熟，已从 XSL 中分离出来，另取名为 XSLT，其正式推荐标准于 1999 年 11 月 16 日公布，现在一般所说的 XSL 大都是指 XSLT。与 XSLT 一同推出的还有其配套标准 XPath，这个标准用来描述如何识别、选择、匹配 XML 文档中的各个构成元件，包括元素、属性、文字内容等。

XSLT 的主要功能就是转换，它将一个 XML 文档作为一个源树，将其转换为一个有样式信息的结果树。XSLT 文档中定义了与 XML 文档中各个逻辑成分相匹配的模板，以及匹配转换方式。值得一提的是，尽管制定 XSLT 规范的初衷只是利用它来进行 XML 文档与可格式化对象之间的转换，但它的巨大潜力却表现在它可以很好地描述 XML 文档向任何一个其他格式的文档转换的方法，例如转换为另一个逻辑结构的 XML 文档、HTML 文档、XHTML 文档、VRML 文档、SVG 文档等，不一而足。限于目前浏览器的支持能力，大多数情况下是转换为一个 HTML 文档进行显示。

6.3 网页制作工具

在大多数情况下，在创建站点时并不需要开发人员使用 HTML 标记进行设计，因为在网页制作工具软件中，可以通过"所见即所得"的技术对 HTML 进行处理，开发人员只需简单地进行界面操作，就能完成网页制作。本节将介绍几款常用的网页及素材制作工具软件。

（1）Fireworks 提供专业网络图形设计和制作方案，支持位图和矢量图。通过它，用户可以编辑网络图形和动画。同时，它能实现网页的无缝连接，与其他图形程序、各 HTML 编辑也能密切配合，为用户一体化的网络设计方案提供支持。

（2）Dreamweaver 是一款所见即所得的主页编辑工具，具有强大的功能和简洁的界面，几乎所有简单对象的属性都可以在属性面上进行修改。

（3）Adobe Photoshop 是数字图像处理软件中最优秀的软件之一，它可以任意设计、处理、润饰各种图像，是网页美术设计理想的数字图像处理软件。

6.3.1 Fireworks 简介

1．Fireworks 概述

Fireworks 是一种专门针对 Web 图像设计而开发的软件。Fireworks 简化了图像设计流程，是一个将矢量图像处理和位图图像处理合二为一的应用程序，因此可以直接在位图图像状态和矢量图像状态之间进行切换，避免了图像在多个应用程序之间的来回迁移。利用 Fireworks，用户可以对矢量图像应用在位图图像上才能应用的各种技术和效果，同样，在位图图像上也可以充分利用矢量图像的编辑优势。

Fireworks 是一个全功能的 Web 设计工具。利用 Fireworks，不仅可以生成静态的图像，还可以直接生成包含 HTML 和 JavaScript 代码的动态图像，甚至可以编辑整幅的网页。例如，在 Fireworks 中可以直接生成各种风格的动态按钮或轮替（rollover）图像，或生成图像映像热区（hotspot）和切片（slice）。在将图像导出到网页中时，Fireworks 会自动将相应的 HTML 和 JavaScript 代码放置到网页中的正确位置上，从而实现丰富多彩的网页动态效果，避免了用户掌握 HTML 和 JavaScript 的麻烦。利用 Fireworks 所生成的图像，色彩完全符合 Web 标准，在设计时是什么颜色，在网页中显示图像时就是什么颜色。

需要指出的是，Fireworks 是基于计算机屏幕的图像处理软件，而不是基于出版印刷的图像处理软件，因此其中可编辑的图像分辨率远远低于印刷图像所需要的分辨率。

2．Fireworks 工作环境

1）文件窗口

Fireworks 的文件窗口上有 4 个标签，如图 6-8 所示。在文件窗口中，可以同时编辑和预览图像，可以同时预览 4 种不同的优化设定所产生的效果，进而选择最理想的一种设定。

2）工具条

工具条上包括各种选择、创建、编辑图像的工具，如图 6-9 所示。有的工具按钮的右下角有一个小三角，说明该工具还有不同的形式，按住这个工具不放就能显示其他形式。

图 6-8　Fireworks 文件窗口

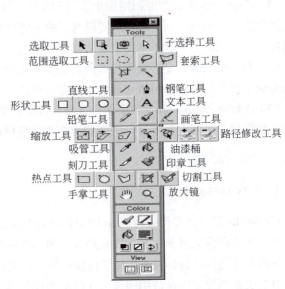

图 6-9　Fireworks 工具条

3）矢量模式与位图模式

Fireworks 可以进行矢量模式与位图模式的编辑，在默认状态下，Fireworks 在打开时处于位图模式，所绘制的图形是作为矢量对象来处理的；在编辑它们时，会看到是在修改构成矢量图形的路径，如图 6-10 所示。

利用 Fireworks 可以打开或输入位图，可以对构成位图的像素进行编辑。在处于位图状态下时，画布被带斜纹的框包围着，如图 6-11 所示。

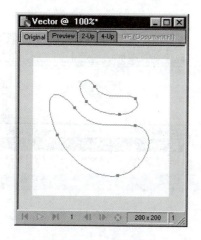

图 6-10　矢量模式

图 6-11　位图模式

4）浮动面板

Fireworks 的浮动面板包括 layer（图层）、frames（帧）、color mixs（颜色混合）、behavior（行为）、optimize（优化）和 object（对象）等。

在工作中，用户可能会发现有些面板经常会用到，这时可以把工作起来最方便的面板排列方式保存起来，使用菜单命令 command→panel layout 即可。如果下次要调出这种排列方式，只要在 command →panel layout set 的级联菜单内选择就行。

快速启动栏位于工作区的右下角，单击快速启动按钮，就可以很迅速地调出相应的浮动面板，如图 6-12 所示。

5）库

库（Library）里存储了可以被重复使用的元素，称为 symbol（符号）。用户可以创建一个符号或将已经存在的对象转化为符号，如图 6-13 所示。

符号分为图像、动画和按钮 3 种，要调用符号，只要把它拖到画布上就可以了，一个符号可以有多个 instance（例图），如果编辑了符号，那么画布上的所有 instance（例图）都会改变。

3．Fireworks 的特点

（1）采用图像映像技术，显示效果好。图像映像是 Web 中经常使用的一种技术，这种技术的原理是将一幅完整的图像在逻辑上分隔为不同的区域，这种区域称为热区，并将每个热区的坐标记录在网页的源代码中。通过编辑代码，可以为每个热区指派不同的链接路径，使得在浏览网页时，单击图像的不同区域，可跳转到不同的地方。由于这种方式没有造成图像在视觉上的割裂，因此显示的效果相当好。

图 6-12　快速启动栏

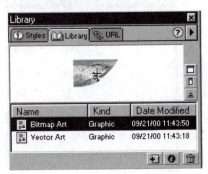

图 6-13　库

（2）采用切片技术获得较高的下载速度。切片（slice）和图像映像类似，都是将图片分隔为不同的区域，区别在于图像映像始终作为一幅完整的图像存在，因此如果图像过大，在网页中载入图像会耗费比较多的时间。利用切片技术，可以将一幅大图像分隔为多个小的碎片，以获得较高的下载速度。利用切片进行的分隔是真正的分隔，它实际上已经将原先的完整图片分隔成多个不同的小图片。在网页中，这些小图片被分别放置在 HTML 表格中的不同单元格里，在视觉上以一幅完整图片的形式显示。如果用手动分隔图片的方法设置切片，操作将是非常烦琐，而在 Fireworks 中设置切片非常轻松，因为 Fireworks 提供了定位线和切片工具帮助分隔图像，并且会根据图像切片的大小自动构建 HTML 表格。

（3）构建按钮和轮替图像。在 Fireworks 中，用户可以快速构建多种风格的按钮。利用 Fireworks，用户还可以实现按钮外观的动态改变。轮替图像按钮就是按钮外观动态改变的一种具体应用。所谓轮替，指的是将鼠标指针移动到按钮上时，按钮的外观发生变化；而将鼠标指针移出按钮范围时，按钮外观又变回原先默认外观的这种机制。按钮编辑器可以快速高效地构建 JavaScript 轮替图像按钮，还可以构建包含多个按钮的导航条。

（4）利用 Fireworks 的样式（Style）特性，用户可以为图像快速应用一些设置好的艺术效果，这些效果附着于图像元素之上，并且可以在保持原先图像元素本身的条件下任意改换。例如，用户可以设置图像的投影、发光和浮雕效果，或设置文字的纹理材质和三维效果等。

（5）Fireworks 是一个将矢量处理和位图处理有机结合的应用程序，因此它可以在处理图像的同时保持图像元素本身的独立性和可编辑性，所有效果都是附着在元素身上的，可以被任意替换。利用 Fireworks 中的多种工具，如各种路径工具或位图工具，可以方便快捷地构建动画 GIF 图像。

（6）Fireworks 还支持符号（symbol）、实例（instance）和插帧（tweening）等特性。所谓符号，指的是具有独立身份的图形元素，在图像中多次复制该图形元素，就构成了实例。一旦在图像中改变了符号本身，它在图像中的所有实例都会相应发生变化，利用这种特性，可以快速地改变整个图像中相同的内容。利用插帧特性，用户可以快速地在符号和实例之间添加中间帧（也称为关键帧），从而改变动画的过程。

（7）利用 Fireworks，用户可以以"图像+文字"的方式构建完整的 Web 页面，然后再将它导出为真正的"HTML+图像"形式。

（8）Fireworks 具有强大的图像优化特性。在 Fireworks 的工作环境中，用户可以对每个切片进行优化，甚至允许对不同的切片实行不同的优化方式，或以不同的图像文件格式存储。

6.3.2 Dreamweaver 简介

1. Dreamweaver 概述

Dreamweaver 是 Macromedia 公司推出的一款所见即所得的主页编辑工具，以简洁的界面和强大的功能著称。2005 年 Macromedia 公司被美国 Adobe 公司收购，因此 Dreamweaver 也改名为 Adobe Dreamweaver。在 Dreamweaver 中，几乎所有简单对象的属性都可以在属性面上进行修改。翻转图片、导航按钮、E-mail 链接、日期、Flash 动画、Shockwave 动画、JavaApplet 及 ActiveX 等对象也可以通过对象面板插入 Dreamweaver 中。程序使用浮动窗口，设计人员可以用鼠标单击的方式插入图像、表格、表单、APPLET、脚本语言等各种对象，这方面延续了所见即所得的编写方式，同时程序也提供了对代码的编辑，包括样式表和 JavaScript 脚本。Dreamweaver 是第一套针对专业网页开发者特别开发的可视化网页设计工具软件。

2. Dreamweaver 工作环境

启动 Dreamweaver，会看到如图 6-14 所示的界面。当创建及打开文档时，即可打开 Dreamweaver 工作区，即 Dreamweaver 窗口，如图 6-15 所示。用户在该工作区中，可以查看文档和对象属性，通过工具栏中的操作，快速编辑文档内容。

1）主菜单

Dreamweaver 的主菜单共分十大类，分别为文件、编辑、查看、插入、修改、格式、命令、站点、窗口和帮助，作用分别为文件管理、选择区域文本编辑、观察物件、插入元素、修改页面元素、格式、附加命令项、命令、站点管理、窗口切换和联机帮助。

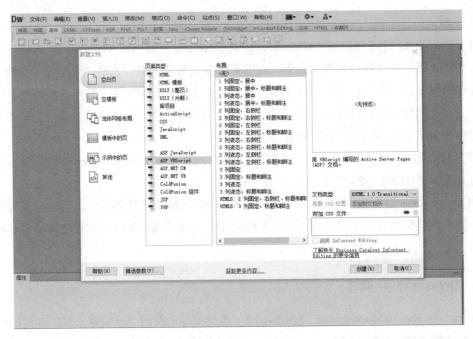

图 6-14 Dreamweaver 启动界面

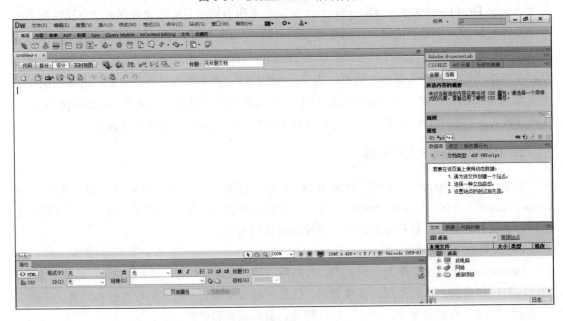

图 6-15 Dreamweaver 窗口

2）应用程序栏

应用程序栏包括一些常用、布局、表单、ASP、数据、Spry、jQuery Mobile、InContext Editing、文本、收藏夹等菜单，每个菜单下还包含一些应用程序控件，如图 6-16 所示。

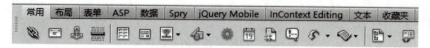

图 6-16　应用程序栏

3）文档工具栏

文档工具栏如图 6-17 所示，用于提供各种文档窗口视图的选项、各种查看选项和一些常用操作。从左到右分别是切换到代码窗口、切换到代码和设计混合窗口、切换到设计窗口、实时视图、多屏幕、在浏览器中预览/调试、文件管理 W3C 验证、检查浏览器兼容性、可视化助理、刷新设计视图和标题。

图 6-17　文档工具栏

4）属性面板

属性面板用于查看和更改所选对象或文本的各种属性。例如选择了一幅图像，那么属性面板上将出现图像的相应属性，如果是表格，它会相应变化成表格的相应属性。注意属性面板中的图标，单击后将出现更多的扩展属性。单击图标将关闭扩展属性，返回原始状态。文本状态下的属性面板如图 6-18 所示。

图 6-18　文本状态下的属性面板

图像状态下的属性面板如图 6-19 所示。

图 6-19　图像状态下的属性面板

表格状态下的属性面板如图6-20所示。

图6-20 表格状态下的属性面板

5）面板

面板位于工作区右侧，用于帮助监控和修改工作，如插入面板、CSS样式面板等，如图6-21所示。

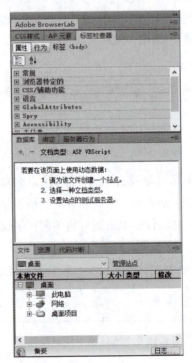

图6-21 面板

3．Dreamweaver的特点

（1）Dreamweaver提供了可视化网页开发，同时不会降低HTML原码的控制。Dreamweaver提供的Roundtrip HTML功能，可以准确无误地切换于视觉模式与惯用的原码编

辑器。当编辑既有的网页时，Dreamweaver 会尊重在其他编辑器做出的原码，不会任意地改变它。而在使用 Dreamweaver 的视觉性编辑环境时，可以在 HTML 监视器上同步地看到 Dreamweaver 产生的原始码，而若想要在视觉式编辑模式和原始码编辑模式之间跳换，只需按一下相应窗口的按钮即可。

（2）Dreamweaver 支持跨浏览器的 Dynamic HTML、阶层式样式窗体、绝对坐标定位以及 JavaScript 的动画。Dreamweaver 利用 JavaScript 和 DHTML 语言代码实现网页元素的动作和交互操作。在这方面超过了 FrontPage、Hotdog、Homesite 等著名的网页编写软件。Dynamic HTML、直觉式时间轴接口以及 JavaScript 行为库可在不需要程序的情况下让 HTML 组件运动起来，全网站内容管理的方式克服了逐页更新管理的缺点。

（3）Dreamweaver 提供了行为和时间线两种控件来进行动画处理和产生交互式响应，这也是这款软件的优势所在。行为空间提供了交互式操作，时间线控件使设计人员可以像制作视频一样来编辑网页。

（4）与其他软件的完美协作也是 Dreamweaver 的一大特色。Dreamweaver 中可以直接插入 Fireworks 中导出的 HTML 代码，Dreamweaver 中的图像也可以直接使用 Fireworks 进行编辑和优化。

6.3.3　Photoshop 简介

1．Photoshop 概述

Adobe Photoshop 是数字图像处理软件中最优秀的软件之一，它可任意设计、处理、润饰各种图像，是美术设计、摄影和印刷专业人员理想的数字图像处理工具软件。Photoshop 被誉为目前最强大的图像处理软件之一，具有十分强大的图像处理功能。而且，Photoshop 具有广泛的兼容性，采用开放式结构，能够外挂其他图像处理软件和输入输出设备。

Photoshop 为美术设计人员提供了无限创意空间，可以从一幅现成的图像开始，通过各种图像组合，在图像中任意添加图像，为作品增添艺术魅力。Photoshop 的所有绘制成果均可以输出到彩色喷墨打印机、激光打印机上。

对于印刷人员，Adobe Photoshop 提供了高档专业印刷前期作业系统，通过扫描、修改图像，在 RGB 模式中预览 CMYK 四色印刷图像，在 CMYK 模式中对颜色进行编辑，进而产生高质量的单色、双色、三色和四色调图像。

2．Photoshop 工作环境

Photoshop 工作界面如图 6-22 所示。

图 6-22 Photoshop 工作界面

- 标题栏：显示 Adobe Photoshop 的字样和图标。
- 菜单栏：显示的是 Photoshop 菜单命令，包括文件、编辑、图像、图层、选择、滤镜、视图、窗口和帮助共 9 个菜单。
- 工具箱：列出 Photoshop 中的常用工具。利用工具箱中的工具可以选择、绘制、编辑和查看图像、选择前景和背景色以及更改屏幕显示模式。大多数工具都有相关的笔刷大小和选项面板，用以限定工具的绘画和编辑效果。
- 控制面板：列出 Photoshop 许多操作的功能设置和参数设置，利用这些设置可以进行各种操作。
- 状态栏：显示当前打开图像的信息和当前操作的提示信息。
- 图像窗口：显示图像，窗口上方会显示图像文件的名称、大小比例和色彩模式。

3．Photoshop 的特点

（1）支持多种图像格式。Photoshop 支持的图像格式包括 PSD、EPS、DCS、TIF、JEPG、BMP、PCX、FLM、PDF、PICT、GIF、PNG、IFF、FPX、RAW 和 SCT 等 20 多种。利用 Photoshop

可以将某种格式的图像另存为其他格式，以达到特殊的需要。

（2）支持多种色彩模式。Photoshop 支持的色彩模式包括位图模式、灰度模式、RGB 模式、CMYK 模式、Lab 模式、索引颜色模式、双色调模式和多通道模式等，并且可以实现各种模式之间的转换。另外，利用 Photoshop 还可以任意调整图像的尺寸、分辨率及画布的大小。既可以在不影响分辨率的情况下改变图像尺寸，又可以在不影响图像尺寸的情况下增减分辨率。

（3）提供了强大的选取图像范围的功能。利用矩形、椭圆面罩和套索工具，可以选取一个或多个不同尺寸、不同形状的选取范围。磁性套索工具可以根据选择边缘的像素反差，使选取范围紧贴要选取的图像。利用魔术棒工具或"颜色范围"命令可以根据颜色来自动选取所要部分。配合使用快捷键，可以实现选取范围的相加、相减、交叉和反选等效果。

（4）可以对图像进行各种编辑，如移动、复制、粘贴、剪切、清除等。如果在编辑时出了错误，还可以进行无限次的撤销和恢复。Photoshop 可以对图像进行任意的旋转和变形操作，例如按固定方向翻转和旋转，或对图像进行拉伸、倾斜、扭曲和制造透视效果等。

（5）可以对图像进行色调和色彩的调整，使色相、饱和度、亮度、对比度的调整变得简单容易。Photoshop 可以单独对某一选取范围进行调整，也可以对某一种选定颜色进行调整。使用"色彩平衡"命令可以在彩色图像中改变颜色的混合。使用"色阶"和"曲线"命令可以分别对图像的高光、暗调和中间调部分进行调整，这是传统的绘画技巧难以达到的效果。

（6）提供了绘画功能。使用喷枪工具、笔刷工具、铅笔工具、直线工具，可以绘制各种图形。通过自行设定的笔刷形状、大小和压力，可以创建不同的笔刷效果。利用渐变工具，可以产生多种渐变效果。加深和减淡工具可以有选择地改变图像的曝光度。海绵工具可以选择性地增减色彩的饱和程度。模糊、锐化和涂抹工具可以产生特殊效果的图像作品。使用图章工具可以修改图像，并可复制图像中的某一部分内容到其他图像的指定位置。

（7）使用 Photoshop，用户可以建立普通图层、背景层、文本层、调节层等多种图层，并且方便地对各个图层进行编辑。用户可以对图层进行任意的复制、移动、删除、翻转、合并和合成操作，可以实现图层的排列，还可以应用添加阴影等操作制造特技效果。调整图层可在不影响图像的同时控制图层的透明度和饱和度等图像效果。文本层可以随时编辑图像中的文本。用户还可以对不同的色彩通道分别进行编辑。利用蒙版可以精确地选取范围，进行存储和载入操作。

（8）Photoshop 共提供了将近 100 种的滤镜，每种滤镜效果各不相同。用户可以利用这些滤镜实现各种特殊效果，如利用"风"滤镜可以增加图像动感，利用"浮雕"滤镜可以制作浮雕效果，利用"水波"滤镜可以模拟水波中的倒影。另外，Photoshop 还可以使用很多其他与之配套的外挂滤镜。

6.4 动态网页的制作

早期的 Web 主要是静态页面的浏览，由 Web 服务器使用 HTTP 协议将 HTML 文档从 Web 服务器传送到用户的 Web 浏览器上。它适合于组织各种静态的文档类型元素（如图片、文字及文档）间的链接。

Web 技术发展的第二阶段是生成动态页面。随着三层 Client/Server 结构和 CGI 标准、ISAPI 扩展、动态 HTML 语言、Java/JDBC 等技术的出现，产生了可以供用户交互的动态 Web 文档，HTML 页除了能显示静态信息外，还能够作为信息管理中客户与数据库交互的人机界面。动态网页技术主要依赖服务器端编程，包括 CGI 版本、Server-API 程序（包括 NSAPI 和 ISAPI）、Java Serverlets 以及服务器端脚本语言。

服务器端脚本编程方式试图使编程和网页联系更为紧密，并使它以相对更简单、更快速的方式运行。服务器端脚本的思想是创建与 HTML 混和的脚本文件或模板，当需要的时候由服务器来读它们，然后服务器分析处理脚本代码，并输出由此产生的 HTML 文件。图 6-23 显示了这个过程。

图 6-23　服务器端脚本的分析过程

服务器脚本环境有许多，其中最流行的包括 ASP（Active Server Pages）、JSP（Java Server Pages）、ColdFusion、PHP 等，它们的主要区别仅在于语法。每一种技术与其他技术相比差别不大，因此在它们之间做选择往往是出于自己的偏爱。所有这些技术与更先进的服务器端编程（如服务器 API）相比，其执行速度相对较慢，可以弥补性能的是该项技术相对比较简单。

6.4.1　ASP

1. ASP 简介

1）什么是 ASP

从字面上说，ASP 包含 3 个方面的含义。

（1）Active。ASP 使用了 Microsoft 的 ActiveX 技术，采用封装程序调用对象的技术，以简化编程和加强程序间合作。ASP 本身封装了一些基本组件和常用组件，有很多公司也开发了很多实用组件。只要在服务器上安装这些组件，通过访问组件，就可以快速、简易地建立 Web 应用。

（2）Server。ASP 运行在服务器端，这样就不必担心浏览器是否支持 ASP 所使用的编程语言。ASP 的编程语言可以是 VBScript 和 JavaScript。VBScript 是 VB 的一个简集，会使用 VB 的人可以很方便地快速上手。然而，Netscape 浏览器不支持客户端的 VBScript，所以最好不要在客户端使用 VBScript。而在服务器端，则无须考虑浏览器的支持问题。Netscape 浏览器也可以正常显示 ASP 页面。

（3）Pages。ASP 返回标准的 HTML 页面，可以在常用的浏览器中显示。浏览者查看页面源文件时，看到的是 ASP 生成的 HTML 代码，而不是 ASP 程序代码。

由此可以看出，ASP 是在 IIS（Internet Information Server）下开发 Web 应用的一种简单、方便的编程工具。在了解了 VBScript 的基本语法后，只需要清楚各个组件的用途、属性、方法，就可以轻松编写出自己的 ASP 页面。

2）ASP 的特点

（1）使用 VBScript、JScript 等简单易懂的脚本语言，结合 HTML 代码，即可快速地完成网站的应用程序。

（2）使用普通的文本编辑器，如 Windows 记事本，即可进行编辑设计。

（3）无须 compile 编译，容易编写，可在服务器端直接执行。

（4）与浏览器无关（Browser Independence），用户端只要使用可执行 HTML 码的浏览器，即可浏览 ASP 所设计的网页内容。ASP 所使用的脚本语言（VBScript、JScript）均在 Web 服务器端执行，用户端浏览器不需要执行这些脚本语言。

（5）ASP 能与任何 ActiveX scripting 语言相兼容。除了可使用 VBScript 或 JScript 语言来设计外，还可通过 plug-in 的方式使用由第三方所提供的其他脚本语言，譬如 REXX、Perl、Tcl 等。脚本引擎是处理脚本程序的 COM（Component Object Model）对象。

（6）ASP 的源程序不会被传到客户浏览器，因而可以避免所写的源程序被他人剽窃，同时也提高了程序的安全性。

（7）可使用服务器端的脚本来产生客户端的脚本。

（8）面向对象（Object-oriented）。

（9）ActiveX Server Components（ActiveX 服务器元件）具有无限可扩充性。可以使用 Visual Basic、Java、Visual C++、COBOL 等编程语言来编写需要的 ActiveX Server Component。

3）ASP 编程环境

与一般的程序不同，.asp 程序无须编译，ASP 程序的控制部分是使用 VBScript、JScript 等脚本语言来设计的。当执行 ASP 程序时，脚本程序会将一整套命令发送给脚本解释器（即脚本引擎），由脚本解释器进行翻译，并将其转换成服务器所能执行的命令。当然，同其他编程语言一样，ASP 程序的编写也遵循一定的规则，如果想使用某种脚本语言编写 ASP 程序，那么服务器上必须要有能够解释这种脚本语言的脚本解释器。当安装 ASP 时，系统提供了两种脚本语言，即 VBSript 和 JavaScript，VBScript 是系统默认的脚本语言。

ASP 程序其实是以扩展名为.asp 的纯文本形式存在于 Web 服务器上的，所以可以用任何文本编辑器打开它，ASP 程序中可以包含纯文本、HTML 标记以及脚本命令。只需将.asp 程序放在 Web 服务器的虚拟目录下（该目录必须要有可执行权限），即可以通过 WWW 的方式访问 ASP 程序。

所谓脚本，是由一系列脚本命令组成的，如同一般的程序，脚本可以将一个值赋给一个变量，可以命令 Web 服务器发送一个值到客户浏览器，还可以将一系列命令定义成一个过程。要编写脚本，必须要熟悉至少一门脚本语言，如 VBScript。脚本语言是一种介乎于 HTML 和诸如 Java、Visual Basic、C++等编程语言之间的一种特殊的语言，尽管它更接近于后者，但它却不具有编程语言复杂、严谨的语法和规则。ASP 所提供的脚本运行环境可支持多种脚本语言，譬如 JScript、Perl 等，这给 ASP 程序设计者提供了发挥余地。ASP 的出现使得 Web 设计者不必再为客户浏览器是否支持而担心，实际上就算在同一个.asp 文件中使用不同的脚本语言，也无须为此担忧，因为所有一切都将在服务器端进行，客户浏览器得到的只是一个程序执行的结果，只需在.asp 中声明使用不同的脚本语言即可。

2．ASP 内嵌对象

ASP 提供了可在脚本中使用的内嵌对象。这些对象使用户更容易收集那些通过浏览器请求发送的信息，响应浏览器以及存储用户信息，从而使对象开发摆脱了很多烦琐的工作。内嵌对象不同于正常的对象，在利用内嵌对象的脚本时，不需要首先创建一个它的实例。在整个网站应用中，内嵌对象的所有方法、集合以及属性都是自动可访问的。

一个对象由方法、属性和集合构成，其中对象的方法决定了这个对象可以做什么。对象的属性可以读取，它描述对象状态或者设置对象状态。对象的集合包含了很多和对象有关系的键和值的配对。例如，书是一个对象，这个对象包含的方法决定了可以怎样处理它。书这个对象的属性包括页数、作者等。对象的集合包含了许多键和值的配对，对书而言，每一页的页码就是键，那么值就是对应于该页的内容。

1）Request 对象

Request 对象为脚本提供了当客户端请求一个页面或者传递一个窗体时，客户端提供的全部信息，包括能指明浏览器和用户的 HTTP 变量、在这个域名下存放在浏览器中的 Cookie、任何作为查询字符串而附于 URL 后面的字符串或页面的<form>段中的 HTML 控件的值，同时也提供使用 Secure Socket Layer（SSL）或其他加密通信协议的授权访问，以及有助于对连接进行管理的属性。

Request 对象提供了 5 个集合，可以用来访问客户端对 Web 服务器请求的各类信息，如表 6-2 所示。

表 6-2 Request 对象的集合

集 合 名 称	说　　明
Client Certificate	当客户端访问一个页面或其他资源时，用来向服务器表明身份的客户证书的所有字段或条目的数值集合，每个成员均是只读
Cookies	根据用户的请求，用户系统发出的所有 Cookie 的值的集合，这些 Cookie 仅对相应的域有效，每个成员均为只读
Form	METHOD 的属性值为 POST 时，所有作为请求提交的< form >段中的 HTML 控件单元的值的集合，每个成员均为只读
QueryString	依附于用户请求的 URL 后面的名称／数值对或者作为请求提交的且 METHOD 属性值为 GET（或者省略其属性）的，或<form>中所有 HTML 控件单元的值，每个成员均为只读
ServerVariables	随同客户端请求发出的 HTTP 报头值，以及 Web 服务器的几种环境变量的值的集合，每个成员均为只读

Request 对象唯一的属性及说明如表 6-3 所示，它提供关于用户请求的字节数量的信息，很少用于 ASP 页。用户通常关注指定值，而不是整个请求字符串。

表 6-3 Request 对象的属性及说明

属　　性	说　　明
Total Bytes	只读，返回由客户端发出的请求的整个字节数量

Request 对象唯一的方法及说明如表 6-4 所示，它允许访问从一个<form>段中传递给服务器的用户请求部分的完整内容。

表 6-4 Request 对象的方法及说明

方　　法	说　　明
Binary Read (count)	当数据作为 POST 请求的一部分发往服务器时，从客户请求中获得 count 字节的数据，返回一个 Variant 数组。如果 ASP 代码已经引用了 Request.Form 集合，这个方法就不能用。同样，如果用了 Binary Read 方法，就不能访问 Request.Form 集合

2) Response 对象

Response 对象用来访问服务器端所创建的并发回到客户端的响应信息。为脚本提供 HTTP 变量，指明服务器、服务器的功能、关于发回浏览器的内容的信息以及任何将为这个域而存放在浏览器里新的 Cookie。它也提供了一系列的方法用来创建输出，如 Response.Write 方法。

Response 对象只有一个集合，如表 6-5 所示，该集合设置希望放置在客户系统上的 Cookie 的值，它直接等同于 Request.Cookie 集合。

表 6-5 Response 对象的集合及说明

集 合	说 明
Cookie	在当前响应中，发回客户端的所有 Cookie 的值。这个集合为只写

Response 对象提供了一系列的属性，可以读取和修改，使响应能够适应请求。这些由服务器设置，用户不需要设置它们。需要注意的是，当设置某些属性时，使用的语法可能与通常所使用的有一定的差异。Response 对象的属性如表 6-6 所示。

表 6-6 Response 对象的属性及说明

属 性	说 明
Buffer=True|False	读/写，布尔型，表明由一个 ASP 页所创建的输出是否一直存放在 IIS 缓冲区，直到当前页面的所有服务器脚本处理完毕或 Flush、End 方法被调用。在任何输出（包括 HTTP 报头信息）送往 IIS 之前，这个属性必须设置。因此在 .asp 文件中，这个设置应该在<%@ LANGUAGE=...%>语句后面的第一行
CacheControl "setting"	读/写，字符型，设置这个属性为 Public，允许代理服务器缓存页面；如为 Private，则禁止代理服务器缓存的发生
Charest="value"	读/写，字符型，在由服务器为每个响应创建的 HTTP Content-Type 报头中附上所用字符集名称
Content Type ="MIME-type"	读/写，字符型，指明响应的 HTTP 内容类型为标准的 MIME 类型（例如 text/xml 或者 Image/gif）。假如省略，表示使用 MIME 类型 text/html。内容类型告诉浏览器所期望内容的类型
Expires minutes	读/写，数值型，指明页面有效的以分钟计算的时间长度。假如用户请求其有效期满之前的相同页面，将直接读取显示缓冲中的内容，这个有效期间过后，页面将不再保留在私有（用户）或公用（代理服务器）缓冲中
Expires Absolute # date [time]#	读/写，日期/时间型，指明一个页面过期和不再有效时的绝对日期和时间
Is Client Connected	只读，布尔型，返回客户是否仍然连接和下载页面的状态标志。在当前的页面已执行完毕之前，假如一个客户转移到另一个页面，这个标志可用来中止处理

属　性	说　明
PICS ("PICS-Label -string")	只写，字符型，创建一个 PICS 报头，并将之加到响应中的 HTTP 报头中。PICS 报头定义页面内容中的词汇等级，如暴力、性、不良语言等
Status="Code message"	读/写，字符型，指明发回客户的响应的 HTTP 报头中表明错误或页面处理是否成功的状态值和信息。例如 200 OK 和 404 Not Found

Response 对象提供了一系列的方法，如表 6-7 所示，允许直接处理为返给客户端而创建的页面内容。

表 6-7　Response 对象的方法及说明

方　法	说　明
AddHeader("name", "content")	通过使用 name 和 content 值，创建一个定制的 HTTP 报头，并增加到响应之中。不能替换现有的相同名称的报头。一旦已经增加了一个报头，就不能被删除。这个方法必须在任何页面内容（即 text 和 HTML）被发往客户端前使用
AppendToLog("string")	当使用 W3C Extended Log File Format 文件格式时，对于用户请求的 Web 服务器的日志文件增加一个条目。至少要求在包含页面的站点的 Extended Properties 页中选择 URI Stem
BinaryWrite(SafeArray)	在当前的 HTTP 输出流中写入 Variant 类型的 Safe Array，而不经过任何字符转换。对于写入非字符串的信息，例如定制的应用程序请求的二进制数据或组成图像文件的二进制字节，是非常有用的
Clear ()	当 Response .Buffer 为 True 时，从 IIS 响应缓冲中删除现存的缓冲页面内容。但不删除 HTTP 响应的报头，可用来放弃部分完成的页面
End ()	让 ASP 结束处理页面的脚本，并返回当前已创建的内容，然后放弃页面的任何进一步处理
Flush ()	发送 IIS 缓冲中的所有当前缓冲页给客户端。当 Response .Buffer 为 True 时，可以用来发送较大页面的部分内容给个别用户
Redirect ("URL")	通过在响应中发送一个"302 Object Moved" HTTP 报头，指示浏览器根据字符串 URL 下载相应地址的页面
Write ("string")	在当前的 HTTP 响应信息流和 IIS 缓冲区写入指定的字符，使之成为返回页面的一部分

3）Application 对象

Application 对象是在为响应一个 ASP 页的首次请求而载入 ASP DLL 时创建的，它提供了存储空间用来存放变量和对象的引用，可用于所有页面，任何访问者都可以打开它们。

Application 对象提供了两个集合，可以用来访问存储于全局应用程序空间中的变量和对象。集合及说明如表 6-8 所示。

表 6-8 Application 对象的集合及说明

集　　合	说　　明
Contents	没有使用<OBJECT>元素定义的存储于 Application 对象中的所有变量（及它们的值）的一个集合，包括 Variant 数组和 Variant 类型对象实例的引用
StaticObjects	使用< OBJECT >元素定义的存储于 Application 对象中的所有变量（及它们的值）的一个集合

Application 对象的方法允许删除全局应用程序空间中的值，控制在该空间内对变量的并发访问。Application 对象的方法及说明如表 6-9 所示。

表 6-9 Application 对象的方法及说明

方　　法	说　　明
Contents.Remove("variable_name")	从 Application.Content 集合中删除一个名为 variable_name 的变量
Contents.RemoveAll()	从 Application . Content 集合中删除所有变量
Lock()	锁定 Application 对象，使得只有当前的 ASP 页面对内容能够进行访问。用于确保通过允许两个用户同时读取和修改该值的方法而进行的并发操作不会破坏内容
Unlock ()	解除对在 Application 对象上的 ASP 网页的锁定

Application 对象提供了在它启动和结束时触发的两个事件，如表 6-10 所示。

表 6-10 Application 对象的事件及说明

事　　件	说　　明
OnStart	当 ASP 启动时触发，在用户请求的网页执行之前以及任何用户创建 Session 对象之前发生，用于初始化变量、创建对象或运行其他代码
OnEnd	当 ASP 应用程序结束时触发，在最后一个用户会话已经结束并且该会话的 OnEnd 事件中的所有代码已经执行之后发生。其结束时，应用程序中存在的所有变量被取消

4）Session 对象

独特的 Session 对象是在每一位访问者从 Web 站点或 Web 应用程序中首次请求一个 ASP 页时创建的，它将保留到默认的期限结束（或者由脚本决定中止的期限）。它与 Application 对象一样，提供一个空间用来存放变量和对象的引用，但只能供目前的访问者在会话的生命期内打开的页面使用。

Session 对象提供了两个集合，可以用来访问存储于用户的局部会话空间中的变量和对象。这些集合及说明如表 6-11 所示。

表 6-11 Session 对象的集合及说明

集合	说明
Contents	存储于这个特定 Session 对象中的所有变量和其值的一个集合，并且这些变量和值没有使用<OBJECT>元素进行定义，包括 Variant 数组和 Variant 类型对象实例的引用
StaticObjects	通过使用<OBJECT>元素定义的、存储于这个 Session 对象中的所有变量的一个集合

Session 对象提供了 4 个属性，说明如表 6-12 所示。

表 6-12 Session 对象的属性及说明

属性	说明
CodePage	读/写，整型，定义用于在浏览器中显示页内容的代码页（Code Page）。代码页是字符集的数字值，不同的语言和场所可能使用不同的代码页。例如， ANSI 代码页１２５２用于美国英语和大多数欧洲语言，代码页９３２用于日文字
LCID	读/写，整型，定义发送给浏览器的页面地区标识（LCID）。LCID 是标识地区的唯一的国际标准缩写，例如，2057 定义当前地区的货币符号是'£'。LCID 也可用于 FormatCurrency 等语句中，只要其中有一个可选的 LCID 参数。LCID 也可在 ASP 处理指令<%...%>中设置，并优先于会话的 LCID 属性中的设置
Session ID	只读，长整型，返回这个会话的会话标识符。创建会话时，该标识符由服务器产生。它在父 Application 对象的生存期内是唯一的，因此当一个新的应用程序启动时可重新使用
Timeout	读/写，整型，为这个会话定义以分钟为单位的超时周期。如果用户在超时周期内没有进行刷新或请求一个网页，该会话结束。在各网页中可以根据需要修改。默认值是 10min，在使用率高的站点上该时间应更短

表 6-13 Session 对象的方法及说明

方法	说明
Contents.Remove ("variable_name")	从 Session.Content 集合中删除一个名为 variable_name 的变量
Contents.RemoveAll()	从 Session.Content 集合中删除所有变量
Abandon()	当网页的执行完成时，结束当前用户会话并撤销当前 Session 对象。但即使在调用该方法以后，仍可访问该页中的当前会话的变量。当用户请求下一个页面时将启动一个新的会话，并建立一个新的 Session 对象

Session 对象允许从用户级的会话空间删除指定值，并根据需要终止会话。Session 对象的方法及说明如表 6-13 所示。

Session 对象提供了在启动和结束时触发的两个事件，如表 6-14 所示。

表 6-14 Session 对象的事件及说明

事件	说明
OnStart	在用户请求的网页执行之前，当 ASP 用户会话启动时触发，用于初始化变量、创建对象或运行其他代码
OnEnd	当 ASP 用户会话结束时触发。从用户对应用程序的最后一个页面请求开始，如果已经超出预定的会话超时周期，则触发该事件。当会话结束时，取消该会话中的所有变量。在代码中使用 Abandon 方法结束 ASP 用户会话时，也触发该事件

5）Server 对象

Server 对象提供了一系列方法和属性，在使用 ASP 编写脚本时是非常有用的。最常用的是 Server.CreateObject 方法，它允许在当前页的环境或会话中在服务器上实例化其 COM 对象。还有一些方法能够把字符串翻译成在 URL 和 HTML 中使用的正确格式，这通过把非法字符转换成正确、合法的等价字符来实现。

Server 对象是专为处理服务器上的特定任务而设计的，特别是与服务器的环境和处理活动有关的任务。因此提供信息的属性只有一个，却有 7 种方法用来以服务器特定的方法格式化数据、管理其他网页的执行、管理外部对象和组件的执行以及处理错误。

Server 对象的唯一属性用于访问一个正在执行的 ASP 网页的脚本超时值，如表 6-15 所示。

表 6-15 Server 对象的属性及说明

属性	说明
ScriptTimeout	整型，默认值为 90，设置或返回页面的脚本在服务器退出执行和报告一个错误之前可以执行的时间（秒数）。达到该值后将自动停止页面的执行，并从内存中删除包含可能进入死循环的错误的页面或者那些长时间等待其他资源的网页。这会防止服务器因存在错误的页面而过载。对于运行时间较长的页面需要增大这个值

Server 对象的方法用于格式化数据、管理网页执行和创建其他对象实例，如表 6-16 所示。

表 6-16 Server 对象的方法及说明

方法	说明
CreateObject("identifier")	创建由 identifier 标识的对象（一个组件、应用程序或脚本对象）的一个实例，返回可以在代码中使用的一个引用，可以用于一个虚拟应用程序（global.asa 页）创建会话层或应用程序层范围内的对象。该对象可以用其 Class ID（如 "{clsid: BD96C556-65A3...37A9}"）或一个 ProgID 串（如 "ADODB.Connection"）来标识
Execute("URL")	停止当前页面的执行，把控制转到在 URL 中指定的网页。用户的当前环境（即会话状态和当前事务状态）也传递到新的网页。在该页面执行完成后，控制传递回原先的页面，并继续执行 Execute 方法后面的语句

方　　法	说　　明
GetLastError()	返回 ASP ASPError 对象的一个引用，这个对象包含该页面在 ASP 处理过程中发生的最近一次错误的详细数据。这些由 ASP Error 对象给出的信息包含文件名、行号、错误代码等
HTML Encode("string")	返回一个字符串，该串是输入值 string 的副本，但去掉了所有非法的 HTML 字符，如<、>、&和双引号，并转换为等价的 HTML 条目，即<、>、&、"等
MapPath("URL")	返回在 URL 中指定的文件或资源的完整物理路径和文件名
Transfer("URL")	停止当前页面的执行，把控制转到 URL 中指定的页面，用户的当前环境（即会话状态和当前事务状态）也传递到新的页面。与 Execute 方法不同，当新页面执行完成时，不回到原来的页面，而是结束执行过程
URL Encode("string")	返回一个字符串，该串是输入值 string 的副本，但是在 URL 中无效的所有字符，如?、&和空格，都转换为等价的 URL 条目，即%3F、%26和+

3. ASP 使用范例

如下是一个 ASP 的应用举例。

```
< HTML >
< BODY >
< TABLE >
< % Call Callme %>
< /TABLE >
< % Call ViewDate %>
< /BODY >
< /HTML >
< SCRIPT LANGUAGE=VBScript RUNAT=Server>
Sub Callme
    Response.Write "< TR>< TD>Call< /TD>< TD>Me< /TD>< /TR>"
End Sub
< /SCRIPT >
< SCRIPT LANGUAGE=JScript RUNAT=Server>
function ViewDate()
{
    var x
    x = new Date()
```

```
        Response.Write(x.toString())
    }
</ SCRIPT>
```

ASP 不同于客户端脚本语言，它有自己特定的语法，所有 ASP 命令都必须包含在< %和%>之内，如<% test="English" %>。ASP 通过包含在< %和%>中的表达式将执行结果输出到客户浏览器。例如，<% =test %>就是将前面赋给变量 test 的值 English 发送到客户浏览器，而当变量 test 的值为 Mathematics 时，程序：This weekend we will test <% =test %>在客户浏览器中则显示为 This weekend we will test Mathematics。

6.4.2　JSP

JSP（服务器端动态网页）是由 Sun 公司（Sun Microsystems Inc.）倡导、许多公司参与一起建立的一种动态网页技术标准，其在动态网页的建设中有强大而特别的功能。目前在国外的众多网站，特别是涉及电子商务的网站中，已经大量使用了 JSP 技术。

JSP 技术为创建显示动态生成内容的 Web 页面提供了一个简捷而快速的方法。JSP 技术的设计目的是使得构造基于 Web 的应用程序更加容易和快捷，而这些应用程序能够与各种 Web 服务器、应用服务器、浏览器和开发工具共同工作。

所谓 JSP 网页（*.jsp），是在传统的网页 HTML 文件（*.htm，*.html）中加入 Java 程序片段（Scriptlet）和 JSP 标记（tag）而构成的。Web 服务器在遇到访问 JSP 网页的请求时，首先执行其中的程序片段，然后将执行结果以 HTML 格式返回给客户。程序片段可以操作数据库、重新定向网页以及发送 E-mail 等，这就是建立动态网站所需要的功能。所有程序操作都在服务器端执行，网络上传送给客户端的仅是得到的结果，对客户浏览器的要求最低，可以实现无 Plug-in、无 ActiveX、无 Java Applet，甚至无 Frame。

在 Sun 公司正式发布 JSP 之后，这种新的 web 应用开发技术很快引起了人们的关注。JSP 为创建高度动态的 Web 应用提供了一个独特的开发环境。

1．JSP 的特点

JSP 能在 Web Server（尤其是 JSWDK）端整合 Java 语言至 HTML 网页的环境中，然后利用 HTML 网页内含的 Java 程序代码取代原有的 CGI、ISAPI 或者 IDC 的程序，以便执行原有 CGI/WinCGI、ISAPI 的功能。

相对应于 Client 端（指的是浏览器端的 HTML 文件）内嵌的描述语言，Sun 公司提供的 JSWDK 也支持类似的描述语言，它便是 Java 语言。由于 JSP 放置在 Web 服务器上，它在解析使用者由表单（FM）传送过来的字段数据后，接着通过适当的逻辑生成 HTML 文件，然后传给客户端，使用者看到的是一般符合 HTML 格式的文件内容。因为 JSP 是在 JSWDK 上执行的，所以无论使用的是哪一种平台下的浏览器，皆能看到由 JSP 产生的网页内容。

JSP 与 ASP、PHP 相比有下列优点。

1）内容的生成和显示分离

使用 JSP 技术，Web 页面开发人员可以使用 HTML 或者 XML 标识来设计和格式化最终页面。使用 JSP 标识或者小脚本来生成页面上的动态内容（内容是根据请求来变化的，例如请求账户信息或者特定的一瓶酒的价格）。生成内容的逻辑被封装在标识和 JavaBeans 组件中，并且捆绑在小脚本中，所有脚本在服务器端运行。如果核心逻辑被封装在标识和 Beans 中，那么其他人，如 Web 管理人员和页面设计者，也能够编辑和使用 JSP 页面，而且不影响内容的生成。

在服务器端，JSP 引擎解释 JSP 标识和小脚本，生成所请求的内容（例如，通过访问 JavaBeans 组件，使用 JDBCTM 技术访问数据库），并且将结果以 HTML（或者 XML）页面的形式发送回浏览器。这有助于作者保护自己的代码，又能保证任何基于 HTML 的 Web 浏览器的完全可用性。

2）强调可重用的组件

绝大多数 JSP 页面依赖于可重用的、跨平台的组件（JavaBeans 或者 Enterprise JavaBeansTM 组件）来执行应用程序所要求的更为复杂的处理。开发人员能够共享和交换执行普通操作的组件，或者使得这些组件为更多使用者或者客户团体所使用。基于组件的方法加速了总体开发过程，并且使各种组织在他们现有的技能和优化结果的开发努力中得到平衡。

3）采用标识简化页面开发

JSP 技术封装了许多功能，这些功能是在易用的、与 JSP 相关的 XML 标识中进行动态内容生成所需要的。标准的 JSP 标识能够访问和实例化 JavaBeans 组件、设置或者检索组件属性、下载 Applet 以及执行用其他方法更难于编码和耗时的功能。

通过开发定制标识库，JSP 技术是可以扩展的。今后，第三方开发人员和其他人员可以为常用功能创建自己的标识库，这使得 Web 页面开发人员能够使用熟悉的工具和如同标识一样的执行特定功能的构件来工作。

JSP 技术很容易整合到多种应用体系结构中，利用现存的工具和技巧，扩展到能够支持企业级的分布式应用。作为采用 Java 技术家族的一部分，以及 Java 2（企业版体系结构）的一个组成部分，JSP 技术能够支持高度复杂的基于 Web 的应用。

4）健壮性与安全性

由于 JSP 页面的内置脚本语言是基于 Java 编程语言的，而且所有 JSP 页面都被编译成 Java Servlet，JSP 页面就具有 Java 技术的所有好处，包括健壮的存储管理和安全性。

5）良好的移植性

作为 Java 平台的一部分，JSP 拥有 Java 编程语言"一次编写，各处运行"的特点。越来越多的供应商将 JSP 支持添加到他们的产品中，可以使用自己所选择的服务器和工具，而且更改工具或服务器并不影响当前的应用。

6）企业级的扩展性和性能

当与 Java 2 平台、企业版（J2EE）和 Enterprise JavaBean 技术整合时，JSP 页面将提供企业业级的扩展性和性能，这对于在虚拟企业中部署基于 Web 的应用是必需的。

2．JSP 程序页面

如下 JSP 应用举例可以完成年、月的日期打印，并且根据时间使用"Good Morning"和"Good Afternoon"对用户表示欢迎。

```
<HTML>
<%@ page language=="java" imports=="com.wombat.JSP.*" %>
<H1>Welcome</H1>

<P>Today is </P>
<jsp:useBean id=="clock" class=="calendar.jspCalendar" />
<UL>
<LI>Day: <%==clock.getDayOfMonth() %>
<LI>Year: <%==clock.getYear() %>
</UL>

<% if (Calendar.getInstance().get(Calendar.AM_PM) ==== Calendar.AM) { %>
Good Morning
<% } else { %>
Good Afternoon
<% } %>
<%@ include file=="copyright.html" %>

</HTML>
```

这个页面包含如下组件。

（1）一个 JSP 指示。将信息传送到 JSP 引擎。在这个示例中，第一行指出从该页面即将访问的一些 Java 编程语言的扩展的位置。指示被设置在<%@和%>标记中。

（2）固定模板数据。所有 JSP 引擎不能识别的标识将随结果页面发送，通常这些标识是 HTML 或者 XML 标识。该示例中包括无序列表（UL）和 H1 标识。

（3）JSP 动作或者标识。这些通常作为标准或定制标识被实现，并且具有 XML 标识的语法。在这个例子中，jsp:useBean 标识实例化服务器端的 Clock JavaBean。

（4）一个表达式。JSP 引擎计算在<%==和%>标记间的所有东西。在上面的列表项中，时钟组件（Clock）的 Day 和 Year 属性值作为字符串返回，并且作为输出插入 JSP 文件。在上面的例子中，第一个列表项是日子，第二个是年份。

小脚本是执行不为标识所支持的功能或者将所有东西捆绑在一起的小的脚本。上面示例中的小脚本用于确定现在是上午还是下午，并且据此来欢迎用户。

基于 Java 的小脚本提供了一种灵活的方式以执行其他功能，而不要求扩展的脚本语言。页面作为整体是可读和可理解的，这就使得查找或者预防问题以及共享工作更加容易。

6.4.3　PHP

1. PHP 简介

1）什么是 PHP

PHP（Professional Hypertext Preprocessor）是一种服务器端 HTML 嵌入式脚本描述语言，目前正式发布的最高版本为 7.1。服务器端脚本技术又分为嵌入式与非嵌入式两种，PHP 是嵌入式的，类似的还有 ASP。它是一种功能非常强大的面向 Internet/Intranet 的编程语言，可以用于开发动态交互的 Web 应用程序，可在多种系统平台和多种 Web 服务器中使用，是真正的跨平台、跨服务器的开发语言。

2）PHP 功能特点

PHP 是一种采用与 Linux 同样的发行方式，基于 GNU 协议的自由软件（Freeware）。与 ASP 一样，PHP 是一种内嵌于 HTML 的服务器端脚本编程语言，它的语法借鉴了 C、Java 及 Perl 语言，使得有上述语言基础的程序员可以轻松过渡。PHP 相对于 ASP 来讲，除了支持 Linux 以外，最重要的特点是效率更高，尤其是对于 MySQL 等数据库的存取非常直接、简练，没有额外的开销，简直就如同一只手直接伸入数据库中抓取东西一样。这一点与 ASP 完全不一样，ASP 必须通过中间层 ADO 或者 ODBC 才能对数据库中的信息进行存取，效率当然要打折扣。当然 PHP 不仅支持 Linux，还支持各种版本的 Windows，在 Windows 平台上利用各种桌面工具开发的程序几乎不用改写就直接可以在 Linux 上运行。PHP 语言主要具有以下特点。

（1）免费开源。PHP 是一种遵守 GNU 条约的软件，根据此条约，所有用户都可以免费使用 PHP，并可以得到它的源代码；还可以在源代码上进行修改和完善，开发成适合自己使用的新的版本。当然这个新形成的版本同样是遵守 GNU 的。这就意味着全世界成千上万的程序员都在不断地完善和加强 PHP 的功能，这也是 PHP 能够迅速发展的根本原因。

（2）易学易用。因为 PHP 3.0 以上版本是用 C 实现的，而且它自身的语法风格同 C 极其相似，有许多语句、函数与 C 是完全相同的，而 C 语言的普及性是不容置疑的，因此 PHP 对于程序员而言非常容易上手。

（3）跨平台支持。PHP 引擎支持种类繁多的服务器操作系统，如微软视窗操作系统、开源的 Linux、苹果的 Mac OS 及 Unix 操作系统的各种变体。

（4）强大的数据库操作功能。PHP 可直接连接多种数据库，并完全支持 ODBC，这一特点是其他脚本语言所不能比拟的，可支持的数据库包括常用的 Oracle、mSQL、dBase、Sybase、Informix、MySQL 等。PHP 的使用者都认为在开发数据库的网站时，PHP 与 Mysql 是最佳组合。

（5）无懈可击的安全脚本。只要用户编写的 PHP 脚本合乎规范、运行无报错，访问者是不可能窥见 PHP 代码的。这样脚本的安全性也就得到了保证。

（6）响应速度快。由于 PHP 脚本语言可以内嵌于 HTML 代码之中，Web 服务器可以在非常短的时间内加载一个 PHP 文件并解析文件中内嵌的 PHP 脚本。

当使用者使用经典程序设计语言（如 C 或 Pascal）编程时，所有代码必须编译成一个可执行的文件，然后该可执行文件在运行时，为远程的 Web 浏览器产生可显示的 HTML 标记。而 PHP 并不需要编译（至少不编译成可执行文件）。使用者可以把自己的代码混合到 HTML 中。例如，下面的代码将显示"Hello,world!"，其中的 PHP 代码以黑体字显示。

    <HEAD><TITLE>Test</TITLE></HEAD>
        <?PHP$string='world!';?>
        <H1>Hello,**<?phpecho$string?>**</H1>

PHP 应用程序服务器是紧密集成到 ApacheWeb 服务器中的，可以在一个程序内同时调用它们两个。当 Web 浏览器请求 PHPWeb 页面的时候，Web 服务器的 PHP 部分将被调用进行解释。Web 服务器在请求的 Web 页中寻找<?PHP...?>标记，并按要求执行这些 PHP 代码。由 PHP 解释后生成的代码将去掉<?PHP...?>标记。例如上述实例，当 PHP 代码运行后，以前的 Web 页面将变成如下所示的内容。

    <HEAD><TITLE>Test</TITLE></HEAD>
        <H1>Hello,world!</H1>

注意，所有 PHP 代码都消失了，仅仅留下了 HTML 语句。

2．PHP 程序范例

现在，上网的人越来越多，许多网友尝试着制作自己的主页，访客计数器是必不可少的一部分，利用 PHP 语言编程，制作一个计数器非常容易。

1）设计访客计数器的程序。

（1）第一位访问者浏览此网页，计数程序从一个文件（下文以 count.txt 为例）中读取记录该页已被浏览的次数，并且再加上 1，然后存回 count.txt，并在浏览器中显示加 1 后的次数。

（2）如果第二位访问者浏览此网页，计数程序又重复上述过程，从而实现了访客计数器。

PHP 没有直接的计数器函数，但利用它对文件读写的强大功能，可以很容易地自己编写一个计数器。程序需要用到的函数说明如下。

① 打开文件操作函数：int fopen(string filename, string mode);。

其中，string filename 是要打开的文件名，必须为字符串形式，例如"count.txt"。

string mode 是打开文件的方式，必须为字符形式，包括如下方式。

- 'r'，只读形式，文件指针指向文件的开头。
- 'r+'，可读可写，文件指针指向文件的开头。
- 'w'，只写形式，文件指针指向文件的开头，把文件长度截成 0，如果文件不存在，将尝试建立文件。
- 'w+'，可读可写，文件指针指向文件的开头，把文件长度截成 0，如果文件不存在，将尝试建立文件。
- 'a'，追加形式（只可写入），文件指针指向文件的最后，如果文件不存在，将尝试建立文件。
- 'a+'，可读可写，文件指针指向文件的最后，如果文件不存在，将尝试建立文件。

② 读文件操作函数：array file(string filename);，功能是将文件全部读出，并输出到数组的变量中，每行都是单独的数组元素。

③ 写文件操作函数：int fputs(int fp, string str, int [length]);。

其中，int fp 是要写入信息的文件流指针，由 fopen 函数返回数值；string str 是要写入文件的字符串；int length 是写入的长度，可选，如果不选 length，则整个串将被写入，否则写入 length 长度个字符。

④ 关闭文件操作函数：int fclose(int fp);，其中 int fp 是 fopen 函数返回的文件流指针。

如下为计数器的源程序（假设 count.txt 文件存在）。

```
<head>
<title>计数器</title>
</head>
<?php $visits = file("count.txt");
//读取 count.txt 文件，把每行内容输出到数组的变量$visits 中
$number_of_last_visit = $visits[0];
//读取数组变量的第一个元素，即文件第一行内容
$number_of_new_visit = ++$number_of_last_visit;
//浏览次数加 1
```

```
$fp = fopen("count.txt", "w");
//只写方式打开 count.txt 文件
$fw = fputs($fp, $number_of_new_visit);
//写入加一后的结果
echo "$number_of_new_visit";
//浏览器输出浏览次数
fclose($fp);
//关闭文件?>
```

需要说明的是，这只是计数器的原型，它只能以文本方式显示次数，并不美观，没有一个网站会把这样一个纯数字计数器直接拿来用。

2）设计一个图形计数器

下面介绍一个基于上述代码的图形计数器，原理如下。

（1）先用图形工具（如 Photoshop）制作 0～9 十个数字，分别为 0.gif～9.gif。

（2）将文件 count.txt 中得到的数字用 substr()函数分开为单独的数字。

（3）将每个数字转化为图形显示。

图形计数器的源程序如下，此程序的前面部分代码和上述文本计数器几乎一样。以下为所用到的字符串处理函数。

（1）字符串长度函数：int strlen(string str);，string str 是要计算长度的字符串。

（2）字符串相加函数：如，把 $string1 和$string2 相加的函数即为$string = $string1.$string2;。

（3）取部分字符串函数：string substr(string string, int start, int [length]);，Substr 返回 string 中由参数 start 和 length 指定的部分。

```
<head>
<title>计数器</title>
</head>
<?php
$visits = file("count.txt");
$number_of_last_visit = $visits[0];
$number_of_new_visit = ++$number_of_last_visit;
$fp = fopen("count.txt", "w");
$fw = fwrite($fp, $number_of_new_visit);
fclose($fp);
$len_str = strlen($number_of_new_visit);
//取出数字的长度
for($i=(0);$i<$len_str;$i++){
$numbers_exploded = substr($number_of_new_visit,$i,1);
```

//分开为单独的数字
$output_str = $output_str . "<img src='../image/$numbers_exploded.gif>";
//将每个数字转化为图形显示
echo $output_str;
//浏览器输出图形
php?>

6.4.4　ADO 数据库编程

微软公司的 ADO（ActiveX Data Objects）是一个用于存取数据源的 COM 组件。它是编程语言和统一数据访问方式 OLE DB 的一个中间层，允许开发人员编写访问数据的代码和到数据库的连接，而不用关心数据库的实现。

1. 基本的 ADO 编程模型

ADO 提供了执行以下操作的方式。
- 连接到数据源。同时，可确定对数据源的所有更改是否已成功或有没有发生。
- 指定访问数据源的命令，同时可带变量参数，或优化执行。
- 执行命令。如果这个命令使数据按表中的行的形式返回，则将这些行存储在易于检查、操作或更改的缓存中。
- 使用缓存行的更改内容来更新数据源。
- 提供常规方法检测错误（通常由建立连接或执行命令造成）。

ADO 有很强的灵活性，只需执行部分模块就能做一些有用的工作。例如将数据从文件直接存储到缓存行，然后仅用 ADO 资源对数据进行检查。进行 ADO 连接的主要模块包括如下几种。

1）连接

连接是交换数据所必需的环境，通过"连接"可从应用程序访问数据源。通过如 Microsoft Internet Information Server 作为媒介，应用程序可直接（有时称为双层系统）或间接（有时称为三层系统）访问数据源。

"事务"用于界定在连接过程中发生的一系列数据访问操作的开始和结束。ADO 可明确事务中的操作造成的对数据源的更改或者成功发生，或者根本没有发生。如果取消事务或它的一个操作失败，则最终的结果将仿佛是事务中的操作均未发生，数据源将会保持事务开始以前的状态。

"对象模型"使用 Connection 对象使连接概念得以具体化。对象模型无法清楚地体现出事务的概念，而是用一组 Connection 对象方法来表示。

ADO 访问来自 OLE DB 提供者的数据和服务。Connection 对象用于指定专门的提供者和任意参数。例如，可对远程数据服务（RDS）进行显式调用，或通过Microsoft OLE DB Remoting Provider进行隐式调用。

2）命令

通过已建立的连接发出的"命令"可以某种方式来操作数据源。一般情况下，命令可以在数据源中添加、删除或更新数据，或者在表中以行的格式检索数据。对象模型用 Command 对象来体现命令概念。Command 对象使 ADO 能够优化对命令的执行。

3）参数

通常，命令需要的变量部分（即"参数"）可以在命令发布之前进行更改。例如，可重复发出相同的数据检索命令，但每一次均可更改指定的检索信息。

参数对执行其行为类似函数的命令非常有用，这样就可知道命令是做什么的，但不必知道它如何工作。例如，可发出一项银行过户命令，从一方借出，贷给另一方，可将要过户的款额设置为参数。

对象模型用 Parameter 对象来体现参数概念。

4）记录集

如果命令是在表中按信息行返回数据的查询（行返回查询），则这些行将会存储在本地。

对象模型将该存储体现为 Recordset 对象，但是不存在仅代表单独一个 Recordset 行的对象。

记录集是在行中检查和修改数据的最主要的方法。Recordset 对象用于指定可以检查的行，对于移动行，指定移动行的顺序；对于添加、更改或删除行，通过更改行更新数据源，管理 Recordset 的总体状态。

5）字段

一个记录集行包含一个或多个"字段"。如果将记录集看作二维网格，字段将排列构成"列"。每一字段（列）都分别包含名称、数据类型和值的属性，正是在该值中包含了来自数据源的真实数据。

对象模型以 Field 对象体现字段。

要修改数据源中的数据，可在记录集行中修改 Field 对象的值，对记录集的更改最终被传送给数据源。作为选项，Connection 对象的事务管理方法能够可靠地保证更改要么全部成功，要么全部失败。

6）错误

错误随时可在应用程序中发生，通常是由于无法建立连接、无法执行命令或无法对某些状态（例如，试图使用没有初始化的记录集）的对象进行操作。

对象模型以Error对象体现错误，任意给定的错误都会产生一个或多个 Error 对象，随后产生的错误将会放弃先前的 Error 对象组。

7）属性

每个 ADO 对象都有一组唯一的"属性"来描述或控制对象的行为。

属性有内置和动态两种类型。内置属性是 ADO 对象的一部分，并且随时可用。动态属性则由特别的数据提供者添加到 ADO 对象的属性集合中，仅在提供者被使用时才能存在。

对象模型以 Property 对象体现属性。

8）集合

ADO 提供的"集合"是一种可方便地包含其他特殊类型对象的对象类型。使用集合方法可按名称（文本字符串）或序号（整型数）对集合中的对象进行检索。

ADO 提供了 4 种类型的集合，如下所述。

- Connection 对象：具有 Errors 集合，包含为响应与数据源有关的单一错误而创建的所有 Error 对象。
- Command 对象：具有 Parameters 集合，包含应用于 Command 对象的所有 Parameter 对象。
- Recordset 对象：具有 Fields 集合，包含所有定义 Recordset 对象列的 Field 对象。

另外，Connection、Command、Recordset 和 Field 对象都具有Properties集合，它包含所有属于各个包含对象的 Property 对象。

ADO 对象拥有可在其上使用的诸如"整型""字符型"或"布尔型"这样的普通数据类型来设置或检索值的属性。然而，有必要将某些属性看成是数据类型"COLLECTION OBJECT"的返回值。相应地，集合对象具有存储和检索适合该集合的其他对象的方法。例如，可认为 Recordset 对象具有能够返回集合对象的 Properties 属性。该集合对象具有存储和检索描述 Recordset 性质的 Property 对象的方法。

9）事件

"事件"是对将要发生或已经发生的某些操作的通知。一般情况下，可用事件高效地编写包含几个异步任务的应用程序。

对象模型无法显式体现事件，只能在调用事件处理程序例程时表现出来。

在操作开始之前调用的事件处理程序便于对操作参数进行检查或修改，然后取消或允许操作完成。

操作完成后，调用的事件处理程序在异步操作完成后进行通知。多个操作经过增强可以有选择地异步执行。例如，用于启动异步 Recordset.Open 操作的应用程序将在操作结束时得到执行完成事件的通知。

2. ADO 操作步骤

ADO 的目标是访问、编辑和更新数据源，而编程模型体现了为完成该目标所必需的系列动作的顺序。ADO 提供了类和对象以完成如下活动。

- 连接到数据源（Connection），并可选择开始一个事务。
- 可选择创建对象来表示 SQL 命令（Command）。
- 可选择在 SQL 命令中指定列、表和值作为变量参数（Parameter）。
- 执行命令（Command、Connection 或 Recordset）。
- 如果命令按行返回，则将行存储在缓存中（Recordset）。
- 可选择创建缓存视图，以便能对数据进行排序、筛选和定位（Recordset）。
- 通过添加、删除或更改行和列编辑数据（Recordset）。
- 在适当的情况下，使用缓存中的更改内容来更新数据源（Recordset）。
- 如果使用了事务，则可以接受或拒绝在完成事务期间所做的更改，结束事务（Connection）。

1）打开连接

ADO 打开连接的主要方法是 Connection.Open 方法，另外也可在同一个操作中调用快捷方法 Recordset.Open 打开连接，并在该连接上发出命令。以下是 Visual Basic 中两种方法的语法：

connection.Open ConnectionString, UserID, Password, OpenOptions
recordset.Open Source, ActiveConnection, CursorType, LockType, Options

ADO 提供了多种指定操作数的简便方式。例如，Recordset.Open 带有 ActiveConnection 操作数，该操作数可以是文字字符串（表示字符串的变量），或者代表一个已打开的连接的 Connection 对象。

对象中的多数方法具有属性，当操作数默认时属性可以提供参数。使用 Connection.Open，可以省略显式 ConnectionString 操作数，并通过将 ConnectionString 的属性设置为"DSN=pubs;uid=sa;pwd=;database=pubs"隐式地提供信息。

与此相反，连接字符串中的关键字操作数 uid 和 pwd 可为 Connection 对象设置 UserID 和 Password 参数。

2）创建命令

查询命令要求数据源返回含有所要求信息行的 Recordset 对象，命令通常使用 SQL 编写，例如如下情形。

（1）代表字符串的文字串或变量。可使用命令字符串"SELECT * from authors"查询 pubs 数据库中的 authors 表中的所有信息。

（2）代表命令字符串的对象。在这种情况下，Command 对象的 CommandText 属性的值设置为命令字符串，例如如下命令。

Command cmd = New ADODB.Command;
cmd.CommandText = "SELECT * from authors"

在查询命令中，使用占位符"?"可以指定参数化命令字符串。

尽管 SQL 字符串的内容是固定的，但可以创建"参数化"命令，这样在命令执行时占位符"?"子字符串将被参数所替代。

使用 Prepared 属性可以优化参数化命令的性能，参数化命令可以重复使用，每次只需要改变参数。例如执行以下命令字符串将对所有姓"Ringer"的作者进行查询。

Command cmd = New ADODB.Command
cmd.CommandText = "SELECT * from authors WHERE au_lname = ?"

如下命令指定 Parameter 对象并将其追加到 Parameter 集合。每个占位符"?"将由 Command 对象 Parameter 集合中相应的 Parameter 对象值替代。可将"Ringer"作为值来创建 Parameter 对象，然后将其追加到 Parameter 集合。

Parameter prm = New ADODB.Parameter
prm.Name = "au_lname"
prm.Type = adVarChar
prm.Direction = adInput
prm.Size = 40
prm.Value = "Ringer"
cmd.Parameters.Append prm

ADO 现在可提供简易灵活的方法在单个步骤中创建 Parameter 对象并将其追加到 Parameter 集合。使用 CreateParameter 方法可以指定并追加 Parameter 对象，命令如下。

cmd.Parameters.Append cmd.CreateParameter _
"au_lname", adVarChar, adInput, 40, "Ringer"

3）执行命令

返回 Recordset 的方法有 Connection.Execute、Command.Execute 和 Recordset.Open。如下是它们的 Visual Basic 语法。

connection.Execute(CommandText, RecordsAffected, Options)
command.Execute(RecordsAffected, Parameters, Options)
recordset.Open Source, ActiveConnection, CursorType, LockType, Options

必须在发出命令之前打开连接，每个发出命令的方法分别代表不同的连接，Connection.Execute 方法使用由 Connection 对象自身表现的连接；Command.Execute 方法使用在其 ActiveConnection 属性中设置的 Connection 对象；Recordset.Open 方法所指定的或者是连接字符串，或者是 Connection 对象操作数；否则使用在其 ActiveConnection 属性中设置的 Connection 对象。在 Connection.Execute 方法中，命令是字符串。在 Command.Execute 方法中，命令是不可见的，它在 Command.CommandText 属性中指定。另外，此命令可含有参数符号（?），它可以由"参数"VARIANT 数组参数中的相应参数替代。在 Recordset.Open 方法中，命令是 Source 参数，它可以是字符串或 Command 对象。

每种方法可根据性能需要替换使用：Execute 方法针对（但不局限）于执行不返回数据的命令，两种 Execute 方法都可返回快速只读、仅向前 Recordset 对象。Command.Execute 方法允许使用可高效重复利用的参数化命令。另一方面，Open 方法允许指定 CursorType（用于访问数据的策略及对象）和 LockType（指定其他用户的 isolation 级别以及游标是否在 immediate 或 batch modes 中支持更新）。

4）操作数据

大量 Recordset 对象方法和属性可用于对 Recordset 数据行进行检查、定位以及操作。

Recordset 可看作行数组，在任意给定时间可进行测试和操作的行为，"当前行"在 Recordset 中的位置为"当前行位置"。每次移动到另一行时，该行将成为新的当前行。

有多种方法可在 Recordset 中显式移动或"定位"（Move 方法），一些方法（Find 方法）在其操作的附加效果中也能够做到。此外，设置某个属性（Bookmark 属性）同样可以更改行的位置。

Filter 属性用于控制可访问的行（即这些行是"可见的"）。Sort 属性用于控制所定位的 Recordset 行中的顺序。

Recordset 有一个 Fields 集合，它是在行中代表每个字段或列的 Field 集，可从 Field 对象的 Value 属性中为字段赋值或检索数据；作为选项，可访问大量字段数据（GetRows 和 Update 方法）。

使用 Move 方法可从头至尾对经过排序和筛选的 Recordset 定位，当 Recordset EOF 属性表明已经到达最后一行时停止。在 Recordset 中移动时，显示作者的姓和名以及原始电话号码，然后将 phone 字段中的区号改为"777"，命令如下。phone 字段中的电话号码格式为"aaa xxx-yyyy"，其中 aaa 为区号，xxx 为局号。

```
rs("au_lname").Properties("Optimize") = TRUE
rs.Sort = "au_lname ASC"
rs.Filter = "phone LIKE '415 5*'"
rs.MoveFirst
```

```
Do While Not rs.EOF
    Debug.Print "Name: " & rs("au_fname") & " " rs("au_lname") & _
        "Phone: " rs("phone") & vbCr
    rs("phone") = "777" & Mid(rs("phone"), 5, 11)
    rs.MoveNext
Loop
```

5）更新数据

对于添加、删除和修改数据行，ADO 有两个基本概念。

第一个概念是不立即更改 Recordset，而是将更改写入内部"复制缓冲区"。如果不想进行更改，复制缓冲区中的更改将被放弃；如果想保留更改，复制缓冲区中的改动将应用到 Recordset。

第二个概念是只要声明行的工作已经完成，就将更改立刻传播到数据源（即"立即"模式）；或者只是收集对行集合的所有更改，直到声明该行集合的工作已经完成（即"批"模式）。这些模式将由 CursorLocation 和 LockType 属性控制。

在"立即"模式中，每次调用 Update 方法都会将更改传播到数据源。而在"批"模式中，每次调用 Update 或移动当前行位置时，更改都被保存到 Recordset 中，只有 UpdateBatch 方法才可将更改传送给数据源。使用"批"模式打开 Recordset，更新也使用"批"模式。

Update 可采用简捷的形式将更改用于单个字段或将一组更改用于一组字段，然后再进行更改，这样可以一步完成更新操作。也可选择在"事务"中进行更新，可以使用事务来确保多个相互关联的操作或者全部成功执行，或者全部取消。在此情况下，事务不是必需的。

事务可在一段相当长的时间内分配和保持数据源上的有限资源，因此建议事务的存在时间越短越好。

6）结束更新

假设批更新结束时发生错误，如何解决将取决于错误的性质和严重性以及应用程序的逻辑关系。如果数据库是与其他用户共享的，典型的错误则是他人在您之前更改了数据字段，这种类型的错误称为"冲突"。ADO 会检测到这种情况并报告错误。

如果错误存在，它们会被错误处理例程捕获。使用 adFilterConflictingRecords 常数可对 Recordset 进行筛选，将冲突行显示出来。要纠正错误，只需打印作者的姓和名（au_fname 和 au_lname），然后回卷事务，放弃成功的更新，由此结束更新，命令如下。

```
...
conn.CommitTrans
...
On Error
```

```
            rs.Filter = adFilterConflictingRecords
            rs.MoveFirst
            Do While Not rs.EOF
                Debug.Print "Conflict: Name: " & rs("au_fname") " " & rs("au_lname")
                rs.MoveNext
            Loop
            conn.Rollback
        Resume Next
        ...
```

3. ADO 示例代码

```
        Public Sub main()
        Dim conn As New ADODB.Connection
        Dim cmd As New ADODB.Command
        Dim rs As New ADODB.Recordset
        '步骤 1
        conn.Open "DSN=pubs;uid=sa;pwd=;database=pubs"
        '步骤 2
        Set cmd.ActiveConnection = conn
        cmd.CommandText = "SELECT * from authors"
        '步骤 3
        rs.CursorLocation = adUseClient
        rs.Open cmd, , adOpenStatic, adLockBatchOptimistic
        '步骤 4
        rs("au_lname").Properties("Optimize") = True
        rs.Sort = "au_lname"
        rs.Filter = "phone LIKE '415 5*'"
        rs.MoveFirst
        Do While Not rs.EOF
            Debug.Print "Name: " & rs("au_fname") & " "; rs("au_lname") & _
                "Phone: "; rs("phone") & vbCr
            rs("phone") = "777" & Mid(rs("phone"), 5, 11)
            rs.MoveNext
        Loop
        '步骤 5
        conn.BeginTrans
        '步骤 6 - A
```

```
On Error GoTo ConflictHandler
rs.UpdateBatch
On Error GoTo 0
conn.CommitTrans
Exit Sub
'步骤 6 - B
ConflictHandler:
rs.Filter = adFilterConflictingRecords
rs.MoveFirst
Do While Not rs.EOF
    Debug.Print "Conflict: Name: " & rs("au_fname"); " " & rs("au_lname")
    rs.MoveNext
Loop
conn.Rollback
Resume Next
End Sub
```

6.5 Ajax

Ajax 是目前 Web 开发中最热门的技术之一,它的广泛应用使得古老的 B/S 方式的 Web 开发焕发了新的活力。Ajax 全称为 Asynchronous JavaScript and XML,即异步 JavaScript 和 XML,是用 JavaScript 编写、程序异步执行以及用 XML 作为数据交换的格式。

2005 年,Google 通过其 Google Suggest 使 Ajax 变得流行起来。Google Suggest 使用 Ajax 创造出动态性极强的 Web 界面:当搜索框输入关键字时,JavaScript 会把这些字符发送到服务器,然后服务器会返回一个搜索建议的列表。

Ajax 是一种用于创建快速动态网页的技术。通过在后台与服务器进行少量数据交换,Ajax 可以使网页实现异步更新。这意味着可以在不重新加载整个网页的情况下,对网页的某部分进行更新。而传统的网页如果需要更新内容,则必须重载整个网页页面。

尽管使用 Ajax 技术,可以实现许多以前不能实现的复杂功能,但是,所有与 Ajax 有关的技术都是已经存在很久的成熟的技术,只不过采用了一种新的开发模式。具体来说,Ajax 主要要由 HTML、CSS、DOM、JavaScript、XML 和 XMLHttpRequest 等技术组成,其中 XMLHttpRequest 是 Ajax 应用程序的核心,所有 Ajax 应用系统都是在这个对象的基础上创建的。

XMLHttpRequest 对象是所有 Ajax 和 Web 2.0 应用程序的技术基础,它提供了一系列的属性、方法及事件。

1．XMLHttpRequest 对象的属性

XMLHttpRequest 对象的属性主要用来检测 HTTP 请求的状态以及获得服务器的返回数据。比较重要的属性有 readyState、responseText、responseXML、status 和 statusText。

1）readyState 属性

该属性返回当 XMLHttpRequest 对象发送 HTTP 请求时所经历的各种状态。其属性值和含义如表 6-17 所示。

表 6-17 readyState 属性值及其含义

取 值	含 义
0	未初始化状态。已经创建一个 XMLHttpRequest 对象，但未初始化
1	发送状态。用户已经调用了 XMLHttpRequest 对象的 open()方法且 XMLHttpRequest 已经准备好把一个请求发送到服务器
2	发送状态。XMLHttpRequest 对象已经通过 send()方法把一个请求发送到服务器端，但还没有收到响应
3	接收状态。XMLHttpRequest 对象已经接收到 HTTP 响应头部信息，但是消息体部分还没有完全接收结束
4	已加载状态。响应已经被完全接收

2）responseText 属性

responseText 属性包含客户端接收到的 HTTP 响应的文本内容。当 readyState 属性值为 0、1 或 2 时，responseText 属性包含一个空字符串；当 readyState 属性的值为 3 时，responseText 属性包含客户端还未完成的响应信息；当 readyState 属性的值为 4 时，responseText 属性包含完整的响应信息。

3）responseXML 属性

responseXML 属性用于当接收到完整的 HTTP 响应时描述 XML 响应。此时服务器端应该在 Content-Type 头部指定 MIME 类型为 text/xml 或者 application/xml。如果 Content-Type 头部并不包含这些媒体类型之一，那么 rsponseXML 的值为 null。只要 readyState 属性的值不为 0，那么 responseXML 属性的值都为 null。

4）status 属性

status 属性描述了 HTTP 状态代码，其类型为整数。仅当 readyState 属性的值为 3 或 4 时，status 属性才可用。当 readyState 属性的值小于 3 时，试图存取 status 的值将引发异常。

5）statusText 属性

statusText 属性描述了 HTTP 状态代码文本，仅当 readyState 属性的值为 3 或 4 时可用。当 readyState 属性为其他值时，试图存取 statusText 属性将引发异常。

2. XMLHttpRequest 对象的方法

XMLHttpRequest 对象提供了多种方法用于初始化和处理 HTTP 请求。

1）abort()方法

用户可以使用 abort()方法来暂停与 XMLHttpRequest 对象相联系的 HTTP 请求，从而把该对象复位到未初始化状态。

2）open()

该方法用于初始化 XMLHttpRequest 对象。

3）send()

该方法用于发送 HTTP 请求。在调用 open()方法初始化 XMLHttpRequest 对象之后，需要调用 send()方法把该请求发送到服务器。仅当 readyState 值为 1 时才可以调用 send()方法，否则 XMLHttpRequest 对象将引发异常。

4）setRequestHeader()

该方法用于设置请求的头部信息。当 readyState 值为 1 时，用户可以在调用 open()方法后调用这个方法。

5）getRequestHeader()

该方法用于检索响应的头部值。仅当 readyState 值是 3 或 4 时才可以调用这个方法，否则，该方法返回一个空字符串。

6）getAllResponseHeader()

getAllResponseHeader()方法以一个字符串形式返回所有的响应头部，每一个头部占单独的一行。如果 readyState 值不是 3 或 4，则返回 null。

3. XMLHttpRequest 对象的事件

XMLHttpRequest 对象只有一个事件，即 onreadystatechange。它的值是某个函数的名称，当 XMLHttpRequest 对象的状态发生改变时，会触发此函数。

6.6　Web 网站的创建与维护

6.6.1　Web 网站的创建

1. 组织信息

在创建网站之前，必须考虑如下问题。

（1）信息如何被分解成一系列有组织的主题。

（2）一个网站需要多少个网页链接在一起才能完成必须要讲述的内容，每个网页需要多大容量。

（3）粗略记录信息将会覆盖的主题或子主题的一个列表，计算有多少个这样的主题，每一个主题需要多少内容，这样才能够对文档的规模和范畴有一个比较恰当的理解。

（4）查看这些主题是否按照从开始到结束的逻辑顺序进行，其中每一个新的部分是否取决于前面部分的内容。或者，这些材料看上去是否很自然地分解成了一些子主题（以及更低级别的主题），如何调整主题的次序，才能使得它们之间的过渡更符合逻辑，或者将相关主题组织在一起。

2．构建网站框架

在编写文档之前，对框架做越多的优化，就会越紧扣主题，而且编码的效率也会越高。更重要的是，最后所产生的 Web 文档将以一种清晰而明朗的形式来展现信息。

在构建框架时，需要考虑的是展示的逻辑组织和它的内容以及它们如何才能够和网页上能够看到的一些通常的组织结构相匹配。如下是几种逻辑组织。

（1）布告板：一个单独的、简单的网页，通常描述一个人、小的业务或者简单的产品。大多数个人网站都是这种类型，它们通常包含一些链接，指向网络上的相关资源，但不指向相同文档内的任何其他网页。

（2）单页线性：一个网页，或长或短，被设计成从头到尾进行阅读。通常使用一些规则将这样一个网页分解成虚拟的"页"，读者可以翻阅整个网页，但是也可以使用内容和目标的表格来快速跳至任何部分。这种类型最适合于比较短的文档（少于 10 个满屏），而且这个文档中的所有信息很自然地从头到尾过渡。

（3）多页线性：和单页线性的基本思路相同，但是它被分解成多个逻辑上连贯的、一个接一个的网页，从开头到结束就像一个故事一样，通过放置在每一页底部的一个指向下一页的链接来引导读者遍历整个系列的网页。

（4）分层：典型的网站结构。一个首页（有时候会与主页混淆）包含到其他网页的链接，每一页包含一个主要的主题区，每一个这样的网页又可以包含指向更多网页的多个链接，进一步将主题分解。这样的结果便是一个树型的结构，如图 6-24 所示。

（5）网状：一个网状的结构是一个没有层次的分级的结构，如图 6-25 所示。这样的文档中有多个网页，而在其中的任意一个网页又都包含连接到其他网页的链接。可能会有一个首页，但是从那里进入之后，读者就可以在此网中逛来逛去，且不须沿特定的路径。网状的结构是松散并且自由游走的，最适用于娱乐、休闲的主题，或者那些难以进行顺序或层次分解的主题。

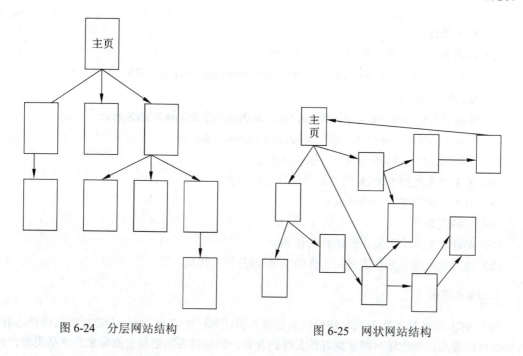

图 6-24 分层网站结构　　　　　图 6-25 网状网站结构

3. 建立 Web 服务器

Web 服务器是用来存储网页并响应执行用户的访问请求的设备。Web 服务器可以提供多种服务，包括打印、数据库、WWW、FTP、电子邮件及文件管理等。Web 服务器是一种网络服务器，运行另外的软件以提供 WWW 服务。Web 服务器对通过互联网使用 HTTP 协议的文件、文件夹以及其他资源的访问进行管理。当前两种最流行的 Web 服务器是运行于 Linux 操作系统平台之上的 Apache Web 服务器和运行于 Windows 操作系统平台之上的 Microsoft 的 IIS Web 服务器。

Web 服务器要处理执行程序、追踪目录和文件，并且还要与计算机进行各种通信。用户会请求 Web 服务器执行一些操作，也会对 Web 服务器上的文件发出请求。另外，使用某些技术可以增强 Web 服务器的功能，使其除了提交标准的 HTML 页面之外还有其他功能，这些技术包括 CGI 脚本、SSL 协议、Java 小程序、动态服务器页等。Web 服务器利用硬盘空间来发布 Web 网页。

获得 Web 服务器空间的方式有 3 种，一是企业或单位内部的已建 Web 服务器；二是托管 Web 主机，越来越多在线公司提供 Web 空间"托管服务"；三是新建 Web 服务器。如果网页需要非常严格的安全性或者需要大量使用脚本（尤其是表单），通常需要新建一个 Web 服务器。

自己安置服务器需要下列硬件、软件以及相关人员来架设并维护 Web 服务器。

（1）服务器硬件。
（2）Web 服务器软件。常用的有如下几种。
- 在 Windows 上运行的 Microsoft Internet Information Server（IIS）。
- Apache Web Server。
- 可跨平台使用的 Netscape 和 Sun Microsystems 的 iPlanet Web Server。
- 在 Novell Netware 上运行的 Netscape Enterprise Server。

（3）可提供 24 小时访问服务的 Internet 连接。
（4）用来将本地网与 Web 网络通信隔开的路由器。
（5）用来保护系统安全的防火墙。
（6）后备电源。
（7）保证服务器全天候正常运行的计划。
（8）管理系统操作并负责维护工作的 Web 服务器管理员。

4．域名注册

每台 Web 服务器都需要域名解析服务器将它的域名转换成 IP 地址，在进行域名选择之前，首先要权衡需求，考虑域名需要拥有什么样的含义，例如是否需要包含商标名、产品类型，以及是否要将 URL 印制出来进行宣传等。注册的域名最引人注目且过目难忘，如果公司已拥有公认的商标或者名字，可以用它们来做域名。域名将成为企业在网络上的品牌，所以选择一定要谨慎，不能有歧义。

域名选好后，就可以到中国互联网络信息中心（www.cnnic.net.cn）进行注册了。注册域名时，可以通过联机注册、电子邮件等方式向域名注册服务机构递交域名注册申请表，提出域名注册申请，并且与域名注册服务机构签订域名注册协议。

5．Web 网站的发布

在发布之前，用户需要准备和了解如下关于 Web 服务器的相关信息。
（1）用于上传文件所使用协议的名字。很多服务器允许用户使用 Web 协议（HTTP）上传文件，而有些则要求通过 FTP 来上载文件。
（2）要记录文件将要存储的目录的完整的 URL，包括从服务器的名字，一直到文件的所在目录的路径。
（3）服务器上文件名的规则和限制。
（4）用于上传访问此服务器的唯一的用户名和口令。

要将文件发布到 Web 服务器，可通过 FTP 工具软件将文件从本地计算机传输到远程 Web 服务器上去。在文件传输到 Web 服务器上之后，要对站点进行测试。如要使用的 Web 服务器与开发时使用的 Web 服务器属于不同的类型，测试就格外重要。如果是要替换旧网站，把站点上传到 Web 服务器后，就要暂时将服务器离线。或在访问服务器的用户很少时上传文件，同时要预先通知用户服务器会停机一段时间。

6.6.2　Web 网站的维护

当网页在线之后，很重要的问题是了解如何更新以及如何测试，以便让它保持向访问者可靠地开放。

1．网站维护

1）网站更新

Web 发布永远都没有最终版本，Web 发布后开发者可对其内容进行持续更新。修改时，只需修订一个版本（即服务器上的版本）即可。简单的修改可以在几分钟之内完成，且用户马上就能浏览。修改不必局限于对已有功能的细化，也可根据需求增加新的功能，还可以随着业务的增加和新产品的上市而增加新的内容，甚至可以加入一些实时变更的内容。这些修改对于网站特色是非常重要的，诸如在线杂志之类的 Web 刊物就需要经常更新其外观和内容，以保持对用户的吸引力。在规划网站时，不能忽视网站持续修改和更新的能力。Web 用户希望网站内容及时并且经常更新，因此必须准备好根据客户和客户的产品来提供最新信息的公告，尽早获取要发布信息的内容和副本，并做成 HTML，然后在合适的时间发布。

2）给内容加上日期标注

对于一个以内容为主的网站而言，用户判断哪些是最新内容可能会有些困难。为了避免这种情况发生，开发者可以给网上内容加上日期标注，指出该信息的发布时间和删除时间，可以指出哪些是陈旧的内容，从而有助于网站维护。删除过期内容要小心，因为有人可能会将该页标记为书签。如有人根据书签进入被删除页，就会报错。所以最好不要删除页面，而改用新内容来更新这些页面。

3）设计的修改

修改是不可避免的，为了使修改变得容易，应预先设计好修改时要用到的规格说明和模板。这些文档是在设计过程的开始阶段创建的，文档中要确定字体、字号、颜色、背景图像等元素。

4）规划更新内容

内容更新要有一个规划，否则容易导致网站内容过期，开发者可定期使用以下方案来确保网站的更新。

（1）单击所有链接，替换或删除损坏的链接。

（2）确保目前使用的是最新版本的文件。

（3）让客户浏览网站，找出过期内容。

(4）查看是否有重要信息发生变化，如电话号码、产品价格等。

5）跟踪网站行为

跟踪网站行为，例如网站的访问次数、用户进入网站的途径以及用户浏览网站的方式，可以使用这些信息来检查网站的导航设计方案、网站广告以及与其他网站的链接。

6）用户支持

任何时候都应为用户提供某种形式的在线用户支持，可以考虑加入网站中的用户支持功能包括反馈途径、FAQ 页面，甚至包括复杂的数据库驱动搜索引擎。

2．网站测试

1）测试浏览器的可变性

网页用 Internet Explorer 来查看时的外观和功能是好的。但是使用 Netscape 浏览器的用户就可能会遇到一些问题。不同的浏览器会呈现显著的区别。

要确保网页的外观对于所有浏览器都是可以接收的，需要在线地用不同种类的浏览器来查看网页。在线浏览 Web 的人们绝大多数是通过 IE 或者 Netscape Navigator 来浏览的，通常需要测试这两个最大的浏览器的最新版本。另外，当前的 IE 或者 Navigator 版本中测试没有问题的网页，可能在使用一两年前的旧版本的浏览器查看时会出现一些问题。所以通常要保留 IE 或者 Navigator 等的旧版本用于测试网页。

2）测试不同的分辨率

评价网页时，需要在不同的分辨率下进行测试。要这样做，就必须在 Windows 中改变显示分辨率，然后再查看此网页。改变分辨率之后再打开浏览器，可能会发现浏览器的窗口不再是完全最大化的"满屏"大小，或者最大化之后页面内容不居中，这些都是要解决的问题。

3）测试链接的有效性

最后很重要的一点是测试网页中的所有链接，一是要测试内部链接（本网站的文件之间的链接），每次对网站做了变动之后，都要重新测试这些链接；二是要测试指向外部的链接（不在本网站服务器上的链接），要经常检查这些链接，至少一个月检查一次所有外部链接。

6.7 使用 HTML 与 ASP 编程实例

6.7.1 实例一

1．实例

```
<html>
```

```html
<head>
<meta http-equiv="Content-Type" content="text/html; Charest=gb2312">
<title>意境</title>
</head>
<body>
<table border="0" width="100%" cellpadding="0">
<tr>
<td width="100%"><p align="center"><font face="隶书" size="6" color="#FF00FF"><strong>欢迎进入本站</strong></font></td>
</tr>
</table>
<table border="0" width="100%" cellspacing="0" cellpadding="0">
<tr>
<td width="100%"><table border="0" width="100%" cellspacing="0" cellpadding="0">
<tr>
<td width="10%" valign="top" align="center"></td>
<td width="80%" valign="top"><table border="0" width="100%" cellspacing="0"          cellpadding="0">
<tr>
<td width="17%"></td>
<td width="17%">
<a href="http://202.103.176.80/g/speaker/cool.htm">
<img src="http://202.103.176.80/g/speaker/huaren/mypic1.gif" alt="共享程序网站入口" border="0" width="180" height="90"></a></td>
<td width="17%"></td>
</tr>
<tr>
<td width="17%"></td>
<td width="17%"></td>
<td width="17%"></td>
</tr>
<tr>
<td width="17%">
<img src=http://202.103.176.80/g/speaker/huaren/mypic2.gif
alt="个人作品网站入口" width="180" height="90"></td>
<td width="17%"></td>
<td width="17%"><a href="http://202.103.176.80/g/speaker/dault.htm">
```

```html
        <img src="http://202.103.176.80/g/speaker/huaren/mypic4.gif" alt="主页入口" border="0"></a></td>
      </tr>
      <tr>
        <td width="17%"></td>
        <td width="17%">   <p>   </td>
        <td width="17%"></td>
      </tr>
      <tr>
        <td width="17%"></td>
        <td width="17%">
        <img src="http://202.103.176.80/g/speaker/huaren/mypic3.gif" alt="推荐网站入口"></td>
        <td width="17%"></td>
      </tr>
    </table>
    </td>
    <td width="10%" valign="top" align="center"></td></tr>
    <tr>
      <td width="10%"></td>
      <td width="80%"></td>
      <td width="10%"></td>
    </tr>
  </table>
  </td>
  </tr>
</table>
<p>  </p>
<table border="0" width="100%" cellpadding="0">
  <tr>
    <td width="100%"><table border="0" width="100%" cellpadding="0">
      <tr>
        <td width="100%"><p align="center"><strong><font face="隶书" color="#A6A6FF">xxxx 年 x 月 x 日制作完成</font></strong></td>
      </tr>
      <tr>
        <td width="100%"><p align="center"><font face="隶书" color="#A6A6FF"><strong>谢谢您的光临</strong></font></td>
      </tr>
```

```
<tr>
<td width="100%"><p align="center"><strong><font face="隶书" color="#A6A6FF">站长：xxx</font></strong></td>
</tr>
<tr>
<td width="100%"><strong><font face="隶书" color="#A6A6FF">
<marquee border="0" align="middle" scrolldelay="120">

若您需要帮助，请及时找我，联系 E-MAIL：xxx@xxx.com</marquee></font></strong></td>

</tr>
</table>
</td>
</tr>
</table>
</body>
</html>
```

该文档在 IE 中的运行效果如图 6-26 所示。

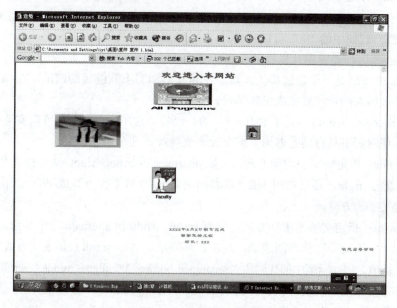

图 6-26　例程运行结果

2．解析

（1）<html></html>元素表示了这是个名为 HTML 的文档，即网页。

（2）<head></head>元素用来表明当前文档的若干信息，其中插入的 title 和 meta 元素分别给 head 元素指明了标题（"意境"）以及所用的字符集（gb2312）。

（3）<title></title>元素给文档起个标题，<meta>元素说明 HTML 所使用的一些信息（注意：此元素不要与 head 混淆，meta 元素一般包括在 head 元素中）。

（4）4 个表格元素是 HTML 中最主要的元素，它能解决在排版上遇到的众多问题，例如文字与图像对齐等。

- <table></table>是定义表格的元素。
- <tr></tr>是用来定义表行的元素，在表格中有几对此元素就表示当前表格中有几行。
- <td></td>表示一行中单元格的元素，一行中有几对此元素，就有几个单元格。
- <th></th>用来定义表头，但此元素在今天已经不常用到了。

（5）<font></font>元素规定了字体运用的方式，它有 size、color 和 face 三个属性，分别代表了字体的大小、颜色及字体。示例代码"<font face="隶书" size="6" color="#（可以省略）FF00FF"><strong>欢迎进入本网站</strong></font>"表示"欢迎进入本网站"这 8 个文字用隶书六号粗（<strong></strong>代表粗字体）、紫红色字体在网页中显示出来。另外，color="#FF00FF" 代码中的"#"可以省略。

（6）<img>是专门设置图片属性的元素。

（7）<a href></a>是一个超链接的元素。在 href 后面写下欲链接的网址，在<a href>与</a>之间写入文字或插入图片，就完成了超链接。

（8）<marquee></marquee>是 HTML 语言的高级技术运用元素。用它可以实现 Web 中文字的滚动效果，使网页更具有动态魅力。这个元素支持如下几个属性。

- direction：指定文字的滚动方向，例如<marquee direction=right>就是指文字从左向右滚动。除了 right，还可以用 left（从右到左）、up（自下往上）或 down（由上朝下）来设定文字的方向。
- behavior：指定文字的滚动方式。它有 scroll、slide 和 alternate 三个对象，分别代表环绕滚动、滚动一次和来回滚动。其中，环绕滚动（即 scroll）是滚动方式（behavior）的默认值。例如示例中的代码段"<marquee border="0" align="middle" scrolldelay="120">若你需要帮助，请及时找我，联系 E-mail：xxx@xxx.com</marquee>"就指明了文字以默认值 scroll 的方式进行滚动。
- Loop：指定文字滚动的循环次数。当 loop=-1 或 loop=infinite 时，表明文字滚动是无限循环。
- Scrolldelay：指定文字滚动的速度，单位是 ms。示例代码"<marquee border="0" align="middle" scrolldelay="120">若你需要帮助，请及时找我，联系 E-mail：xxx @ xxx.com </marquee>"中的"scrolldelay="120""表示文字滚动速度为 120ms。
- align：指定滚动文字的对齐属性也就是所处的位置。它有 top（对齐上方）、middle（对齐中部）和 bottom（对齐下方）3 个对象。示例代码中的"align="middle""明确了文字的位置是在中部。另外，此元素不仅能够用在 marquee 中，而且在其他元素中也经常用到，例如 table、td 等，它们的用法与含义与 marquee 是相同的。

6.7.2 实例二

1．实例

【说明】某在线娱乐公司用 ASP 实现了一个用于在线点播电影的网页，主页文件名为 index.asp，网页运行的效果如图 6-27 所示，程序中使用的 Access 数据表结构如表 6-18 和表 6-19 所示。

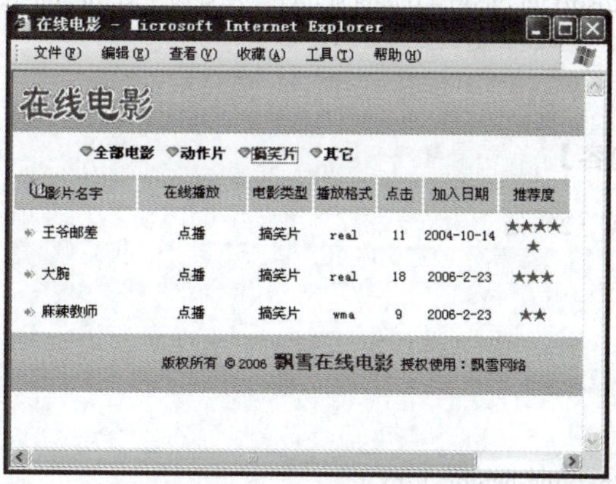

图 6-27　网页运行效果图

表 6-18　data 数据表结构

字　段　名	类　　型	备　　注
id	自动编号	编号
name	文本	电影名字
type	文本	播放格式
item	文本	电影类型

续表

字 段 名	类 型	备 注
hits	数字	单击次数
mark	文本	推荐度
date	日期/时间	加入时间

表 6-19 item 数据表结构

字 段 名	类 型	备 注
id	自动编号	编号
name	文本	类型条目名称

【conn.asp 文档的内容】

```
<%
dim db,conn,connstr
db="film.mdb"
set conn = server.CreateObject("ADODB.Connection")
connstr="provider=microsoft.jet.oledb.4.0;data source="& server.MapPath("data/"&db&"")
conn.Open connstr         第（1）处
%>
```

【index.asp 文档的内容】

_____ 第（2）处

```
<html>
<head>
<title>在线电影</title>
<style type="text/css">
<!--
td      { font-size: 12px; line-height: 17px }
body    { font-size: 12px; line-height: 17px }
p       { margin-top: 1px; margin-bottom: 1px }
a:link     { text-decoration: none; color: black }
a:visited  { text-decoration: none; color: black }
a:active   { text-decoration: none; color: blue }      第（3）处
-->
</style>
</head>
```

```
<body leftmargin="0" topmargin="0">
<!--#include file="head.asp"-->
<div align="center">        第(4)处
<table>
    <td height="30" width="367">
        <%sql="select * from item"
        set rs_item=server.createobject("adodb.recordset")
        rs_item.open sql,connstr,1,1
        response.write "<p><b><img src=images/dot1.gif><a href=index.asp>全部电影</a> "
        do while not rs_item.eof
            response.write "<img src=images/dot1.gif border=0><a href=index.asp?item="&rs_item
            ("name") &">"&rs_item("name")&"</a> "
            _____        第(5)处
        loop        第(6)处
        response.write "</b> "
        rs_item.close %>
    </td>
</table>
</div>


<div align="center">
<% dim item_type
    item_type=_____        第(7)处
    if item_type="" or item_type="全部电影" then
        sql="select * from data "
    else
        sql="_____"        第(8)处
    end if
    set rs=server.createobject("adodb.recordset")
    rs.open sql,connstr,1,1
%>
<table>
    <tr>
        <td width="125" background="images/bg.gif" height="30"> 
        <img border="0" src="images/biao_left.gif" width="15" height="15">影片名字</td>
        <td width="115" background="images/bg.gif" height="30" align="center">在线播放</td>
        <td width="64" background="images/bg.gif" height="30" align="center">电影类型</td>
        <td width="58" background="images/bg.gif" height="30" align="center">播放格式</td>
        <td width="43" background="images/bg.gif" height="30" align="center">单击</td>
```

```
            <td width="70" background="images/bg.gif" height="30" align="center">加入日期</td>
            <td width="73" background="images/bg.gif" height="30" align="center">推荐度</td>
          </tr>
<%do while not rs.eof%>
          <tr>
            <td width="125" height="30" > <img border="0" src="images/dian.gif">  <%=rs("name")%></td>
            <td width="115" height="30" align="center"><a href="">点播</td>
            <td width="64" height="30" align="center"><a href="index.asp?item=<%=rs("item")%>"> <%=rs("item")%></td>
            <td width="58" height="30" align="center"><%=rs("type")%></td>
      _____       第（9）处
            <td width="70" height="30" align="center"><%=rs("date")%></td>
            <td width="73" height="30" align="center"><font color="red"><%=rs("mark")%></a></td>
          </tr>
<% rs.movenext          第（10）处
   loop%>
</table>
</div>


<!--#include file="foot.asp"-->
</body>
</html></html>
```

2．解析

本例考查有关 HTML 网页制作和 ASP 数据库编程方面的知识。

某在线娱乐公司实现了一个用于在线点播电影的网页，通过 ASP 编程用 Access 数据表中的数据自动生成一个点播页面"index.asp"。因此本程序涉及 Web 数据库编程和网页显示。

题中代码分为 conn.asp 和 index.asp 两个部分。很明显 conn.asp 程序用于实现数据库连接，其中，set conn = server.CreateObject("ADODB.Connection")利用 server 对象的 CreateObject 方法创建由"ADODB.Connection"标识的数据库连接对象 conn；connstr="provider=microsoft.jet.oledb.4.0;data source="& server.MapPath("data/"&db&"")定义了连接字符串；conn.Open connstr 的作用是打开数据库连接。

空（1）是对该语句的解释，因此答案应该为"数据库连接对象 conn 以 connstr 中定义的连接字符串打开数据库连接"。

对于 index.asp 文档开始处的空（2），当通读 index.asp 的代码后，发现代码中没有关于处理数据库连接的 ASP 语句，因此空（2）处应该是关于数据库连接的内容。而 conn.asp 中已经定义了关于数据库连接的语句，这里只需要引用该程序文件即可，所以空（2）处应该填写代码 "<!--#include file="conn.asp"-->"。

空（3）和空（4）考查对 HTML 标注的理解能力，空（3）对应的 "a:active{ text-decoration: none; color: blue }" 是一段 CSS 代码，其作用是设置当前处于活动的超链接<a>中的文字显示为蓝色。空（4）对应的 "<div align="center">" 用于设置内容居中。

空（5）和空（6）位于第一个<table></table>元素体内部，该段代码的功能是从数据表 item 中读出所有记录（即"动作片""搞笑片"和"其他"）并创建相应的超链接。loop 的作用很明显是转下一次循环，那么空（5）处就应该是数据库移向下一条记录。所以空（5）的答案应该是 "rs_item.movenext"，空（6）的答案应该是"转下一次 while 循环"。

空（7）～空（10）所处代码段的功能是根据用户请求查找电影的类型查询 data 数据表，并将查询结果返回。空（7）应该填写查询类型，可以利用 request 对象的属性，所以应该填"Trim(request("item"))"；空（8）是根据查询类型构造从 data 表中获取记录的 SQL 语句，应该为"select * from data where item='"&item_type&"'"。从空（9）所处的前后代码可以看出该处是对记录中"hits"字段值的显示，参照前后语句可以给出答案"<td width="43" height="30" align="center"><%=rs("hits")%></td>"，当然，答案中的"width="43""是个大概值，可以有误差。空（10）处代码的作用是在 loop 之前使数据集对象 rs 移动到下一条记录。

第 7 章 网 络 安 全

7.1 网络安全基础

7.1.1 网络安全的基本概念

由于网络传播信息快捷、隐蔽性强，在网络上难以识别用户的真实身份，以致网络犯罪、黑客攻击、有害信息传播等方面的问题日趋严重，网络安全已成为网络发展中的一个重要课题。网络安全的产生和发展，标志着传统的通信保密时代过渡到了信息安全时代。

1. 网络安全基本要素

网络安全包括 5 个基本要素，分别为机密性、完整性、可用性、可控性与可审查性。
- 机密性：确保信息不暴露给未授权的实体或进程。
- 完整性：只有得到允许的人才能修改数据，并且能够判别出数据是否已被篡改。
- 可用性：得到授权的实体在需要时可访问数据，即攻击者不能占用所有资源而阻碍授权者的工作。
- 可控性：可以控制授权范围内的信息流向及行为方式。
- 可审查性：对出现的网络安全问题提供调查的依据和手段。

2. 网络安全威胁

一般认为目前网络存在的威胁主要表现在如下 5 个方面。

(1) 非授权访问：没有预先经过同意就使用网络或计算机资源则被看作非授权访问，如有意避开系统访问控制机制对网络设备及资源进行非正常使用，或擅自扩大权限越权访问信息。非授权访问的主要形式为假冒、身份攻击、非法用户进入网络系统进行违法操作、合法用户以未授权方式进行操作等。

(2) 信息泄漏或丢失：指敏感数据在有意或无意中被泄漏出去或丢失，通常包括信息在传输中丢失或泄漏、信息在存储介质中丢失或泄漏以及通过建立隐蔽隧道等窃取敏感信息等。如黑客利用电磁泄漏或搭线窃听等方式可截获机密信息，或通过对信息流向、流量、通信频度和长度等参数的分析推测出有用信息，如用户口令、账号等重要信息。

（3）破坏数据完整性：以非法手段窃得数据的使用权，删除、修改、插入或重发某些重要信息，以取得有益于攻击者的响应；恶意添加、修改数据，以干扰用户的正常使用。

（4）拒绝服务攻击：它不断对网络服务系统进行干扰，改变其正常的作业流程，执行无关程序，使系统响应减慢甚至瘫痪，影响正常用户的使用，甚至使合法用户被排斥而不能进入计算机网络系统或不能得到相应的服务。

（5）利用网络传播病毒：通过网络传播计算机病毒的破坏性大大高于单机系统，而且用户很难防范。

3．网络安全控制技术

为了保护网络信息的安全可靠，除了运用法律和管理手段外，还需依靠技术方法来实现。网络安全控制技术目前有防火墙技术、加密技术、用户识别技术、访问控制技术、网络反病毒技术、网络安全漏洞扫描技术及入侵检测技术等。

防火墙技术是近年来维护网络安全的最重要的手段，根据网络信息保密程度，实施不同的安全策略和多级保护模式。加强防火墙的使用，可以经济、有效地保证网络安全。目前已有不同功能的多种防火墙。但防火墙也不是万能的，用户需要配合其他安全措施来协同防范。

加密技术是网络信息安全主动、开放型的防范手段，对于敏感数据应采用加密处理，并且在数据传输时采用加密传输。目前加密技术主要有两大类，一类是基于对称密钥的加密算法，也称私钥算法；另一类是基于非对称密钥的加密算法，也称公钥算法。加密手段一般分软件加密和硬件加密两种，软件加密成本低且实用灵活，更换也方便；硬件加密效率高，本身安全性高。密钥管理包括密钥产生、分发、更换等，是数据保密的重要一环。

用户识别和验证也是一种基本的安全技术，核心是识别访问者是否属于系统的合法用户，目的是防止非法用户进入系统。目前一般采用基于对称密钥加密或公开密钥加密的方法，采用高强度的密码技术来进行身份认证，比较著名的有 Kerberos、PGP 等方法。

访问控制是控制不同用户对信息资源的访问权限，根据安全策略对信息资源进行集中管理。对资源的控制粒度有粗粒度和细粒度两种，可控制文件、Web 的 HTML 页面、图形、CCT、Java 应用。

计算机病毒从 1981 年首次被发现以来，近 20 多年的发展过程中，其数目和危害性都在飞速发展。因此，计算机病毒问题越来越受到计算机用户和计算机反病毒专家的重视，并且开发出了许多防病毒的产品。

漏洞检测和安全风险评估技术可预知主体受攻击的可能性，可具体地指证将要发生的行为和产生的后果。该技术的应用可以帮助分析资源被攻击的可能指数，了解支撑系统本身的脆弱性，评估所有存在的安全风险。网络漏洞扫描技术主要包括网络模拟攻击、漏洞检测、报告服务进程、提取对象信息以及评测风险、提供安全建议和改进措施等功能，帮助用户控制可能发生的安全事件，最大可能地消除安全隐患。

入侵行为主要是指对系统资源的非授权使用，可以造成系统数据的丢失和破坏，还可以造成系统拒绝合法用户的服务等危害。入侵者可以是一个手动发出命令的人，也可以是一个基于入侵脚本或程序的自动发布命令的计算机。入侵者分为外部入侵者和允许访问系统资源但又有所限制的内部入侵者，内部入侵者又可分成假扮成其他有权访问敏感数据用户的入侵者和能够关闭系统审计控制的入侵者。入侵检测是一种增强系统安全的有效技术，其目的就是检测出系统中违背系统安全性规则或者威胁到系统安全的活动。检测时，通过对系统中用户行为或系统行为的可疑程度进行评估，并根据评估结果来鉴别系统中行为的正常性，从而帮助系统管理员进行安全管理，或对系统所受到的攻击采取相应的对策。

7.1.2 黑客的攻击手段

涉及网络安全的问题很多，但最主要的问题还是人为攻击，黑客（Hacker）就是最具有代表性的一类群体。黑客的出现可以说是当今信息社会，尤其是在因特网互联全球的过程中，网络用户有目共睹、不容忽视的一个独特现象。黑客在世界各地四处出击，寻找机会袭击网络，几乎到了无孔不入的地步。有不少黑客袭击网络时并不是怀有恶意，他们多数情况下只是为了表现和证实自己在计算机方面的天分与才华，但也有一些黑客的网络袭击行为是有意地对网络进行破坏。

黑客指那些利用技术手段进入其权限以外的计算机系统的人。在虚拟的网络世界里，活跃着这批特殊的人，他们是真正的程序员，有过人的才能和乐此不疲的创造欲。技术的进步给了他们充分表现自我的天地，同时也使计算机网络世界多了一份灾难。一般人们把他们称为黑客（Hacker）或骇客（Cracker），前者更多指的是具有反传统精神的程序员；后者更多指的是利用工具攻击别人的攻击者，具有明显贬义。目前世界上最著名的黑客组织有美国的大屠杀 2600（Genocide2600）、德国的混沌计算机俱乐部（Chaos Computer Club）、北美洲的地下兵团（The Legion of the Underground）等。在国外，黑客更多是无政府主义者、自由主义者，而在我国国内，大部分黑客表现为民族主义者。近年来，我国国内陆续出现了一些自发的黑客团体组织，有"中国鹰派""绿色兵团""中华黑客联盟"等，其中的典型代表是"中国红客网络安全技术联盟（Honker Union of China）"，简称 H.U.C，其网址为 www.cnhonker.com。

黑客的攻击手段多种多样，常见的形式如下所述。

1. 口令入侵

所谓口令入侵，是指使用某些合法用户的账号和口令登录到目的主机，然后再实施攻击活动。使用这种方法的前提是得到了该主机上的某个合法用户的账号，然后再进行合法用户口令的破译。

通常黑客会利用一些系统使用习惯性的账号的特点，采用字典穷举法（或称暴力法）来破解用户的密码。由于破译过程由计算机程序自动完成，因而几分钟到几个小时之间就可以把拥有几十万条记录的字典里的所有单词都尝试一遍。其实黑客能够得到并破解主机上的密码文件，一般都是利用系统管理员的失误。在 UNIX 操作系统中，用户的基本信息都存放在 passwd 文件中，而所有口令则经过 DES 加密方法加密后专门存放在一个叫 shadow 的文件中。黑客们获取口令文件后，就会使用专门的破解 DES 加密法的程序来破解口令。同时，由于为数不少的操作系统都存在许多安全漏洞、Bug 或一些其他设计缺陷，这些缺陷一旦被找到，黑客就可以长驱直入。例如，让 Windows 系统后门洞开的特洛伊木马程序就是利用了 Windows 的基本设计缺陷。

采用中途截击的方法也是获取用户账户和密码的一条有效途径。因为很多协议没有采用加密或身份认证技术，如在 Telnet、FTP、HTTP、SMTP 等传输协议中，用户账户和密码信息都是以明文格式传输的，此时攻击者利用数据包截取工具便可以很容易地收集到账户和密码。还有一种中途截击的攻击方法，它在用户同服务器端完成"三次握手"建立连接之后，在通信过程中扮演"第三者"的角色，假冒服务器身份欺骗用户，再假冒用户向服务器发出恶意请求，其造成的后果不堪设想。另外，黑客有时还会利用软件和硬件工具时刻监视系统主机的工作，等待记录用户登录信息，从而取得用户密码；或者使用有缓冲区溢出错误的 SUID 程序来获得超级用户权限。

2．放置特洛伊木马程序

在古希腊人同特洛伊人的战争期间，古希腊人佯装撤退，并留下一只内部藏有士兵的巨大木马，特洛伊人大意中计，将木马拖入特洛伊城。夜晚木马中的希腊士兵出来与城外战士里应外合，攻破了特洛伊城，特洛伊木马的名称也就由此而来。计算机领域有一类特殊的程序，黑客通过它来远程控制别人的计算机，我们把这类程序称为特洛伊木马程序。从严格的定义来讲，非法驻留在目标计算机里，在目标计算机系统启动的时候自动运行，并在目标计算机上执行一些事先约定的操作，比如窃取口令等，凡是这类程序都可以称为特洛伊木马程序，即 Trojans。

特洛伊木马程序一般分为服务器端（Server）和客户端（Client），服务器端是攻击者传到目标机器上的部分，用来在目标机上监听等待客户端连接过来；客户端是用来控制目标机器的部分，放在攻击者的机器上。

特洛伊木马程序常被伪装成工具程序或游戏，一旦用户打开了带有特洛伊木马程序的邮件附件或从网上直接下载，或执行这些程序之后，再次连接到互联网上时，这个程序就会通知黑客用户的 IP 地址及被预先设定的端口。黑客在收到这些资料后，利用这个潜伏其中的程序，就可以恣意修改用户的计算机设定、复制任何文件、窥视用户整个硬盘内的资料等，从而达到控制用户的计算机的目的。现在有许多这样的程序，国外的此类软件有 Back Office、Netbus 等，国内的此类软件有 Netspy、YAI、SubSeven、冰河及"广外女生"等。

3．DoS 攻击

造成 DoS（Denial of Service，拒绝服务）的攻击行为被称为 DoS 攻击，其目的是使计算机或网络无法提供正常的服务。最常见的 DoS 攻击有计算机网络带宽攻击和连通性攻击。带宽攻击指以极大的通信量冲击网络，使得所有可用网络资源都被消耗殆尽，最后导致合法的用户请求无法通过。连通性攻击是指用大量的连接请求冲击计算机，使得所有可用的操作系统资源都被消耗殆尽，最终计算机无法再处理合法用户的请求。

分布式拒绝服务（Distributed Denial of Service，DDoS）攻击指借助于客户端/服务器技术，将多个计算机联合起来作为攻击平台，对一个或多个目标发动 DoS 攻击，从而成倍地提高拒绝服务攻击的威力。通常，攻击者使用一个偷窃账号将 DDoS 主控程序安装在一个计算机上，在一个设定的时间，主控程序将与大量代理程序通信，代理程序已经被安装在 Internet 上的许多计算机上，代理程序收到指令时就发动攻击。利用客户/服务器技术，主控程序能在几秒钟内激活成百上千次代理程序的运行。

4．端口扫描

所谓端口扫描，就是利用 Socket 编程与目标主机的某些端口建立 TCP 连接、进行传输协议的验证等，从而侦知目标主机的扫描端口是否处于激活状态、主机提供了哪些服务、提供的服务中是否含有某些缺陷等。常用的扫描方式有 TCP connect 扫描、TCP SYN 扫描、TCP FIN 扫描、IP 段扫描和 FTP 返回攻击等。

扫描器是一种自动检测远程或本地主机安全性弱点的程序，通过使用扫描器，用户可以不留痕迹地发现远程服务器的各种 TCP 端口的分配及提供的服务和它们的软件版本。扫描器并不是一个直接攻击网络漏洞的程序，它仅能发现目标主机的某些内在的弱点。一个好的扫描器能对它得到的数据进行分析，帮助用户查找目标主机的漏洞，但它不会提供进入一个系统的详细步骤。扫描器应该有三项功能，一是发现一个主机或网络；二是发现一台主机后发现什么服务正运行在这台主机上；三是通过测试这些服务发现漏洞。

5．网络监听

网络监听，在网络安全方面一直是一个比较敏感的话题。作为一种发展比较成熟的技术，监听在协助网络管理员监测网络传输数据、排除网络故障等方面具有不可替代的作用，因而一直倍受网络管理员的青睐。然而在另一方面，网络监听也给以太网的安全带来了极大的隐患，许多网络入侵往往都伴随着以太网内的网络监听行为，造成口令失窃，敏感数据被截获等连锁性安全事件。

网络监听是主机的一种工作模式,在这种模式下,主机可以接收到本网段在同一条物理通道上传输的所有信息,而不管这些信息的发送方和接收方是谁。此时若两台主机进行通信的信息没有加密,只要使用某些网络监听工具,就可轻而易举地截取包括口令和账号在内的信息资料。

Sniffer 是一款著名的监听工具,它可以监听到网上传输的所有信息。Sniffer 可以是硬件,也可以是软件,主要用来接收在网络上传输的信息。Sniffer 可以使用在任何一种平台之中,在使用 Sniffer 时,极不容易被发现,它可以截获口令,也可以截获到本来是秘密的或者专用信道内的信息,如信用卡号、经济数据、E-mail 等,甚至可以用来攻击与己相临的网络。在 Sniffer 中,还有"热心人"编写了它的 Plugin,称为 TOD 杀手,可以将 TCP 的连接完全切断。总之,Sniffer 是非常危险的软件,应该引起人们的重视。

6. 欺骗攻击

欺骗攻击是指攻击者创造一个易于误解的上下文环境,以诱使受攻击者进入并且做出缺乏安全考虑的决策。欺骗攻击就像是一场虚拟游戏,攻击者在受攻击者的周围建立起一个错误但是令人信服的世界。如果该虚拟世界是真实的,那么受攻击者所做的一切都是无可厚非的。但遗憾的是,在错误的世界中似乎合理的活动可能会在现实的世界中导致灾难性的后果。常见的欺骗攻击如下所述。

1) Web 欺骗

Web 欺骗允许攻击者创造整个 WWW 世界的影像副本。影像 Web 的入口进入攻击者的 Web 服务器,经过攻击者机器的过滤作用,允许攻击者监控受攻击者的任何活动,包括账户和口令。攻击者也能以受攻击者的名义将错误或者易于误解的数据发送到真正的 Web 服务器,以及以任何 Web 服务器的名义发送数据给受攻击者。简而言之,攻击者观察和控制着受攻击者在 Web 上做的每一件事。

2) ARP 欺骗

通常源主机在发送一个 IP 包之前,它要到该转换表中寻找和 IP 包对应的 MAC 地址。此时,若入侵者强制目的主机 Down 掉(比如发洪水包),同时把自己主机的 IP 地址改为合法目的主机的 IP 地址,然后发一个 ping(icmp 0)给源主机,要求更新主机的 ARP 转换表,主机找到该 IP 后会在 ARP 表中加入新的 IP-->MAC 对应关系。合法的目的主机就失效了,入侵主机的 MAC 地址变成了合法的 MAC 地址。

3) IP 欺骗

IP 欺骗由若干步骤组成。首先,目标主机已经选定;其次,信任模式已被发现,并找到了一个被目标主机信任的主机。黑客为了进行 IP 欺骗,首先使得被信任的主机丧失工作能力,同时采样目标主机发出的 TCP 序列号,猜测出它的数据序列号;然后伪装成被信任的主机,同时建立起与目标主机基于地址验证的应用连接。如果成功，黑客可以使用一种简单的命令放置一个系统后门，以进行非授权操作。

7. 电子邮件攻击

电子邮件攻击主要表现为向目标信箱发送电子邮件炸弹。所谓的邮件炸弹实质上就是地址不详且容量庞大的邮件垃圾。由于邮件信箱容量都是有限的，当庞大的邮件垃圾到达信箱容量最大限度的时候，就会把信箱挤爆。同时，由于它占用了大量的网络资源，常常导致网络塞车。当某人或某公司的所作所为引起了某些黑客的不满时，黑客就会通过这种手段来发动进攻，以泄私愤。相对于其他攻击手段来说，这种攻击方法具有简单、见效快等优点。

此外，电子邮件欺骗也是黑客常用的手段。他们常会佯称自己是系统管理员（邮件地址和系统管理员完全相同），给用户发送邮件要求用户修改口令（口令有可能为指定的字符串）或在貌似正常的附件中加载病毒或某些特洛伊木马程序。

7.1.3 可信计算机系统评估标准

当前，计算机网络系统和计算机信息系统的建设者、管理者和使用者都面临着一个共同的问题，就是他们建设、管理或使用的信息系统是否安全，如何评估系统的安全性。这就需要一整套用于规范计算机信息系统安全建设和使用的标准和管理办法。

1. 计算机系统安全评估准则综述

计算机系统安全评估准则是一种技术性法规。在信息安全这一特殊领域，如果没有这一标准，与此相关的立法、执法就会有失偏颇，最终会给国家的信息安全带来严重后果。由于信息安全产品和系统的安全评估事关国家的安全利益，因此许多国家都在充分借鉴国际标准的前提下，积极制定本国的计算机安全评估认证标准。

美国国防部早在20世纪80年代就针对国防部门的计算机安全保密开展了一系列有影响的工作，后来成立了所属的机构——国家计算机安全中心（NCSC）继续进行有关工作。1983年，他们公布了可信计算机系统评估准则（Trusted Computer System Evaluation Criteria，TCSEC，俗称橘皮书），橘皮书中使用了可信计算机基础（Trusted Computing Base，TCB）这一概念，即计算机硬件与支持不可信应用及不可信用户的操作系统的组合体。在TCSEC的评估准则中，从B级开始就要求具有强制存取控制和形式化模型技术的应用。橘皮书论述的重点是通用的操作系统，为了使它的评判方法适用于网络，NCSC于1987年出版了一系列有关可信计算机数据库、可信计算机网络的指南等（俗称彩虹系列）。该书从网络安全的角度出发，解释了准则中的观点，对用户登录、授权管理、访问控制、审计跟踪、隐通道分析、可信通道建立、安全检测、生命周期保障、文本写作及用户指南均提出了规范性要求，并根据所采用的安全策略、系统所具备的安全功能将系统分为 4 类 7 个安全级别，将计算机系统的可信程度划分为 D1、C1、C2、B1、B2、B3 和 A1 七个层次。

TCSEC 带动了国际计算机安全的评估研究，20 世纪 90 年代，西欧四国（英、法、荷、德）联合提出了信息技术安全评估标准（Information Technology Security Evaluation Criteria，ITSEC，又称欧洲白皮书）。ITSEC 除借鉴了 TCSEC 的成功经验外，首次提出了信息安全的保密性、完整性、可用性的概念，把可信计算机的概念提高到可信信息技术的高度上来认识。他们的工作成为欧共体信息安全计划的基础，并对国际信息安全的研究、实施带来深刻的影响。

ITSEC 标准将安全概念分为功能与评估两部分。功能准则从 F1～F10 共分 10 级，F1～F5 级对应于 TCSEC 的 D 到 A，F6～F10 级分别对应数据和程序的完整性、系统的可用性、数据通信的完整性、数据通信的保密性以及机密性和完整性的网络安全。评估准则分为 6 级，分别是测试、配置控制和可控的分配、能访问详细设计和源码、详细的脆弱性分析、设计与源码明显对应以及设计与源码在形式上一致。

1993 年，加拿大发布了加拿大可信计算机产品评估准则（Canada Trusted Computer Product Evaluation Criteria，CTCPEC），CTCPEC 综合了 TCSEC 和 ITSEC 两个准则的优点，专门针对政府需求而设计。与 ITSEC 类似，该标准将安全分为功能性需求和保证性需要两部分。（功能性需求共划分为机密性、完整性、可用性和可控性四大类。每种安全需求又可以分成很多小类）来表示安全性上的差别，级别为 0～5 级。

1993 年同期，美国在对 TCSEC 进行修改补充并吸收 ITSEC 优点的基础上发布了信息技术安全评估联邦准则（Federal Criteria，FC）。FC 是对 TCSEC 的升级，并引入了保护轮廓（Protect Profile，PP）的概念，每个轮廓都包括功能、开发保证和评价三部分。FC 充分吸取了 ITSEC 和 CTCPEC 的优点，在美国的政府、民间和商业领域得到了广泛应用。

近年来，随着世界市场上对信息安全产品的需求迅速增长以及对系统安全的挑战不断加剧，六国七方（美国国家安全局和国家技术标准研究所、加、英、法、德、荷）联合起来，在美国的 TCSEC、欧洲的 ITSEC、加拿大的 CTCPEC、美国的 FC 等信息安全准则的基础上提出了信息技术安全评价通用准则（The Common Criteria for Information Technology Security Evaluation，CC），它综合了过去信息安全的准则和标准，形成了一个更全面的框架。CC 主要面向信息系统的用户、开发者和评估者，通过建立这样一个标准，使用户可以确定对各种信息产品的信息安全要求，使开发者可以描述其产品的安全特性，使评估者对产品安全性的可信度进行评估。不过，CC 并不涉及管理细节和信息安全的具体实现、算法、评估方法等，也不作为安全协议、安全鉴定等，CC 的目的是形成一个关于信息安全的单一国际标准，从而使信息安全产品的开发者和信息安全产品能在全世界范围内发展。总之，CC 是安全准则的集合，也是构建安全要求的工具，对于信息系统的用户、开发者和评估者都有重要的意义。1996 年 6 月，CC 第一版发布；1998 年 5 月，CC 第二版发布；1999 年 10 月，CCv2.1 版发布，并且成为 ISO

标准。CC 的主要思路和框架都取自 ITSEC 和 FC，并充分突出了"保护轮廓"概念。CC 将评估过程划分为功能和保证两部分，评估等级分为 eal1、eal2、eal3、eal4、eal5、eal6 和 eal7 共 7 个等级，每一级均包括评估配置管理、分发和操作、开发过程、指导文献、生命期的技术支持、测试和脆弱性等。

1999 年 5 月，国际标准化组织和国际电联（ISO/IEC）通过了将 CC 作为国际标准 ISO/IEC 15408 信息技术安全评估准则的最后文本。从 TCSEC、ITSEC 到 ISO/IEC 15408 信息技术安全评估准则中可以看出，评估准则不仅评估产品本身，还评估开发过程和使用操作，强调安全的全过程性。ISO/IEC 15408 的出台，表明了安全技术的发展趋势。

2．TCSEC

TCSEC 将计算机系统的安全划分为 4 个等级、8 个级别。

1）D 类安全等级

D 类安全等级只包括 D1 一个级别。D1 是安全等级最低的一个级别。D1 系统只为文件和用户提供安全保护。D1 系统最普通的形式是本地操作系统，或者是一个完全没有保护的网络。

2）C 类安全等级

该类安全等级能够提供审慎的保护，并为用户的行动和责任提供审计能力。C 类安全等级可划分为 C1 和 C2 两类。C1 系统的可信任运算基础体制（Trusted Computing Base，TCB）通过将用户和数据分开来达到安全的目的。在 C1 系统中，所有用户以同样的灵敏度来处理数据，即用户认为 C1 系统中的所有文档都具有相同的机密性。C2 系统相比于 C1 系统加强了可调的审慎控制。在连接到网络上时，C2 系统的用户分别对各自的行为负责，C2 系统通过登录过程、安全事件和资源隔离来增强这种控制。C2 系统具有 C1 系统中的所有安全性特征。

3）B 类安全等级

B 类安全等级可分为 B1、B2 和 B3 三类。B 类系统具有强制性保护功能。强制性保护意味着如果用户没有与安全等级相连，系统就不会让用户存取对象。B1 系统满足下要求包括系统对网络控制下的每个对象都进行灵敏度标记、系统使用灵敏度标记作为所有强迫访问控制的基础、系统在把导入的和非标记的对象放入系统前标记它们、灵敏度标记必须准确地表示其所联系的对象的安全级别、当系统管理员创建系统或者增加新的通信通道或 I/O 设备时管理员必须指定每个通信通道和 I/O 设备是单级还是多级且管理员只能手动改变指定、单级设备并不保持传输信息的灵敏度级别、所有直接面向用户位置的输出（无论是虚拟的还是物理的）都必须产生标记来指示关于输出对象的灵敏度、系统必须使用用户的口令或证明来决定用户的安全访问级别以及系统必须通过审计来记录未授权访问的企图。

B2 系统必须满足 B1 系统的所有要求。另外，B2 系统的管理员必须使用一个明确的、文档化的安全策略模式作为系统的可信任运算基础体制。B2 系统必须满足的要求包括系统必须立即通知系统中的每一个用户所有与之相关的网络连接的改变、只有用户才能在可信任通信路径中进行初始化通信、可信任运算基础体制能够支持独立的操作者和管理员。

B3 系统必须符合 B2 系统的所有安全需求。B3 系统具有很强的监视委托管理访问能力和抗干扰能力。B3 系统必须设有安全管理员。B3 系统应满足的要求包括除了控制对个别对象的访问外必须产生一个可读的安全列表、每个被命名的对象提供对该对象没有访问权的用户列表说明、B3 系统在进行任何操作前都要求用户进行身份验证、B3 系统验证每个用户的同时还会发送一个取消访问的审计跟踪消息、设计者必须正确区分可信任的通信路径和其他路径、可信任的通信基础体制为每一个被命名的对象建立安全审计跟踪以及可信任的运算基础体制支持独立的安全管理。

4）A 类安全等级

A 系统的安全级别最高。目前，A 类安全等级只包含 A1 一个安全类别。A1 类与 B3 类相似，对系统的结构和策略无特别要求。A1 系统的显著特征是，系统的设计者必须按照一个正式的设计规范来分析系统。对系统分析后，设计者必须运用核对技术来确保系统符合设计规范。A1 系统必须满足的要求包括系统管理员必须从开发者那里接收到一个安全策略的正式模型、所有安装操作都必须由系统管理员进行、系统管理员进行的每一步安装操作都必须有正式文档。

3. 我国计算机信息系统安全保护等级划分准则

长期以来，我国一直十分重视信息安全保密工作，并从敏感性、特殊性和战略性的高度自始至终将其置于国家的绝对领导之下，由国家密码管理部门、国家安全机关、公安机关和国家保密主管部门等分工协作，各司其职，形成了维护国家信息安全的管理体系。

1999 年 2 月 9 日，为更好地与国际接轨，经国家质量技术监督局批准，正式成立了中国国家信息安全测评认证中心（China National Information Security Testing Evaluation Certification Center，CNISTEC）。1994 年，国务院发布了《中华人民共和国计算机信息系统安全保护条例》（简称《条例》），该条例是计算机信息系统安全保护的法律基础。其中第九条规定："计算机信息系统实行安全等级保护。安全等级的划分和安全等级的保护的具体办法，由公安部会同有关部门制定。"公安部在《条例》发布实施后组织制定了《计算机信息系统安全保护等级划分准则》（GB 17859—1999），并于 1999 年 9 月 13 日由国家质量技术监督局审查通过并正式批准发布，已于 2001 年 1 月 1 日起执行。该准则的发布为我国计算机信息系统安全法规和配套标准制定的执法部门的监督检查提供了依据，为安全产品的研制提供了技术支持，为安全系统的建设和管理提供了技术指导，是我国计算机信息系统安全保护等级工作的基础。本标准规定了计算机系统安全保护能力的 5 个等级，具体如下所述。

（1）第一级：用户自主保护级（对应 TCSEC 的 C1 级）。本级的计算机信息系统可信计算基（trusted computing base）通过隔离用户与数据，使用户具备自主安全保护的能力。它具有多种形式的控制能力，对用户实施访问控制，即为用户提供可行的手段，保护用户和用户组信息，避免其他用户对数据的非法读写与破坏。

（2）第二级：系统审计保护级（对应 TCSEC 的 C2 级）。与用户自主保护级相比，本级的计算机信息系统可信计算基实施了粒度更细的自主访问控制，它通过登录规程、审计安全性相关事件和隔离资源，使用户对自己的行为负责。

（3）第三级：安全标记保护级（对应 TCSEC 的 B1 级）。本级的计算机信息系统可信计算基具有系统审计保护级的所有功能，还提供有关安全策略模型、数据标记以及主体对客体强制访问控制的非形式化描述，具有准确标记输出信息的能力，可以消除通过测试发现的任何错误。

（4）第四级：结构化保护级（对应 TCSEC 的 B2 级）。本级的计算机信息系统可信计算基建立于一个明确定义的形式化安全策略模型之上，它要求将第三级系统中的自主和强制访问控制扩展到所有主体与客体，还要考虑隐蔽通道。本级的计算机信息系统可信计算基必须结构化为关键保护元素和非关键保护元素。计算机信息系统可信计算基的接口也必须明确定义，使其设计与实现能经受更充分的测试和更完整的复审。它加强了鉴别机制，支持系统管理员和操作员的职能，提供可信设施管理，增强了配置管理控制，系统具有相当的抗渗透能力。

（5）第五级：访问验证保护级（对应 TCSEC 的 B3 级）。本级的计算机信息系统可信计算基满足访问监控器需求。访问监控器仲裁主体对客体的全部访问。访问监控器本身是抗篡改的，必须足够小，能够分析和测试。为了满足访问监控器需求，计算机信息系统可信计算基在其构造时，排除了那些对实施安全策略来说并非必要的代码；在设计和实现时，从系统工程角度将其复杂性降低到最小程度。支持安全管理员职能；扩充审计机制，当发生与安全相关的事件时发出信号；提供系统恢复机制。系统具有很高的抗渗透能力。

7.2 信息加密技术

信息安全技术是一门综合的学科，它涉及信息论、计算机科学和密码学等多方面知识，它的主要任务是研究计算机系统和通信网络内信息的保护方法，以实现系统内信息的安全、保密、真实和完整。其中，信息安全的核心是加密技术。

传统的加密系统是以密钥为基础的，这是一种对称加密，也就是说，用户使用同一个密钥加密和解密。而公钥则是一种非对称加密方法，加密者和解密者各自拥有不同的密钥。当然，还有其他诸如流密码等加密算法。

7.2.1 数据加密原理

数据加密是防止未经授权的用户访问敏感信息的手段，这就是人们通常理解的安全措施，也是其他安全方法的基础。研究数据加密的科学叫做密码学（Cryptography），它又分为设计密码体制的密码编码学和破译密码的密码分析学。密码学有着悠久而光辉的历史，古代的军事家已经用密码传递军事情报了，而现代计算机的应用和计算机科学的发展又为这一古老的科学注入了新的活力。现代密码学是经典密码学的进一步发展和完善。由于加密和解密此消彼长的斗争永远不会停止，这门科学还在迅速发展之中。

一般的保密通信模型如图 7-1 所示。在发送端，把明文 P 用加密算法 E 和密钥 K 加密，变换成密文 C，即：

$$C=E(K, P)$$

在接收端利用解密算法 D 和密钥 K 对 C 解密得到明文 P，即：

$$P = D(K, C)$$

这里加/解密函数 E 和 D 是公开的，而密钥 K（加解密函数的参数）是秘密的。在传送过程中，偷听者得到的是无法理解的密文，又得不到密钥，这就达到了对第三者保密的目的。

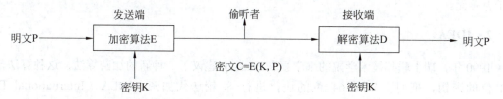

图 7-1　保密通信模型

如果不论偷听者获取了多少密文，密文中都没有足够的信息使其确定出对应的明文，则这种密码体制是无条件安全的，或称为理论上不可破解的。在无任何限制的条件下，几乎目前的所有密码体制都不是理论上不可破解的。能否破解给定的密码，取决于使用的计算资源。所以密码专家们研究的核心任务就是要设计出在给定计算费用的条件下，计算上（而不是理论上）安全的密码体制。下面分析几种曾经使用过的和目前正在使用的加密方法。

7.2.2 现代加密技术

现代密码体制使用的基本方法仍然是替换和换位，但是采用更加复杂的加密算法和简单的密钥。而且增加了对付主动攻击的手段，如加入随机的冗余信息，以防止制造假消息；加入时间控制信息，以防止旧消息重放。

1．DES

1977 年 1 月，NSA（National Security Agency）根据 IBM 的专利技术 Lucifer 制定了 DES（Data Encryption Standard），明文被分成 64 位的块，对每个块进行 19 次变换（替代和换位），其中 16 次变换由 56 位的密钥的不同排列形式控制（IBM 使用的是 128 位的密钥），最后产生 64 位的密文块，如图 7-2 所示。

图 7-2 DES 加密算法

由于 NSA 减少了密钥，而且对 DES 的制定过程保密，甚至为此取消了 IEEE 计划的一次密码学会议。人们怀疑 NSA 的目的是保护自己的解密技术，因而对 DES 从一开始就充满了怀疑和争论。

1977 年，Diffie 和 Hellman 设计了 DES 解密机，只要知道一小段明文和对应的密文，该机器可以在一天之内穷试 256 种不同的密钥（叫做野蛮攻击）。据估计，这个机器当时的造价为两千万美元。

2．IDEA

1990 年，瑞士联邦技术学院的来学嘉和 Massey 建议了一种新的加密算法，这种算法使用 128 位的密钥，把明文分成 64 位的块，进行 8 轮迭代加密。IDEA（International Data Encryption Algorithm）可以用硬件或软件实现，并且比 DES 快。在苏黎世技术学院用 25MHz 的 VLSI 芯片，加密速率是 177Mbps。

IDEA 经历了大量的详细审查，对密码分析具有很强的抵抗能力，在多种商业产品中得到应用，已经成为全球通用的加密标准。

3．AES

1997 年 1 月，美国国家标准与技术局（NIST）为 AES（Advanced Encryption Standard，高级加密标准）征集新算法。最初从许多响应者中挑选了 15 个候选算法，经过世界密码共同体的分析，选出了其中的 5 个；经过用 ANSI C 和 Java 语言对 5 个算法的加/解密速度、密钥和算法的安装时间以及对各种攻击的拦截程度等进行了广泛的测试后，2000 年 10 月，NIST 宣布 Rijndael 算法为 AES 的最佳候选算法，并于 2002 年 5 月 26 日发布为正式的 AES 加密标准。

AES 支持 128、192 和 256 位 3 种密钥长度，能够在世界范围内免版税使用，提供的安全级别足以保护未来 20～30 年内的数据，可以通过软件或硬件实现。

4. 流加密算法和 RC4

所谓流加密，就是将数据流与密钥生成二进制比特流进行异或运算的加密过程。这种算法采用如下所述两个步骤。

（1）利用密钥 K 生成一个密钥流 KS（伪随机序列）。
（2）用密钥流 KS 与明文 P 进行异或运算，产生密文 C，即

$$C = P \oplus KS(K)$$

解密过程则是用密钥流与密文 C 进行异或运算，产生明文 P，即

$$P = C \oplus KS(K)$$

为了安全，对不同的明文必须使用不同的密钥流，否则容易被破解。

Ronald L. Rivest 是 MIT 的教授，用他的名字命名的流加密算法有 RC2～RC6 系列算法，其中 RC4 是最常用的。RC 代表 Rivest Cipher 或 Ron's Cipher，RC4 是 Rivest 在 1987 年设计的，其密钥长度可选择 64 位或 128 位。RC4 是 RSA 公司私有的商业机密，1994 年 9 月，被人匿名发布在互联网上，从此得以公开。这个算法非常简单，就是 256 内的加法、置换和异或运算。由于简单，所以速度极快，加密的速度可达到 DES 的 10 倍。

5. 公钥加密算法

上述加密算法中使用的加密密钥和解密密钥是相同的，称为共享密钥算法或对称密钥算法。1976 年，斯坦福大学的 Diffie 和 Hellman 提出了使用不同的密钥进行加密和解密的公钥加密算法。假设 P 为明文，C 为密文，E 为公钥控制的加密算法，D 为私钥控制的解密算法，这些参数满足下列 3 个条件。

（1）D(E(P))=P。
（2）不能由 E 导出 D。
（3）选择明文攻击（选择任意明文-密文对以确定未知的密钥）不能破解 E。

加密时计算 C=E（P），解密时计算 P=D(C)。加密和解密是互逆的。用公钥加密，私钥解密，可实现保密通信；用私钥加密，公钥解密，可实现数字签名。

6. RSA 算法

RSA（Rivest, Shamir and Adleman）算法是一种公钥加密算法，方法是按照如下要求选择公钥和密钥。

（1）选择两个大素数 p 和 q（大于 10100）。
（2）令 $n=p \times q$ 和 $z=(p-1) \times (q-1)$。
（3）选择 d 与 z 互质。

（4）选择 e，使 $e*d=1(\mod z)$。

明文 P 被分成 k 位的块，k 是满足 $2k<n$ 的最大的整数，于是有 $0 \leqslant P<n$。加密时计算 $C=Pe(\mod n)$，这样公钥为 (e,n)。解密时计算 $P=Cd(\mod n)$，即私钥为 (d,n)。

举例假设 $p=3$，$q=11$，$n=33$，$z=20$，$d=7$，$e=3$，$C=P3(\mod 33)$，$P=C7(\mod 33)$，则有：

$$C=23(\mod 33)=8(\mod 33)=8$$
$$P=87(\mod 33)=2097152(\mod 33)=2$$

RSA 算法的安全性基于大素数分解的困难性。如果攻击者可以分解已知的 n，得到 p 和 q，然后得到 z；最后就可用 Euclid 算法由 e 和 z 得到 d。然而要分解 200 位的数需要 40 年，分解 500 位的数则需要 1025 年。

7.3 认证

认证又分为实体认证和消息认证两种。实体认证是识别通信对方的身份，防止假冒，可以使用数字签名的方法。消息认证是验证消息在传送或存储过程中有没有被窜改，通常使用消息摘要的方法。

7.3.1 基于共享密钥的认证

如果通信双方有一个共享的密钥，则可以确认对方的真实身份。这种算法依赖于双方都信赖的密钥分发中心 KDC（Key Distribution Center），如图 7-3 所示，其中的 A 和 B 分别代表发送者和接收者，K_A、K_B 分别表示 A、B 与 KDC 之间的共享密钥。

认证过程是这样的。A 向 KDC 发出消息 $\{A,K_A(B,K_S)\}$，说明自己要和 B 通信，并指定了与 B 会话的密钥 K_S。注意这个消息中的一部分 (B,K_S) 是用 K_A 加密了的，所以第三者不能了解消息的内容。KDC 知道了 A 的意图后就构造了一个消息 $\{K_B(A,K_S)\}$ 发给 B。B 用 K_B 解密后就得到了 A 和 K_S，然后就可以与 A 用 K_S 会话了。

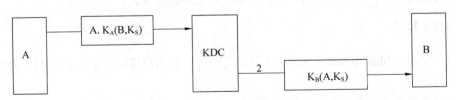

图 7-3 基于共享密钥的认证协议

然而，主动攻击者对这种认证方式可能进行重放攻击。例如 A 代表顾主，B 代表银行，第三者 C 为 A 工作，通过银行转账取得报酬。如果 C 为 A 工作了一次，得到了一次报酬，并偷听和复制了 A 和 B 之间就转账问题交换的报文，那么贪婪的 C 就可以按照原来的次序向银行重发报文 2，冒充 A 与 B 之间的会话，以便得到第二次、第三次……报酬。在重放攻击中攻击者不需要知道会话密钥 K_S，只要能猜测密文的内容对自己有利或是无利就可以达到攻击的目的。

7.3.2 基于公钥的认证

这种认证协议如图 7-4 所示，A 给 B 发出 $E_B(A,R_A)$，该报文用 B 的公钥加密；B 返回 $E_A(R_A,R_B,K_S)$，用 A 的公钥加密。这两个报文中分别有 A 和 B 指定的随机数 R_A 和 R_B，因此能排除重放的可能性，通信双方都用对方的公钥加密，用各自的私钥解密，所以应答比较简单，其中的 K_S 是 B 指定的会话键。这个协议的缺陷是假定了双方都知道对方的公钥，但如果这个条件不成立呢？如果有一方的公钥是假的呢？

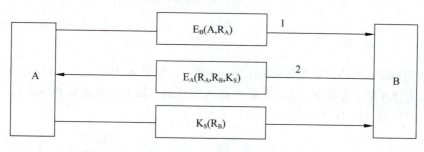

图 7-4　基于公钥的认证协议

7.4 数字签名

与人们手写签名的作用一样，数字签名系统向通信双方提供服务，使得 A 向 B 发送签名的消息 P，以便达到如下目的。

（1）B 可以验证消息 P 确实来源于 A。
（2）A 以后不能否认发送过 P。
（3）B 不能编造或改变消息 P。

7.4.1 基于密钥的数字签名

这种系统如图 7-5 所示，设 BB 是 A 和 B 共同信赖的仲裁人，K_A 和 K_B 分别是 A 和 B 与 BB 之间的密钥，而 K_{BB} 是只有 BB 掌握的密钥，P 是 A 发给 B 的消息，t 是时间戳。BB 解读了 A 的报文$\{A, K_A(B, R_A,t,P)\}$后产生了一个签名的消息 $K_{BB}(A,t,P)$，并装配成发给 B 的报文

{$K_B(A,R_A,t,P,K_{BB}(A,t,P))$}。B 可以解密该报文，阅读消息 P，并保留证据 $K_{BB}(A,t,P)$。由于 A 和 B 之间的通信是通过中间人 BB 的，所以不必怀疑对方的身份。又由于证据 $K_{BB}(A,t,P)$ 的存在，A 不能否认发送过消息 P，B 也不能改变得到的消息 P，因为 BB 仲裁时可能会当场解密 $K_{BB}(A,t,P)$，得到发送人、发送时间和原来的消息 P。

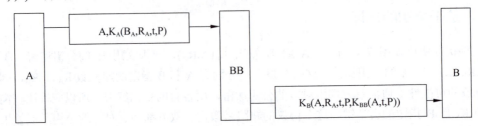

图 7-5 基于密钥的数字签名

7.4.2 基于公钥的数字签名

利用公钥加密算法的数字签名系统如图 7-6 所示，如果 A 方否认了，B 可以拿出 $D_A(P)$，并用 A 的公钥 EA 解密得到 P，从而证明 P 是 A 发送的；如果 B 把消息 P 窜改了，当 A 要求 B 出示原来的 $D_A(P)$ 时，B 拿不出来。

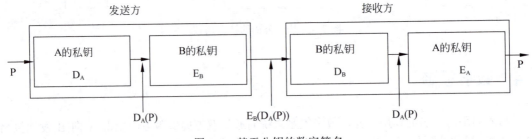

图 7-6 基于公钥的数字签名

7.5 报文摘要

用于差错控制的报文检验根据是冗余位检查报文是否受到信道干扰的影响，与之类似的报文摘要方案是计算密码检查和，即固定长度的认证码，附加在消息后面发送，根据认证码检查报文是否被窜改。设 M 是可变长的报文，K 是发送者和接收者共享的密钥，令 $MD=C_K(M)$，这就是算出的报文摘要（Message Digest），如图 7-7 所示。由于报文摘要是原报文唯一的压缩表示，代表了原来报文的特征，所以也叫作数字指纹（Digital Fingerprint）。

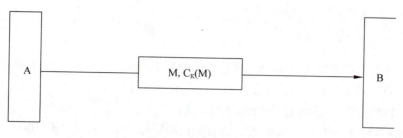

图 7-7 报文摘要方案

散列（Hash）算法将任意长度的二进制串映射为固定长度的二进制串，这个长度较小的二进制串称为散列值。散列值是一段数据唯一的、紧凑的表示形式。如果对一段明文只更改其中的一个字母，随后的散列变换都将产生不同的散列值。

要找到散列值相同的两个不同的输入在计算上是不可能的，所以数据的散列值可以检验数据的完整性。通常的实现方案是对任意长的明文 M 进行单向散列变换，计算固定长度的比特串，作为报文摘要。该算法对 Hash 函数 $h=H(M)$ 的要求如下。

（1）可用于任意大小的数据块。
（2）能产生固定大小的输出。
（3）软/硬件容易实现。
（4）对于任意 m 找出 x 满足 $H(x)=m$ 是不可计算的。
（5）对于任意 x 找出 $y \neq x$ 使得 $H(x)=H(y)$ 是不可计算的。
（6）找出 (x,y) 使得 $H(x)=H(y)$ 是不可计算的。

前 3 项要求显然是实际应用和实现的需要。第 4 项要求就是所谓的单向性，这个条件使得攻击者不能由偷听到的 m 得到原来的 x。第 5 项要求是为了防止伪造攻击，使得攻击者不能用自己制造的假消息 y 冒充原来的消息 x。第 6 项要求是为了对付生日攻击的。

报文摘要可以用于加速数字签名算法。在图 7-8 中，BB 发给 B 的报文中，报文 P 实际上出现了两次，一次是明文，一次是密文，这显然增加了传送的数据量。如果改成图 7-7 的报文，$K_{BB}(A,t,P)$ 减少为 $MD(P)$，则传送过程可以大大加快。

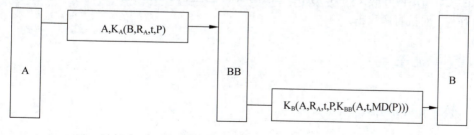

图 7-8 报文摘要示例

7.5.1 报文摘要算法（MD5）

使用最广的报文摘要算法是 MD5，这是 Ronald L. Rivest 设计的一系列 Hash 函数中的第 5 个。其基本思想就是用足够复杂的方法把报文比特充分"弄乱"，使得每一个输出比特都受到每一个输入比特的影响。具体的操作分成下列步骤。

（1）分组和填充：把明文报文按 512 位分组，最后要填充一定长度的"1000..."，使得报文长度=448 （mod 512）。

（2）附加：最后加上 64 位的报文长度字段，整个明文恰好为 512 的整数倍。

（3）初始化：置 4 个 32 比特长的缓冲区 A、B、C、D 分别为 A=01234567、B=89ABCDEF、C=FEDCBA98、D=76543210。

（4）处理：用 4 个不同的基本逻辑函数（F，G，H，I）进行 4 轮处理，每一轮以 A、B、C、D 和当前的 512 位的块为输入，处理后送入 A、B、C、D（128 位），产生 128 位的报文摘要。

关于 MD5 的安全性可以解释如下。由于算法的单向性，所以要找出具有相同 Hash 值的两个不同报文是不可计算的。如果采用野蛮攻击，寻找具有给定 Hash 值的报文的计算复杂度为 2^{128}，若每秒试验 10 亿个报文，需要 $1.07×10^{22}$ 年；采用生日攻击法，寻找有相同 Hash 值的两个报文的计算复杂度为 2^{64}，用同样的计算机试验需要 585 年。从实用性考虑，MD5 用 32 位软件可高速实现，所以有广泛应用。

7.5.2 安全散列算法（SHA-1）

安全散列算法（The Secure Hash Algorithm，SHA）由美国国家标准和技术协会（National Institute of Standards and Technology，NIST）于 1993 年提出，并被定义为安全散列标准（Secure Hash Standard，SHS）。SHA-1 是 1994 年修订的版本，纠正了 SHA 一个未公布的缺陷。这种算法接受的输入报文小于 2^{64} 位，产生 160 位的报文摘要。该算法设计的目标是使得找出一个能够匹配给定的散列值的文本实际是不可能计算的。也就是说，如果对文档 A 已经计算出了散列值 H(A)，那么很难到一个文档 B 使其散列值 H(B)＝H(A)，尤其困难的是无法找到满足上述条件、而且又是指定内容的文档 B。SHA 算法的缺点是速度比 MD5 慢，但是 SHA 的报文摘要更长，更有利于对抗野蛮攻击。

7.6 数字证书

7.6.1 数字证书的概念

数字证书是各类终端实体和最终用户在网上进行信息交流及商务活动的身份证明，在电子交易的各个环节，交易的各方都需验证对方数字证书的有效性，从而解决相互间的信任问题。

数字证书采用公钥体制，即利用一对互相匹配的密钥进行加密和解密。每个用户自己设定一个特定的仅为本人所知的私有密钥（私钥），用它进行解密和签名；同时设定一个公共密钥（公钥），并由本人公开，为一组用户所共享，用于加密和验证。公开密钥技术解决了密钥发布的管理问题。一般情况下，证书中还包括密钥的有效时间、发证机构（证书授权中心）的名称、该证书的序列号等信息。数字证书的格式遵循 ITUT X.509 国际标准。

用户的数字证书由某个可信的证书发放机构（Certification Authority，CA）建立，并由 CA 或用户将其放入公共目录，以供其他用户访问。目录服务器本身并不负责为用户创建数字证书，其作用仅仅是为用户访问数字证书提供方便。

在 X.509 标准中，数字证书的一般格式包含的数据域如下所述。

（1）版本号：用于区分 X.509 的不同版本。

（2）序列号：由同一发行者（CA）发放的每个证书的序列号是唯一的。

（3）签名算法：签署证书所用的算法及其参数。

（4）发行者：指建立和签署证书的 CA 的 X.509 名字。

（5）有效期：包括证书有效期的起始时间和终止时间。

（6）主体名：证书持有者的名称及有关信息。

（7）公钥：有效的公钥以及其使用方法。

（8）发行者 ID：任选的名字唯一地标识证书的发行者。

（9）主体 ID：任选的名字唯一地标识证书的持有者。

（10）扩展域：添加的扩充信息。

（11）认证机构的签名：用 CA 私钥对证书的签名。

7.6.2 证书的获取

CA 为用户产生的证书应有以下特性。

（1）只要得到 CA 的公钥，就能由此得到 CA 为用户签署的公钥。

（2）除 CA 外，其他任何人员都不能以不被察觉的方式修改证书的内容。

因为证书是不可伪造的，因此无须对存放证书的目录施加特别的保护。

如果所有用户都由同一 CA 签署证书，则这一 CA 就必须取得所有用户的信任。用户证书除了能放在公共目录中供他人访问外，还可以由用户直接把证书转发给其他用户。例如用户 B 得到 A 的证书后，可相信用 A 的公钥加密的消息不会被他人获悉，还可信任用 A 的私钥签署的消息不是伪造的。

如果用户数量很多，仅一个 CA 负责为所有用户签署证书就可能不现实。通常应有多个 CA，每个 CA 为一部分用户发行和签署证书。

设用户 A 已从证书发放机构 X1 处获取了证书，用户 B 已从 X2 处获取了证书，如果 A 不知 X2 的公钥，他虽然能读取 B 的证书，但却无法验证用户 B 证书中 X2 的签名，因此 B 的证书对 A 来说是没有用处的。然而，如果两个证书发放机构 X1 和 X2 彼此间已经安全地交换了公开密钥，则 A 可通过以下过程获取 B 的公开密钥。

（1）A 从目录中获取由 X1 签署的 X2 的证书 X1《X2》，因为 A 知道 X1 的公开密钥，所以能验证 X2 的证书，并从中得到 X2 的公开密钥。

（2）A 再从目录中获取由 X2 签署的 B 的证书 X2《B》，并由 X2 的公开密钥对此加以验证，然后从中得到 B 的公开密钥。

以上过程中，A 是通过一个证书链来获取 B 的公开密钥的，证书链可表示为 X1《X2》X2《B》；类似地，B 能通过相反的证书链获取 A 的公开密钥，表示为 X2《X1》X1《A》。以上证书链中只涉及两个证书，同样有 N 个证书的证书链可表示为 X1《X2》X2《X3》……XN《B》。此时，任意两个相邻的 CAx_i 和 CAx_{i+1} 已彼此间为对方建立了证书，对每一 CA 来说，由其他 CA 为这一 CA 建立的所有证书都应存放于目录中，并使得用户知道所有证书相互之间的连接关系，从而可获取另一用户的公钥证书。X.509 建议将所有 CA 以层次结构组织起来，用户 A 可从目录中得到相应的证书以建立到 B 的证书链 "X《W》W《V》V《U》U《Y》Y《Z》Z《B》"，并通过该证书链获取 B 的公开密钥。

类似地，B 可建立证书链 "X《W》W《V》V《U》U《Y》Y《Z》Z《A》" 以获取 A 的公开密钥。

7.6.3 证书的吊销

从证书的格式上可以看到，每一证书都有一个有效期，然而有些证书还未到截至日期就会被发放该证书的 CA 吊销，这可能是由于用户的私钥已泄漏，或者该用户不再由该 CA 来认证，或者 CA 为该用户签署证书的私钥已经泄漏。为此，每个 CA 还必须维护一个证书吊销列表 CRL (Certificate Revocation List)，其中存放所有未到期而被提前吊销的证书，包括该 CA 发放给用户和发放给其他 CA 的证书。CRL 还必须由该 CA 签字，然后存放于目录中以供他人查询。

CRL 中的数据域包括发行者 CA 的名称、建立 CRL 的日期、计划公布下一 CRL 的日期以及每一被吊销的证书数据域。被吊销的证书数据域包括该证书的序列号和被吊销的日期。对一个 CA 来说，它发放的每一证书的序列号是唯一的，所以可用序列号来识别每一证书。

因此，每一用户收到他人消息中的证书时，都必须通过目录检查这一证书是否已经被吊销，为避免搜索目录引起的延迟以及因此而增加的费用，用户也可自己维护一个有效证书和被吊销证书的局部缓存区。

7.7 应用层安全协议

7.7.1 S-HTTP

S-HTTP（Secure HTTP，安全的超文本传输协议）是一个面向报文的安全通信协议，是 HTTP 协议的扩展，其设计目的是保证商业贸易信息的传输安全，促进电子商务的发展。

S-HTTP 可以与 HTTP 消息模型共存，也可以与 HTTP 应用集成。S-HTTP 为 HTTP 客户端和服务器提供了各种安全机制，适用于潜在的各类 Web 用户。

S-HTTP 对客户端和服务器是对称的，对于双方的请求和响应做同样的处理，但是保留了 HTTP 的事务处理模型和实现特征。

为了与 HTTP 报文区分，S-HTTP 报文使用了协议指示器 Secure-HTTP/1.4，这样 S-HTTP 报文可以与 HTTP 报文混合在同一个 TCP 端口（80）进行传输。

由于 SSL 的迅速出现，S-HTTP 未能得到广泛应用。目前，SSL 基本取代了 SHTTP。大多数 Web 交易均采用传统的 HTTP 协议，并使用经过 SSL 加密的 HTTP 报文来传输敏感的交易信息。

7.7.2 PGP

PGP（Pretty Good Privacy）是 Philip R. Zimmermann 在 1991 年开发的电子邮件加密软件包，已经成为使用最广泛的电子邮件加密软件。

PGP 提供数据加密和数字签名两种服务。数据加密机制可以应用于本地存储的文件，也可以应用于网络上传输的电子邮件。数字签名机制用于数据源身份认证和报文完整性验证。PGP 使用 RSA 公钥证书进行身份认证，使用 IDEA（128 位密钥）进行数据加密，使用 MD5 进行数据完整性验证。

PGP 进行身份认证的过程叫作公钥指纹（public-key fingerprint）。所谓指纹，就是对密钥进行 MD5 变换后所得到的字符串。假如 Alice 能够识别 Bob 的声音，则 Alice 可以设法得到 Bob 的公钥，并生成公钥指纹，通过电话验证得到的公钥指纹是否与 Bob 的公钥指纹一致，以证明 Bob 公钥的真实性。

如果得到了一些可信任的公钥，就可以使用 PGP 的数字签名机制得到更多的真实公钥。例如，Alice 得到了 Bob 的公钥，并且信任 Bob 可以提供其他人的公钥，则经过 Bob 签名的公钥就是真实的。这样，在相互信任的用户之间就形成了一个信任圈。网络上有一些服务器提供公钥存储器，其中的公钥经过了一个或多个人的签名。如果信任某个人的签名，那么就可以认为他/她签名的公钥是真实的。SLED（Stable Large E-mail DataBase）就是这样的服务器，该服务器目录中的公钥都是经过 SLED 签名的。

PGP 证书与 X.509 证书的格式有所不同，其中包括了如下信息。

- 版本号：指出创建证书使用的 PGP 版本。
- 证书持有者的公钥：这是密钥对的公开部分，并且指明了使用的加密算法 RSA、DH 或 DSA。
- 证书持有者的信息：包括证书持有者的身份信息，例如姓名、用户 ID 和照片等。
- 证书持有者的数字签名：也叫作自签名，这是持有者用其私钥生成的签名。
- 证书的有效期：证书的起始日期/时间和终止日期/时间。
- 对称加密算法：指明证书持有者首选的数据加密算法，PGP 支持的算法有 CAST、IDEA 和 3-DES 等。

PGP 证书格式的特点是单个证书可能包含多个签名，也许有一个或许多人会在证书上签名，确认证书上的公钥属于某个人。

有些 PGP 证书由一个公钥和一些标签组成，每个标签包含确认公钥所有者身份的不同手段，例如所有者的姓名和公司邮件账户、所有者的绰号和家庭邮件账户、所有者的照片等，所有这些全都在一个证书里。

每一种认证手段（每一个标签）的签名表可能是不同的，但是并非所有标签都是可信任的。这是指客观意义上的可信性——签名只是署名者对证书内容真实性的评价，在签名证实一个密钥之前，不同的署名者在认定密钥真实性方面所做的努力并不相同。

有一系列软件工具可以用于部署 PGP 系统，在网络中部署 PGP 可分为以下 3 个步骤进行。

（1）建立 PGP 证书管理中心。PGP 证书服务器（PGP Certificate Server）是一个现成的工具软件，用于在大型网络系统中建立证书管理中心，形成统一的公钥基础结构。PGP 证书服务器结合了轻量级目录服务器（LDAP）和 PGP 证书的优点，大大简化了投递和管理证书的过程，同时具备灵活的配置管理和制度管理机制。PGP 证书服务器支持 LDAP 和 HTTP 协议，从而保证与 PGP 客户软件的无缝集成。其 Web 接口允许管理员执行各种功能，包括配置、报告和状态检查，并具有远程管理能力。

（2）对文档和电子邮件进行 PGP 加密。在 Windows 中，可以安装 PGP for Business Security 对文件系统和电子邮件系统进行加密传输。

（3）在应用系统中集成 PGP。系统开发人员可以利用 PGP 软件开发工具包（PGP Software Development Kit）将加密功能结合到现有的应用系统（如电子商务、法律、金融及其他应用）中。PGP SDK 采用 C/C++ API 提供一致的接口和强健的错误处理功能。

7.7.3 S/MIME

S/MIME（Secure/Multipurpose Internet Mail Extensions）是 RSA 数据安全公司开发的软件，提供的安全服务有报文完整性验证、数字签名和数据加密。S/MIME 可以添加在邮件系统的用户代理中，用于提供安全的电子邮件传输服务；也可以加入其他传输机制（例如 HTTP）中，安全地传输任何 MIME 报文；甚至可以添加在自动报文传输代理中，在 Internet 中安全地传送由软件生成的 FAX 报文。S/MIME 得到了很多制造商的支持，各种 S/MIME 产品具有很高的互操作性。S/MIME 的安全功能基于加密信息语法标准 PKCS #7（RFC2315）和 X.509v3 证书，密钥长度是动态可变的，具有很高的灵活性。

S/MIME 发送报文的过程如下（A→B）。

1) 准备好要发送的报文 M（明文）

（1）生成数字指纹 MD5（M）。

（2）生成数字签名=K_{AD}（数字指纹），K_{AD} 为 A 的（RSA）私钥。

（3）加密数字签名 K_s（数字签名），K_s 为对称密钥，使用方法为 3DES 或 RC2。

（4）加密报文，密文=K_s（明文），使用方法为 3DES 或 RC2。

（5）生成随机串 passphrase。

（6）加密随机串 K_{BE}（passphrase），K_{BE} 为 B 的公钥。

2) 解密随机串 K_{BD}（passphrase B 的私钥）

（1）解密报文，明文=K_s（密文）。

（2）解密数字签名 K_{AE}（数字签名），K_{AE} 为 A 的（RSA）公钥。

（3）生成数字指纹，MD5（M）。

（4）比较两个指纹是否相同。

7.7.4 安全的电子交易

安全的电子交易（Secure Electronic Transaction，SET）是一个安全协议和报文格式的集合，融合了 Netscape 的 SSL、Microsoft 的 STT（Secure Transaction Technology）、Terisa 的S-HTTP以及 PKI 技术，通过数字证书和数字签名机制，使得客户可以与供应商进行安全的电子交易。SET 得到了 Mastercard、Visa 以及 Microsoft 和 Netscape 的支持，成为电子商务中的安全基础设施。

SET 提供了如下 3 种服务。

（1）在交易涉及的各方之间提供安全信道。

（2）使用 X.509 数字证书实现安全的电子交易。

（3）保证信息的机密性。

对 SET 的需求源于在 Internet 上使用信用卡进行安全支付的商业活动，如对交易过程和订购信息提供机密性保护、保证传输数据的完整性、对信用卡持有者的合法性验证、对供应商是否可以接受信用卡交易提供验证以及创建既不依赖于传输层安全机制又不排斥其他应用协议的互操作环境等。

假定用户的客户端配置了具有 SET 功能的浏览器，而交易提供者（银行和商店）的服务器也配置了 SET 功能，则 SET 交易过程如下。

（1）客户在银行开通了 Mastercard 或 Visa 银行账户。

（2）客户收到一个数字证书，这个电子文件就是一个联机购物信用卡，或称电子钱包，其中包含了用户的公钥及其有效期，通过数据交换可以验证其真实性。

（3）第三方零售商从银行收到自己的数字证书，其中包含零售商的公钥和银行的公钥。

（4）客户通过网页或电话发出订单。

（5）客户通过浏览器验证零售商的证书，确认零售商是合法的。

（6）浏览器发出定购报文，这个报文是通过零售商的公钥加密的，而支付信息是通过银行的公钥加密的，零售商不能读取支付信息，可以保证指定的款项用于特定的购买。

（7）零售商检查客户的数字证书以验证客户的合法性，这可以通过银行或第三方认证机构实现。

（8）零售商把订单信息发送给银行，其中包含银行的公钥、客户的支付信息以及零售商自己的证书。

（9）银行验证零售商和定购信息。

（10）银行进行数字签名，向零售商授权，这时零售商就可以签署订单了。

7.7.5 Kerberos

Kerberos 是一项认证服务，它要解决的问题是在公开的分布式环境中，工作站上的用户希望访问分布在网络的服务器，希望服务器能限制授权用户的访问，并能对服务请求进行认证。在这种环境下，存在如下 3 种威胁。

（1）用户可能假装成另一个用户在操作工作站。

（2）用户可能会更改工作站的网络地址，使从这个已更改的工作站发出的请求看似来自被伪装的工作站。

（3）用户可能窃听交换中的报文，并使用重放攻击进入服务器或打断正在进行中的操作。

在任何一种情况下，一个未授权的用户都能够访问未被授权访问的服务和数据。Kerberos 不是建立一个精密的认证协议，而是提供一个集中的认证服务器，其功能是实现应用服务器与用户间的相互认证。

7.8 防火墙

7.8.1 防火墙简介

1. 防火墙的定义

在人们建筑和使用木质结构房屋的时候，为了在"城门失火"时不致"殃及池鱼"，就将坚固的石块堆砌在房屋周围作为屏障以防止火灾的发生和蔓延，这种防护构筑物被称为"防火墙"，这是防火墙的本义。在当今的信息世界里，人们借用了这个概念，使用防火墙来保护敏感的数据不被窃取和篡改，不过这些防火墙是由先进的计算机硬件或软件系统构成的。简单地说，防火墙是位于两个信任程度不同的网络之间的软件或硬件设备的组合，如图 7-9 所示。它对两个或多个网络之间的通信进行控制，通过强制实施统一的安全策略防止对重要信息资源的非法存取和访问，以达到保护系统安全的目的。

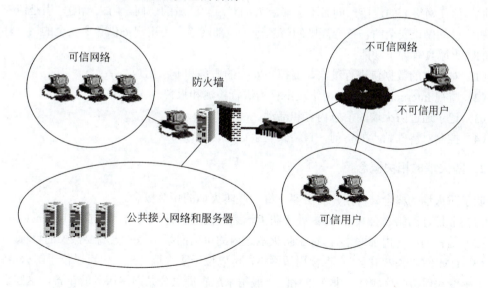

图 7-9 防火墙示意图

防火墙通常是运行在一台单独计算机之上的一个特别的服务软件,用来保护由许多台计算机组成的内部网络。它使企业的网络规划清晰明了,可以识别并屏蔽非法请求,有效防止跨越权限的数据访问。它既可以是非常简单的过滤器,也可能是精心配置的网关,但它们的原理是一样的,都是监测并过滤所有内部网和外部网之间的信息交换。防火墙保护着内部网络的敏感数据不被窃取和破坏,并记录内外通信的有关状态信息日志,如通信发生的时间和进行的操作等。新一代防火墙甚至可以阻止内部人员将敏感数据向外传输。即使在公司内部,同样也存在这种数据非法存取的可能性。设置了防火墙以后,就可以对网络数据的流动实现有效管理,如允许公司内部员工使用电子邮件、进行 Web 浏览以及文件传输等服务,但不允许外界随意访问公司内部的计算机,还可以限制公司中不同部门之间互相访问。将局域网络放置于防火墙之后可以有效阻止来自外界的攻击。

防火墙是加强网络安全的一种非常流行的方法。在互联网的 Web 网站中,超过 1/3 的网站都是由防火墙加以保护的,这是防范黑客攻击最安全的一种方式。从逻辑上讲,防火墙是分离器、限制器和分析器,它有效地监控了信任网络和非信任网络之间的任何活动,保证了信任网络的安全。从实现方式上,防火墙可以分为硬件防火墙和软件防火墙两类,硬件防火墙通过硬件和软件的组合达到隔离内、外部网络的目的;软件防火墙通过纯软件的方式来实现隔离内、外部网络的目的。

防火墙是一种非常有效的网络安全模型,通过它可以隔离风险区域(即非信任网络)与安全区域(信任网络)的连接,同时不会影响人们对风险区域的访问。防火墙的作用是监控进出网络的信息,仅让安全的、符合规则的信息进入内部网络,为用户提供一个安全的网络环境。通常的防火墙具有如下功能。

(1)对进出的数据包进行过滤,滤掉不安全的服务和非法用户。

(2)监视 Internet 安全,对网络攻击行为进行检测和报警。

(3)记录通过防火墙的信息内容和活动。

(4)控制对特殊站点的访问,封堵某些禁止的访问行为。

2.防火墙的相关概念

除了防火墙的概念外,用户有必要了解一些防火墙的相关概念。

(1)非信任网络(公共网络):处于防火墙之外的公共开放网络,一般指 Internet。

(2)信任网络(内部网络):位于防火墙之内的可信网络,是防火墙要保护的目标。

(3)DMZ(非军事化区):也称周边网络,可以位于防火墙之外,也可以位于防火墙之内,安全敏感度和保护强度较低。非军事化区一般用来放置提供公共网络服务的设备,这些设备由于必须被公共网络访问,所以无法提供与内部网络主机相等的安全性。

(4)可信主机:位于内部网络的主机,且具有可信任的安全特性。

(5) 非可信主机：不具有可信特性的主机。

(6) 公网 IP 地址：由 Internet 信息中心统一管理分配的 IP 地址，可在 Internet 上使用。

(7) 保留 IP 地址：专门保留用于内部网络的 IP 地址，可以由网络管理员任意指派，在 Internet 上不可识别和不可路由，如 192.168.0.0 和 10.0.0.0 等地址网段。

(8) 包过滤：防火墙对每个数据包进行允许或拒绝的决定，具体地说就是根据数据包的头部按照规则进行判断，决定继续转发还是丢弃。

(9) 地址转换：防火墙将内部网络主机不可路由的保留地址转换成公共网络可识别的公共地址，可以达到节省 IP 和隐藏内部网络拓扑结构信息等目的。

3．防火墙的优点和缺点

1）优点

防火墙是加强网络安全的一种有效手段，具有以下优点。

(1) 防火墙能强化安全策略。互联网上每天都有几百万人在浏览信息，不可避免地会有心怀恶意的黑客试图攻击别人，防火墙充当了防止攻击现象发生的"网络巡警"，它执行系统规定的策略，仅允许符合规则的信息通过。

(2) 防火墙能有效记录互联网上的活动。因为所有进出的信息都需要经过防火墙，所以防火墙可以记录信任网络和非信任网络之间发生的各种事件。

(3) 防火墙是一个安全策略的边防站。所有进出内部网络的信息都必须通过防火墙，防火墙便成为一个安全检查站，能够把可疑的连接或者访问拒之门外。

2）缺点

有人认为只要安装了防火墙，就会解决网络内的所有安全问题。实际上，防火墙并不是万能的，安装了防火墙的系统依然存在着安全隐患。防火墙具有以下缺点。

(1) 防火墙不能防范不经由防火墙的攻击。例如，如果允许从受保护网内部不受限制地向外拨号，一些用户可以绕过防火墙形成与 Internet 的直接连接，从而造成一个潜在的后门攻击渠道。

(2) 防火墙不能防止感染了病毒的软件或文件的传输。要解决这个问题，还需防病毒系统。

(3) 防火墙不能防止数据驱动式攻击。当有些表面看来无害的数据被邮寄或复制到 Internet 主机上并被执行而发起攻击时，就会发生数据驱动式攻击。因此，防火墙只是一种整体安全防范政策的一部分。这种安全政策必须包括公开的、以便用户知道自身责任的安全准则、职员培训计划以及与网络访问、当地和远程用户认证、拨出拨入呼叫、磁盘和数据加密、病毒防护的有关政策。

7.8.2 防火墙的基本分类及实现原理

根据防火墙实现原理的不同,通常将防火墙分为包过滤防火墙、应用层网关防火墙和状态检测防火墙 3 类。

1. 包过滤防火墙

包过滤防火墙是在网络的入口对通过的数据包进行选择,只有满足条件的数据包才能通过,否则被抛弃。包过滤防火墙示意图如图 7-10 所示。

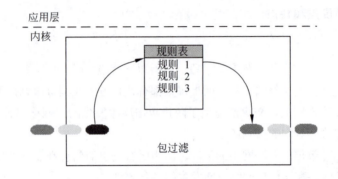

图 7-10　包过滤防火墙示意图

本质上说,包过滤防火墙是多址的,表明它有两个或两个以上网络适配器或接口。例如,作为防火墙的设备可能有 3 块网卡,一块连到内部网络,一块连到公共的 Internet,另外一块连接到 DMZ。防火墙的任务就是作为"网络警察",指引包和截住那些有危害的包。包过滤防火墙检查每一个传入包,查看包中可用的基本信息,包括源地址、目的地址、TCP/UDP 端口号、传输协议(TCP、UDP、ICMP 等)。然后,将这些信息与设立的规则相比较。如果已经设立了拒绝 telnet 连接,而包的目的端口是 23,那么该包就会被丢弃。如果允许传入 Web 连接,而目的端口为 80,则包就会被放行。

包过滤防火墙中每个 IP 数据包的字段都会被检查,如源地址、目的地址、协议、端口等。防火墙将基于这些信息应用过滤规则,与规则不匹配的包就被丢弃,如果有理由让该包通过,就要建立规则来处理它。包过滤防火墙是通过规则的组合来完成复杂策略的。例如,一个规则可以包括"允许 Web 连接""但只针对指定的服务器""只针对指定的目的端口和目的地址"这样 3 个子规则。

包过滤技术的优点是简单实用,实现成本较低,在应用环境比较简单的情况下,能够以较小的代价在一定程度上保证系统的安全。但包过滤技术的缺陷也是明显的。包过滤技术是一种完全基于网络层的安全技术，只能根据数据包的来源、目标和端口等网络信息进行判断，无法识别基于应用层的恶意入侵，如恶意的 Java 小程序以及电子邮件中附带的病毒。有经验的黑客很容易伪造 IP 地址，骗过包过滤防火墙。

2．应用层网关防火墙

应用层网关防火墙又称代理（Proxy），实际上并不允许在它连接的网络之间直接通信。相反，它是接受来自内部网络特定用户应用程序的通信，然后建立与公共网络服务器的单独连接，如图 7-11 所示。

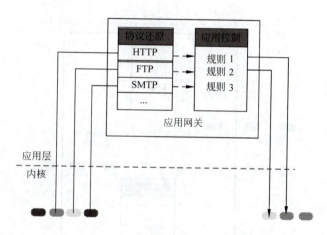

图 7-11　应用网关防火墙示意图

网络内部的用户不直接与外部的服务器通信，所以服务器不能直接访问内部网的任何一部分。另外，如果不为特定的应用程序安装代理程序代码，这种服务是不会被支持的，不能建立任何连接。这种建立方式拒绝任何没有明确配置的连接，从而提供了额外的安全性和控制性。

例如，一个用户的 Web 浏览器可能在 80 端口，但也经常可能是在 1080 端口连接到内部网络的 HTTP 代理防火墙。防火墙接受连接请求后，把它转到所请求的 Web 服务器，这种连接和转移对该用户来说是透明的，因为它完全是由代理防火墙自动处理的。代理防火墙通常支持的一些常见的应用程序有 HTTP、HTTPS/SSL、SMTP、POP3、IMAP、NNTP、TELNET、FTP、IRC 等，目前国内很多厂家在硬件防火墙里集成了这些模块，如北大方正公司的方正方御防火墙就能代理以上应用程序。

应用层网关防火墙可以配置成允许来自内部网络的任何连接，它也可以配置成要求用户认证后才建立连接,为安全性提供了额外的保证。如果网络受到危害,这个特征可使得从内部发动攻击的可能性减小。

应用层网关防火墙的优点是安全性较高,可以针对应用层进行侦测和扫描,对付基于应用层的侵入和病毒都十分有效。其缺点是对系统的整体性能有较大的影响,而且代理服务器必须针对客户机可能产生的所有应用类型逐一进行设置,大大增加了系统管理的复杂性。

3. 状态检测防火墙

状态检测防火墙又称动态包过滤防火墙,是对传统包过滤的功能扩展,现在已经成为防火墙的主流技术。状态检测防火墙示意如图 7-12 所示。

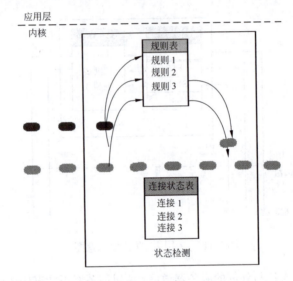

图 7-12　状态检测防火墙示意图

有人将状态检测防火墙称为第三代防火墙,可见其应用的广泛性。相对于状态检测包过滤,传统的包过滤被称为静态包过滤,静态包过滤将每个数据包进行单独分析,固定地根据其包头信息进行匹配,这种方法在遇到利用动态端口应用协议的情况时会发生困难。这里举一个经典的例子来说明 FTP 协议。

FTP 在整个过程中使用了两种 TCP 连接,控制连接用于客户端与服务器端之间交互协商与命令传输,数据连接用于客户端与服务器端之间传输文件数据。客户端向服务器端固定的 21 端口发起连接请求建立控制连接,防火墙的静态包过滤根据这个固定的端口信息很好地对控制连接实施过滤功能。而数据连接则使用动态端口,由控制连接来协商并发起,先由客户端或者服务器端在控制连接上发送 PORT 命令，将需要建立的动态端口作为参数传递，通过这种方式使客户端和服务器端完成动态端口的协定。动态端口意味着每次的端口都有可能不一样，而防火墙无法知道哪些端口需要打开，如果采用原始的静态包过滤，若希望用到此服务，就需要将所有可能的端口打开，这会给安全带来不必要的隐患。而状态检测通过检查跟踪应用程序信息（如 FTP 的 PORT 命令）判断是否需要临时打开某个端口，当传输结束时，端口又马上恢复关闭状态。

状态检测防火墙可以跟踪通过防火墙的网络连接和数据包，这样防火墙就可以使用一组附加的标准，以确定是允许还是拒绝通信。它是在使用了基本包过滤防火墙的通信上应用一些技术来做到这点的。

当包过滤防火墙见到一个网络包，包是孤立存在的，没有防火墙所关心的历史或未来。允许还是拒绝包完全取决于包自身所包含的信息，如源地址、目的地址、端口号等。包中没有包含任何描述它在信息流中的位置的信息，则该包被认为是无状态的，它仅是存在而已。一个有状态包检查的防火墙跟踪的不仅是包中包含的信息。为了跟踪包的状态，防火墙还记录有用的信息以帮助识别包，如已经建立的或者相关的网络连接、数据的传出请求等。例如，如果传入的包包含视频数据流，而防火墙可能已经记录了有关信息，是关于位于特定 IP 地址的应用程序最近向发出包的源地址请求视频信号的信息。如果传入的包是要传给发出请求的相同系统，防火墙进行匹配，包就被允许通过。一个状态检测防火墙可截断所有传入的通信，而允许所有传出的通信。因为防火墙跟踪内部出去的请求，所有按要求传入的数据被允许通过，直到连接被关闭为止，只有未被请求的传入通信被截断。

跟踪连接状态的方式取决于通过防火墙包的类型，具体有如下两种。
- TCP 包。当建立起一个 TCP 连接时，通过的第一个包被标有包的 SYN 标志。通常情况下，防火墙丢弃所有外部的连接企图，若已经建立起某条特定规则来处理它们。对于内部的连接试图连到外部主机，防火墙注明连接包。在这种方式下，只有传入的包是响应一个已建立的连接，才会被允许通过。
- UDP 包。UDP 包比 TCP 包简单，因为它们不包含任何连接或序列信息，只包含源地址、目的地址、校验和携带的数据，使得防火墙确定包的合法性很困难。可是，如果防火墙跟踪包的状态，就可以解决这个问题。对传入的包，若它所使用的地址和 UDP 包携带的协议与传出的连接请求匹配，该包就被允许通过。和 TCP 包一样，所有传入的 UDP 包都不会被允许通过，如果它是响应传出的请求或已经建立了指定的规则来处理它。对其他种类的包，情况和 UDP 包类似。防火墙仔细地跟踪传出的请求，记录下所使用的地址、协议和包的类型，然后对照保存过的信息核对传入的包，以确保这些包是被请求的。

状态检测防火墙是新一代的产品，这一技术实际已经超越了最初的防火墙定义。状态检测防火墙能够对多层的数据进行主动、实时的监测，在对这些数据加以分析的基础上，有效地判断出各层中的非法侵入。同时，这种检测型防火墙产品一般还带有分布式探测器，这些探测器安置在各种应用服务器和其他网络的节点之中，不仅能够检测来自网络外部的攻击，对来自内部的恶意破坏也有极强的防范作用。据权威机构统计，在针对网络系统的攻击中，有相当比例的攻击来自网络内部。因此，状态检测防火墙不仅超越了传统防火墙的定义，而且在安全性上也超越了前两代产品。

7.8.3　防火墙系统安装、配置基础

目前，国内有很多厂家研制出了自己的防火墙，如方正数码的方正方御防火墙、联想的网御防火墙等，国外的有 Cisco Pix、NetScreen 等硬件防火墙。这里以方正方御防火墙为例对防火墙的安装和配置加以说明。

1．软硬件安装

方御防火墙的软件部分主要由管理监控程序（FireControl）、串口配置程序（FCInit）和日志报警程序（LogService）组成。FireControl 是方御的管理程序，其作用是管理、监控、配置方御和设置入侵攻击报警策略，进行设备管理和日常监控。FCInit 的主要功能是初始化 FG 防火墙，通过配置串口来完成一些初始化的工作。LogService 的功能是获取日志，提供日志报警信息，在程序的安装过程中能够自动装载数据和文件，并在系统程序组中生成方御防火墙的程序组。

方御的硬件名称为 FireGate（简称 FG）。在硬件安装时，用电源线将 FireGate 接上电源，用网线将各网络接口连接到 FireGate 相应的网口上即可。硬件安装结构如图 7-13 所示。

2．基本配置

在 FireControl 程序安装完毕后，即可在桌面上找到它的快捷方式。FireControl 安装在控制机上，控制机可以是与 FireGate 网口相连的任意一台机器。

管理员第一次启动 FireControl 管理程序时，应使用在 FCInit 中新建实施域时默认创建的账号 admin 进行登录。登录成功以后，为安全起见，建议即刻修改 admin 账号的密码，以策略管理员身份登录 FireControl。策略管理员可自定义防火墙的各种参数，配置个性化的防火墙。防火墙的基本配置包括以下几个方面。

1）别名

设计别名是为了方便策略管理员的使用，策略管理员可以用好记的别名代替多个功能端口以及子网，使配置不再烦琐。例如使用别名 www 代替端口 80 或 8080，别名 office 代替 IP 地

址为 105.118.0.0、子网掩码为 255.255.255.0 的网段地址，或者把几个离散的端口值或网段地址统一用一个别名进行管理。

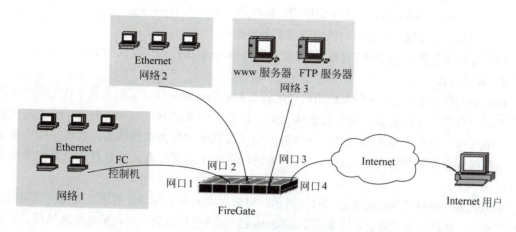

图 7-13　硬件安装结构图

别名是 FG 防火墙中重要的特性，大部分防火墙的功能模块配置都是通过别名来实现的，所以策略管理员需要事先定义好相关的网络地址和端口的别名。

2）设备配置

设备配置是防火墙自身的网络设置，包括对接口设备配置和显示防火墙基本信息。FG 初始化完成后，以策略管理员登录 FC，首先需要进行设备配置。用户可以根据自己实际的网络需求在设备配置模块中通过对网络接口设备的设置实现多种工作模式。防火墙可以有如下 3 种工作模式。另外，FG 还对 VLAN 提供充分支持。

（1）桥模式：如果用户不想改变原有的网络拓扑结构和设置，可以将防火墙设置成桥模式。在桥模式下，网络间的访问是透明的，所有网口设备将构成一个网桥。

（2）路由模式：是防火墙的基本工作模式。在路由模式下，防火墙的各个网口设备的 IP 地址都位于不同的网段。

（3）混杂模式：指防火墙部分网口在路由模式下工作，部分网口在透明的桥模式下工作。即某些子网之间以路由方式通信，而某些子网可以透明通信。

3）SNMP 配置

FG 支持 SNMP 简单网络管理协议。一方面，网络管理工具可以实时获取 FG 的状态，为其提供相关的系统状态、网络接口状态、IP 状态、ARP 表状态和 SNMP 服务状态等信息；另一方面，FG 为网络管理平台定期提供有关 FG 防火墙的信息，如入侵信息、管理信息和系统信息。

SNMP 的界面配置可分为如下所述四部分。

(1) 防火墙位置标识：对系统的本地位置信息进行配置。

(2) 共同体：Community，用于简单的权限控制，默认为 fgprivate。

(3) SNMP 管理服务器地址：网络管理服务器地址。

(4) 管理服务器 Trap 服务端口：网络管理服务器 Trap 接收端口默认为 162。

4) 双机热备

FireGate 防火墙双机热备份系统由两台配置相同的防火墙组成，采用主从工作方式。正常情况下，一台处于工作状态，为主防火墙；另一台处于热备状态，为从防火墙。当主防火墙发生网络故障和硬件故障等情况时，备份防火墙可以迅速切换为工作状态，代替主防火墙工作，从而保证整个网络的正常运行。双机热备功能适用于对系统有高可靠性要求的网络安全需求。

双机热备的硬件连接示意如图 7-14 所示，将防火墙的各个网口分别通过交换机或集线器用网线连接。硬件连接完成后，需要在 FireControl 控制端进行设置。只有策略管理员可以设置双机热备功能。双机热备系统只在桥模式和路由模式下工作，不支持混杂模式及 VLAN。

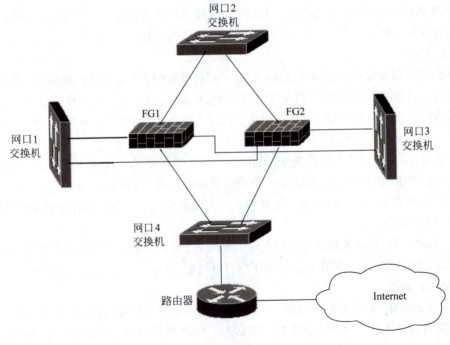

图 7-14 双机热备连接示意图

3. 规则配置

FG 防火墙提供基于状态检测技术的包过滤，能够根据数据包的地址、协议和端口进行访问控制。FG 防火墙包过滤功能主要通过制定过滤规则集对数据包头源地址、目的地址和端口号、协议类型等标志进行检查，判定是否允许通过。对于满足过滤规则的数据包，根据规则的策略决定放过或者丢弃，不满足规则的包则被丢弃。包过滤规则采用按顺序匹配的方式，即首先匹配前面的规则，若匹配则不再向下执行，因此一定要注意规则设置的顺序问题。

防火墙的规则配置是面向网口设备的，每个网口上的规则是指这个接口设备接收到的数据包要经过这些规则的过滤，此处的接口包括物理接口设备和 VLAN 设备。每条规则详细描述了源/目的地址、目的端口、协议、数据流向、状态检测和策略等信息。

策略包括禁止（DROP）、允许（ACCEPT）、用户认证（auth）、自动封禁（auto）4 种。

（1）允许（ACCEPT）：接受此包。

（2）禁止（DROP）：丢弃此包。

（3）自动封禁：FG 启动入侵检测功能后，需要在防火墙模块相应接口设备（包括物理网口、VLAN 设备）上添加一条"自动封禁"规则，才能自动封禁入侵 IP。FG 的每个网口都可以做自动封禁。一般情况下，入侵检测功能的自动封禁设置选择物理网口进行监听。

（4）用户认证：对于分配了公网 IP 的内部用户，出于安全的目的，如果管理员希望用户必须通过认证才能访问 Internet，则需要在用户管理模块中选择一种认证方式（内置账号认证或第三方认证），并且在防火墙模块的相应接口设备上（一般是内部网对应的网口）加一条用户认证规则。FG 的每个接口设备都可以添加认证规则，包括每一个物理网口（如网口1、网口2等）和 VLAN 设备（如网口 2.100）。

7.8.4 防火墙系统安装、配置实例

为使读者更加容易理解防火墙的概念和配置方法，这里以方正方御防火墙为例，介绍如何在一个简单的网络环境中安装和配置防火墙。

1. 基础环境

安装防火墙前网络拓扑结构如图 7-15 所示，具体环境如下所述。

（1）外网接口 S1 地址为 211.156.169.6/30（子网掩码表示由 30 个 1 组成，下同），上连 Internet 接口端地址为 211.156.169.5/30。

（2）内网口地址有如下两个。

- E0：210.156.169.1/28，可用地址空间是 210.156.169.1～210.156.169.14，广播地址为 210.156.169.15。

E0:192.168.1.1/24,内部私有地址地址空间为192.168.1.1～192.168.1.254,广播地址为192.168.1.255。

(3)对外服务器默认网关为210.156.169.1,内部主机默认网关为192.168.1.1。

(4)部分外网服务器地址如下。
- WWW 服务器:210.156.169.2/28。
- E-mail 服务器:210.156.169.3/2。
- FTP 服务器:210.156.169.4/28。
- DNS 服务器:210.156.169.5/28。
- 代理服务器:210.156.169.6/28。
- Telnet 服务器:210.156.169.7/28。

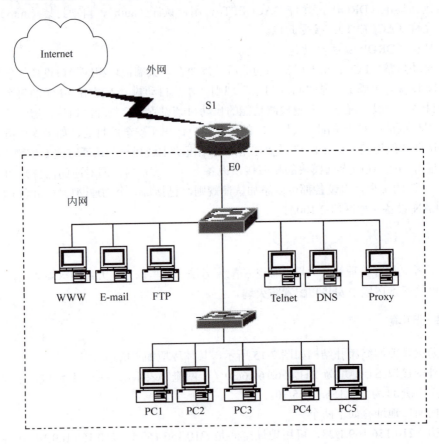

图7-15 安装防火墙前网络拓扑结构

（5）部分内网主机地址如下。
- PC1：192.168.1.2/24。
- PC2：192.168.1.3/24。
- PC3：192.168.1.10/24。
- PC4：192.168.1.11/24。
- PC5：192.168.1.200/24。

（6）内部主机通过代理服务器（210.156.169.6）上网。

2．实施后的环境

安装防火墙后网络拓扑结构如图 7-16 所示，具体环境如下所述。

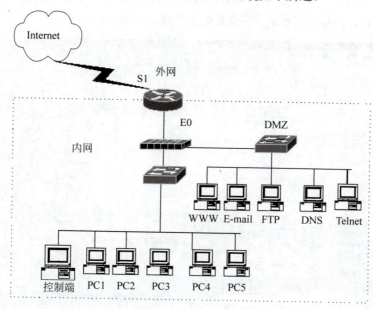

图 7-16　安装防火墙后网络拓扑结构

（1）防火墙工作在混杂模式。
（2）内部主机同内部服务器系统严格分开。
（3）内部私有地址主机、内部服务器系统、外部网络分成严格的 3 个区域（内网、外网、DMZ 区域）。
（4）内网口对应防火墙上网口 1，外网口对应防火墙上网口 2，DMZ 区域对应防火墙网口 3（注：网口 4 未使用，如果用户购买的是 3 端口防火墙，则无网口 4）。

（5）在各个区域之间实施严格的访问控制，保障系统安全。

（6）内部服务器系统采用公有地址，内部网络访问外部网络通过 NAT 实现，取代以前的代理服务器系统。

（7）将防火墙控制端放置在内部网络。

（8）控制端地址为 192.168.1.7/24。

（9）路由器上将取消 E0 的第二个地址（192.168.1.1/24）。

3．配置策略

1）基本配置

（1）网口 1 设为防火墙内部网接口和管理口，地址为 192.168.1.1。设置好相应的子网掩码后将其选为控制口，然后提交系统，使设备配置生效，如图 7-17 所示。

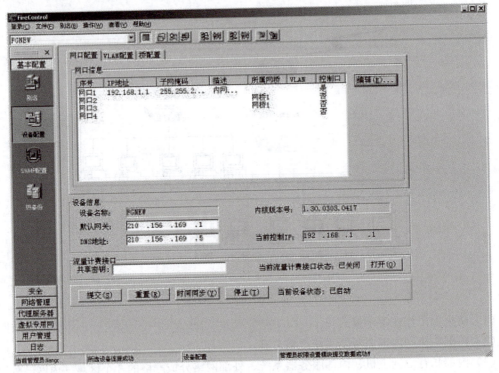

图 7-17　网口 1 配置

（2）将 DMZ 区域和外网区域设置为桥，同时在桥上绑定 IP 地址 210.156.169.6/28（为原代理服务器地址），配置完后提交系统，使设备配置生效，如图 7-18 所示。

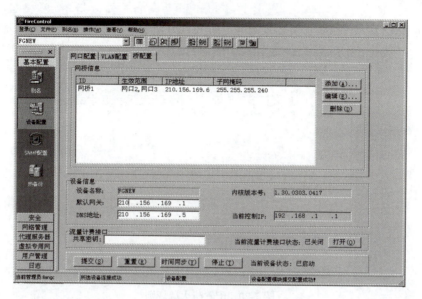

图 7-18　桥配置

（3）添加内部网络、DMZ 区域以及外部网络各设备别名，如图 7-19 所示。

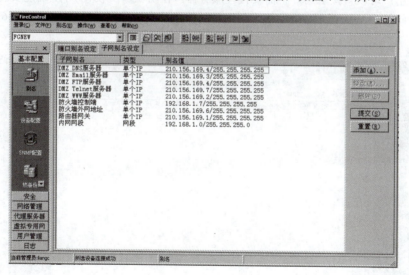

图 7-19　配置设备别名

2）规则配置

（1）按照实际情况配置各种安全措施，如内部网络访问 DMZ 区域 WWW 服务器规则、内部网络访问 DMZ 区域 Telnet 服务器规则等，如图 7-20 所示。

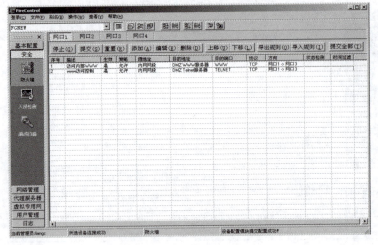

图 7-20 配置防火墙规则

（2）NAT 规则设置。在原系统中，内部网络通过代理服务器 210.156.169.6 上网。调整后，内部网网络用户可以直接上网，不需要代理服务器。在防火墙上设置 NAT 功能实现地址转换，内部网络访问外部 WWW 时，全部将内部地址转换成防火墙外网地址 210.156.169.6，如图 7-21 所示。

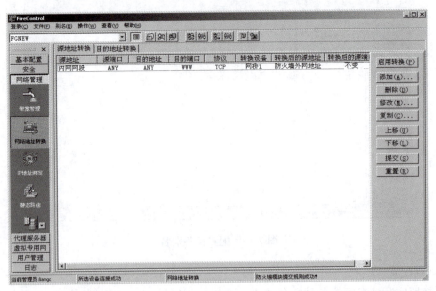

图 7-21 配置 NAT 规则

7.8.5 入侵检测的基本概念

1. 入侵检测系统概念

传统的网络安全系统一般采用防火墙作为安全的第一道防线。而随着攻击者网络知识的日趋成熟，攻击工具与手法日趋复杂多样，单纯的防火墙策略已经无法满足对安全高度敏感的部门的需要，网络的防卫必须采用一种纵深、多样的手段。与此同时，当今的网络环境也变得越来越复杂，各式各样的复杂设备需要不断地升级、补漏，这使得网络管理员的工作不断加重，一些不经意的疏忽便有可能造成重大的安全隐患。在这种环境下，入侵检测系统成为了安全市场上新的热点，不仅愈来愈受到人们的关注，而且已经开始在各种不同的环境中发挥其关键作用。

入侵检测是一种主动保护自己免受攻击的网络安全技术。作为防火墙的合理补充，入侵检测技术能够帮助系统对付网络攻击，扩展了系统管理员的安全管理能力（包括安全审计、监视、攻击识别和响应），提高了信息安全基础结构的完整性。它从计算机网络系统中的若干关键点收集信息，并分析这些信息，被认为是防火墙之后的第二道安全闸门，在不影响网络性能的情况下能对网络进行监测。

"入侵"（Intrusion）是个广义的概念，不仅包括被发起攻击的人（如恶意的黑客）取得超出合法范围的系统控制权，也包括收集漏洞信息、拒绝服务（Denial of Service）等对计算机系统造成危害的行为。顾名思义，入侵检测（Intrusion Detection）便是对入侵行为的发觉。它通过对计算机网络或计算机系统中的若干关键点收集信息，并对其进行分析，从中发现网络或系统中是否有违反安全策略的行为和被攻击的迹象。进行入侵检测的软件与硬件的组合便是入侵检测系统（Intrusion Detection System，IDS）。与其他安全产品不同的是，入侵检测系统需要更多的智能，必须能够对得到的数据进行分析，并得出有用的结果。一个合格的入侵检测系统能大大简化管理员的工作，保证网络安全运行。

2. 入侵检测系统的功能

由于入侵检测系统的市场在近几年中飞速发展，许多公司相继投入这一领域。有的作为独立的产品，有的作为防火墙的一部分，结构和功能也不尽相同。通常来说，入侵检测系统均应包括如下主要功能。

（1）监测并分析用户和系统的活动。
（2）核查系统配置和漏洞。
（3）评估系统关键资源和数据文件的完整性。
（4）识别已知的攻击行为。

(5）统计分析异常行为。
(6）管理操作系统日志，并识别违反安全策略的用户活动。

7.9　网络防病毒系统

7.9.1　计算机病毒简介

1．计算机病毒的概念

"计算机病毒"是一段非常短的，通常只有几千个字节，会不断自我复制、隐藏和感染其他程序或计算机的程序代码。当执行时，它把自己传播到其他计算机系统、程序里。首先它把自己复制在一个没有被感染的程序或文档里，当这个程序或文档执行任何指令时，计算机病毒就会包括在指令里。根据计算机病毒编制者的动机，这些指令可以做任何事，并且导致不同的影响，包括显示一段信息、删除文档或有目的地改变数据。有些情况下，计算机病毒并没有破坏指令的企图，而是占据磁盘空间、中央处理器时间或网络的连接。

携带计算机病毒的计算机程序称为计算机病毒载体或被感染程序。计算机病毒的再生机制，即它的传染机制使计算机病毒代码强行传染到一切可传染的程序之上，迅速地在一台计算机内，甚至在一群计算机之间进行传染、扩散。每一台被感染了计算机病毒的计算机本身既是一个受害者，又是一个新的计算机病毒传染源。

感染计算机病毒的计算机往往在一定程度上丧失或部分丧失正常工作的能力，如运行速度降低、功能失常、文件和数据丢失，同时，计算机病毒通过各种可能的渠道，如软盘、光盘、计算机网络去传染其他的计算机。通过数据共享的途径，计算机病毒会非常迅速地蔓延开，若不加以控制，就会在短时间内传遍世界各个角落。可见计算机病毒防范是一个全球性的问题。

随着Internet技术的发展，计算机病毒的定义正在逐步发生着变化，从广义的角度而言，与计算机病毒的特征和危害有类似之处的"特洛伊木马"和"蠕虫"也可归为计算机病毒。

特洛伊木马是一种潜伏执行非授权功能的技术，它在正常程序中存放秘密指令，使计算机在仍能完成原先指定任务的情况下执行非授权功能。特洛伊木马的关键是采用潜伏机制来执行非授权的功能。特洛伊木马通常又称为黑客程序。

蠕虫（Worm）是一个程序或程序序列，通过分布式网络来扩散传播特定的信息或错误，进而造成网络服务遭到拒绝，并发生死锁或系统崩溃。蠕虫病毒的危害日益显著，野蛮蠕虫病毒（Wscript.Kak.Worm或Wscript.Kak.A）就是影响极大的一例。

综合上述观点，在《中华人民共和国计算机信息系统安全保护条例》中，第二十八条中明确指出："计算机病毒，是指编制或者在计算机程序中插入的破坏计算机功能或者毁坏数据，影响计算机使用，并能自我复制的一组计算机指令或者程序代码。"此定义具有法律性和权威性。

2．计算机病毒的特性

1）传染性

计算机病毒会通过各种渠道从已被感染的计算机扩散到未被感染的计算机，在某些情况下造成被感染的计算机工作失常甚至瘫痪。

与生物病毒不同的是，计算机病毒是一段人为编制的计算机程序代码，这段程序代码一旦进入计算机并得以执行，就与系统中的程序连接在一起，并不断地去传染（或连接，或覆盖）其他未被感染的程序。正常的计算机程序一般是不会将自身的代码强行连接到其他程序之上的，而计算机病毒却能使自身的代码强行传染到一切符合其传染条件的未受到传染的程序之上。计算机病毒可通过各种可能的渠道，如磁盘、计算机网络，去传染其他计算机。是否具有传染性是判别一个程序是否为计算机病毒的最重要的条件。

2）隐蔽性

计算机病毒通常附着在正常程序中或磁盘较隐蔽的地方，目的是不让用户发现它的存在。不经过程序代码分析或计算机病毒代码扫描，计算机病毒程序与正常程序是不容易区别开来的。

在没有防护措施的情况下，计算机病毒程序经运行取得系统控制权后，可以在不到 1 秒钟的时间里传染几百个程序，而且在屏幕上没有任何异常显示，这种现象就是计算机病毒传染的隐蔽性。正是由于这隐蔽性，计算机病毒得以在用户没有察觉的情况下游荡于世界上百万台计算机中。计算机病毒的隐蔽性表现在两个方面，一是传染的隐蔽性；二是计算机病毒程序存在的隐蔽性。

3）潜伏性

大部分计算机病毒感染系统之后一般不会马上发作，它可长期隐藏在系统中，只有在满足其特定条件时才启动其表现（破坏）模块，之后，它就可以对系统和文件进行大肆传染。潜伏性愈好，其在系统中的存在时间就会愈久，计算机病毒的传染范围就会愈大。在潜伏期间，计算机病毒程序不用专用检测程序一般是检查不出来的，计算机病毒静静地躲在磁盘或磁带里，除了传染外不做什么破坏，一旦条件满足就会发作。

计算机病毒使用的触发条件主要有 3 种，一是利用计算机内的时钟提供的时间作为触发器；二是利用计算机病毒体内自带的计数器作为触发器；三是利用计算机内执行的某些特定操作作为触发器。

4）破坏性

任何计算机病毒只要侵入系统，都会对系统及应用程序产生不同程度的影响。轻者会降低计算机工作效率，占用系统资源；重者可导致系统崩溃。这些都取决于计算机病毒编制者的意愿。几乎由软件手段能触及的计算机资源均可能受到计算机病毒的破坏，例如攻击系统数据区（攻击部位包括引导扇区、FAT 表、文件目录）、攻击文件、攻击内存、干扰系统运行（如无法操作文件、重启动、死机等）、导致系统性能下降、攻击磁盘（造成不能访问磁盘、无法写入等）、扰乱屏幕显示、干扰键盘操作、喇叭发声、攻击 CMOS 及干扰外设（如无法访问打印机等）等。

5）针对性

计算机病毒都是针对某一种或几种计算机和特定的操作系统。例如，有针对 PC 及其兼容机的，有针对 Macintosh 的，有针对 UNIX 和 Linux 操作系统的，还有针对应用软件的（例如 Office 的宏病毒）。

6）衍生性

计算机病毒的衍生性是指计算机病毒编制者或者其他人将某个计算机病毒进行一定的修改后，使其衍生为一种与原先版本不同的计算机病毒，后者可能与原先的计算机病毒有很相似的特征，称其为原先计算机病毒的一个变种。如果衍生的计算机病毒已经与以前的计算机病毒有了很大甚至根本性的差别，可将其认为是一种新的计算机病毒。新的计算机病毒可能比以前的计算机病毒具有更大的危害性。

7）寄生性

计算机病毒的寄生性是指，一般的计算机病毒程序都是依附于某个宿主程序中，依赖于宿主程序而生存，并且通过宿主程序的执行而传播。蠕虫和特洛伊木马程序则是例外，它们并不是依附在某个程序或文件中，其本身就是完全包含有恶意的计算机代码，这也是二者与一般计算机病毒的区别。所以，计算机病毒防范软件发现此类程序后，通常的解决方法就是将其删除，并修改相应的系统注册表。

8）未知性

计算机病毒的未知性体现在两个方面，首先是计算机病毒的侵入、传播和发作是不可预见的，有时即使安装了实时计算机病毒防火墙，也会由于各种原因造成不能完全阻隔某些计算机病毒的侵入；其次，计算机病毒的发展速度远远超出了我们的想象，新的计算机病毒不断涌现，但是如何出现以及如何防范却是永远不可预料的。

3．计算机病毒的分类

目前，由于计算机网络及其现代通信技术的发展，从而使病毒的含义有所扩展，一般将病毒、网络蠕虫、黑客有害程序"Trojan Horse（特洛伊木马）"等都称为病毒。

计算机病毒的分类方法有许多种，比如可以按照计算机病毒的破坏性质划分、根据计算机病毒所攻击的操作系统划分、根据计算机病毒的传播方式划分等，但是按照最通用的区分方式，即根据其感染的途径以及采用的技术区划分，计算机病毒可分为文件型计算机病毒、引导型计算机病毒、宏病毒和目录（链接）计算机病毒。

1）文件型计算机病毒

文件型计算机病毒感染可执行文件（包括 EXE 和 COM 文件）。一旦直接或间接地执行了这些受计算机病毒感染的程序，计算机病毒就会按照编制者的意图对系统进行破坏，这些计算机病毒还可细分为如下类别。

（1）驻留型计算机病毒：一旦此类计算机病毒被执行，它们会先检查当前系统是否满足事先设定好的一系列条件（包括日期、时间等）。如果没有满足，它们就会在内存中"等候"其他程序的执行。此间，如果操作系统执行了某个操作，某个未感染计算机病毒的文件（或程序）被调用，计算机病毒就会将其感染，这一步骤是通过将其本身的恶意代码添加到源文件中实现的。

（2）主动型计算机病毒：此类型计算机病毒被执行时，它们会主动地试图复制自己（即复制自身的代码）。一旦某种条件满足后，它们就会主动地去感染当前目录下以及在 autoexec.bat 文件（该文件总是位于根目录下，它负责在计算机引导时执行某些特定的动作）中指定的路径下的文件。对于这类计算机病毒，比较容易清除带毒文件中的恶意代码，并将其还原到初始的正常状态。

（3）覆盖型计算机病毒：顾名思义，此类计算机病毒的特征是计算机病毒将会覆盖其所感染文件中的数据，也就是说，一旦某个文件感染了此类计算机病毒，即使将带毒文件中的恶意代码清除掉，文件中被其覆盖的那部分内容也永远不能恢复。某些覆盖型计算机病毒是常驻内存的，对于这类计算机病毒而言，尽管文件不能恢复，但可以清除其中的计算机病毒代码，这样做有可能恢复一部分数据。

（4）伴随型计算机病毒：为了达到感染的目的，伴随型计算机病毒可以驻留在内存中等候某个程序执行（此时表现为驻留型计算机病毒）或者直接复制自己（此时表现为主动型计算机病毒）。与覆盖型计算机病毒和驻留型计算机病毒不同，伴随型计算机病毒不会修改其所感染的文件。当操作系统工作时，它将会调用某些程序，如果有两个同名但扩展名不同的文件（如一个是 EXE 文件，另一个为 COM 文件），操作系统总是会先调用 COM 文件。伴随型计算机病毒利用了操作系统的这一特性，如果有一个可执行的 EXE 文件，计算机病毒将会创建另外一个文件名相同，但扩展名为 COM 的文件，这样做可以迷惑用户。新的文件其实就是计算机病毒本身的代码。如果操作系统发现系统中有两个同名文件，将会先执行 COM 文件，因此就会执行计算机病毒代码。一旦计算机病毒被执行，它将会将控制权交还给操作系统以便执行原先的 EXE 文件。在这种方式下，用户不容易知道计算机病毒已经被激活。

2）引导型计算机病毒

引导型计算机病毒会影响软盘或硬盘的引导扇区。引导扇区是磁盘中至关重要的部分，其中包含了磁盘本身的信息以及用以引导计算机的一个程序。

引导型计算机病毒不会感染文件，如果某个软盘感染了引导型计算机病毒，只要不用它去引导计算机，其中的数据文件就不会受到影响。

如果用带有引导型计算机病毒的软盘引导计算机，病毒就通过以下步骤感染系统。

（1）计算机病毒在内存中保留一个位置，以便其他程序不能占用该部分内存。

（2）将自己复制到该保留区域。

（3）此后计算机病毒会不断截取操作系统服务。每次操作系统调用文件存取功能时，计算机病毒就会夺取系统控制权。它首先检查被存取文件是否已经感染了计算机病毒，如果没有感染，计算机病毒就会执行复制恶意代码的操作。

（4）最后计算机病毒会将干净的引导扇区内容写回到其原先的位置，并将控制权交还给操作系统。在这种方式下，尽管计算机病毒还会继续发作，但用户觉察不到任何异样。

3）宏病毒

前文介绍的计算机病毒都是感染可执行文件（EXE 或 COM 文件），而宏病毒与之不同，宏病毒感染的对象是使用某些程序创建的文本文档、数据库、电子表格等文件，这些类型的文件都能够在文件内部嵌入宏（macro）。它们不依赖于操作系统，但是可以使用户在文档中执行特定的操作。这些小程序的功能有点类似于批命令，能够执行一系列操作，而看上去就像只是执行了一个命令一样。

宏作为一种程序，同样可以被感染，因此也成为计算机病毒的目标。当某个文档中的宏被打开后，它们会被自动加载并立即执行（或根据用户的需要以后执行），计算机病毒就可以按照程序所设计的意图执行相应的动作。十分值得注意的是，宏病毒的传播速度极为迅速，并能带来极大的危害。

4）目录（链接）计算机病毒

操作系统总是会不断读取计算机中的文件信息，包括文件名及其存储位置信息。操作系统会赋予每个文件一个文件名和存储位置，然后，当用户每次使用该文件时就会调用这些信息。目录（链接）计算机病毒会修改文件存储位置信息，以达到传染的目的。

操作系统运行程序时会立即寻找此程序的地址，然而，这类计算机病毒会在操作系统寻找地址前获得地址信息，然后修改地址并指向计算机病毒的地址，并将正确的地址保存在其他地方。当用户运行目标程序时，事实上是执行了计算机病毒程序。

此类计算机病毒能够修改硬盘上存储的所有文件的地址，因此能够感染所有这些文件。尽管目录（链接）计算机病毒不能感染网络驱动器或将其代码附加在受感染的文件中，但是它确实能够感染所有硬盘驱动器。如果用户使用某些工具（如 SCANDISK 或 CHKDSK）检测受感染的磁盘，会发现大量文件链接地址错误，这些错误都是由此类计算机病毒造成的。发现这种情况后，不要试图用上述软件去修复，否则情况会更糟。

7.9.2 网络病毒简介

具有开放性的因特网成为计算机病毒广泛传播的有利环境，而因特网本身的安全漏洞也为培育新一代病毒提供了良好的条件。人们为了让网页更加精彩漂亮、功能更加强大而开发出 ActiveX 技术和 Java 技术，然而病毒程序的制造者也利用这些技术，把病毒程序渗透到个人计算机中。这就是近两年兴起的第二代病毒，即所谓的"网络病毒"。

2000 年出现的"罗密欧与朱丽叶"病毒是一个非常典型的网络病毒，它改写了病毒的历史，该病毒与邮件病毒基本特性相同，它不再隐藏于电子邮件的附件中，而是直接存在于电子邮件的正文中，一旦用户打开 Outlook 收发信件进行阅读，该病毒就马上发作，并将复制的新病毒通过邮件发送给别人，计算机用户无法躲避。

根据 ICSA（International Computer Security Association）实验室"2002 年度病毒传播趋势报告"的调查分析结果表明，目前病毒的传播方式主要是邮件传播和 Internet 传播，其中邮件传播比例高达 87%，Internet 传播占 10%。其他传统的，经由磁盘、网络下载的病毒感染方式的传播率只有 3%，即 97% 的病毒是通过网络传播的。

网络病毒的出现，似乎让病毒制造者的思路更加拓宽，近些年，千奇百怪的网络病毒纷纷出现。这些病毒具备更强的繁殖能力和破坏能力，它们不再局限于电子邮件中，而是直接进入 Web 服务器的网页代码中，当计算机用户浏览带病毒的页面后，系统就会被感染。当然这些病毒也不会放过自己寄生的服务器，在适当的时候，病毒会与服务器系统同归于尽。例如 2003 年的 8 月 12 日发作的"冲击波"病毒就让数万个企业的局域网瘫痪，企业的正常运作受到严重影响。现在以破坏正常的网络通信、偷窃数据为目的的病毒越来越多，它们和木马相配合，可以控制被感染的计算机，并将数据自动传给发送病毒者，造成涉密数据的泄漏，其危害程度极其剧烈。网络病毒相对于传统的计算机病毒，其特点及危害性主要表现在以下几个方面。

（1）破坏性强。网络病毒破坏性极强，直接影响网络工作，轻则降低速度，影响工作效率；重则使网络瘫痪。

（2）传播性强。网络病毒普遍具有较强的再生机制，一接触就可通过网络扩散与传染。一旦某个公用程序感染了病毒，那么病毒将很快在整个网络上传播，感染其他程序。

（3）具有潜伏性和可激发性。网络病毒与单机病毒一样，具有潜伏性和可激发性。在一定的环境下受到外界因素刺激，便能活跃起来，这就是病毒的激活。激活的本质是一种条件控制，此条件是多样化的，可以是内部时钟、系统日期和用户名称，也可以是在网络中进行的一次通信。一个病毒程序可以按照病毒设计者的预定要求在某个服务器或客户机上激活，并向各网络用户发起攻击。

（4）针对性更强。网络病毒并非一定对网络上的所有计算机都进行感染与攻击，而是具有某种针对性。例如，有的网络病毒只能感染 IBM PC 工作地，有的却只能感染 Macin-tosh 计算机，有的病毒则专门感染使用 UNIX 操作系统的计算机。

（5）扩散面广。由于网络病毒能通过网络进行传播，所以其扩散面很大，一台 PC 的病毒可以通过网络感染与之相连的众多机器。由网络病毒造成网络瘫痪的损失是难以估计的。一旦网络服务器被感染，其解毒所需的时间将是单机的几十倍以上。

（6）传播速度快。在单机环境下，病毒只能从一台计算机传播到另外一台计算机上；而在网络中，则可以通过网络通信机制进行迅速扩散。

（7）难以彻底清除。单机上的计算机病毒有时可通过删除带毒文件、低级格式化硬盘等措施将病毒彻底清除。而在网络中，只要有一台工作站未能清除干净，就可能使整个网络重新被病毒感染，甚至刚刚完成清除工作的工作站就有可能被网上的带毒工作站所感染。

鉴于网络病毒的以上特点，采用有效的网络病毒防治方法与技术显得尤其重要。目前，网络大都采用 C/S 模式，这就需要从服务器和客户机两个方面采取防治网络病毒的措施。

7.9.3 基于网络的防病毒系统

计算机病毒形式及传播途径日趋多样化，因此大型企业网络系统的防病毒工作已不再像单台计算机病毒的检测及清除那样简单，而且需要建立多层次的、立体的病毒防护体系，而且要具备完善的管理系统来设置和维护对病毒的防护策略。

1．典型网络病毒

目前，互联网已经成为病毒传播的最大来源，电子邮件和网络信息传递为病毒传播打开了高速通道，企业网络化的发展也使病毒的传播速度大大提高，感染的范围也越来越广。可以说，网络化带来了病毒传染的高效率，而病毒传染的高效率也对防病毒产品提出了新的要求。

近年来，全球的企业网络经历了网络病毒的不断侵袭，"爱虫""探险者"（Explore）、Matrix 和 "冲击波"唤醒了人们对于网络防毒的重视。典型网络病毒主要有宏病毒、特洛伊木马、蠕虫病毒、脚本语言病毒等。

1）宏病毒

宏病毒是一种使得应用软件的相关应用文档内含有称为宏的可执行代码的病毒。

在 20 世纪 90 年代中后期，最流行的病毒就是和微软公司办公软件（如 Microsoft Word 及 Excel）相关的宏病毒。在 20 世纪 90 年代后期，微软公司的电子邮件软件 Outlook（拥有 scripting 特性）成为传播宏病毒最常用的载体。直到今天还是如此。Outlook 的 scripting 特性使得宏病毒能够获得 Outlook 用户地址簿中存储的联系人地址，通过向这些地址发送 E-mail 将病毒体广泛传播。

宏病毒的另一个特别危险的特征体现于它们有时能够感染运行不同操作系统平台上的电脑。比如 Microsoft Word 宏病毒可以感染使用微软公司 Windows 系统的 Word 用户，同样也可以感染使用苹果公司 Macintosh 电脑的用户。

宏病毒通常是在 Word 打开一个带宏病毒的文档或模板时激活，病毒宏将自身复制到 Word 的通用（Normal）模板中，以后在打开或关闭文件时病毒宏就会把病毒复制到该文件中。

常见的宏病毒有 Nuclear 病毒、台湾一号病毒。

2）特洛伊木马

特洛伊木马是一种秘密潜伏的能够通过远程网络进行控制的恶意程序。控制者可以控制被秘密植入木马的计算机的一切动作和资源，是恶意攻击者窃取信息等的工具。

完整的木马程序一般由两个部分组成，一个是服务端（被控制端），一个是客户端（控制端）。中了木马就是指服务端程序安装了木马，若电脑被安装了服务端程序，则拥有相应客户端的人就可以通过网络控制该电脑、为所欲为，这时电脑上的各种文件、程序以及在电脑上使用的账号、密码无安全可言了。

常见的特洛伊木马有 Back Orifice、NetBus、ProSUB7、广外女生、广外男生、灰鸽子、蜜蜂大盗和 Dropper 等。

3）蠕虫病毒

蠕虫病毒是利用网络进行复制和传播的计算机病毒。它的传染途径是网络和电子邮件。蠕虫病毒是自包含的程序（或是一套程序），它能传播自身功能的副本或自身（蠕虫病毒）的某些部分到其他计算机系统中（通常是经过网络连接）。

计算机蠕虫的传播过程一般表现为：蠕虫程序驻于一台或多台机器中，它会扫描其他机器是否感染同种计算机蠕虫，如果没有，就会通过其内建的传播手段进行感染，以达到使计算机瘫痪的目的。其通常会以宿主机器作为扫描源，通常采用垃圾邮件和漏洞来传播。

著名的蠕虫病毒有冲击波、爱虫、求职信和熊猫烧香等。

4）脚本病毒

随着 Internet 的发展，Java、VB、ActiveX 等网页技术被广泛使用，逐渐出现了一些利用脚本语言编写的病毒，这类病毒统称为脚本病毒。

脚本病毒一般通过带有病毒代码的网页传播，当用户访问这些网页时，脚本病毒就下载到用户的计算机中，通过窃取用户的敏感信息或执行其他有害程序的方式导致用户信息泄露或占用系统资源，甚至导致死机现象。

常见的脚本病毒有欢乐时光（VBS.Happytime）、十四日（Js.Fortnight.c.s）等。

2. 网络病毒防护策略

由上述典型病毒传播方式可以看出,现代病毒在企业网络内部之所以能够快速而广泛传播,是因为它们充分利用了网络的特点。

一般来说,计算机网络的基本构成为网络服务器和网络节点站(包括有盘工作站、无盘工作站和远程工作站)。计算机病毒一般首先通过有盘工作站传播到软盘和硬盘,然后进入网络,继而进一步在网上的传播。具体来说,其传播方式有如下几种。

- 病毒直接从有盘站复制到服务器中。
- 病毒先传染工作站,在工作站内存驻留,等运行网络盘内程序时再传染给服务器。
- 病毒先传染工作站,在工作站内存驻留,在运行时直接通过映像路径传染到服务器。

如果远程工作站被病毒侵入,病毒也可以通过通信中的数据交换进入网络服务器中。

基于网络系统的病毒防护体系主要包括以下几个方面的策略。

(1)防毒一定要全方位、多层次。一定要部署多层次病毒防线,如网关防毒、群件服务器、应用服务器防毒和客户端防毒,保证斩断病毒可以传播、寄生的每一个节点,实现病毒的全面防范。

(2)网关防毒是整体防毒的首要防线。将网关防毒作为最重要的一道防线来部署,全面消除外来病毒的威胁,使得病毒不能再从网络传播进来,不会对内部网络资源和系统资源造成消耗。同时,网关防毒这道防线上还要具备内容过滤功能,全面防范垃圾邮件的侵扰以及内部机密数据的外泄,在整个防毒系统中可以起到事半功倍的效果。

(3)没有管理的防毒系统是无效的防毒系统。因此,一定要保证整个防毒产品可以从管理系统中及时得到更新,同时又使得管理人员可以在任何时间、任何地点通过浏览器对整个防毒系统进行管理,使整个系统中任何一个节点都可以被管理人员随时管理,保证整个防毒系统有效、及时地拦截病毒。

(4)服务是整体防毒系统中极为重要的一环。防病毒系统建立起来之后,能不能对病毒进行有效的防范,与病毒厂商能否提供及时、全面的服务有着极为重要的关系。这一方面要求厂商要以全球化的防毒体系为基础,另一方面也要求厂商能有足够的本地化技术人员作依托,不管是对系统使用中出现的问题,还是用户发现的可疑文件,都能进行快速的分析和提供可行的解决方案。

3. 网络防病毒系统组织形式

(1)系统中心统一管理。网络病毒防护系统结构为了提高杀毒的效率和稳定性,通常采用多系统中心的构架,分层次管理,系统可构建一个一级系统中心,作为整个网络防病毒系统总管理中心;在各部门安装二级系统中心,各个二级系统中心负责管理本单位的机器,同时接受一级系统中心的命令和管理，向一级系统中心汇报本中心情况。所有二级系统中心都由一级系统中心统一管理。网络病毒防护系统可通过系统中心管理所有已经安装了客户端和服务器端的局域网内的主机，包括在 Windows 9X、Windows 2000 Professional、Windows 2000 Server、Windows NT/XP、UNIX 及 Linux 等操作系统上的防病毒软件。也就是说，通过系统中心可以控制网络内的所有机器统一杀毒，在同一时间杀除所有病毒，从而解决网络环境下机器的重复感染问题。

（2）远程安装升级。因为网络用户层次的多样性，在实施网络病毒防护系统时一定要考虑到用户对网络安全的认识水平，通常需提供远程安装和自动升级等功能，在系统中心就可以给客户端安装杀毒软件的客户端，系统中心病毒库升级后，客户端自动从系统中心升级。整个杀毒工作由网管人员统一完成，可以不用用户进行人工干预，这就减少了对用户管理的依赖性。

（3）一般客户端的防毒，客户端的杀毒软件既可以由系统中心安装，也可以在本机安装，安装运行后即可被系统中心识别，系统中心可以控制本机和客户端软件的设置和杀毒，而客户端的机器也可以自己杀毒，并将杀毒情况传给系统中心，以便网管人员及时了解局域网内的病毒发作情况；服务器端的防毒、杀毒原理和客户端类似，只是将客户端软件换成了专门为服务器系统设计的服务器端软件。

（4）防病毒过滤网关。单机版防病毒软件难以做到及时、统一更新病毒代码库；网络版防病毒软件固有的缺陷是携带病毒的邮件已经到达客户机之后才得到发现和处理，而且部署成本比较高。为此，单机版、网络版防病毒系统之间"相互补充"的防毒过滤网关应运而生，防毒过滤网关实际上就是企业级病毒防火墙，可谓"一夫当关、万夫莫开"。通常防病毒过滤网关通过部署在用户内部网络与外部网络的接入点实现邮件病毒过滤及 Internet 病毒过滤，可以简单、高效地对用户网络来自 Internet 的病毒威胁实现强有力的深层病毒防护。该类产品由邮件病毒过滤、网页病毒过滤和 FTP 下载过滤等几大防毒功能模块构成，其中最重要的是邮件病毒过滤功能。

（5）硬件防病毒网关。硬件防毒网关类产品相比于其客户端、服务器软件类防毒产品有以下 5 个特色，一是高效稳定，由于采用独立的硬件平台，大大提高了系统的稳定性和查杀病毒的效率；二是操作简单、管理方便，硬件防毒网关类产品一般采用 BPS 管理构架，友好的图形管理界面可供用户方便地对设备进行简便易行的配置；三是接入方式简单易行；四是免维护，可远程自动更新代码和系统升级，无须管理员日常维护；五是容错与集群，系统通过集群模块，在容错的同时，线性地增加处理能力，满足高带宽的网关杀毒需要。

7.9.4 漏洞扫描

1. 漏洞扫描的概念

漏洞扫描系统是一种自动检测远程或本地主机安全性弱点的程序。通过使用漏洞扫描系统，系统管理员能够发现所维护的 Web 服务器各种 TCP 端口的分配、提供的服务、Web 服务软件版本和这些服务及软件呈现在 Internet 上的安全漏洞，从而在计算机网络系统安全保卫战中做到"有的放矢"，及时修补漏洞，构筑坚固的"安全长城"。漏洞扫描系统，因其可预知主体受攻击的可能性和具体的指证将要发生的行为和产生的后果，而受到网络安全业界的重视。这一技术的应用可以帮助识别检测对象的系统资源，分析这一资源被攻击的可能指数，了解支撑系统本身的脆弱性，评估所有存在的安全风险。

漏洞扫描技术是检测远程或本地系统安全脆弱性的一种安全技术。通过与目标主机 TCP/IP 端口建立连接并请求某些服务（如 TELNET、FTP 等）记录目标主机的应答，搜集目标主机相关信息（如匿名用户是否可以登录等），从而发现目标主机某些内在的安全弱点。漏洞扫描技术的重要性在于它把那些极为烦琐的安全检测通过程序来自动完成，这不仅减轻了管理者的工作，而且缩短了检测时间，使问题发现更快。当然，也可以认为扫描技术是一种网络安全性评估技术。一般而言，扫描技术可以快速、深入地对网络或目标主机进行评估。漏洞扫描是对系统脆弱性的分析评估，能够检查、分析网络范围内的设备、网络服务、操作系统、数据库等系统的安全性，从而为提高网络安全的等级提供决策支持。系统管理员利用漏洞扫描技术对局域网络、Web 站点、主机操作系统、系统服务以及防火墙系统的安全漏洞进行扫描，可以了解运行的网络系统中存在的不安全的网络服务、在操作系统上存在的可能导致黑客攻击的安全漏洞，还可以检测主机系统中是否被安装了窃听程序、防火墙系统是否存在安全漏洞和配置错误等。网络管理员可以利用安全扫描软件及时发现网络漏洞，并在网络攻击者扫描和利用之前予以修补，从而提高网络的安全性。

2．漏洞扫描的工作原理

漏洞扫描系统的工作原理是：当用户通过控制平台发出扫描命令之后，控制平台即向扫描模块发出相应的扫描请求，扫描模块在接到请求之后立即启动相应的子功能模块，对被扫描主机进行扫描。通过对从被扫描主机返回的信息进行分析判断，扫描模块将扫描结果返回给控制平台，再由控制平台最终呈现给用户。

网络漏洞扫描系统通过远程检测目标主机 TCP/IP 不同端口的服务记录目标给予的回答，进而可以搜集到很多目标主机的各种信息（例如是否能用匿名登录、是否有可写的 FTP 目录、是否能用 Telnet、http 是否是用 root 在运行等）。在获得目标主机 TCP/IP 端口和其对应的网络访问服务的相关信息后，将其与网络漏洞扫描系统提供的漏洞库进行匹配，如果满足匹配条件，则视为漏洞存在。此外，通过模拟黑客的进攻手法对目标主机系统进行攻击性的安全漏洞扫描，如测试弱势口令等，也是扫描模块的实现方法之一，如果模拟攻击成功，则视为漏洞存在。在匹配原理上，漏洞扫描系统主要采用基于规则的匹配技术，即根据安全专家对网络系统安全漏洞、黑客攻击案例的分析和系统管理员关于网络系统安全配置的实际经验形成一套标准的系统漏洞库，然后在此基础之上构成相应的匹配规则，由程序自动进行系统漏洞扫描的分析工作。

所谓基于规则，是基于一套由专家经验事先定义的规则的匹配系统。例如，在对 TCP 80 端口的扫描中，如果发现/cgi-bin/phf 或/cgi-bin/Count.cgi，根据专家经验以及 CGI 程序的共享性和标准化，可以推知该 WWW 服务存在两个 CGI 漏洞。同时应当说明的是，基于规则的匹配系统也有其局限性，因为作为这类系统的基础的推理规则一般都是根据已知的安全漏洞进行安排和策划的，而对网络系统的很多危险的威胁来自未知的安全漏洞，这一点和 PC 杀毒很相似。实现一个基于规则的匹配系统本质上是一个知识工程问题，而且其智能应当能够随着经验的积累而增加，其自学习能力能够进行规则的扩充和修正，即是系统漏洞库的扩充和修正。当然这样的能力目前还需要在专家的指导和参与下才能实现。但是，也应该看到，受漏洞库覆盖范围的限制，部分系统漏洞也可能不会触发任何一个规则，从而不被检测到。

第 8 章 网 络 管 理

8.1 网络管理简介

8.1.1 网络管理概述

网络管理是指对网络的运行状态进行监测和控制,使其能够有效、可靠、安全、经济地提供服务。从这个定义可以看出,网络管理包含两个任务,一是对网络的运行状态进行监测,二是对网络的运行状态进行控制。通过监测可以了解当前状态是否正常,是否存在瓶颈和潜在的危机;通过控制可以对网络状态进行合理调节,提高性能,保证服务。监测是控制的前提,控制是监测的结果。由此可见,网络管理具体地说就是网络的监测和控制。

随着网络的发展,规模增大,复杂性增加,以前的网络管理技术已不能适应网络的需求。特别是这些网络管理系统往往是厂商自己开发的专用系统,很难对其他厂商的网络系统、通信设备和软件等进行管理。这种状况很不适应网络异构互连的发展趋势。尤其是 20 世纪 80 年代初期 Internet 的出现和发展更使人们意识到了这一点。为此,研发者们迅速展开了对网络管理这门技术的研究,并提出了多种网络管理方案,包括 HLEMS(High Level Entity Management Systems)、SGMP(Simple Gateway Monitoring Protocol)和 CMIS/CMIP(Common Management Information Service/Protocol)等。

到 1987 年底,管理 Internet 策略和方向的核心管理机构 Internet 体系结构委员会 IAB(Internet Architecture Board)意识到,需要在众多网络管理方案中选择适合于 TCP/IP 协议的网络管理方案。在 1988 年 3 月的会议上,IAB 制定了网络管理的发展策略,即采用 SGMP 作为短期的网络的管理解决方案,并在适当的时候转向 CMIS/CMIP。其中,SGMP 是 1986 年 NSF 资助的纽约证券交易所(New York Stock Exchange,NYSERNET)网上开发应用的网络管理工具,而 CMIS/CMIP 是 20 世纪 80 年代中期国际标准化组织(ISO)和国际电话与电报顾问委员会(CCITT)联合制定的网络管理标准。同时,IAB 还分别成立了相应的工作组,对这些方案进行适当修改,使它们更适合于网络的管理。这些工作组分别在 1988 年和 1989 年先后推出了 SNMP (Simple Network Management Protocol)和 CMOT(CMIP/CMIS Over TCP/IP)。但实际情况的发展并非如 IAB 计划的那样,SNMP 一推出就得到了广泛的应用和支持,而 CMIS/CMIP 的实现却由于其复杂性和实现代价太高而遇到了困难。当 ISO 不断修改 CMIP/CMIS 使之趋于成熟时,SNMP 在实际应用环境中也得到了检验和发展。

1990 年，Internet 工程任务组（Internet Engineering Task Force，IETF）在 Internet 标准草案 RFC1157（Request For Comments）中正式公布了 SNMP，1993 年 4 月又在 RFC1441 中发布了 SNMPv2。当 ISO 的网络管理标准终于趋向成熟时，SNMP 已经得到了数百家厂商的支持，其中包括 IBM、HP、Sun 等许多 IT 界著名的公司和厂商。目前 SNMP 已成为网络管理领域中事实上的工业标准，并被广泛支持和应用，大多数网络管理系统和平台都是基于 SNMP。

由于实际应用的需要，对网络管理的研究越来越多，并已成为涉及通信和计算机网络领域的全球性热门课题。国际电气电子工程师协会（IEEE）通信学会下属的网络营运与管理专业委员会（Committee of Network Operation and Management，CNOM）从 1988 年起每两年举办一次网络运营与管理专题讨论会（Network Operation and Management Symposium，NOMS），国际信息处理联合会（IFIP）也从 1989 年开始每两年举办一次综合网络管理专题讨论会。ISO 还专门设立了一个 OSI 网络管理论坛（OSI/NMF），专门讨论网络管理的有关问题。近几年来，又有一些厂商和组织推出了自己的网络管理解决方案，比较有影响的有网络管理论坛的 OMNIPoint 和开放软件基金会（OSF）的 DME（Distributed Management Environment）。另外，各大计算机与网络通信厂商纷纷推出了各自的网络管理系统，如 HP 的 OpenView、IBM 的 NetView 系列、Sun 的 Sun Net Manager 等。它们都已在各种实际应用环境下得到了一定的应用，并有了相当的影响。

8.1.2 网络管理的模型

在网络管理中，一般采用管理站-代理的管理模型，如图 8-1 所示，它类似于客户端/服务器模式，通过管理进程与一个远程系统相互作用实现对远程资源的控制。在这种简单的体系结构中，一个系统中的管理进程担当管理站角色，称为网络管理站；另一个系统中的对等实体担当代理者角色，称为管理代理。网络管理站将管理要求通过管理操作指令传送给位于被管理系统中的管理代理，对网络内的各种设备、设施和资源实施监视和控制；管理代理则负责管理指令的执行，并且以通知的形式向网络管理站报告被管对象发生的一些重要事件。

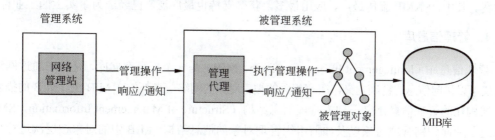

图 8-1　管理站-代理模型

1．网络管理站

网络管理站（Network Manager）一般位于网络系统的主干或接近主干位置的工作站、微机等，负责发出管理操作的指令，并接收来自代理的信息。网络管理站要求管理代理定期收集重要的设备信息。网络管理站应该定期查询管理代理收集到的有关主机运行状态、配置及性能数据等信息，这些信息将被用来确定独立的网络设备、部分网络或整个网络运行的状态是否正常。

网络管理站和管理代理通过交换管理信息来进行工作，信息分别驻留在被管设备和管理工作站上的管理信息库中。这种信息交换通过一种网络管理协议来实现，具体的交换过程是通过协议数据单元（PDU）进行的。通常是管理站向管理代理发送请求 PDU，管理代理以响应 PDU 回答，管理信息包含在 PDU 参数中。在有些情况下，管理代理也可以向管理站发送通知，管理站可根据报告的内容决定是否做出回答。

2．管理代理

管理代理（Network Agent）则位于被管理的设备内部。通常将主机和网络互连设备等所有被管理的网络设备称为被管设备。管理代理把来自网络管理站的命令或信息请求转换为本设备特有的指令，完成网络管理站的指示，或返回它所在设备的信息。网络代理也可能因为某种原因拒绝网络管理站的指令。另外，管理代理也可以把在自身系统中发生的事件主动通知给网络管理站。

3．网络管理协议

用于网络管理站和管理代理之间传递信息，并完成信息交换安全控制的通信规约就称为网络管理协议。网络管理站通过网络管理协议从管理代理那里获取管理信息或向管理代理发送命令；管理代理也可以通过网络管理协议主动报告紧急信息。

目前最有影响的网络管理协议是 SNMP 和 CMIS/CMIP，它们代表了目前两大网络管理解决方案。其中，SNMP 流传最广，应用最多，获得支持也最广泛，已经成为事实上的工业标准。

4．管理信息库

管理信息库（Management Information Base，MIB）是一个信息存储库，是对于通过网络管理协议可以访问信息的精确定义，所有相关的被管对象的网络信息都放在 MIB 上。MIB 的描述采用了结构化的管理信息定义，称为管理信息结构（Structure of Management Information，SMI），它规定了如何识别管理对象以及如何组织管理对象的信息结构。MIB 中的对象按层次进行分类和命名，整体表示为一种树型结构，所有被管对象都位于树的叶子节点，中间节点为该节点下的对象的组合。

8.1.3 网络管理的功能

ISO 在 ISO/IEC 7498-4 文档中定义了网络管理的五大功能,并被广泛接受。这五大功能 FCAPS 分别如下所述。

1. 故障管理

故障管理(Fault Management)是网络管理中最基本的功能之一。用户都希望有一个可靠的计算机网络,当网络中某个组成部分发生故障时,网络管理器必须迅速查找到故障并及时排除。故障管理的主要任务是发现和排除网络故障,用于保证网络资源无障碍、无错误的运营状态,包括障碍管理、故障恢复和预防保障。障碍管理的内容有告警、测试、诊断、业务恢复、故障设备更换等。预防保障为网络提供自愈能力,在系统可靠性下降、业务经常受到影响的准故障条件下实施。在网络的监测和测试中,故障管理参考配置管理的资源清单识别网络元素。如果维护状态发生变化,或者故障设备被替换,以及通过网络重组迂回故障时,要与资源 MIB 互通。在故障影响了有质量保证承诺的业务时,故障管理要与计费管理互通,以赔偿用户的损失。

因为网络故障的产生原因往往相当复杂,特别是故障由多个网络组成部分共同引起的此情况下,通常不大可能迅速隔离某个故障,一般先将网络修复,然后再分析网络故障的原因。分析故障原因对于防止类似故障的再次发生相当重要。网络故障管理包括故障检测、隔离故障和纠正故障 3 个方面,应包括如下典型功能。

(1)维护并检查错误日志。
(2)接受错误检测报告并做出响应。
(3)跟踪、辨认错误。
(4)执行诊断测试。
(5)纠正错误。

对网络故障的检测依据对网络组成部件状态的监测,那些不严重的简单故障通常被记录在错误日志中,并不做特别处理;而严重一些的故障则需要通知网络管理器,即所谓的"警报"。一般网络管理器应根据有关信息对警报进行处理,排除故障。当故障比较复杂时,网络管理器应能执行一些诊断测试来辨别故障原因。

2. 配置管理

配置管理(Configuration Management)是最基本的网络管理功能,负责网络的建立、业务的展开以及配置数据的维护。配置管理功能主要包括资源清单管理、资源开通以及业务开通。资源清单的管理是所有配置管理的基本功能,资源开通为满足新业务需求及时配备资源,业务开通为端点用户分配业务或功能。配置管理建立资源管理信息库(MIB)和维护资源状态,以为其他网络管理功能利用。配置管理初始化网络，并配置网络，以使其提供网络服务。配置管理目的是为了实现某个特定功能或使网络性能达到最优。

配置管理是一个中长期的活动。它要管理的是网络增容、设备更新、新技术的应用、新业务的开通、新用户的加入、业务的撤销、用户的迁移等原因所导致的网络配置的变更。网络规划与配置管理关系密切，在实施网络规划的过程中，配置管理发挥最主要的管理作用。配置管理包括如下功能。

（1）设置开放系统中有关路由操作的参数。
（2）被管对象和被管对象组名字的管理。
（3）初始化或关闭被管对象。
（4）根据要求收集系统当前状态的有关信息。
（5）获取系统重要变化的信息。
（6）更改系统的配置。

3．计费管理

计费管理（Accounting Management）记录网络资源的使用，目的是控制和监测网络操作的费用和代价，它可以估算出用户使用网络资源可能需要的费用和代价。网络管理员还可规定用户可使用的最大费用，从而控制用户过多占用和使用网络资源。这也从另一方面提高了网络的使用效率。另外，当用户为了一个通信目的需要使用多个网络中的资源时，计费管理应可计算总计费用。

计费管理根据业务及资源的使用记录制作用户收费报告，确定网络业务和资源的使用费用，计算成本。计费管理保证向用户无误地收取使用网络业务应缴纳的费用，也进行诸如管理控制的直接运用和状态信息提取一类的辅助网络管理服务。一般情况下，收费机制的启动条件是业务的开通。

计费管理的主要目的是正确地计算和收取用户使用网络服务的费用。但这并不是唯一的目的，计费管理还要进行网络资源利用率的统计和网络的成本效益核算。对于以营利为目的的网络经营者来说，计费管理功能无疑是非常重要的。

在计费管理中，首先要根据各类服务的成本、供需关系等因素制定资费政策，资费政策还包括根据业务情况制定的折扣率；其次要收集计费收据计算服务费用，如使用的网络服务、占用时间、通信距离、通信地点等。通常计费管理包括以下几个主要功能。

（1）计算网络建设及运营成本。主要成本包括网络设备器材成本、网络服务成本、人工费用等。

（2）统计网络及其所包含的资源的利用率。为确定各种业务、各种时间段的计费标准提供依据。

（3）联机收集计费数据。这是向用户收取网络服务费用的根据。

（4）计算用户应支付的网络服务费用。

（5）账单管理。保存收费账单及必要的原始数据，以备用户置疑查询。

4．性能管理

性能管理（Performance Management）的目的是维护网络服务质量（QoS）和网络运营效率。为此，性能管理要提供性能监测功能、性能分析功能以及性能管理控制功能，还要提供性能数据库的维护以及在发现性能严重下降时启动故障管理系统的功能。

网络服务质量和网络运营效率有时是相互制约的。较高的服务质量通常需要较多的网络资源（带宽、CPU 时间等），因此在制定性能目标时要在服务质量和运营效率之间进行权衡。在网络服务质量必须优先保证的场合，就要适当降低网络的运营效率指标；相反，在强调网络运营效率的场合，就要适当降低服务质量指标。但一般在性能管理中，维护服务质量是第一位的。

性能管理估计系统资源的运行状况及通信效率等系统性能，其功能包括监视和分析被管网络及其所提供服务的性能机制。性能分析的结果可能会触发某个诊断测试过程或重新配置网络以维持网络的性能。性能管理收集分析有关被管网络当前状况的数据信息，并维持和分析性能日志。性能管理包括以下典型的功能。

（1）收集统计信息。

（2）维护并检查系统状态日志。

（3）确定自然和人工状况下系统的性能。

（4）改变系统操作模式以进行系统性能管理的操作。

5．安全管理

安全性一直是网络的薄弱环节之一，而用户对网络安全的要求又相当高，因此网络安全管理（Security Management）非常重要。网络中的主要安全问题包括网络数据的私有性（保护网络数据不被侵入者非法获取）、授权（防止侵入者在网络上发送错误信息）、访问控制（控制对网络资源的访问）。

安全管理采用信息安全措施保护网络中的系统、数据以及业务，与其他管理功能有着密切的关系。安全管理要调用配置管理中的系统服务对网络中的安全设施进行控制和维护。当网络发现安全方面的故障时，要向故障管理通报安全故障事件，以便进行故障诊断和恢复。安全管理功能还要接收计费管理发来的与访问权限有关的计费数据和访问事件通报。

安全管理的目的是提供信息的隐私、认证和完整性保护机制，使网络中的服务、数据以及系统免受侵扰和破坏。一般的安全管理系统包含以下 4 项功能。

（1）风险分析功能。
（2）安全服务功能。
（3）告警、日志和报告功能。
（4）网络管理系统保护功能。

8.1.4 网络管理标准

为了支持各种网络的互连及其管理，网络管理需要有一个国际性的标准。在众多标准化组织中，目前国际上公认最著名、最具有权威的是国际标准化组织 ISO 和国际电信联盟的电信标准部 ITU-T（即原来的国际电报电话咨询委员会 CCITT），计算机网络中，IETF 的因特网技术标准已成为事实上的国际标准。

1. ISO

国际标准化组织（International Standardization Organization，ISO）成立于 1947 年，是世界上最庞大的一个国际性标准化专门机构，也是联合国的甲级咨询机构，会址在日内瓦。我国 1947 年就加入了 ISO。

ISO 的成员分为 P 成员和 O 成员，P（Participation）成员有表决权；O（Observer）成员不参加 ISO 的技术工作，只是与 ISO 保持密切联系。

ISO 的技术工作由技术委员会（Technical Committee，TC）具体负责，每个 TC 可以成立分技术委员会（Subcommittee，SC）或工作组（Work Group，WG），成员是各国的专家。

网络管理标准是由 ISO 的第 97 委员会（即信息处理系统技术委员会）下第 21 分委员会中的第四工作组制定的，通常记为 ISO/TC97/SC21/WG4。

ISO 每个标准的制定过程要经历如下 5 个步骤。

（1）每个技术委员会根据其工作范围拟定相应的工作计划，并报理事会下属的计划委员会批准。

（2）相应的分技术委员会的工作组根据计划编写原始工作文件，称为工作草案。

（3）分技术委员会或工作组再把工作草案提交技术委员会或分技术委员会作为待讨论的标准建议，称委员会草案（Committee Draft，CD）；而 ISO 则要给每个 CD 分配唯一的编号，相应的文件被标记为 ISO CDxxxx。委员会草案 CD 之间的文件叫做建议草案（Draft Proposal，DP）。

（4）技术委员会将委员会草案发给其成员征求意见。若 CD 得到大多数 P 成员的同意，则委员会草案 CD 就成为国际标准草案（Draft International Standard，DIS），其编号不变。

（5）ISO 的中央秘书处将 DIS 分别送给 ISO 的所有成员国投票表决。有 75%的成员国赞成则通过。经 ISO 的理事会批准以后就成为正式的国际标准（International Standard，IS），其编号不变，标记为 ISOxxxx。

ISO 还有一些称为技术报告（Technical Report，TR）的非标准文件，这些文件不需要提交相应委员会通过。TR 是技术委员会在制定标准过程中形成的一些中间结果，标记为 ISO TRxxxx。

当各阶段的标准文件需要补充修改时，ISO 在相应标准文件的后面增加一个补篇 AM（AMendment）。补篇前面冠以标准的名称，如委员会草案补篇 CDAM。

ISO 规定每 5 年对国际标准进行一次复审，过时的标准将被废除。

ISO 对网络管理的标准化始于 1979 年，目前已经产生了一部分国际标准。尽管 ISO 的网络管理标准因为过于复杂而迟迟得不到广泛的应用，但其他一些国际性、专业性或区域性的标准化组织还是经常采用 ISO 的网络管理标准作为他们自己的参考标准，有时只是换一个编号而已。

2. ITU-T

国际电信联盟（International Telecommunication Union，ITU）成立于 1934 年，是联合国下属的 15 个专门机构之一。ITU 在 1989 年下设 5 个常设机构，分别是秘书处、国际电报电话咨询委员会（Consultative Committee on International Telegraph and Telephone，CCITT）、国际无线电咨询委员会（Consultative Committee of International Radio，CCIR）、国际频率登记委员会（International Frequency Registration Board，IFRB，后改为无线电通信部门 Radiocommunication Sector，RS）和电信发展局（Bureau of Development of Telecommunication，BDT）。

CCITT 和 CCIR 的主要任务是研究电报、电话和无线电通信的技术标准以及业务、资费和发展通信网技术的经济问题，为国际电联制定各种规则提供技术业务依据。

随着技术的进步，有限和无线已进行了融合。从 1993 年起，国际电联将 CCITT 和 CCIR 合并，成立一个新的电信标准化部门（Telecommunication Standardization Sector，TSS）。而原来的国际频率登记委员会 IFRB 改为无线电通信部门 RS，原来的 BDT 改为电信发展部门（Telecommunication Development Sector，TDS）。此后国际电联有关电信的国际标准（仍称为建议书）均由电信标准化部门 TSS 制定。国际电联规定电信标准化部门的简称为 ITU-T。

虽然 CCITT 和 CCIR 不复存在，但它们以前发行的建议书仍然有效。在应用原 CCITT 制定的标准时，可按原来的写法，如 CCITT X.25，但最好还是采用新的写法 ITU-T X.25。

ITU-T 的标准化工作由其设立的研究组（Study Group，SG）进行，其中与网络管理有关的研究组有如下 4 个。

（1）SG2 网络运行（Network operation），有关电信业务定义的一般问题。该组进行电信网络的管理和网络的服务质量的研究工作。

（2）SG4 网络维护（Network maintenance），负责电信管理网络（TMN）的研究、有关网络及其组成部分的维护、确立所属的维护机制、由其他研究组提供的专门维护机制的应用。

（3）SG7 数据网和开放系统通信（data networks and open systems communication），负责系统互连中的管理标准研究。

（4）SG11 交换和信令（switching and signalling），负责电信管理网 TMN 的研究工作。

原 CCITT 已经用 X.700 系列制定了一系列管理标准（建议书），这些标准和 ISO 的网络管理标准基本上相同，只是采用了各自的编号体系。而 ITU-T 的网络管理标准（建议书）中最著名的是有关电信管理网 TMN 的 M 系列建议书。

3．IETF

Internet 体系结构委员会 IAB 是 1992 年由 Internet 活动委员会改名而来，是 Internet 协议的开发和一般体系结构的权威控制机构。SNMP 的标准及其演变都是在 Internet 体系结构委员会的引导下由 IETF 制定和发布的。

IAB 下设的子机构称为任务组，共设两个，它们的时间表和任务各不相同，分别是 Internet 研究任务组（IRTF）和 Internet 工程任务组（IETF），相应由 Internet 研究指导组（IRSG）和 Internet 工程研究组（IERG）领导。图 8-2 展示了它们之间的关系，IRTF 主要致力于长期研究与开发，而 IETF 则注重于相对短期的工程项目。

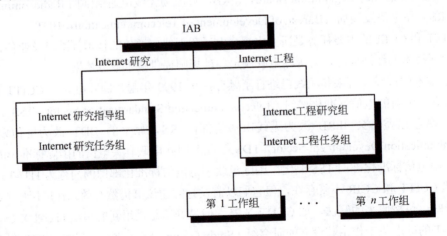

图 8-2 Internet 体系结构委员会 IAB 的机构组织

为了更有效地工作，IETF 按地区分成多个工作组（WG）。每个工作组都有自己具体的工作目标，通常每年开 3 次会。工作组由对请求注解（Request For Comments，RFC）文档的形成有技术性贡献的人员组成，为制定 RFC 做研究工作。一旦工作完成，相关的工作组就会解散，工作成果通常以 RFC 的形式公布于众。IESG 由每个地区工作组的负责人和 IETF 主席组成，这些负责人称为地区主任。

SNMP 各标准阶段的规范都是用 RFC 发布的。最早的 SNMP 工作组于 1991 年 11 月解散，而提出 SNMPv2C 的 RFC1901～1908 工作组也于 1995 年春解散。除了以 SNMP 标准为主要内容的工作组之外，许多新组纷纷成立，研究与 SNMP 有关的众多课题，其中为研究新的 MIB 组而成立的工作组就是最典型的代表。

4．其他组织

除了权威的国际性标准化组织以外，国际上还有一些民间团体和地区性机构也在进行有关网络管理标准化方面的研究。他们的结果对外界并没有约束力，只是作为团体的内部标准，对国际标准有一定的影响。

例如 NMF（Network Management Forum）是由 120 多个公司组成的非官方标准化组织，该组织的成员主要由网络运营公司、计算机厂商、电信设备制造厂商、软件厂商、政府机构、系统集成商和银行等组成，目标是针对互联信息系统中公共的、基于标准的管理办法的需求进行世界性的推广和实现。NMF 并不定义自己的标准，只是在 ISO 和 ITU-T 的标准中定义功能选项，与任何国际性标准化团体都没有正式的联盟关系。NMF 的规范形成的文档集称为 OMNIPoints（开放管理互操作性指南）。

8.2 简单网络管理协议

8.2.1 SNMP 概述

SNMP 由一系列协议组和规范组成，提供了一种从网络上的设备中收集网络管理信息的方法。SNMP 的体系结构分为 SNMP 管理者（SNMP Manager）和 SNMP 代理者（SNMP Agent），每一个支持 SNMP 的网络设备中都包含一个网管代理，网管代理随时记录网络设备的各种信息，网络管理程序通过 SNMP 通信协议收集网管代理所记录的信息。从被管理设备中收集数据的方法有两种，一种是轮询方法，另一种是基于中断的方法。

SNMP 使用嵌入网络设施中的代理软件来收集网络的通信信息和有关网络设备的统计数据。代理软件不断地收集统计数据，并把这些数据记录到一个管理信息库中。网管员通过向代理的 MIB 发出查询信号得到这些信息，这个过程就叫轮询。为了能够全面地查看一天的通信流量和变化率，管理人员必须不断地轮询 SNMP 代理，每分钟就轮询一次。这样，网管员可以使用 SNMP 来评价网络的运行状况，并分析出通信的趋势。例如，哪一个网段接近通信负载的最大能力或正在使用的通信出错等。先进的 SNMP 网管站甚至可以通过编程来自动关闭端口或采取其他矫正措施来处理历史的网络数据。

如果只是用轮询的方法，那么网络管理工作站总是在控制之下。但这种方法的缺陷在于信息的实时性，尤其是错误的实时性。多长时间轮询一次、轮询时选择什么样的设备顺序都会对轮询的结果产生影响。轮询的间隔太小，会产生太多不必要的通信量；间隔太大，而且轮询时顺序不对，那么关于一些大的灾难性事件的通知又会太慢，这就违背了积极主动的网络管理目的。与之相比，当有异常事件发生时，基于中断的方法可以立即通知网络管理工作站，实时性很强。但这种方法也有缺陷。产生错误或自陷需要系统资源，如果自陷必须转发大量的信息，那么被管理设备可能不得不消耗更多的事件和系统资源来产生自陷，这将会影响到网络管理的主要功能。

将以上两种方法结合起来，就形成了陷入制导轮询方法。一般来说，网络管理工作站轮询在被管理设备中的代理来收集数据，并且在控制台上用数字或图形的表示方法来显示这些数据。被管理设备中的代理可以在任何时候向网络管理工作站报告错误情况，而并不需要等到管理工作站为获得这些错误情况而轮询它的时候才报告。

SNMP 已经成为事实上的标准网络管理协议。由于 SNMP 首先是 IETF 的研究小组为了解决在 Internet 上的路由器管理问题提出的，因此许多人认为 SNMP 只能在 IP 上运行，但事实上，目前 SNMP 已经被设计成与协议无关的网管协议，所以它在 IP、IPX、AppleTalk 等协议上均可以使用。

8.2.2 管理信息库

计算机网络管理涉及网络中的各种资源，包括硬件资源和软件资源两大类。硬件资源是指物理介质、计算机设备和网络互连设备。物理介质通常是物理层和数据链路层设备，如网卡、双绞线、同轴电缆等；计算机设备包括处理机、打印机和存储设备及其他计算机外围设备；常用的网络互连设备有中继器、网桥、路由器、网关等。软件资源主要包括操作系统、应用软件和通信软件。通信软件是指实现通信协议的软件，例如在 FDDI、ATM 和 FR 这些主要依靠软件的网络中就大量采用了通信软件。另外，软件资源还有路由器软件、网桥软件等。

网络环境下资源的表示是网络管理的一个关键问题。目前一般采用"被管对象（Managed Object）"来表示网络中的资源。被管对象的集合称为 MIB，即管理信息库，所有相关的网络被管对象信息都放在其中。不过应当注意的是，MIB 仅是一个概念上的数据库，在实际网络中并不存在这样的库。目前网络管理系统的实现主要依靠被管对象和 MIB，所以它们是网络管理中非常重要的概念。

MIB 是一个信息存储库，是网络管理系统中的一个非常重要的部分。MIB 定义了一种对象数据库，由系统内的许多被管对象及其属性组成。通常网络资源被抽象为对象进行管理。对象的集合被组织为 MIB。MIB 作为设在网管代理者处的管理站访问点的集合，管理站通过读取 MIB 中对象的值来进行网络监控。管理站可以在网管代理处产生动作，也可以通过修改变量值改变网管代理处的配置。

MIB 中的数据可大体分为感测数据、结构数据和控制数据三类。感测数据表示测量到的网络状态。感测数据是通过网络的监测过程获得的原始信息，包括节点队列长度、重发率、链路状态、呼叫统计等，这些数据是网络的计费管理、性能管理和故障管理的基本数据。结构数据描述网络的物理和逻辑构成。对应于感测数据，结构数据是静态的（变化缓慢的）网络信息，它包括网络拓扑结构、交换机和中继线的配置、数据密钥、用户记录等，这些数据是网络的配置管理和安全管理的基本数据。控制数据存储网络的操作设置，代表网络中那些可以调整参数的设置，如中继线的最大流、交换机输出链路业务分流比率、路由表等。控制数据主要用于网络的性能管理。

在现代网络管理模型中，管理信息库是网络管理系统的核心。网络操作员在管理网络时，只与 MIB 打交道，要对网络功能进行调整时，只需更新数据库中对应的数据即可，实际对物理网络的操作由数据库系统控制完成。现在通用的标准管理信息库中使用最广泛、最通用的 MIB 是 MIB-II。

8.2.3 SNMP 操作

实际的网络都是由多个厂家生产的各种设备组成，主机可能是 SPARC 工作站或 PC，路由器可能来自于 Cisco、3COM 或国产路由器 SED-08。要使网络管理者与不同种类的被管设备进行通信，就必须以一种与厂家无关的标准方式精确定义网络管理信息。SNMP 管理体系结构由管理者（管理进程）、网管代理和管理信息库（MIB）三部分组成，该体系结构的核心是 MIB。MIB 由网管代理维护，而由管理者读写。管理者是管理指令的发出者，这些指令包括一些管理操作。管理者通过各设备的网管代理对网络内的各种设备、设施和资源实施监视和控制。网管代理负责管理指令的执行，并且以通知的形式向管理者报告被管对象发生的一些重要事件。代理具有两个基本功能，一是从 MIB 中读取各种变量值；二是在 MIB 中修改各种变量值。MIB 是被管对象结构化组织的一种抽象。它是一个概念上的数据库，由管理对象组成，各个代理管理 MIB 中属于本地的管理对象、各管理代理控制的管理对象共同构成全网的管理信息库。

SNMP 模型采用 ASN.1 语法结构描述对象以及进行信息传输。按照 ASN.1 命名方式，SNMP

代理维护的全部 MIB 对象组成一棵树（即 MIB-II 子树），树中的每个节点都有一个标号（字符串）和一个数字，相同深度节点的数字按从左到右的顺序递增，而标号则互不相同。每个节点（MIB 对象）都是由对象标识符唯一确定的，对象标识符是从树根到该对象对应的节点的路径上的标号或数字序列。在传输各类数据时，SNMP 协议首先要把内部数据转换成 ASN.1 语法表示，然后发送出去；另一端收到此 ASN.1 语法表示的数据后也必须首先变成内部数据表示，然后才执行其他操作，这样就实现了不同系统之间的无缝通信。

IETF RFC1155 的 SMI 规定了 MIB 能够使用的数据类型及如何描述和命名 MIB 中的管理对象类。SNMP 的 MIB 仅仅使用了 ASN.1 的有限子集，它采用了简单类型数据 INTEGER、OCTET STRING、NULL 和 OBJECT IDENTIFER 以及两个构造类型数据 SEQUENCE 和 SEQUENCE OF 来定义 SNMP 的 MIB。所以，SNMP MIB 仅仅能够存储简单的数据类型为标量型和二维表型。SMI 采用 ASN.1 描述形式定义了 Internet 六个主要的管理对象类，即网络地址、IP 地址、时间标记、计数器、计量器和非透明数据类型。SMI 采用 ASN.1 中的宏的形式来定义 SNMP 中对象的类型和值。

SNMP 实体不需要在发出请求后等待响应到来，是一个异步的请求/响应协议。SNMP 仅支持对管理对象值的检索和修改等简单操作，具体讲，SNMPv1 支持如下 4 种操作。

- get：用于获取特定对象的值，提取指定的网络管理信息。
- get-next：通过遍历 MIB 树获取对象的值，提供扫描 MIB 树和依次检索数据的方法。
- set：用于修改对象的值，对管理信息进行控制。
- trap：用于通报重要事件的发生，代理使用它发送非请求性通知给一个或多个预配置的管理工作站，用于向管理者报告管理对象的状态变化。

以上 4 个操作中，前 3 个是请求由管理者发给代理，需要代理发出响应给管理者；最后一个则是由代理发给管理者，但并不需要管理者响应。

SNMP 在计算机网络中应用非常广泛，虽已成为事实上的计算机网络管理的标准，但是还有许多自身难以克服的缺点，例如，SNMP 不适合管理真正的大型网络，因为它是基于轮询机制的，在大型网络中效率很低；SNMP 的 MIB 模型不适合比较复杂的查询，不适合大量数据的查询；SNMP 的 trap 是无确认的，这样不能确保将那些非常严重的告警发送到管理者；SNMP 不支持如创建、删除等类型的操作，要完成这些操作，必须用 set 命令间接触发；SNMP 的安全管理较差；SNMP 定义了太多管理对象类，管理者必须明白许多管理对象类的准确含义。

8.3 网络管理工具

网络管理系统提供了一组进行网络管理的工具，网络管理员对网络的管理水平在很大程度上依赖于这组工具的能力。网络管理软件可以位于主机中，也可以位于传输设备内（如交换机、路由器、防火墙等）。网络管理系统应具备 OSI 网络管理标准中定义的网络管理五大功能，并提供图形化的用户界面。

针对网络管理的需求，许多厂商开发了自己的网络管理产品，并有一些产品形成了一定的规模，占有了大部分市场。它们采用了标准的网络管理协议，提供了通用的解决方案，形成了一个网络管理系统平台，网络设备生产厂商在这些平台的基础上又提供了各种管理工具。这里将简单介绍一些具有较高性能和市场占有率的典型网络管理工具。

1. 网络嗅探器

嗅探器（Sniffer）就是采用混杂模式工作的协议分析器，可以用纯软件实现，运行在普通的计算机上；也可以做成硬件，用独立设备实现高效率的网络监控。Sniffer Network Analyzer 是美国网络联盟公司（Network Associates Inc., NAI）的注册商标，然而许多采用类似技术的网络协议分析产品也可以叫作嗅探器。NAI 是电子商务和网络安全解决方案的主要供应商，它的产品除了 Sniffer Pro 之外，还有著名的防毒软件 McAfee。

2. Wireshark

Wireshark 是网络数据包分析软件，是一款 UNIX 和 Windows 上的开源网络协议分析器，其功能是抓取网络数据包，并尽可能详细地显示数据包的信息，如使用的协议、IP 地址、物理地址、数据包的内容等；还可以根据不同的属性将抓取的数据包进行分类。Wireshark 可以实时检测网络通信数据，也可以检测其抓取的网络通信数据快照文件；可以通过图形界面浏览这些数据，也可以查看网络通信数据包中每一层的详细内容。

3. CiscoWorks for Windows

CiscoWorks for Windows 是一个全面的基于 Web 的网络管理解决方案，主要应用于中小型的企业网络。它提供了一套功能强大、价格低廉且易于使用的监控和配置工具，用于管理 Cisco 的交换机、路由器、集线器、防火墙和访问服务器等设备。使用 Ipswitch 公司的 WhatsUp Gold 工具，还可管理网络打印机、工作站、服务器和其他重要的网络设备。

CiscoWorks for Windows 中包含 CiscoView、WhatsUp Gold、Threshold Manager 及 Show Commands 等组件。

4. HP OpenView

HP OpenView 是一个具有战略性意义的产品，它集成了网络管理和系统管理双方的优点，并把它们有机地结合在一起，形成一个单一而完整的管理系统，从而使企业在急速发展的 Internet 时代取得辉煌成功，立于不败之地。在 E-Services（电子化服务）的大主题下，OpenView

系列产品包括了统一管理平台、全面的服务和资产管理、网络安全、服务质量保障、故障自动监测和处理、设备搜索、网络存储、智能代理及 Internet 环境的开放式服务等丰富的功能特性。

HP 公司是最早开发网络管理产品的厂商之一。OpenView 是 HP 公司的旗舰软件产品，已成为网络管理平台的典范，有无数第三方厂商在 OpenView 的平台上开发网络管理应用。OpenView 解决方案实现了网络运作从被动无序到主动控制的过渡，使网络管理部门能及时了解整个网络当前的真实状况，实现主动控制，而且 OpenView 解决方案的预防式管理工具临界值设定与趋势分析报表可以让 IT 部门采取更具预防性的措施，以保障管理网络的健全状态。如图 8-3 所示的是由 Hp OpenView 故障诊断模块实现的端到端网络路径分析结果。简单地说，OpenView 解决方案是从用户网络系统的关键性能入手，帮助其迅速地控制网络，然后还可以根据需要增加其他的解决方案。

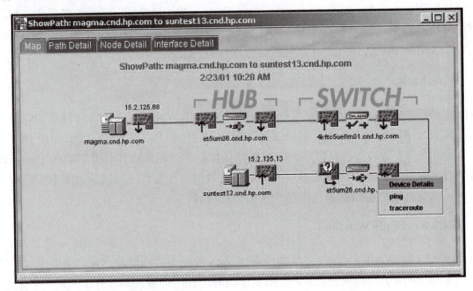

图 8-3　HP OpenView 路径的分析显示结果

需要明确的是 HP OpenView 不是一个特定的产品，而是一个产品系列，它包括一系列管理平台、一整套网络和系统管理应用开发工具。OpenView 是管理多厂商网络设备和系统的战略平台，通过集成多厂商网络设备和系统管理产品，为用户的网络、系统、应用程序和数据库管理提供了统一的解决方案。

5．IBM Tivoli NetView

Tivoli NetView 是 IBM 公司著名的网络管理工具，能够提供整个网络环境的完整视图，实现网络产品的管理。它采用标准的 SNMP 协议对网络上符合该协议的设备进行实时的监控，对网络中发生的故障进行报警，从而减少系统管理的管理难度和管理工作量。NetView 以其先进性、可靠性、安全性获得业界好评，在市场上具有较高的占有率。

通过 IBM Tivoli 网络管理解决方案，主要可以实现如下功能。

1）网络拓扑管理

自动发现和生成网络拓扑是网管软件的基本功能要求。Tivoli NetView 能够自动发现联网的所有 IP 节点，包括路由器、交换机、服务器、PC 机等，并自动生成拓扑连接。NetView 提供按照网络节点所在的地理位置对网络拓扑图进行客户化，使之与实际的网络结构更加吻合。

2）网络故障管理

网络故障管理是网络管理的核心，网管软件应当能够及时发现网络的故障，按照故障的轻重缓急产生不同的报警，并且具备对故障事件自动处理的能力。Tivoli NetView 图形化的网络 IP 拓扑结构，使网络管理员可以迅速方便地发现区域网上出现故障的 IP 资源并帮助管理员分析故障原因。当网络中的设备出现故障时，机器死机或网络链路中断，NetView 会及时在屏幕上出现报警信号，并在拓扑图中将该设备置成红色，便于网络管理人员发现诊断。

3）网络性能管理

网管人员需要了解网络实时的性能状况，需要能够对网络性能作出分析和预测，并生成相应的报表。Tivoli NetView 的 SnmpCollect 功能能够自动采集重要的网络性能数据，如 IP 流量、带宽利用率、出错包数量、丢弃包数量、SNMP 流量等，并设置相应的阈值。当所采集的数据达到阈值时能够触发报警或者定义好的自动操作，可以用图形的方式显示这些网络性能数据的变化情况，也可以将这些数据存放于关系型数据库系统中，以便于检索和分析。

4）网络设备管理

Tivoli NetView 是使用最广泛的网络管理平台之一，支持业界标准的 API，能够与主要网络设备厂商的设备管理软件，如 CiscoWorks、Nortel(Bay) Optivity、3com Transcend 等方便地进行集成，从而能够统一从 NetView 的 Console 对各种网络设备进行监控和配置。

通过使用 Tivoli NetView 与网络设备管理软件的集成，管理人员可以全面地管理网络、网络设备、网络性能，及时获取网络故障的信息，从而在最短时间内解决网络故障。

5）管理权限分配

Tivoli NetView 可以为管理员定义不同的管理角色，不同的管理员可以被授权管理不同地址范围的设备，而且没有权限管理的设备不会在拓扑图中显示出来。

6）Web 管理功能

Tivoli NetView 通过 Web Console 实现分布式管理界面。NetView Web Console 为用户提供了一个灵活、可配置的环境，以使用户可以访问网络状态和配置信息。

使用 Web Console 可以浏览交换机的端口状态、路由器状态、MAC 地址状态等，方便交换机管理。

7) 支持 MPLS 管理功能

NetView 7.1 支持对 MPLS 设备的识别，并能对有关 MPLS 的数据进行查询。NetView 可以管理 LSR（Label Switch Routers）设备。

8) 交换机的故障定位

IBM Tivoli Switch Analyzer 提供第二层交换设备发现功能，识别包括第二层和第三层交换设备在内的设备之间的关系，正确的关联分析，无论其根源是一个 IP 寻址的端口还是一个第二层的局域网（LAN）交换机上非 IP 寻址的端口、板卡或插件。

6. Sun Net Manager

Sun 公司的 Net Manager 是 Sun 平台上杰出的网络管理软件，有众多第三方的支持，可与其他管理模块连用，可管理更多异构环境，尤其在国内的电信网络管理领域中有十分广泛的应用。

Sun NetManager 的分布式结构和协同式管理独树一帜。Sun NetManager 具有如下特点。

（1）分布式管理。Sun Net Manager 是基于分布式的管理结构，有 3 种分布式管理模式，一是外部到中央的管理方式；二是分级的管理方式；三是协同的管理方式。这种分布式管理模式将管理处理的负载分散到网络上，不仅减少了管理者主机的负担，而且降低了网络带宽的开销，为用户提供了管理来自不同厂商、不同规模和复杂程度可变的网络及系统的能力。

（2）协同管理。Sun Net Manager 工具和 Cooperative Console 工具实现了协同管理。协同管理将一个小型企业网管按其业务组织或地域分为若干区，每个区都有自己独立的网管系统。但有关区之间可以互相作用，区与区之间的关系可根据实际需要灵活配置。

（3）全面支持 SNMP。Sun Net Manager 包括了所有基本的 SNMP 机制，同时还支持 SNMPv2，而且允许配置 SNMP 陷阱（trap）为不同的优先等级；在网络中出现故障时，能够按优先级传送到其他 Solstice 或非 Solstice 的平台上。

（4）具有较强的安全性。Sun Net Manager 在配置 Cooperative Console 时，提供了 ACL 以保证被授权接收管理数据的用户能够得到相关信息。另外，Cooperative Console 还提供了只读控制台的功能，使得一般的网管人员只能在只读方式下操作，不能增加/移动/删除网络元素。

（5）具有强大的应用接口。Sun Net Manager 既提供了用户工具，又提供了开发工具，以补充 Sun Net Manager 中包含的用户工具的功能。开发工具是三个应用编程接口（APIS），分别是管理者服务 API（Manager Services API）、代理服务 API（Agent Services API）和数据库/拓扑图 API（Database/topology Map Services API）。

（6）丰富的用户工具。Sun Net Manager 的用户工具很丰富，这些工具主要包括管理控制台（Management Console）、搜寻工具（Discover Tool）、版面排列工具（Solstice Domain Manager）、

IPX 搜寻工具（IPX Discover）、浏览工具（Browser Tool）、图形工具等。

8.4 网络诊断和配置命令

Windows 提供了一组实用程序来实现简单的网络配置和管理功能，这些实用程序通常以 DOS 命令的形式出现。用键盘命令来显示和改变网络配置，感觉就像直接操控硬件一样，不但操作简单方便，而且效果立即显现；不但能详细了解网络的配置参数，而且提高了网络管理的效率。

8.4.1 ipconfig

ipconfig 命令相当于 Windows 9X 中的图形化命令 Winipcfg，是最常用的 Windows 实用程序，可以显示所有网卡的 TCP/IP 配置参数，可以刷新动态主机配置协议（DHCP）和域名系统（DNS）的设置。ipconfig 的语法如下。

ipconfig [/all] [/renew[Adapter]] [/release[Adapter]] [/flushdns] [/displaydns] [/registerdns] [/showclassid Adapter] [/setclassid Adapter [ClassID]]

对以上命令参数解释如下。

- /?：显示帮助信息，对本章中其他命令有同样作用。
- /all：显示所有网卡的 TCP/IP 配置信息。如果没有该参数，则只显示各个网卡的 IP 地址、子网掩码和默认网关地址。
- /renew [Adapter]：更新网卡的 DHCP 配置，如果使用标识符 Adapter 说明了网卡的名字，则只更新指定网卡的配置，否则就更新所有网卡的配置。这个参数只能用于动态配置 IP 的计算机。使用不带参数的 ipconfig 命令，可以列出所有网卡的名字。
- /release[Adapter]：向 DHCP 服务器发送 DHCP Release 请求，释放网卡的 DHCP 配置参数和当前使用的 IP 地址。
- /flushdns：刷新客户端 DNS 缓存的内容。在 DNS 排错期间，可以使用这个命令丢弃负缓存项以及其他动态添加的缓存项。
- /displaydns：显示客户端 DNS 缓存的内容，该缓存中包含从本地主机文件中添加的预装载项，以及最近通过名字解析查询得到的资源记录。DNS 客户端服务使用这些信息快速处理经常出现的名字查询。
- /registerdns：刷新所有 DHCP 租约，重新注册 DNS 名字。在不重启计算机的情况下，可以利用这个参数来排除 DNS 名字注册中的故障，解决客户机和 DNS 服务器之间的手动动态更新问题。利用"高级 TCP/IP 设置"对话框可以注册本地连接的 DNS 后缀，如图 8-4 所示。

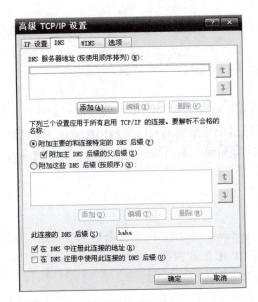

图 8-4 高级 TCP/IP 设置

- /showclassid Adapter：显示网卡的 DHCP 类别 ID。利用通配符"*"代替标识符 Adapter，可以显示所有网卡的 DHCP 类别 ID。这个参数仅适用于自动配置 IP 地址的计算机。可以根据某种标准把 DHCP 客户机划分成不同的类别，以便于管理，如移动客户划分到租约期较短的类、固定客户划分到租约期较长的类。
- /setclassid Adapter[ClassID]：对指定的网卡设置 DHCP 类别 ID。如果未指定 DHCP 类别 ID，则会删除当前的类别 ID。

如果 Adapter 名称包含空格，则要在名称两边使用引号（即 Adapter 名称）。网卡名称中可以使用通配符星号"*"，例如，Local*可以代表所有以字符串 Local 开头的网卡，而*Con*可以表示所有包含字符串 Con 的网卡。

ipconfig 命令最适合于自动分配 IP 地址的计算机，使用户可以明确区分 DHCP 或自动专用 IP 地址（APIPA）配置的参数，举例如下。

- 如果要显示所有网卡的基本 TCP/IP 配置参数，输入 ipconfig。
- 如果要显示所有网卡的完整 TCP/IP 配置参数，输入 ipconfig /all。
- 如果仅更新本地连接的网卡由 DHCP 分配的 IP 地址，输入 ipconfig /renew "Local Area Connection"。
- 在排除 DNS 名称解析故障时，如果要刷新 DNS 解析器缓存，输入 ipconfig /flushdns。
- 如果要显示名称以 Local 开头的所有网卡的 DHCP 类别 ID，输入 ipconfig /showclassid

Local*。

- 如果要将“本地连接”网卡的 DHCP 类别 ID 设置为 TEST，请输入 ipconfig /setclassid "Local Area Connection" TEST。

图 8-5 所示是用 ipconfig/all 命令显示的网络配置参数，其中列出了主机名、网卡物理地址、DHCP 租约期及由 DHCP 分配的 IP 地址、子网掩码、默认网关和 DNS 服务器的 IP 地址等配置参数。图 8-6 所示是利用参数 showclassid 显示的“本地连接”的类别标识。

```
C:\Documents and Settings\Administrator>ipconfig/all

Windows IP Configuration

   Host Name . . . . . . . . . . . . : x4ep512rdszwjzp
   Primary Dns Suffix  . . . . . . . :
   Node Type . . . . . . . . . . . . : Unknown
   IP Routing Enabled. . . . . . . . : Yes
   WINS Proxy Enabled. . . . . . . . : Yes

Ethernet adapter 本地连接:

   Connection-specific DNS Suffix  . :
   Description . . . . . . . . . . . : SiS 900-Based PCI Fast Ethernet Adapter
   Physical Address. . . . . . . . . : 00-03-0D-07-03-7F
   DHCP Enabled. . . . . . . . . . . : Yes
   Autoconfiguration Enabled . . . . : Yes
   IP Address. . . . . . . . . . . . : 100.100.17.24
   Subnet Mask . . . . . . . . . . . : 255.255.255.0
   Default Gateway . . . . . . . . . : 100.100.17.254
   DHCP Server . . . . . . . . . . . : 192.168.254.10
   DNS Servers . . . . . . . . . . . : 218.30.19.40
                                       61.134.1.4
   Lease Obtained. . . . . . . . . . : 2009年1月5日 8:10:14
   Lease Expires . . . . . . . . . . : 2009年1月5日 12:10:14
```

图 8-5　ipconfig 命令显示的结果

```
C:\Documents and Settings\Administrator>ipconfig /showclassid 本地连接

Windows IP Configuration


DHCP Classes for Adapter "本地连接":

   DHCP ClassID Name . . . . . . . . : 默认路由和远程访问类别
   DHCP ClassID Description  . . . . : 远程访问客户端的用户类别

   DHCP ClassID Name . . . . . . . . : 默认 BOOTP 的类别
   DHCP ClassID Description  . . . . : BOOTP 客户端的用户类别
```

图 8-6　ipconfig/showclassid 命令显示的结果

8.4.2　ping

ping 命令通过发送 ICMP 回声请求报文来检验与另外一个计算机的连接。这是一个用于排除连接故障的测试命令，如果不带参数则显示帮助信息。ping 命令的语法如下。

ping [-t] [-a] [-n Count] [-l Size] [-f] [-i TTL] [-v TOS] [-r Count] [-s Count] [{-j HostList | -k

HostList}] [-w Timeout] [TargetName]

对以上命令参数解释如下。

- -t：持续发送回声请求直至输入 Ctrl-Break 或 Ctrl-C 被中断，前者显示统计信息，后者不显示统计信息。
- -a：用 IP 地址表示目标，进行反向名字解析，如果命令执行成功，则显示对应的主机名。
- -n Count：说明发送回声请求的次数，默认为 4 次。
- -l Size：说明回声请求报文的字节数，默认是 32，最大为 65527。
- -f：在 IP 头中设置不分段标志，用于测试通路上传输的最大报文长度。
- -i TTL：说明 IP 头中 TTL 字段的值，通常取主机的 TTL 值。对于 Windows XP 主机，这个值是 128，最大为 255。
- -v TOS：说明 IP 头中 TOS（Type of Service）字段的值，默认是 0。
- -r Count：在 IP 头中添加路由记录选项，Count 表示源和目标之间的跃点数，其值在 1～9 之间。
- -s Count：在 IP 头中添加时间戳（timestamp）选项，用于记录达到每一跃点的时间，Count 的值在 1～4 之间。
- -j HostList：在 IP 头中使用松散源路由选项，HostList 指明中间节点（路由器）的地址或名字，最多 9 个，用空格分开。
- -k HostList：在 IP 头中使用严格源路由选项，HostList 指明中间节点（路由器）的地址或名字，最多 9 个，用空格分开。
- -w Timeout：指明等待回声响应的时间（μs），如果响应超时，则显示出错信息"Request timed out"，默认超时间隔为 4s。
- TargetName：用 IP 地址或主机名表示目标设备

使用 ping 命令必须安装并运行 TCP/IP 协议，可以使用 IP 地址或主机名来表示目标设备。如果 ping 一个 IP 地址成功，而 ping 对应的主机名失败，则可以断定名字解析有问题。无论名字解析是通过 DNS、NetBIOS 还是本地主机文件，都可以用这个方法进行故障诊断。具体举例如下。

- 如果要测试目标 10.0.99.221 并进行名字解析，输入 ping -a 10.0.99.221。
- 如果要测试目标 10.0.99.221，发送 10 次请求，每个响应为 1000 字节，则输入 ping -n 10 -l 1000 10.0.99.221。
- 如果要测试目标 10.0.99.221，并记录 4 个跃点的路由，则输入 ping -r 4 10.0.99.221。
- 如果要测试目标 10.0.99.221，并说明松散源路由，则输入 ping -j 10.12.0.1 10.29.3.1 10.1.44.1 10.0.99.221。

图 8-7 显示了 ping www.163.com.cn 的结果。

```
C:\Documents and Settings\Administrator>ping www.163.com.cn

Pinging www.163.com.cn [219.137.167.157] with 32 bytes of data:

Reply from 219.137.167.157: bytes=32 time=29ms TTL=54
Reply from 219.137.167.157: bytes=32 time=29ms TTL=54
Reply from 219.137.167.157: bytes=32 time=29ms TTL=54
Reply from 219.137.167.157: bytes=32 time=29ms TTL=54

Ping statistics for 219.137.167.157:
    Packets: Sent = 4, Received = 4, Lost = 0 (0% loss),
Approximate round trip times in milli-seconds:
    Minimum = 29ms, Maximum = 29ms, Average = 29ms
```

图 8-7　ping 命令的举例显示结果

8.4.3　arp

arp 命令用于显示和修改地址解析协议（ARP）缓存表的内容，计算机上安装的每个网卡各有一个缓存表，缓存表项是 IP 地址与网卡地址对。如果使用不含参数的 arp 命令，则显示帮助信息。arp 命令的语法如下。

arp [-a [InetAddr] [-N IfaceAddr]] [-g [InetAddr] [-N IfaceAddr]] [-d InetAddr [IfaceAddr]] [-s InetAddr EtherAddr [IfaceAddr]]

对以上命令参数解释如下。

- -a [InetAddr] [-N IfaceAddr]：显示所有接口的 ARP 缓存表。如果要显示特定 IP 地址的 ARP 表项，则使用参数 InetAddr；如果要显示指定接口的 ARP 缓存表，则使用参数-N IfaceAddr。这里，N 必须大写，InetAddr 和 IfaceAddr 都是 IP 地址。
- -g [InetAddr] [-N IfaceAddr]：与参数-a 相同。
- -d InetAddr [IfaceAddr]：删除由 InetAddr 指示的 ARP 缓存表项。要删除特定接口的 ARP 缓存表项，须使用参数 IfaceAddr 指明接口的 IP 地址。要删除所有 ARP 缓存表项，使用通配符“*”代替参数 InetAddr 即可。
- -s InetAddr EtherAddr [IfaceAddr]：添加一个静态的 ARP 表项，把 IP 地址 InetAddr 解析为物理地址 EtherAddr。参数 IfaceAddr 指定了接口的 IP 地址。

IP 地址 InetAddr 和 IfaceAddr 用点分十进制表示。物理地址 EtherAddr 由 6 个字节组成，每个字节用两个十六进制数表示，字节之间用连字符“-”分开，例如 00-AA-00-4F-2A-9C。

用参数-s 添加的 ARP 表项是静态的，不会由于超时而被删除。如果 TCP/IP 协议停止运行，ARP 表项都被删除。为了生成一个固定的静态表项，可以在批文件中加入适当的 Arp 命令，并在机器启动时运行批文件。

具体举例如下。

- 要显示 ARP 缓存表的内容，输入 arp -a。

- 要显示 IP 地址为 10.0.0.99 的接口的 ARP 缓存表，输入 arp -a -N 10.0.0.99。
- 要添加一个静态表项，把 IP 地址 10.0.0.80 解析为物理地址 00-AA-00-4F-2A-9C，则输入 arp -s 10.0.0.80 00-AA-00-4F-2A-9C。

图 8-8 所示是使用 arp 命令添加一个静态表项的示例效果。

```
C:\Documents and Settings\Administrator>arp -a

Interface: 100.100.17.17 --- 0x10003
  Internet Address      Physical Address      Type
  100.100.17.254        00-0f-e2-29-31-c1     dynamic

C:\Documents and Settings\Administrator>arp -s 202.117.17.254 00-1c-4f-52-2a-8c

C:\Documents and Settings\Administrator>arp -a

Interface: 100.100.17.17 --- 0x10003
  Internet Address      Physical Address      Type
  100.100.17.72         00-1e-8c-ad-f9-ce     dynamic
  100.100.17.75         00-40-d0-53-bf-86     dynamic
  100.100.17.254        00-0f-e2-29-31-c1     dynamic
  202.117.17.254        00-1c-4f-52-2a-8c     static
```

图 8-8 使用 arp 命令的示例

8.4.4 netstat

netstat 命令用于显示 TCP 连接、计算机正在监听的端口、以太网统计信息、IP 路由表、IPv4 统计信息（包括 IP、ICMP、TCP 和 UDP 等协议）及 IPv6 统计信息（包括 IPv6、ICMPv6、TCP over IPv6、UDP over IPv6 等协议）等。如果不使用参数，则显示活动的 TCP 连接。

1. 命令语法

netstat 命令的语法如下。

netstat [-a] [-e] [-n] [-o] [-p Protocol] [-r] [-s] [Interval]

对以上参数解释如下。

- -a：显示所有活动的 TCP 连接，以及正在监听的 TCP 和 UDP 端口。
- -e：显示以太网统计信息，例如发送和接收的字节数以及出错的次数等。这个参数可以与-s 参数联合使用。
- -n：显示活动的 TCP 连接，地址和端口号以数字形式表示。
- -o：显示活动的 TCP 连接以及每个连接对应的进程 ID。在 Windows 任务管理器中可以找到与进程 ID 对应的应用。这个参数可以与-a、-n 和-p 联合使用。
- -p Protocol：用标识符 Protocol 指定要显示的协议，可以是 TCP、UDP、TCPv6 或者 UDPv6。如果与参数-s 联合使用，则可以显示协议 TCP、UDP、ICMP、IP、TCPv6、

UDPv6、ICMPv6 或 IPv6 的统计数据。
- -s：显示每个协议的统计数据，默认情况下统计 TCP、UDP、ICMP 和 IP 协议发送和接收的数据包、出错的数据包、连接成功或失败的次数等。如果与 -p 参数联合使用，可以指定要显示统计数据的协议。
- -r：显示 IP 路由表的内容，其作用等价于路由打印命令 route print。
- Interval：说明重新显示信息的时间间隔，输入 Ctrl–C 则停止显示。如果不使用这个参数，则只显示一次。

2．信息说明

netstat 显示的统计信息分为 4 栏或 5 栏，解释如下。

（1）Proto：协议的名字（例如 TCP 或 UDP）。

（2）Local Address：本地计算机的地址和端口。通常显示本地计算机的名字和端口名字（例如 ftp）如果使用了 -n 参数，则显示本地计算机的 IP 地址和端口号；如果端口尚未建立，则用*表示。

（3）Foreign Address：远程计算机的地址和端口。通常显示远程计算机的名字和端口名字（例如 ftp），如果使用了 -n 参数，则显示远程计算机的 IP 地址和端口号；如果端口尚未建立，则用*表示。

（4）State：表示 TCP 连接的状态，用如下状态名字表示。
- CLOSE_WAIT：收到对方的连接释放请求。
- CLOSED：连接已关闭。
- ESTABLISHED：连接已建立。
- FIN_WAIT_1：已发出连接释放请求。
- FIN_WAIT_2：等待对方的连接释放请求。
- LAST_ACK：等待对方的连接释放应答。
- LISTEN：正在监听端口。
- SYN_RECEIVED：收到对方的连接建立请求。
- SYN_SEND：已主动发出连接建立请求。
- TIMED_WAIT：等待一段时间后将释放连接。

3．举例

- 要显示以太网的统计信息和所有协议的统计信息，则输入 netstat -e -s。
- 要显示 TCP 和 UDP 协议的统计信息，则输入 netstat -s -p tcp udp。

- 要显示 TCP 连接及其对应的进程 ID，每 4s 显示一次，则输入 nbtstat -o 4。
- 要以数字形式显示 TCP 连接及其对应的进程 ID，则输入 nbtstat -n -o。

图 8-9 所示是命令 netstat –o 4 显示的统计信息，每 4s 显示一次，直到输入 Ctrl-C 结束。

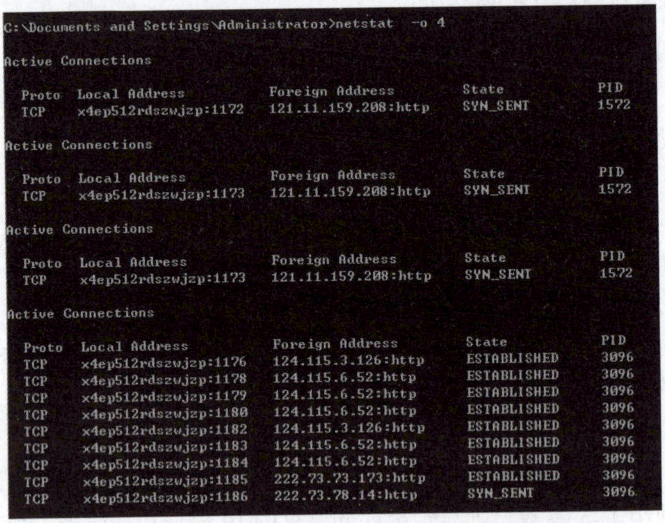

```
C:\Documents and Settings\Administrator>netstat  -o 4

Active Connections

  Proto  Local Address          Foreign Address        State           PID
  TCP    x4ep512rdszwjzp:1172   121.11.159.208:http    SYN_SENT        1572

Active Connections

  Proto  Local Address          Foreign Address        State           PID
  TCP    x4ep512rdszwjzp:1173   121.11.159.208:http    SYN_SENT        1572

Active Connections

  Proto  Local Address          Foreign Address        State           PID
  TCP    x4ep512rdszwjzp:1173   121.11.159.208:http    SYN_SENT        1572

Active Connections

  Proto  Local Address          Foreign Address        State           PID
  TCP    x4ep512rdszwjzp:1176   124.115.3.126:http     ESTABLISHED     3096
  TCP    x4ep512rdszwjzp:1178   124.115.6.52:http      ESTABLISHED     3096
  TCP    x4ep512rdszwjzp:1179   124.115.6.52:http      ESTABLISHED     3096
  TCP    x4ep512rdszwjzp:1180   124.115.6.52:http      ESTABLISHED     3096
  TCP    x4ep512rdszwjzp:1182   124.115.3.126:http     ESTABLISHED     3096
  TCP    x4ep512rdszwjzp:1183   124.115.6.52:http      ESTABLISHED     3096
  TCP    x4ep512rdszwjzp:1184   124.115.6.52:http      ESTABLISHED     3096
  TCP    x4ep512rdszwjzp:1185   222.73.73.173:http     ESTABLISHED     3096
  TCP    x4ep512rdszwjzp:1186   222.73.78.14:http      SYN_SENT        3096
```

图 8-9　命令 netstat –o 4 显示的统计信息

8.4.5　tracert

tracert 命令的功能是确定到达目标的路径，并显示通路上每一个中间路由器的 IP 地址。通过多次向目标发送 ICMP 回声（echo）请求报文，每次增加 IP 头中 TTL 字段的值，就可以确定到达各个路由器的时间。显示的地址是路由器接近源的这一边的端口地址。tracert 命令的语法如下。

tracert [-d] [-h MaximumHops] [-j HostList] [-w Timeout] [TargetName]

对以上参数解释如下。

- -d：不进行名字解析，显示中间节点的 IP 地址，这样可以加快跟踪的速度。
- -h　MaximumHops：说明地址搜索的最大跃点数，默认值是 30 跳。
- -j　HostList：说明发送回声请求报文要使用 IP 头中的松散源路由选项，标识符 HostList 列出必须经过的中间节点的地址或名字，最多可以列出 9 个中间节点，各个中间节点用空格隔开。
- -w Timeout：说明等待 ICMP 回声响应报文的时间（μs），如果接收超时，则显示星号“*”，默认超时间隔是 4s。

- TargetName：用 IP 地址或主机名表示的目标。

这个诊断工具通过多次发送 ICMP 回声请求报文来确定到达目标的路径，每个报文中的 TTL 字段的值都是不同的。通路上的路由器在转发 IP 数据报之前先要对 TTL 字段减一，如果 TTL 为 0，则路由器就向源端返回一个超时（Time Exceeded）报文，并丢弃原来要转发的报文。在 tracert 第一次发送的回声请求报文中置 TTL=1，然后每次加 1，这样就能收到沿途各个路由器返回的超时报文，直至收到目标返回的 ICMP 回声响应报文。如果有的路由器不返回超时报文，那么这个路由器就是不可见的，显示列表中用星号"*"表示之。

具体举例如下。

- 要跟踪到达主机 corp7.microsoft.com 的路径，则输入 tracert corp7.microsoft.com。
- 要跟踪到达主机 corp7.microsoft.com 的路径，并且不进行名字解析，只显示中间节点的 IP 地址，则输入 tracert -d corp7.microsoft.com。
- 要跟踪到达主机 corp7.microsoft.com 的路径，并使用松散源路由，则输入 tracert -j 10.12.0.1 10.29.3.1 10.1.44.1 corp7.microsoft.com。

图 8-10 所示是利用命令 tracert www.163.com.cn 显示的路由跟踪列表。

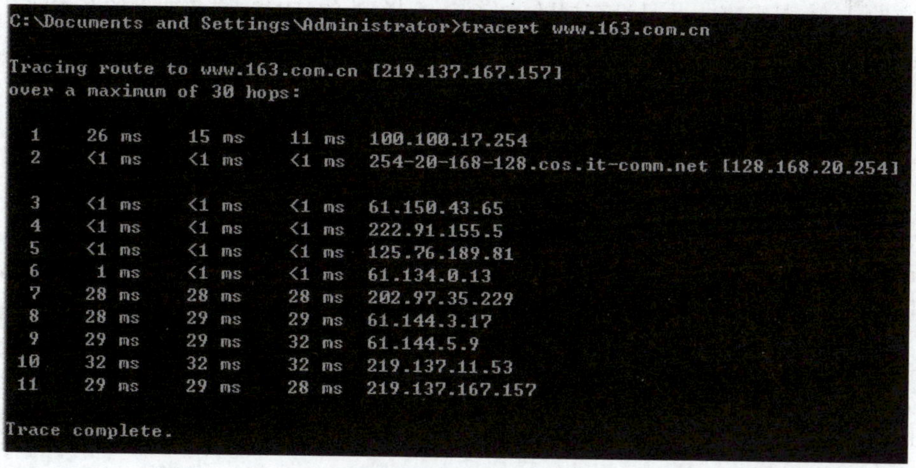

```
C:\Documents and Settings\Administrator>tracert www.163.com.cn

Tracing route to www.163.com.cn [219.137.167.157]
over a maximum of 30 hops:

  1    26 ms    15 ms    11 ms  100.100.17.254
  2    <1 ms    <1 ms    <1 ms  254-20-168-128.cos.it-comm.net [128.168.20.254]
  3    <1 ms    <1 ms    <1 ms  61.150.43.65
  4    <1 ms    <1 ms    <1 ms  222.91.155.5
  5    <1 ms    <1 ms    <1 ms  125.76.189.81
  6     1 ms    <1 ms    <1 ms  61.134.0.13
  7    28 ms    28 ms    28 ms  202.97.35.229
  8    28 ms    29 ms    29 ms  61.144.3.17
  9    29 ms    29 ms    32 ms  61.144.5.9
 10    32 ms    32 ms    32 ms  219.137.11.53
 11    29 ms    29 ms    28 ms  219.137.167.157

Trace complete.
```

图 8-10 tracert 的显示结果

8.4.6 nslookup

nslookup 命令用于显示 DNS 查询信息，诊断和排除 DNS 故障。使用这个工具必须熟悉 DNS 服务器的工作原理（参见本书第 7 章）。nslookup 有交互式和非交互式两种工作方式。nslookup 的语法如下。

- nslookup [-option ...]：使用默认服务器，进入交互方式。
- nslookup [-option ...] – server：使用指定服务器 server，进入交互方式。
- nslookup [-option ...] host：使用默认服务器，查询主机信息。
- nslookup [-option ...] host server：使用指定服务器 server，查询主机信息。
- ? | /? | /help：显示帮助信息。

1．非交互式工作

所谓非交互式工作，就是只使用一次 nslookup 命令后又返回 Cmd.exe 提示符下。如果只查询一项信息，可以进入这种工作方式。nslookup 命令后面可以跟随一个或多个命令行选项（option），用于设置查询参数。每命令行个选项由一个连字符"-"后跟选项的名字，有时还要加一个等号"="和一个数值。

在非交互方式中，第一个参数是要查询的计算机（host）的名字或 IP 地址，第二个参数是 DNS 服务器（server）的名字或 IP 地址，整个命令行的长度必须小于 256 个字符。如果忽略了第二个参数，则使用默认的 DNS 服务器。如果指定的 host 是 IP 地址，则返回计算机的名字。如果指定的 host 是名字，并且没有尾随的句点，则默认的 DNS 域名被附加在后面（设置了 defname），查询结果给出目标计算机的 IP 地址。如果要查找不在当前 DNS 域中的计算机，在其名字后面要添加一个句点"."（称为尾随点）。

下面举例说明非交互方式的用法。

（1）应用默认的 DNS 服务器根据域名查找 IP 地址，示例如下。

```
C:\>nslookup ns1.isi.edu
Server: ns1.domain.com
Address: 202.30.19.1

Non-authoritative answer:      #给出应答的服务器不是该域的权威服务器
Name: ns1.isi.edu
Address: 128.9.0.107           #查出的 IP 地址
```

（2）应用默认的 DNS 服务器根据 IP 地址查找域名，示例如下。

```
C:\>nslookup 128.9.0.107
Server: ns1.domain.com
Address: 202.30.19.1

Name: ns1.isi.edu              #查出的 IP 地址
Address: 128.9.0.107
```

（3）nslookup 命令后面可以跟随一个或多个命令行选项（option）。例如，要把默认的查询类型改为主机信息，把超时间隔改为 5s，查询的域名为 ns1.isi.edu，则可使用如下命令。

```
C:\>nslookup -type=hinfo -timeout=5 ns1.isi.edu
Server: ns1.domain.com
Address: 202.30.19.1


isi.edu                                  #给出了 SOA 记录
primary name server = isi.edu            #主服务器
responsible mail addr = action.isi.edu   #邮件服务器
serial = 2009010800                      #查询请求的序列号
refresh     = 7200 <2 hours>             #刷新时间间隔
retry  = 1800 <30 mins>                  #重试时间间隔
expire      = 604800 <7 days>            #辅助服务器更新有效期
default TTL = 86400 <1 days>             #资源记录在 DNS 缓存中的有效期
C:\>
```

2．交互式工作

如果需要查找多项数据，可以使用 nslookup 的交互工作方式。在 Cmd.exe 提示符下输入 nslookup 后回车，就可进入交互工作方式，命令提示符会变成 ">"。

在命令提示符 ">" 下输入 help 或?，会显示可用的命令列表（见图 8-11）；如果键入 exit，则返回 Cmd.exe 提示符。

在交互方式下，可以用 set 命令设置选项，满足指定的查询需要。常用子命令的应用实例如下。

（1）>set all：列出当前设置的默认选项，示例如下。

```
>set all
    Server: ns1.domain.com
Address: 202.30.19.1

Set options:
    nodebug                    #不打印排错信息
    defname                    #对每一个查询附加本地域名
    search                     #使用域名搜索列表
..........................（省略）.................................
    MSxfr                      #使用 MS 快速区域传输
    IXFRversion=1              #当前的 IXFR（渐增式区域传输）版本号
    srchlist=                  #查询搜索列表
```

```
Commands: (identifiers are shown in uppercase, [] means optional)
NAME - print info about the host/domain NAME using default server
NAME1 NAME2 - as above, but use NAME2 as server
help or ? - print info on common commands
set OPTION - set an option
    all - print options, current server and host
    [no]debug - print debugging information
    [no]d2 - print exhaustive debugging information
    [no]defname - append domain name to each query
    [no]recurse - ask for recursive answer to query
    [no]search - use domain search list
    [no]vc - always use a virtual circuit
    domain=NAME - set default domain name to NAME
    srchlist=N1[/N2/.../N6] - set domain to N1 and search list to N1, N2, etc.
    root=NAME - set root server to NAME
    retry=X - set number of retries to X
    timeout=X - set initial time-out interval to X seconds
    type=X - set query type (for example, A, ANY, CNAME, MX, NS, PTR, SOA, SRV)
    querytype=X - same as type
    class=X - set query class (for example, IN (Internet), ANY)
    [no]msxfr - use MS fast zone transfer
    ixfrver=X - current version to use in IXFR transfer request
server NAME - set default server to NAME, using current default server
lserver NAME - set default server to NAME, using initial server
finger [USER] - finger the optional NAME at the current default host
root - set current default server to the root
ls [opt] DOMAIN [> FILE] - list addresses in DOMAIN (optional: output to FILE)
    -a - list canonical names and aliases
    -d - list all records
    -t TYPE - list records of the given type (for example, A, CNAME, MX, NS, PTR, and so on)
view FILE - sort an 'ls' output file and view it with pg
exit - exit the program
```

图 8-11　nslookup 子命令示例

（2）set type=mx：查询本地域的邮件交换器信息，示例如下。

C:\> nslookup
Default Server: ns1.domain.com
Address: 202.30.19.1
> set type=mx
> 163.com.cn
Server: ns1.domain.com
Address: 202.30.19.1

Non-authoritative answer:
163.com.cn　　　MX preference = 10, mail exchanger =mx1.163.com.cn

163.com.cn   MX preference = 20, mail exchanger =mx2.163.com.cn
mx1.163.com.cn   internet address = 61.145.126.68
mx2.163.com.cn   internet address = 61.145.126.30
>

（3）server NAME：由当前默认服务器切换到指定的名字服务器 NAME。类似的命令 lserver 是由本地服务器切换到指定的名字服务器，示例如下。

C:\> nslookup
Default Server: ns1.domain.com
Address: 202.30.19.1
　　> server 202.30.19.2
　　Default Server: ns2.domain.com
　　Address: 202.30.19.2

（4）ls：用于区域传输，罗列出本地区域中的所有主机信息。ls 命令的语法如下。

ls [- a |-d | -t type] domain [> filename]

不带参数使用 ls 命令将显示指定域（domain）中所有主机的 IP 地址，-a 参数返回正式名称和别名，-d 参数返回所有数据资源记录，而-t 参数将列出指定类型（type）的资源记录，任选的参数 filename 是存储显示信息的文件。命令输出如图 8-12 所示。

```
> ls xidian.edu.cn
[ns1.xidian.edu.cn]
 xidian.edu.cn.            NS      server = ns1.xidian.edu.cn
 xidian.edu.cn.            NS      server = ns2.xidian.edu.cn
 408net                    A       202.117.118.25
 acc                       A       202.117.121.5
 ai                        A       202.117.121.146
 antanna                   A       219.245.110.146
 apweb2k                   A       202.117.116.19
 bbs                       A       202.117.112.11
 cce                       A       210.27.3.95
 cese                      A       219.245.118.199
 cnc                       A       210.27.5.123
 cnis                      A       202.117.112.16
 www.cnis                  A       202.117.112.16
 con                       A       202.117.112.6
 cpi                       A       219.245.78.155
 cs                        A       202.117.112.23
 csti                      A       202.117.114.31
 cwc                       A       210.27.1.33
 cxjh                      A       202.117.112.27
 Dec586                    A       202.117.112.15
 dingzhg                   A       202.117.117.8
 djzx                      A       202.117.121.87
 dp                        A       210.27.12.227
 dtg                       A       202.117.114.35
 dttrdc                    A       219.245.79.48
 ecard                     A       202.117.112.199
 ecm                       A       202.117.116.79
 ecr                       A       202.117.115.9
 ee                        A       210.27.6.158
```

图 8-12　ls 命令的输出

如果安全设置禁止区域传输,将返回如下错误信息。

*** Can't list domain example.com : Server failed

(5) set type:设置查询的资源记录类型。DNS 服务器中主要的资源记录有 A(域名到 IP 地址的映射)、PTR(IP 地址到域名的映射)、MX(邮件服务器及其优先级)、CNAM(别名)和 NS(区域的授权服务器)等类型。通过 A 记录可以由域名查地址,也可以由地址查域名。图 8-13 所示示例中即用 set all 命令显示默认设置,可以看出 type=A+AAAA,这时可以进行正向查询,也可以进行反向查询,查询结果如图 8-14 所示。

```
> server 61.134.1.4              # 设置默认服务器
默认服务器: [61.134.1.4]
Address:   61.134.1.4

> set all
默认服务器: [61.134.1.4]
Address:   61.134.1.4

设置选项:
  nodebug
  defname
  search
  recurse
  nod2
  novc
  noignoretc
  port=53
  type=A+AAAA                    # 查询A记录和AAAA记录,
  class=IN                         可以给出IPv4和IPv6 地址
  timeout=2
  retry=1
  root=A.ROOT-SERVERS.NET.
  domain=
  MSxfr
  IXFRversion=1
  srchlist=
```

图 8-13 set all 命令显示默认设置

```
> www.tsinghua.edu.cn            #由域名查地址
服务器: [61.134.1.4]
Address:   61.134.1.4

非权威应答:
名称:     www.d.tsinghua.edu.cn
Addresses: 2001:da8:200:200::4:100
           211.151.91.165         #得到IPv6和IPv4地址
Aliases:   www.tsinghua.edu.cn

> 211.151.91.165                 #由地址查域名
服务器: [61.134.1.4]
Address:   61.134.1.4

名称:     165.tsinghua.edu.cn    #得到域名
Address:   211.151.91.165
```

图 8-14 查询 A 记录和 AAAA 记录

当查询 PTR 记录时，可以由地址查到域名，但是没有从域名查到地址，而是给出了 SOA 记录，如图 8-15 所示。

```
> set type=ptr
> 211.151.91.165                                      #查询PTR记录
服务器：  [61.134.1.4]                                 #由地址查域名
Address:  61.134.1.4

非权威应答：
165.91.151.211.in-addr.arpa    name = 165.tsinghua.edu.cn    #查询成功，得到域名
> www.tsinghua.edu.cn                                 #由域名查地址
服务器：  [61.134.1.4]
Address:  61.134.1.4

DNS request timed out.
    timeout was 2 seconds.
非权威应答：
www.tsinghua.edu.cn     canonical name = www.d.tsinghua.edu.cn
d.tsinghua.edu.cn
    primary name server = dns.d.tsinghua.edu.cn       #没有查出地址
    responsible mail addr = szhu.dns.edu.cn           但给出了SOA记录
    serial   = 2007042815
    refresh  = 3600 (1 hour)
    retry    = 1800 (30 mins)
    expire   = 604800 (7 days)
    default TTL = 86400 (1 day)
```

图 8-15 查询 PTR 记录

重新查询 A 记录，可以进行双向查询，如图 8-16 所示。

```
> set type=a                         #查询A记录
> www.tsinghua.edu.cn                #由域名查地址
服务器：  [61.134.1.4]
Address:  61.134.1.4

非权威应答：
名称：    www.d.tsinghua.edu.cn
Address:  211.151.91.165             #查出地址，并给出别名
Aliases:  www.tsinghua.edu.cn

> 211.151.91.165                     #由地址查域名
服务器：  [61.134.1.4]
Address:  61.134.1.4

名称：    165.tsinghua.edu.cn        #查询成功，得到域名
Address:  211.151.91.165

>
```

图 8-16 查询 A 记录

（6）set type=any：对查询的域名显示各种可用的信息资源记录（A、CNAME、MX、NS、PTR、SOA 及 SRV 等），如图 8-17 所示。

（7）set degug：与 set d2 的作用类似，显示查询过程的详细信息，set d2 显示的信息更多，有查询请求报文的内容和应答报文的内容。图 8-18 是利用 set d2 显示的查询过程。这些信息可用于对 DNS 服务器进行排错。

```
> set type=any
> baidu.com
服务器:  [218.30.19.40]
Address:  218.30.19.40

非权威应答:
baidu.com        internet address = 202.108.23.59
baidu.com        internet address = 220.181.5.97
baidu.com        nameserver = dns.baidu.com
baidu.com        nameserver = ns2.baidu.com
baidu.com        nameserver = ns3.baidu.com
baidu.com        nameserver = ns4.baidu.com
baidu.com        MX preference = 10, mail exchanger = mx1.baidu.com
>
```

图 8-17　显示各种可用的信息资源记录

```
> set d2
> 163.com.cn
服务器:  UnKnown
Address:  218.30.19.40

------------
SendRequest(), len 28
    HEADER:
        opcode = QUERY, id = 2, rcode = NOERROR
        header flags:  query, want recursion
        questions = 1,  answers = 0,  authority records = 0,  additional = 0

    QUESTIONS:
        163.com.cn, type = A, class = IN

------------
------------
Got answer (44 bytes):
    HEADER:
        opcode = QUERY, id = 2, rcode = NOERROR
        header flags:  response, want recursion, recursion avail.
        questions = 1,  answers = 1,  authority records = 0,  additional = 0

    QUESTIONS:
        163.com.cn, type = A, class = IN
    ANSWERS:
    ->  163.com.cn
        type = A, class = IN, dlen = 4
        internet address = 219.137.167.157
        ttl = 86400 (1 day)
------------
非权威应答:
------------
SendRequest(), len 28
    HEADER:
        opcode = QUERY, id = 3, rcode = NOERROR
        header flags:  query, want recursion
        questions = 1,  answers = 0,  authority records = 0,  additional = 0

    QUESTIONS:
        163.com.cn, type = AAAA, class = IN

------------
------------
Got answer (28 bytes):
    HEADER:
        opcode = QUERY, id = 3, rcode = NOERROR
        header flags:  response, want recursion, recursion avail.
        questions = 1,  answers = 0,  authority records = 0,  additional = 0

    QUESTIONS:
        163.com.cn, type = AAAA, class = IN

------------
名称:    163.com.cn
Address:  219.137.167.157

>
```

图 8-18　显示查询过程的详细信息

8.5 智能化的网络管理

1. 基于专家系统的网络管理

1）专家系统的分类

专家系统技术是最早被应用于网络管理的智能技术，并且已经取得了很大的成功。专家系统能够利用专家的经验和知识对问题进行分析，并给出专家级的解决方案。专家系统从功能上可以定义为在特定领域中具有专家水平的分析、综合、判断和决策能力的程序系统。它能够利用专家的经验和专业知识，像专家一样工作，在短时间内对提交给它的问题给出解答。

在网络管理中运用的专家系统按功能大致分为维护类、提供类和管理类 3 类。维护类专家系统提供网络监控、障碍修复、故障诊断功能，以保证网络的效率和可靠性；提供类专家系统辅助制定和实现灵活的网络发展规划；管理类专家系统辅助管理网络业务，当发生意外情况时辅助制定和执行可行的策略。

在实际应用的系统中，维护类专家系统占绝大多数，这类系统的大量应用已经在大型网络的日常操作中产生了重要作用。现有的提供类专家系统大多数用于辅助网络设计和配置，最近也出现了用于辅助网络规划的系统。最常见的管理类专家系统是辅助进行路由选择和业务管理的系统，即在公共网络中监视业务数据和加载路由表，以疏导业务，解除拥塞；除此之外，还开发了一些特殊用途的系统，如逃费监察系统等。

专家系统要处理的问题可分为综合型和分析型两类。综合型问题是如何在给出元素和元素之间的关系的条件下进行元素的组合，这类问题常在网络配置、计费和安全中遇到。分析型问题从总体出发考察各元素与总体性能之间的关系，这类问题常在网络故障诊断和性能分析中遇到。对分析型问题常采用"预测"和"解释"两种分析方法。预测法根据网络中各网络元素的性能推测网络的总体性能，是网络性能分析的常用方法。解释法则根据观察到的网络元素及其性能推测网络元素的状态，是网络故障诊断的常用方法。

网络管理专家系统有脱机和联机两种类型。脱机型专家系统是简单的类型，当发现网络存在问题以后，利用脱机型专家系统解决问题；专家系统根据询问网络的配置情况和观察到的状态对得到的信息进行分析，最后给出诊断结果和可能的解决方案。脱机型专家系统的缺点是不能实时地使用，只能用于问题的诊断，而网络是否已经发生问题却要先由人来判断。联机型专家系统与网络集成在一起，能够定时监测网络的变化状况，分析是否发生了问题以及决定应该采取什么行动。

2）专家系统的能力

专家系统一般由知识库、规则解释器（推理机）和数据库 3 个部分组成。

知识库中存放"如果：<前提>，于是：<后果>"形式的各种规则。

数据库中存放事实（如系统的状态、资源的数量）和断言（如系统性能是否正常）。当<前提>与数据库中的事实相匹配时，规则将让系统采取<后果>中指示的行动，通常是改变数据库中的断言，或向用户提问将其回答加到数据库中。

网络管理专家系统在满足网络管理的任务和要求的同时，还应具备下列能力。

（1）处理不确定性问题的能力。网络管理就是要对网络资源进行监测和控制，为了完成这个任务，网络管理专家系统不仅需要了解网络的局部状态，还要了解网络的全局状态。但是这一点是很难满足的，因为网络的状态时刻都在变化，由于状态信息的获取和传递需要时间，当状态信息提供给专家系统时，有些已经过时了。这就是说，网络管理专家系统只能根据不完全和不确切的信息进行推理。

（2）协作能力。由于网络管理任务很重，需要的功能也很多，因此在一个网络管理系统中往往需要有多个网络管理专家系统，每个专家系统面向特定的功能领域。由于在管理中，不同功能领域中的功能相互之间是有关系的，这就需要网络管理专家系统也要有相互协作的能力。

（3）适应分布变化的能力。网络是一个不断变化的分布式系统，网络管理专家系统必须能够适应这一特点。联机的网络管理专家系统要利用现有网络管理模型中的轮询机制及时地获取网络的最新状态，以便及时发现问题和给出解决方案。

3）专家系统的应用

目前，应用最广的是故障管理专家系统。故障管理包含故障检测、故障诊断和故障修复3个相关的功能，这也是专家系统所要提供的功能。故障检测包括通过检测数据进行故障告警和根据性能数据预测故障两个方面。故障检测的基本功能就是识别并忽略那些表面异常但对检测没有参考意义的信息，以减少错误告警。这样的能力普通人是不具备的，而有经验的专家却能做出准确的判断。故障诊断包括故障的确认和定位。为此系统要采取多种措施，包括运行诊断程序、分析性能统计数据、检查日志等，根据历史数据和当前数据进行推理判断，这些工作可以由专家系统进行指导和完成。故障修复中的一个问题是如何使故障产生的损失最小。解决这个问题既要考虑本地的情况，还要考虑全网的情况。为了尽快恢复业务，需要选择业务的恢复路由。这些问题往往难以通过解析的方法获得满意的解决，而专家的经验和知识却十分有效。利用专家系统，可以对不同的方式进行权衡，使故障修复的措施得到优化。

在配置管理中，资源分配的优化是一个非常复杂的问题。即使对于规划设计阶段的"静态"网络，诸如如何分配交换机以及骨干网的容量等问题也要花费大量的研究资金和人力。将专家系统用于网络规划设计中的优化资源分配已经取得了成功。对于运行中的"动态"网络，预先确定的资源分配优化规则往往不能提供理想的网络配置方案。专家系统除了支持预先确定的针对偶然事件的处理策略外，还可采用启发式的方法提供比较理想的网络配置方案。

在性能管理中，根据监测到的性能数据对网络的性能状态进行分析是一项复杂工作。单纯采用解析的方法是不够的，一般需要有专家的分析和判断。这类专家系统需要着重研究专家系统的数据驱动问题和网络在不同性能指标下的状态变化。性能分析专家系统应能察觉网络在进入低性能甚至故障之前的细微变化，以便及时采取启动故障管理或性能管理的功能，减小和避免损失。为了能够发现这样的细微变化，专家系统需要支持基准状态的和不可接受状态的两种操作。

在安全管理领域，也有许多适合于专家系统发挥作用的场合。通过建立专家级的访问控制规则保护网络资源以及网络管理系统便是典型的应用。普通的防火墙系统通过设定严格的访问控制规则来保护网络资源，但这种做法常常会使一些合法的操作也受到限制。而专家系统的方法便于设定智能、灵活的访问控制规则，既严格有效地阻止非法入侵，又不对合法操作产生限制。

计费管理是目前唯一没有采用专家系统技术的领域。但这并不说明专家系统在这个领域没有用武之地。也有人因此批评计费领域保守，有一种观点是现在计费系统的自动化水平已经很高，即使采用专家系统使其继续有所提高，其安全性也令人顾虑。

2．基于智能 Agent 的网络管理

1) 智能 Agent 的概念

智能 Agent 不仅仅是一个代理者，而是一个非常宽的概念。它泛指一切通过传感器感知环境，运用所掌握的知识在特定的目标下进行问题求解，然后通过效应器对环境施加作用的实体。这类实体具有下述特性。

（1）自治性。Agent 的行为是主动、自发的，Agent 有自己的目标或意图，根据目标、环境等的要求，Agent 对自己的短期行为做出计划。

（2）自适应性。Agent 根据环境的变化自动修改自己的目标、计划、策略和行为方式。

（3）交互性。Agent 可以感知其所处的环境，并通过行为改变环境。

（4）协作性。Agent 通常生存在有多个 Agent 的环境中，Agent 之间良好有效的协作可以大大提高整个多 Agent 系统的性能。

（5）交流性：Agent 之间可以采用通信的方式进行信息交流。任务的承接、多 Agent 的协商、协作等都以通信为基础。

由以上对比可以看出，由 Manager 和 Agent 两个角色共同构成的网络管理实体所具有的能力，仅是智能 Agent 能力的一小部分。因此，用智能 Agent 来代替标准网络管理模型中的管理实体 Manager 和 Agent，是在现有的网络管理框架下实现智能化的一个很好的方案。

分布式人工智能中的智能 Agent 是由知识和知识处理方法两部分组成的。知识是其自身可以改变的部分，而知识处理方法是其自身不可改变的部分。它的显著特征是"知识化"，因而被称为智能 Agent。

2）智能代理网络管理结构

智能代理网络管理结构（Intelligent Agent Network Management，IANM）系统由通信接口、智能控制器、MIB 接口和知识库构成。通信接口接收外部环境的管理信息（来自其他 IANM 的请求及通报），由智能控制器根据这些管理信息及其自身的状态进行分析和推理产生控制命令，通过 MIB 接口将控制命令变成对被管对象的操作，操作结果通过 MIB 接口返回智能控制器，然后通过通信接口向发来请求的 IANM 报告。上述活动与现有的 Agent 的活动是十分相像的。但是，除此之外更重要的活动是，IANM 可以自治地检测环境（被管对象及其自身的状态），经过分析推理后，对环境进行调整和改造，必要时与其他 IANM 通信联络。

3）基于 IANM 的网络管理模型

在基于 IANM 的网络管理模型中，每个网络节点配置一个 IANM，用于管理本地 MIB 和向本地的网络管理应用提供服务。IANM 之间通过通信网络和 Agent 通信协议相互通信，在必要时进行协同工作和远程监控。这个模型与现有的标准网络管理模型的主要区别是大部分网络管理任务依靠 IANM 和本地网络管理应用可以在本地自治完成，而不必将管理信息传递到管理者处进行集中处理。只是在需要多 IANM 协同工作和远程监控时，才通过通信网络传递管理信息。因此这是一个分布式的、自治的、协同工作的网络管理模型。实现这样的模型，可以有效降低网络中传递管理信息的负荷，提高网络管理的实时性。

3．基于计算智能的宽带网络管理

1）计算智能简介

宽带网络具有业务种类多、容量大、处理速度快等特点。对于网络管理来说，业务种类多的特点显著提高了业务量控制的难度；容量大的特点要求网络要有很高的可靠性和存活性，故障自愈技术成为关键技术；处理速度快的特点要求网络管理的算法要有实时性，否则便无法与网络的数据传输速率相匹配。在功能方面，业务量控制、路由选择和故障自愈是宽带网络管理需要特殊研究和开发的 3 项关键技术。在研究和开发中，基于传统方法的技术遇到了很大的困难，主要有两个原因，一是业务种类多导致了综合业务特性过于复杂，传统的方法难以处理；二是实时性要求高，不适合采用复杂的解析方法。

在这种背景下，基于计算智能的方法受到了重视。计算智能是人工智能的一个重要分支，与传统的基于符号演算模拟智能的人工智能方法相比，计算智能是以生物进化的观点认识和模拟智能。按照这一观点，智能是在生物的遗传、变异、生长以及外部环境的自然选择中产生的。在用进废退、优胜劣汰的过程中，适应度高的结构被保存下来，智能水平也随之提高。因此说计算智能就是基于结构演化的智能。

计算智能的主要方法有人工神经网络、遗传算法和模糊逻辑等。这些方法具有自学习、自组织、自适应的特征和简单、通用、适于并行处理的优点。由于具有这些特点，计算智能为研究和开发上述宽带网络管理中的关键技术提供了方法。

2）基于神经网络的 CAC

CAC（Calling Admit Control，呼叫接纳控制）要根据对新呼叫和现有连接的 QoS、业务量特性的分析来进行。然而，在大型 ATM 网络中，这种分析是非常复杂和耗时的。因为业务种类繁多，QoS 各异，并且因业务的同步关系、比特速率、连接模式、种类（话音、数据、视频、压缩与非压缩、成帧与非成帧）等都不尽相同，混合起来的业务更是十分复杂。解决这类问题，需要具有高速运算机制和对各种复杂情况具有自适应能力的方法。人们提出了基于 3 层前馈神经网络和反向传播学习算法（Back Promulgate，BP）的 CAC 模型，为在大型 ATM 网络中实现自适应 CAC 提供了一个较好的候选方案。

前馈神经网络是相对于反馈网络而言的，即在网络计算中不存在反馈。3 层前馈网络是在输入和输出层之间含有一个隐含层，每层含有多个神经元的前馈网络。BP 学习算法是目前最重要的一种神经网络学习算法，在学习过程中，从任意权值 W 出发，计算实际输出 $Y'(t)$ 及其与期望的输出 $Y(t)$ 的均方差 $E(t)$。为使 $E(t)$ 达到最小，要对 W 进行调节。调节方法利用最小二乘法获得，即计算 E 相对于所有权重的 W_{ij} 的微分，如果增加一个指定的权值会使 E 增大，那么就减小此权值，否则就增大此权值。在所有权值调节好以后，再开始新一轮的计算和调节，直到权重和误差固定为止。

基于前馈神经网络实现 CAC 的基本原理是将用户提供的业务量特性参数、要求的 QoS 参数以及信元到达速率、信元损失率、信元产生率、干线线路利用率和已接受连接数等交换机复用状态信号作为神经网络的输入，将预测的 QoS 作为神经网络的输出。通过对大量历史数据的学习，计算和调整神经网络的连接权重，便可建立输入与输出之间的一个非线性关系。有了这样的关系，便可根据用户提交的业务量特性、要求的 QoS 以及当前交换机的复用状态来预测 QoS，如果满足要求便可接受连接请求，否则便拒绝。

3）基于遗传算法的路由选择

大多数生物体通过自然选择和有性生殖实现进化。自然选择的原则是适者生存，它决定了群体中哪些个体能够生存和继续繁殖，有性生殖保证了后代基因中的混合和重组。

遗传算法（Genetic Algorithm，GA）是基于自然进化原理的学习算法。在这种算法中，以繁殖许多候选策略、优胜劣汰为基础进行策略的不断改良和优化。

对环境的自适应过程可以看作在许多结构中搜索最佳结构的过程。遗传算法通常将结构用二进制位串表示，每个位串被称为一个个体。然后对一组位串（被称为一个群体）进行循环操作。每次循环包括一个保存较优位串的过程和一个位串间交换信息的过程，每完成一次循环称为进化一代。遗传算法将位串视为染色体，将单个位视为基因，通过改变染色体上的基因来寻找好的染色体。个体位串的初始种群随机产生，然后根据评价标准为每个个体的适应度打分。舍弃低适应度的个体，选择高适应度的个体继续进行复制、杂交、变异和反转等遗传操作。

就这样，遗传算法利用简单的编码技术和繁殖机制来表现复杂的现象，解决困难的问题。它不受搜索空间的限制性假设的约束，不要求连续性、单峰等假设，并且它具有并行性，适合于大规模并行计算。

遗传算法在宽带网络的路由选择中得到了应用，一个重要的例子是计算最优组播路由。组播是信息网络中一种传递信息的形式。随着互联网络上各种新业务的普及，这种传递信息的形式变得越来越重要。例如，在发送 E-mail 的时候，常常会把一封 E-mail 发向若干个接收者。最优组播路由选择问题可归结为寻找图上最小 Steiner 树问题。将发送者和所有接收者所在的节点称为必须连接的节点，其他节点称为未确定节点，而最终在最小 Steiner 树上的未确定节点称为 Steiner 节点。显然，如果确定了最小 Steiner 树上的所有 Steiner 节点，就可以用最小生成树算法（Minimum Steiner Tree，MST）求出最小 Steiner 树，亦即得到了组播的最佳路由。

研究结果表明，MST 问题可以采用遗传算法来求解。算法的基本步骤如下。

（1）求整个图中的所有节点集合与必须连接节点集合的差集，求得未确定节点集合。对此未确定节点集合用 0 和 1 进行编码，被定为 Steiner 节点的取 1，否则取 0，由此得到 0 和 1 的位串。不同的 Steiner 节点的选择方法对应不同的位串。

（2）对于一个位串，值为 1 的位所对应的节点构成一个 Steiner 节点集合，将这个 Steiner 节点集合与必须连接节点集合合并形成一个新的节点集合 V'，对 V' 用最小树算法求出 Steiner 树长度。若 V' 为非连通图，则为此情况下的 Steiner 树长度给予一个最大值。然后根据返回的 Steiner 树长度值通过适应度函数计算位串（方案）的适应度。如果适应度达到要求，则结束。

（3）利用适应度高的位串，通过复制、杂交、变异等遗传操作生成新的位串，转到第（2）步。

此外，遗传算法也被用于求解网络的路由选择方案。通常，在网络级确定路由选择方法时应该考虑网络中各条线路上流量的动态均衡和最小时延。这是一个复杂度很高、动态性很强的问题。采用通常的解析方法虽然也能找到最优解的范围或可行解，但算法复杂，实时性难以保证。研究表明，遗传算法是解决这一问题的最有效方法。